"十二五"职业教育国家规划教材
经全国职业教育教材审定委员会审定
技能型紧缺人才培养及"双证制"教改教材
全国高职高专院校规划教材·精品与示范系列

国家精品课
配套教材

数控车床操作与加工项目式教程

关 颖 编著

电子工业出版社
Publishing House of Electronics Industry
北京·BEIJING

内 容 简 介

本书按照最新的职业教育教学改革要求，结合国家示范院校建设课程改革成果，以及作者多年的校企合作经验进行编写。本书以工程应用为目的，按照行业企业对就业人员的新要求，参照国家职业标准，采用项目驱动、任务引导及教、学、做一体化的教学模式，主要内容包括数控车床加工基础，轴类零件、盘类零件、套类零件、螺纹类零件、综合零件及特殊零件的典型表面数控车削加工，数控车床自动编程加工，数控车削技能题库等。

本书为高职高专院校对应课程的教材，也可作为应用型本科、成人教育、自学考试、电视大学、中职学校、培训班以及职业技能鉴定考试辅导的教材，是数控技术人员提高职业技能的一本好参考书。

本书配有电子教学课件、习题参考答案和精品课链接网址，详见前言。

未经许可，不得以任何方式复制或抄袭本书之部分或全部内容。
版权所有，侵权必究。

图书在版编目(CIP)数据

数控车床操作与加工项目式教程/关颖编著. —北京：电子工业出版社，2011.7
全国高职高专院校规划教材·精品与示范系列
ISBN 978-7-121-13952-9

Ⅰ. ①数… Ⅱ. ①关… Ⅲ. ①数控机床：车床–操作–高等职业教育–教材
②数控机床：车床–加工–高等职业教育–教材 Ⅳ. ①TG519.1

中国版本图书馆 CIP 数据核字(2011)第 129742 号

策划编辑：陈健德(E-mail：chenjd@phei.com.cn)
责任编辑：毕军志
印　　刷：北京七彩京通数码快印有限公司
装　　订：北京七彩京通数码快印有限公司
出版发行：电子工业出版社
　　　　　北京市海淀区万寿路173信箱　邮编　100036
开　　本：787×1092　1/16　印张：21.75　字数：585千字
版　　次：2011年7月第1版
印　　次：2022年7月第8次印刷
定　　价：35.00元

凡所购买电子工业出版社图书有缺损问题，请向购买书店调换。若书店售缺，请与本社发行部联系，联系及邮购电话：(010)88254888，88258888。
质量投诉请发邮件至 zlts@phei.com.cn，盗版侵权举报请发邮件至 dbqq@phei.com.cn。
本书咨询联系方式：chenjd@phei.com.cn。

职业教育　继往开来（序）

自我国经济在新的世纪快速发展以来，各行各业都取得了前所未有的进步。随着我国工业生产规模的扩大和经济发展水平的提高，教育行业受到了各方面的重视。尤其对高等职业教育来说，近几年在教育部和财政部实施的国家示范性院校建设政策鼓舞下，高职院校以服务为宗旨、以就业为导向，开展工学结合与校企合作，进行了较大范围的专业建设和课程改革，涌现出一批示范专业和精品课程。高职教育在为区域经济建设服务的前提下，逐步加大校内生产性实训比例，引入企业参与教学过程和质量评价。在这种开放式人才培养模式下，教学以育人为目标，以掌握知识和技能为根本，克服了以学科体系进行教学的缺点和不足，为学生的顶岗实习和顺利就业创造了条件。

中国电子教育学会立足于电子行业企事业单位，为行业教育事业的改革和发展，为实施"科教兴国"战略做了许多工作。电子工业出版社作为职业教育教材出版大社，具有优秀的编辑人才队伍和丰富的职业教育教材出版经验，有义务和能力与广大的高职院校密切合作，参与创新职业教育的新方法，出版反映最新教学改革成果的新教材。中国电子教育学会经常与电子工业出版社开展交流与合作，在职业教育新的教学模式下，将共同为培养符合当今社会需要的、合格的职业技能人才而提供优质服务。

近期由电子工业出版社组织策划和编辑出版的"全国高职高专院校规划教材·精品与示范系列"，具有以下几个突出特点，特向全国的职业教育院校进行推荐。

（1）本系列教材的课程研究专家和作者主要来自于教育部和各省市评审通过的多所示范院校。他们对教育部倡导的职业教育教学改革精神理解得透彻准确，并且具有多年的职业教育教学经验及工学结合、校企合作经验，能够准确地对职业教育相关专业的知识点和技能点进行横向与纵向设计，能够把握创新型教材的出版方向。

（2）本系列教材的编写以多所示范院校的课程改革成果为基础，体现重点突出、实用为主、够用为度的原则，采用项目驱动的教学方式。学习任务主要以本行业工作岗位群中的典型实例提炼后进行设置，项目实例较多，应用范围较广，图片数量较大，还引入了一些经验性的公式、表格等，文字叙述浅显易懂。增强了教学过程的互动性与趣味性，对全国许多职业教育院校具有较大的适用性，同时对企业技术人员具有可参考性。

（3）根据职业教育的特点，本系列教材在全国独创性地提出"职业导航、教学导航、知识分布网络、知识梳理与总结"及"封面重点知识"等内容，有利于老师选择合适的教材并有重点地开展教学过程，也有利于学生了解该教材相关的职业特点和对教材内容进行高效率的学习与总结。

（4）根据每门课程的内容特点，为方便教学过程对教材配备相应的电子教学课件、习题答案与指导、教学素材资源、程序源代码、教学网站支持等立体化教学资源。

职业教育要不断进行改革，创新型教材建设是一项长期而艰巨的任务。为了使职业教育能够更好地为区域经济和企业服务，我们殷切希望高职高专院校的各位职教专家和老师提出建议，共同努力，为我国的职业教育发展尽自己的责任与义务！

中国电子教育学会

全国高职高专院校机械类专业课程研究专家组

主任委员：
　李　辉　　石家庄铁路职业技术学院机电工程系副主任

副主任委员：
　孙燕华　　无锡职业技术学院机械技术学院院长
　滕宏春　　南京工业职业技术学院、省级精密制造研发中心主任

常务委员（排名不分先后）：
　柴增田　　承德石油高等专科学校机械工程系主任
　钟振龙　　湖南铁道职业技术学院机电工程系主任
　彭晓兰　　九江职业技术学院副院长
　李望云　　武汉职业技术学院机电工程学院院长
　杨翠明　　湖南机电职业技术学院副院长
　周玉蓉　　重庆工业职业技术学院机械工程学院院长
　武友德　　四川工程职业技术学院机电工程系主任
　任建伟　　江苏信息职业技术学院副院长
　许朝山　　常州机电职业技术学院机械系主任
　王德发　　辽宁机电职业技术学院汽车学院院长
　陈少艾　　武汉船舶职业技术学院机械工程系主任
　窦　凯　　番禺职业技术学院机械与电子系主任
　杜兰萍　　安徽职业技术学院机械工程系主任
　林若森　　柳州职业技术学院副院长
　李荣兵　　徐州工业职业技术学院机电工程系主任
　丁学恭　　杭州职业技术学院友嘉机电学院院长
　郭和伟　　湖北职业技术学院机电工程系主任
　宋文学　　西安航空技术高等专科学校机械工程系主任
　皮智谋　　湖南工业职业技术学院机械工程系主任
　刘茂福　　湖南机电职业技术学院机械工程系主任
　赵　波　　辽宁省交通高等专科学校机械电子工程系主任
　孙自力　　渤海船舶职业学院机电工程系主任
　张群生　　广西机电职业技术学院高等职业教育研究室主任

秘书长：
　陈健德　　电子工业出版社高等职业教育分社高级策划编辑

如果您有专业与课程改革或教材编写方面的新想法，请与我们及时联系。
电话：010-88254585，电子邮箱：chenjd@phei.com.cn

近年来，我国国民经济得到快速发展，对机械制造行业的人才数量需求明显增大，同时对机械加工技术水平的要求越来越高，因此，高职高专院校要按照教育部职业教育教学改革精神，不断地根据行业企业的需求进行专业和课程改革，为社会培养具有操作技能和职业发展能力的新型人才。本书以工程应用为目的，按照企业岗位对就业人员的新要求，参照国家职业标准，结合作者多年来开展的工学结合与校企合作经验，采用项目驱动、任务引导及教、学、做一体化的教学模式进行编写，同时又考虑到职业院校的教学实际和教材资源需要。

本书主要内容包括数控车床加工基础，轴类零件、盘类零件、套类零件、螺纹类零件、综合零件及特殊零件的典型表面数控车削加工，数控车床自动编程加工，数控车削技能题库等，主要有以下几个特点。

1. 实践适应性广

在素材的组织上，融合了数控切削加工的工艺分析、编程技术、数控车床的操作和自动编程等一系列知识，与企业人员共同编著，通过典型零件的加工案例介绍轴、套、盘、螺纹类等零件的编程与加工方法，以及复杂组合型零件的加工、创新工艺品的创意制作等训练方法，遵循知识结构由简单到复杂、操作训练项目由易到难的循序渐进的教学规律，注重前后衔接，合理安排，达到学生技能提升、知识与技能迁移的目的。

2. 市场导向性强

本书是在作者开展多年的课程教学改革，同时对企业和市场进行大量的调研后，针对企业技术人员及高职高专院校的需求现状编写的。典型项目任务可以适应机械制造产业技术的迅猛发展，满足先进制造对多变市场的适应能力与竞争能力，内容遵从公认的学术规范及相关的国家标准，是多年教学与实践成果的结晶。

3. 编写方法与手段新

教材的构成体系充分体现了能力教育和教、学、做一体化的创新教育教学理念，立足于教学实践应用。教学思路上根据数控领域职业岗位群的技能要求，以工学结合与校企合作为切入点，以实际产品加工作为实训任务，收集了大量的相关权威资料并加以细致的整理，许多加工实例都来源于生产实际和教学实践，适合项目式教学的需要。

4. 使用实效佳

本书与"双证制"教学深度融合，精选了全国数控车削工艺员、数控车削中高级和全国数控车削大赛的技能题库，并将详尽的参考答案、操作的数控工艺卡片和程序说明放在电子教学课件中，有助于更好地学习知识与技能，并为顺利就业打好基础。

全书由关颖编著，同时由常年从事数控车削生产一线的企业专家武昱、赵宏立、关侠参与编审。在编写过程中也得到沈阳职业技术学院领导和机械装备系领导及同志的关心和大力支持与帮助，在此一并表示感谢。

限于编著者的水平和经验，书中难免有欠妥之处，敬请读者批评指正。

为了方便教师教学，本书配有电子教学课件、习题参考答案，请有此需要的教师登录华信教育资源网（www.hxedu.com.cn）免费注册后进行下载，有问题时请在网站留言或与电子工业出版社联系（E-mail：hxedu@phei.com.cn）。读者也可通过该精品课程链接网址浏览和参考更多的教学资源，http://218.25.74.218/jpk/sk/index.asp。

编著者
2011 年 2 月

本书编委会

主　任	王　强
副主任	邹　伟
委　员	李　超　管俊杰　翟　斌　栾　敏　李学哲　杨　海
	齐　欣　关　颖　赵宏立　王素艳　武　昱　曾海红
	吴　爽　王嘉良　关　侠

典型工作过程与岗位核心能力导航图

工作过程	工作能力	核心能力	职业岗位
产品建模	1. 机械图识读能力 2. 运用CAD/CAM软件零件造型能力	精操作	数控设备操作人员
工艺编制	编制中等复杂程度零件数控加工工艺能力	能编程	数控设备编程与售后技术服务人员
生成NC代码	1. 中等复杂轮廓零件手工编程能力 2. 运用CAD/CAM软件编程能力	知工艺	数控加工工艺与安装调试、检测人员
产品加工	1. 数控车床操作能力 2. 团队协作能力 3. 工段/班组生产现场组织能力	会维修	数控设备维护维修人员
产品质量检验	产品质量检测与监控能力	懂管理	生产现场管理人员
数控设备检修	1. 故障分析能力 2. 诊断能力 3. 调试能力 4. 维修能力		

目 录

项目1 数控车床操作基础 ……………………………………………………………… 1

教学导航 …………………………………………………………………………………… 1
任务1-1 数控车床安全文明生产 …………………………………………………………… 2
   1.1.1 数控车床安全生产规则 ………………………………………………………… 2
   1.1.2 日常维护 ………………………………………………………………………… 2
   1.1.3 数控车床操作工职业技能鉴定标准 …………………………………………… 3
   1.1.4 数控车床的用途与分类 ………………………………………………………… 6
   1.1.5 数控车床的组成、布局和特点 ………………………………………………… 7
实训1 数控车床认知 ……………………………………………………………………… 9
思考题1 …………………………………………………………………………………… 10
任务1-2 工件在数控车床上定位与装夹 …………………………………………………… 10
   1.2.1 定位与夹紧方案的确定原则 …………………………………………………… 11
   1.2.2 数控车削工装夹具 ……………………………………………………………… 13
实训2 在数控车床上定位与装夹工件 …………………………………………………… 19
思考题2 …………………………………………………………………………………… 20
任务1-3 数控车床常用刀具的选用 ……………………………………………………… 20
   1.3.1 数控车削对数控刀具的要求 …………………………………………………… 21
   1.3.2 数控车床刀具的材料 …………………………………………………………… 22
   1.3.3 常用刀具的种类、特点及加工范围 …………………………………………… 27
   1.3.4 机夹可转位车刀的选用 ………………………………………………………… 28
   1.3.5 数控车削参数的选择 …………………………………………………………… 32
实训3 观察与选用数控车床常用刀具 …………………………………………………… 35
思考题3 …………………………………………………………………………………… 36
任务1-4 数控车床加工工艺规程文件拟定 ……………………………………………… 37
   1.4.1 数控车削加工方案的确定 ……………………………………………………… 37
   1.4.2 工序划分的原则 ………………………………………………………………… 38
   1.4.3 加工顺序安排原则 ……………………………………………………………… 39
   1.4.4 加工路线的确定 ………………………………………………………………… 39
   1.4.5 数控车床加工工艺规程文件的拟定 …………………………………………… 42
实训4 轴承套零件数控加工工艺规程文件的拟定 ……………………………………… 44
思考题4 …………………………………………………………………………………… 46

项目2 轴类零件的典型表面数控车削加工 …………………………………………… 48

教学导航 ………………………………………………………………………………… 48
任务2-1 简单型面程序编制在数控车床仿真软件上的加工 …………………………… 49
   2.1.1 数控车床编程基础 ……………………………………………………………… 49
   2.1.2 数控车床常用指令及编程方法 ………………………………………………… 56
   2.1.3 数控车床仿真软件基本操作 …………………………………………………… 64
实训5 简单阶梯轴的数控加工 ………………………………………………………… 66
思考题5 ………………………………………………………………………………… 71
任务2-2 端面及阶梯轴在数控车床仿真软件的加工 …………………………………… 72

	2.2.1	单一形状外圆切削固定循环(G90)	72
	2.2.2	单一形状锥面切削固定循环(G90)	73
	2.2.3	单一形状端面切削固定循环(G94)	74
	2.2.4	单一形状带锥度的端面切削固定循环(G94)	74
	2.2.5	数控车床仿真软件的程序创建与编辑	74

实训 6　圆锥轴的数控加工　76
思考题 6　78
任务 2-3　阶梯轴在数控车床仿真软件上的加工　79

	2.3.1	外圆复合形状多重粗车固定循环(G71)	80
	2.3.2	端面复合形状多重粗车固定循环(G72)	81
	2.3.3	轮廓复合形状多重粗车固定循环(G73)	82
	2.3.4	精车固定循环(G70)	84
	2.3.5	使用内、外圆复合固定循环(G71、G72、G73、G70)时的注意事项	84

实训 7　阶梯轴的数控加工　85
思考题 7　87

项目 3　盘类零件的数控车削加工　88

教学导航　88
任务 3-1　普通盘类零件的数控车削加工　89

	3.1.1	数控车床刀具的偏移	89
	3.1.2	刀具的几何磨损补偿	90
	3.1.3	刀具半径补偿	90
	3.1.4	刀具补偿量的设定	93
	3.1.5	数控车床系统操作设备	93
	3.1.6	数控车床的操作方法	96

实训 8　盘套的车削加工　99
思考题 8　104
任务 3-2　复杂盘类零件的数控车削加工　104

	3.2.1	数控车床的对刀与找正	105
	3.2.2	数控车床避免碰撞的方法	109
	3.2.3	设定和显示数据	111

实训 9　连接盘的数控车削加工　116
思考题 9　120

项目 4　套类零件的数控车削加工　121

教学导航　121
任务 4-1　普通套类零件的数控车削加工　122

	4.1.1	回参考点检验 G27、自动返回参考点 G28、从参考点返回 G29	122
	4.1.2	内孔车刀对刀	123

实训 10　缸盖的车削加工　124
思考题 10　127
任务 4-2　套类零件内外槽的数控车削加工　127

	4.2.1	端面切槽(钻孔)循环(G74)	128
	4.2.2	径向切槽(钻孔)循环(G75)	129
	4.2.3	使用切槽复合循环(G74、G75)时的注意事项	130
	4.2.4	内孔检测	130

实训 11　套槽的数控车削加工　133
思考题 11　137

项目 5　螺纹类零件的数控车削加工 ··· 138

 教学导航 ·· 138
 任务 5－1　圆柱螺纹类零件的数控车削加工 ·· 139
  5.1.1　单行程螺纹切削（G32） ·· 139
  5.1.2　螺纹切削循环（G92） ··· 140
  5.1.3　螺纹切削时的有关问题 ··· 142
  5.1.4　螺纹车刀对刀 ·· 142
 实训 12　圆柱螺纹的车削加工 ·· 143
 思考题 12 ··· 146
 任务 5－2　圆锥螺纹类零件的数控车削加工 ·· 146
  5.2.1　螺纹切削复合循环（G76） ·· 147
  5.2.2　螺纹检测 ··· 148
 实训 13　圆锥螺纹的车削加工 ·· 150
 思考题 13 ··· 153

项目 6　综合零件的数控车削加工 ··· 154

 教学导航 ·· 154
 任务 6－1　典型子程序零件在数控车床的加工 ·· 155
  6.1.1　子程序 ·· 155
  6.1.2　切槽刀对刀 ··· 156
  6.1.3　槽加工工艺方案 ··· 157
 实训 14　不等距槽的车削加工 ·· 158
 思考题 14 ··· 159
 任务 6－2　用户宏指令零件的数控加工 ·· 160
  6.2.1　用户宏程序 ··· 161
  6.2.2　变量 ·· 162
  6.2.3　算术和逻辑运算 ··· 164
  6.2.4　用户宏程序语句 ··· 165
  6.2.5　用户宏程序的调用 ··· 166
  6.2.6　椭圆类零件的宏程序编制 ··· 170
  6.2.7　双曲线类零件的宏程序编制 ··· 171
  6.2.8　抛物线类零件的宏程序编制 ··· 172
 实训 15　椭圆宏程序零件的车削加工 ·· 173
 思考题 15 ··· 176
 实训 16　双曲线宏程序零件的车削加工 ·· 177
 实训 17　抛物线宏程序零件的车削加工 ·· 180
 思考题 16 ··· 184
 任务 6－3　异形轴及配合组件的数控车削加工 ·· 184
 实训 18　异形轴的数控车削加工 ·· 187
 实训 19　配合组件的数控车削加工 ·· 189
 思考题 17 ··· 195

项目 7　特殊零件的创意设计与数控加工 ··· 196

 教学导航 ·· 196
 任务 7－1　国际象棋在数控车床的加工 ·· 197
 实训 20　国王的设计与数控车削加工 ·· 198
 思考题 18 ··· 200
 任务 7－2　工艺品的数控加工 ·· 202

· XI ·

实训21　酒杯的设计与数控车削加工 ………………………………………………………… 203
　思考题19 …………………………………………………………………………………………… 206

项目8　数控车床自动编程加工 ……………………………………………………………… 207
　教学导航 …………………………………………………………………………………………… 207
　任务8-1　轴类零件的造型与自动编程加工 …………………………………………………… 208
　　8.1.1　常用的自动编程软件 ……………………………………………………………… 208
　　8.1.2　CAXA数控车软件的基本操作 …………………………………………………… 209
　　8.1.3　CAXA数控车的CAD造型功能 …………………………………………………… 214
　　8.1.4　数控车CAM加工的基本概念 …………………………………………………… 219
　　8.1.5　CAXA数控车的CAD加工功能 …………………………………………………… 221
　实训22　轴的自动编程加工 ……………………………………………………………………… 233
　思考题20 …………………………………………………………………………………………… 238
　任务8-2　轴套类零件的造型与自动编程加工 ………………………………………………… 238
　实训23　螺母套的自动编程加工 ………………………………………………………………… 239
　思考题21 …………………………………………………………………………………………… 249
　任务8-3　异形零件的造型与自动编程加工 …………………………………………………… 250
　实训24　手柄的自动编程加工 …………………………………………………………………… 250
　思考题22 …………………………………………………………………………………………… 256

附录A　数控车削工艺员模拟理论考试题 …………………………………………………… 258
　A.1　国家职业培训统一考试数控工艺员理论考试试卷(1) ……………………………………… 258
　A.2　国家职业培训统一考试数控工艺员理论考试试卷(2) ……………………………………… 264
　A.3　国家职业培训统一考试数控工艺员理论考试试卷(3) ……………………………………… 272

附录B　数控车削工艺员模拟上机考试题 …………………………………………………… 281
　B.1　国家职业培训统一考试数控工艺员上机考试试卷(1) ……………………………………… 281
　B.2　国家职业培训统一考试数控工艺员上机考试试卷(2) ……………………………………… 283
　B.3　国家职业培训统一考试数控工艺员上机考试试卷(3) ……………………………………… 286
　B.4　国家职业培训统一考试数控工艺员上机考试试卷(4) ……………………………………… 288
　B.5　国家职业培训统一考试数控工艺员上机考试试卷(5) ……………………………………… 290

附录C　数控车削工艺员模拟实操考试题 …………………………………………………… 292
　C.1　数控工艺员实操考试试题(1) ………………………………………………………………… 292
　C.2　数控工艺员实操考试试题(2) ………………………………………………………………… 293
　C.3　数控工艺员实操考试试题(3) ………………………………………………………………… 295
　C.4　数控工艺员实操考试试题(4) ………………………………………………………………… 296

附录D　全国数控车削中高级理论试题库及模拟考试题 ………………………………… 298
　D.1　国家职业培训统一考试数控车床中级工理论考试题库 …………………………………… 298
　D.2　国家职业培训统一考试数控车床高级工理论考试题库 …………………………………… 305
　D.3　国家职业培训统一考试数控车床中级工理论考试试题(1) ………………………………… 313
　D.4　国家职业培训统一考试数控车床中级工理论考试试题(2) ………………………………… 318
　D.5　国家职业培训统一考试数控车床高级工理论考试试题(1) ………………………………… 321
　D.6　国家职业培训统一考试数控车床高级工理论考试试题(2) ………………………………… 323

附录E　全国数控车削中高级技能模拟考试题 …………………………………………… 327
　E.1　数控车床中级工操作试卷(1) ………………………………………………………………… 327
　E.2　数控车床中级工操作试卷(2) ………………………………………………………………… 328
　E.3　数控车床高级工操作试卷(1) ………………………………………………………………… 330
　E.4　数控车床高级工操作试卷(2) ………………………………………………………………… 331

附录F　实训报告 ……………………………………………………………………………… 333

参考文献 ………………………………………………………………………………………… 335

项目 1 数控车床操作基础

教学导航

学	教学重点	数控车削加工工艺知识
	教学难点	数控车床加工工艺规程文件的拟定
	推荐教学方式	采用"教、学、做"相融合的项目式教学法
	建议学时	16 学时
做	学习知识目标	掌握数控车床安全生产规则，数控车床结构及功用，数控车床常用刀夹量具的使用和数控车削工艺知识
	掌握技能目标	能正确选用数控车床刀具及编制数控加工工艺规程文件
	推荐学习方法	理论、技能与实践合一的小组学做法
	考核与评价	项目成果评定 60%，实训过程评价 30%，团队协作评价 10%

任务1-1 数控车床安全文明生产

任务目标

(1) 了解数控车床的功用。
(2) 掌握数控车床的基本结构及组成。
(3) 见习数控车床安全生产规则。

任务引领

(1) 现场观察所使用的数控车床的机床型号,并做好记录,说明它们所代表的意义。
(2) 现场观察数控车床加工零件过程,了解数控车床的安全生产规则,理解数控车床控制轴数、手动操作和自动运行的过程。
(3) 现场观察数控车床主传动、进给系统及其部件,了解滚珠丝杠螺母副的结构特点和用途。

相关知识

1.1.1 数控车床安全生产规则

(1) 数控车床的使用环境要避免光的直射和其他热辐射,要避免处于太潮湿或粉尘过多的场所,尤其是有腐蚀气体的场所。
(2) 为了避免电源不稳定给电子组件造成损坏,数控车床应采取专线供电或增设稳压装置。
(3) 数控车床的开机、关机顺序,一定要按照说明书的规定操作。
(4) 主轴启动开始切削之前,要关好防护罩门,程序正常运行中禁止开启防护罩门。
(5) 数控车床在正常运行时不允许开电器柜的门,禁止按动"急停"、"复位"按钮。
(6) 数控车床发生故障,操作者要注意保留现场,并向维修人员如实说明故障发生的前后情况,以利于分析情况,查找故障原由。
(7) 数控车床的使用一定要有专人负责,严禁其他人随意动用数控设备。
(8) 要认真填写数控车床的工作日志,做好交接班工作,消除事故隐患。
(9) 不得随意更改控制系统内制造厂设定的参数。
(10) 加工程序必须在经过严格校验后方可进行自动操作运行。在加工过程中,一旦出现异常现象,应立即按下"急停"按钮,以确保人身和设备的安全。

1.1.2 日常维护

为了使数控车床保持良好的状态,除了发生故障及时修理外,坚持日常的维修保养是非常重要的。坚持定期检查,经常维护保养,可以把许多故障隐患消除在萌芽之中,防止或减少事

故的发生。不同型号的数控车床日常保养的内容和要求不完全一样，对于具体情况应按说明书中的规定执行。

以下列出几个带有普遍性的日常维护内容。

（1）做好各导轨面的清洁润滑，有自动润滑系统的数控车床要定期检查，清洗自动润滑系统，检查油量并及时添加润滑油，检查油泵是否定期启动打油及停止。

（2）每天检查主轴箱自动润滑系统工作是否正常，定期更换主轴箱润滑油。

（3）注意检查电器柜中冷却风扇工作是否正常，风道过滤网有无堵塞，清洗黏附的尘土。

（4）注意检查冷却系统，检查液面高度，及时添加油或水，油、水脏污时，应及时更换清洗。

（5）注意检查主轴驱动皮带，调整松紧程度。

（6）注意检查导轨镶条松紧程度，调节间隙。

（7）注意检查数控车床液压系统油箱、油泵有无异常噪声，工作油面高度是否合适，压力表指示是否正常，管路及各接头有无泄漏。

（8）注意检查导轨机床防护罩是否齐全有效。

（9）注意检查各运动部件的机械精度，减少形状和位置偏差。

（10）每天下班前做好数控车床的卫生清扫工作，清扫切屑，擦净导轨部位的冷却液，防止导轨生锈。

（11）数控车床启动后，在其自动连续运转前，必须监视数控车床的运转状态。

（12）数控车床运转时，不得调整刀具和测量工件尺寸，手不得靠近旋转的刀具和工件。

（13）数控车床工作时，要确保冷却液输出通畅，流量充足。

（14）停机时要除去工件或刀具上的切屑，养成良好的工作习惯。

（15）加工完毕后，关闭电源，清扫数控车床并涂防锈油。

1.1.3 数控车床操作工职业技能鉴定标准

1. 数控车床操作工标准

（1）工种定义：从事编制数控加工程序并操作数控车床进行零件车削加工的人员。

（2）适用范围：常用数控车床的编程、操作、维护及保养。

（3）职业等级：本职业共设四个等级，分别为：中级（国家职业资格四级）、高级（国家职业资格三级）、技师（国家职业资格二级）、高级技师（国家职业资格一级）。

2. 数控车床操作工申报条件

（1）中级（具备以下条件之一者）。

① 经本职业中级正规培训达规定标准学时数，并取得结业证书。

② 连续从事本职业工作 5 年以上。

③ 取得经劳动保障行政部门审核认定的，以中级技能为培训目标的中等以上职业学校本职业或相关专业毕业证书。

④ 取得相关职业中级职业资格证书后，连续从事本职业工作 2 年以上。

（2）高级（具备以下条件之一者）。

① 取得本职业中级职业资格证书后，连续从事本职业工作 2 年以上，经本职业高级正规

培训达规定标准学时数，并取得结业证书。

② 取得本职业中级职业资格证书后，连续从事本职业工作4年以上。

③ 取得经劳动保障行政部门审核认定的、以高级技能为培养目标的职业学校本职业或相关专业毕业证书。

④ 大专以上本专业或相关专业毕业生，经本职业高级正规培训达规定标准学时数，并取得结业证书。

（3）技师（具备以下条件之一者）。

① 取得本职业高级职业资格证书后，连续从事本职业工作4年以上，经本职业技师正规培训达规定标准学时数，并取得结业证书。

② 取得本职业高级职业资格证书的职业学校本职业（专业）毕业生，连续从事本职业工作2年以上，经本职业技师正规培训达规定标准学时数，并取得结业证书。

③ 取得本职业高级职业资格证书的本科（含本科）以上本专业或相关专业毕业生，连续从事本职业工作2年以上，经本职业技师正规培训达规定标准学时数，并取得结业证书。

（4）高级技师。取得本职业技师职业资格证书后，连续从事本职业工作4年以上，经本职业高级技师正规培训达规定标准学时数，并取得结业证书。

3. 对中级数控车床操作工的要求

下面以中级数控车床操作工为例，阐述对中级数控车床操作工的技能和相关知识要求，见表1-1，高级、技师和高级技师的技能要求依次递进，高级别涵盖低级别的要求。

表1-1 中级数控车床操作工职业标准

职业功能	工作内容	技能要求	相关知识
一、加工准备	（一）读图与绘图	1. 能读懂中等复杂程度（如曲轴）的零件图 2. 能绘制简单的轴、盘类零件图 3. 能读懂进给机构、主轴系统的装配图	1. 复杂零件的表达方法 2. 简单零件图的画法 3. 零件三视图、局部视图和剖视图的画法 4. 装配图的画法
	（二）制定加工工艺	1. 能读懂复杂零件的数控车床加工工艺文件 2. 能编制简单（轴盘）零件的数控车床加工工艺文件	数控车床加工工艺文件的制定
	（三）零件定位与装夹	能使用通用夹具（如三爪自定心卡盘、四爪单动卡盘）进行零件装夹与定位	1. 数控车床常用夹具的使用方法 2. 零件定位、装夹的原理和方法
	（四）刀具准备	1. 能根据数控车床加工工艺文件选择、安装和调整数控车床常用刀具 2. 能刃磨常用车削刀具	1. 金属切削与刀具磨损知识 2. 数控车床常用刀具的种类、结构和特点 3. 数控车床、零件材料、加工精度和工作效率对刀具的要求
二、数控编程	（一）手工编程	1. 能编制由直线、圆弧组成的二维轮廓数控加工程序 2. 能编制螺纹加工程序 3. 能运用固定循环、子程序进行零件的加工程序编制	1. 数控编程知识 2. 直线插补和圆弧插补的原理 3. 坐标点的计算方法
	（二）计算机辅助编程	1. 能使用计算机绘图设计软件绘制简单（轴、盘、套）零件图 2. 能利用计算机绘图软件计算节点	计算机绘图软件（二维）的使用方法

续表

职业功能	工作内容	技能要求	相关知识
三、数控车床操作	（一）操作面板	1. 能按照操作规程启动及停止机床 2. 能使用操作面板上的常用功能键（如回零、手动、MDI、修调等）	1. 熟悉数控车床操作说明书 2. 数控车床操作面板的使用方法
	（二）程序输入与编辑	1. 能通过各种途径（如DNC、网络等）输入加工程序 2. 能通过操作面板编辑加工程序	1. 数控加工程序的输入方法 2. 数控加工程序的编辑方法 3. 网络知识
	（三）对刀	1. 能进行对刀并确定相关坐标系 2. 能设置刀具参数	1. 对刀的方法 2. 坐标系的知识 3. 刀具偏置补偿、半径补偿与刀具参数的输入方法
	（四）程序调试与运行	能够对程序进行校验、单步执行、空运行并完成零件试切	程序调试的方法
四、零件加工	（一）轮廓加工	1. 能进行轴、套类零件加工，并达到以下要求： （1）尺寸公差等级：IT6 （2）形位公差等级：IT8 （3）表面粗糙度：$Ra1.6\mu m$ 2. 能进行盘类、支架类零件加工，并达到以下要求： （1）轴径公差等级：IT6 （2）孔径公差等级：IT7 （3）形位公差等级：IT8 （4）表面粗糙度：$Ra1.6\mu m$	1. 内外径的车削加工方法、测量方法 2. 形位公差的测量方法 3. 表面粗糙度的测量方法
	（二）螺纹加工	能进行单线等节距普通三角螺纹、锥螺纹的加工，并达到以下要求： （1）尺寸公差等级：IT6～IT7 （2）形位公差等级：IT8 （3）表面粗糙度：$Ra1.6\mu m$	1. 常用螺纹的车削加工方法 2. 螺纹加工中的参数计算
	（三）槽类加工	能进行内径槽、外径槽和端面槽的加工，并达到以下要求： （1）尺寸公差等级：IT8 （2）形位公差等级：IT8 （3）表面粗糙度：$Ra3.2\mu m$	内径槽、外径槽和端槽的加工方法
	（四）孔加工	能进行孔加工，并达到以下要求： （1）尺寸公差等级：IT7 （2）形位公差等级：IT8 （3）表面粗糙度：$Ra3.2\mu m$	孔的加工方法
	（五）零件精度检验	能进行零件的长度、内径、外径、螺纹、角度精度检验	1. 通用量具的使用方法 2. 零件精度检验及测量方法
五、数控车床维护和故障诊断	（一）数控车床日常维护	能根据说明书完成数控车床的定期及不定期维护保养，包括：机械、电、气、液压、冷却数控系统检查和日常保养等	1. 数控车床说明书 2. 数控车床日常保养方法 3. 数控车床操作规程 4. 数控系统（进口与国产数控系统）使用说明书
	（二）数控车床故障诊断	1. 能读懂数控系统的报警信息 2. 能发现并排除由数控程序引起的数控车床的一般故障	1. 使用数控系统报警信息表的方法 2. 数控机床的编程和操作故障诊断方法
	（三）数控车床精度检查	能进行数控车床水平的检查	1. 水平仪的使用方法 2. 机床垫铁的调整方法

1.1.4 数控车床的用途与分类

数控车床又称为 CNC（Computer Numerical Control）车床，即用计算机数字控制的车床，也是目前使用较为广泛的数控机床之一。数控车床是将编制好的加工程序输入到数控系统中，由数控系统通过 X、Z 坐标轴伺服电动机去控制车床进给运动部件的动作顺序、移动量和进给速度，再配以主轴的转速和转向，便能加工出各种形状不同的轴类或盘类回转体零件。车削加工一般是通过工件旋转和刀具进给完成切削过程的。其主要加工对象是回转体零件，加工内容包括车外圆、车端面、切断和车槽、钻中心孔、钻孔、车孔、铰孔、镗孔、车螺纹、车圆锥面、车成形面、滚花和攻螺纹等。但是由于数控车床可自动完成内外圆柱面、圆锥面、圆弧面、端面、螺纹等工序的切削加工，所以它特别适合加工形状复杂的轴类或盘类零件。

数控车床具有加工灵活、通用性强、能适应产品品种和规格频繁变化的特点，能够满足新产品的开发和多品种、小批量、生产自动化的要求，因此被广泛应用于机械制造业，如汽车制造厂、发动机制造厂等。

随着数控车床制造技术的不断发展，数控车床品种繁多，可采用不同的方法进行分类。

1. 按数控车床的功能分类

1）经济型数控车床

经济型数控车床是在卧式车床基础上进行改进设计的，一般采用步进电动机驱动的开环伺服系统，其控制部分通常用单板机或单片机实现，具有 CRT 显示、程序存储、程序编辑等功能。但其加工精度不高，主要用于精度要求不高，有一定复杂程度的零件，如图 1-1 所示。

2）全功能数控车床

全功能数控车床在结构上突出精度保持性、可靠性、可扩展性、安全性、易操作和可维修性等，适用于对回转体、轴类和盘类零件进行直线、圆弧、曲面、螺纹、沟槽和锥面等高效、精密、自动车削加工，具有刀尖半径自动补偿、恒线速、固定循环、宏程序等先进功能，如图 1-2 所示。

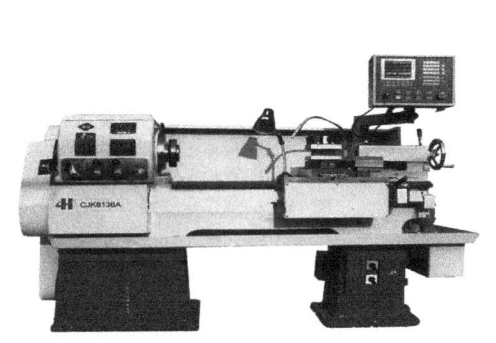

图 1-1　经济型数控车床

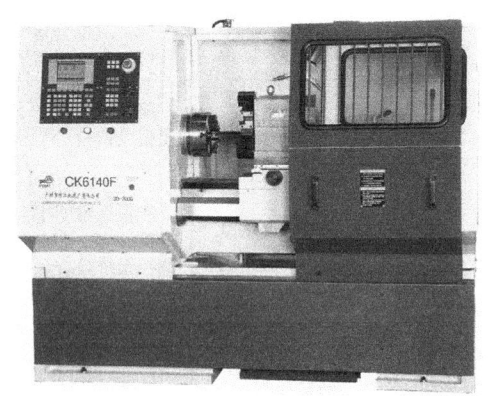

图 1-2　全功能数控车床

3）车削中心

车削中心的主体是数控车床，配有动力刀座或机械手，可实现车、铣复合加工，如高效车削、铣削凸轮槽和螺旋槽。如图1-3所示为一种高速卧式车削中心。

4）数控立式车床

数控立式车床主要用于加工径向尺寸大、轴向尺寸相对较小，且形状较复杂的大型或重型零件，适用于通用机械、冶金、军工、铁路等行业的直径较大的车轮、法兰盘、大型电机座、箱体等回转体的粗、精车削加工，如图1-4所示。

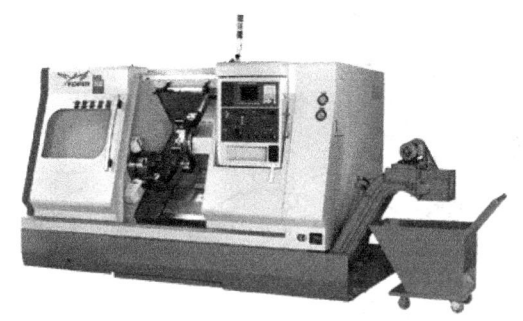
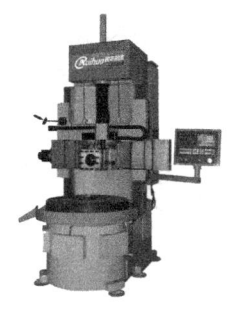
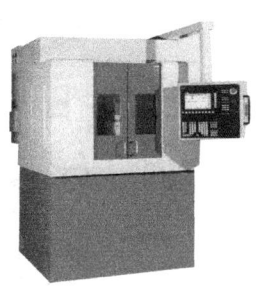

图1-3　高速卧式车削中心　　　　　　　图1-4　数控立式车床

2. 按主轴的配置形式分类

（1）卧式数控车床，主轴轴线处于水平位置的数控车床。

（2）立式数控车床，主轴轴线处于垂直位置的数控车床。

另外，还有具有两根主轴的车床，称为双轴卧式数控车床或双轴立式数控车床。

3. 按数控系统控制的轴数分类

（1）两轴控制的数控车床，机床上只有一个回转刀架，可实现两坐标控制。

（2）四轴控制的数控车床，机床上有两个独立的回转刀架，可实现四轴控制。

对于车削中心或柔性制造单元，还要增加其他的附加坐标轴来满足机床的功能。目前，我国使用较多的是中小规格的两坐标连续控制的数控车床。

1.1.5　数控车床的组成、布局和特点

1. 数控车床的结构组成

数控车床与卧式车床相比较，其结构上仍然是由主轴箱、刀架、进给传动系统、床身、液压系统、冷却系统、润滑系统等部分组成的，只是数控车床的进给系统与卧式车床的进给系统在结构上存在着本质上的差别。如图1-5所示为典型数控车床的机械结构组成图。卧式车床主轴的运动经过挂轮架、进给箱、溜板箱传到刀架实现纵向和横向进给运动。而数控车床则采用伺服电动机，经滚珠丝杠传到滑板和刀架，实现Z向（纵向）和X向（横向）进给运动。数控车床也有加工各种螺纹的功能，主轴旋转与刀架移动间的运动关系通过数控系统来控制。数控车床主轴箱内安装有脉冲编码器，主轴的运动通过同步齿形带1:1地传到脉冲编码器。当主轴旋转时，脉冲编码器便发出检测脉冲信号给数控系统，使主轴电动机的旋转与刀架的切削进给保持加工螺纹所需的运动关系，即实现加工螺纹时主轴转一转，刀架Z向移动工件一个导程。

数控车床操作与加工项目式教程

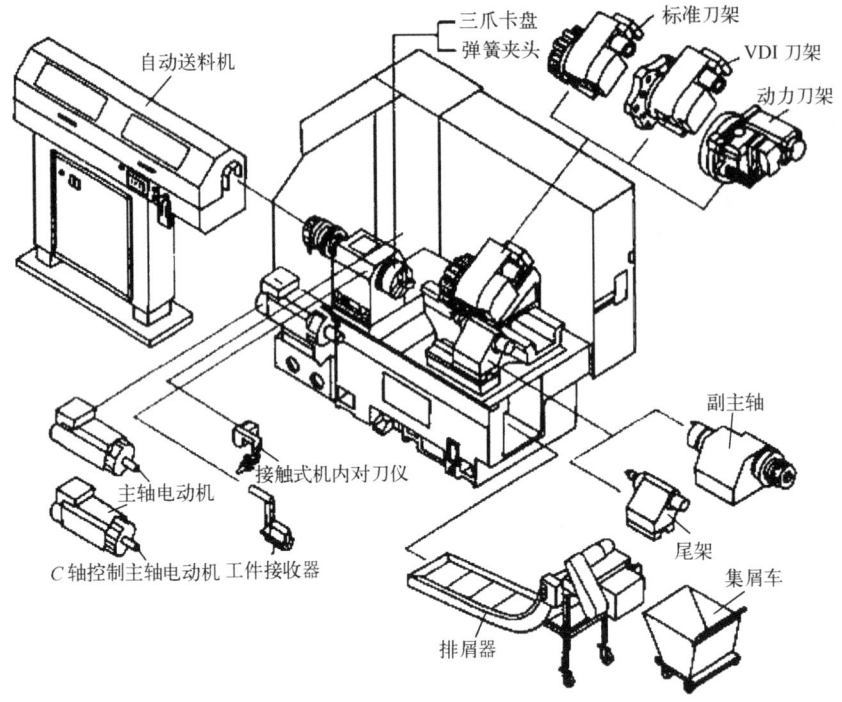

图 1-5 典型数控车床的机械结构组成图

2. 数控车床的布局

数控车床的主轴、尾架等部件相对床身的布局形式与卧式车床基本一致，而刀架和导轨的布局形式发生了根本的变化，这是因为刀架和导轨的布局形式直接影响数控车床的使用性能及其结构和外观所致。另外，数控车床上都设有封闭的防护装置。

1) 床身和导轨的布局

数控车床床身导轨与水平面的相对位置如图 1-6 所示，共有 4 种布局形式：水平床身，见图 1-6（a）；斜床身，见图 1-6（b）；水平床身斜滑板，见图 1-6（c）；立床身，见图 1-6（d）。

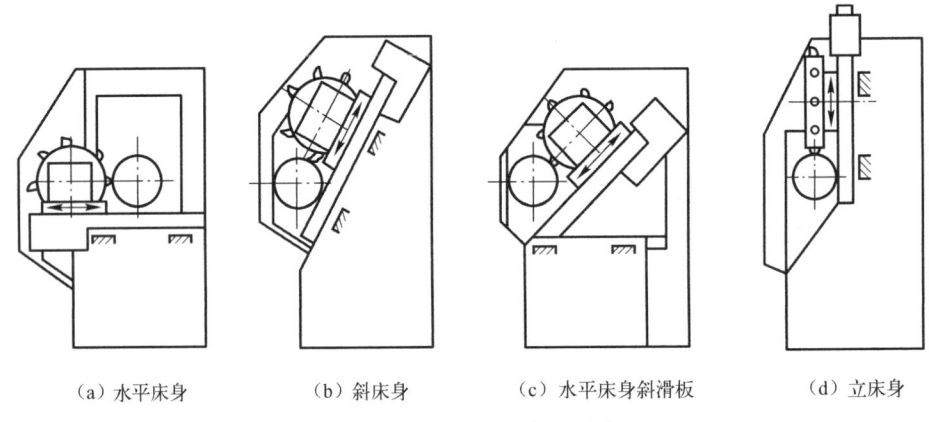

（a）水平床身　　（b）斜床身　　（c）水平床身斜滑板　　（d）立床身

图 1-6 数控车床的布局形式

水平床身的工艺性好，便于导轨面的加工。水平床身配上水平配置的刀架可提高刀架的运动速度，一般可用于大型数控车床或小型精密数控车床的布局。但是水平床身由于下部空间

8

项目1　数控车床操作基础

小，导致排屑困难。从结构尺寸上看，刀架水平放置使得滑板横向尺寸较长，从而加大了数控车床宽度方向的结构尺寸。

水平床身配上倾斜放置的滑板，并配置倾斜式导轨防护罩的布局形式，一方面有水平床身工艺性好的特点，另一方面数控车床宽度方向的尺寸较水平配置滑板的要小，且排屑方便。

水平床身配上倾斜放置的滑板和斜床身配置斜滑板布局形式被中、小型数控车床所普遍采用。这是由于此两种布局形式排屑容易，铁屑不会堆积在导轨上，也便于安装自动排屑器；操作方便，易于安装机械手，以实现单机自动化；数控车床占地面积小，外形简洁、美观，容易实现封闭式防护。

斜床身的导轨倾斜的角度可为30°、45°、60°、75°、和90°（称为立式床身）等几种。倾斜角度小，排屑不便；倾斜角度大，导轨的导向性差，受力情况也差。导轨倾斜角度的大小还会直接影响数控车床外形尺寸高度与宽度的比例。综合考虑上面的诸因素，中、小规格的数控车床，其床身的倾斜度以60°为宜。

2）刀架的布局

数控车床的刀架是机床的重要组成部分，刀架是用于夹持切削刀具的，因此其结构直接影响数控车床的切削性能和切削效率，在一定程度上，刀架结构和性能体现了数控车床的设计与制造水平。随着数控车床不断发展，刀架结构形式不断创新，但总体来说大致可以分两大类，即排刀式刀架和转塔式刀架。有的车削中心还采用带刀库的自动换刀装置。

排刀式刀架一般用于小型数控车床，各种刀具排列并夹持在可移动的滑板上，换刀时可实现自动定位。

转塔式刀架也称刀塔或刀台，转塔式刀架有立式和卧式两种结构形式。转塔刀架具有多刀位自动定位装置，通过转塔头的旋转、分度和定位来实现数控车床的自动换刀动作。转塔刀架应分度准确、定位可靠、重复定位精度高、转位速度快、夹紧刚性好，以保证数控车床的高精度和高效率。有的转塔刀架不仅可以实现自动定位，而且还可以转递动力。目前两坐标联动车床多采用12工位的回转刀架，也有的采用6工位、8工位、10工位回转刀架。回转刀架在数控车床上的布局有两种形式：一种是用于加工盘类零件的回转刀架，其回转轴垂直于主轴；另一种是用于加工轴类和盘类零件的回转刀架，其回转轴平行于主轴。

四坐标控制的数控车床的床身上安装有两个独立的滑板和回转刀架，故称为双刀架四坐标数控车床。其中，每个刀架的切削进给量是分别控制的，因此两刀架可以同时切削同一工件的不同部位，既扩大了加工范围，又提高了加工效率。四坐标数控车床的结构复杂，且需要配置专门的数控系统，实现对两个独立刀架的控制。这种数控车床适合加工曲轴、飞机零件等形状复杂、批量较大的零件。

任务实施

实训1　数控车床认知

1. 观察数控车床

现场观察所使用的数控车床的机床型号，并做好记录，说明它们所代表的意义。

2. 观察数控车床加工零件过程

现场观察数控车床加工零件过程，了解数控车床的安全生产规则，理解数控车床控制轴数、手动操作和自动运行的过程。对了解到的数控车床的传动及工作台拖板的运动控制和普通车床进行比较。根据所了解知识，认真填写表1-2。

表1-2 机床认识比较

机床类型	性能特征	型　号	控制轴数	联动轴数	主轴转速	换刀方式	数控系统	加工适应性
车床	普通车床							
	数控车床							

3. 观察数控车床系统部件

现场观察数控车床主传动、进给系统及其部件，了解滚珠丝杠螺母副的结构特点和用途，如图1-7所示。

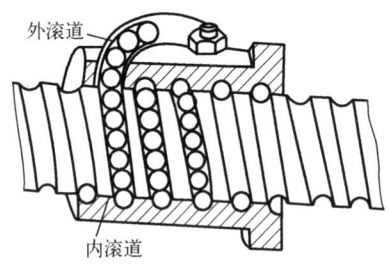

图1-7 滚珠丝杠螺母副的原理图

4. 填写实训报告

按附录F的格式填写实训报告。

思考题1

（1）数控车床由哪几部分组成？各部分的基本功能是什么？它用于什么场合？
（2）与普通车床相比较，数控车床有何特点？
（3）数控车床日常使用的规则与注意事项有哪些？

任务1-2　工件在数控车床上定位与装夹

任务目标

（1）认识数控车床各种典型夹具。
（2）观察夹具的结构，认识其组成元件（定位元件、夹紧装置、夹具体等），了解夹具的功用。
（3）掌握数控车床定位与夹紧方案的确定原则。
（4）掌握数控车床典型夹具的安装及找正方法。

任务引领

（1）认识数控车床各种典型夹具，观察夹具的结构，认识其组成元件，了解功用。

项目 1 数控车床操作基础

（2）在数控车床上使用三爪卡盘装夹工件并找正。
（3）在数控车床上使用四爪卡盘装夹工件并找正。

相关知识

1.2.1 定位与夹紧方案的确定原则

工件的定位与夹紧方案确定的准确与否，直接影响到工件的加工质量，合理地选择定位基准对保证工件的尺寸精度和相互位置精度有重要的作用。一般来说，应遵循以下三点原则：

（1）力求设计基准、工艺基准和编程基准统一。
（2）尽量减少装夹次数，尽可能在一次定位装夹中完成全部加工面的加工，以减少装夹误差，提高加工表面之间的相互位置精度，充分发挥数控车床的效率。
（3）避免使用需要占用数控机车机时的装夹方案，以便充分发挥数控车床的功效。

定位基准有粗基准和精基准两种。毛坯在开始加工时，均以未加工的表面定位，这种基准面称为粗基准；用已加工后的表面作为定位基准面，该基准面称为精基准。

1. 粗基准的选择

选择粗基准时，必须要满足以下两个基本要求：其一，应保证所有加工表面都有足够的加工余量；其二，应保证工件加工表面和不加工表面之间具有一定的位置精度。粗基准的选择原则如下：

（1）当加工表面与不加工表面有位置精度要求时，应选择不加工表面为粗基准。如图1-8所示的手轮，因为铸造时有一定的形位误差，在第一次装夹车削时，应选择手轮内缘的不加工表面作为粗基准，加工后就能保证轮缘厚度 a 基本相等，如图1-8（a）所示。如果选择手轮外圆（加工表面）作为粗基准，加工后因铸造误差不能消除，使轮缘厚薄明显不一致，如图1-8（b）所示。也就是说，在车削前，应该找正手轮内缘，或用三爪自定心卡盘反撑在手轮的内缘上进行车削。

（2）对所有表面都需要加工的工件，应该根据加工余量最小的表面找正，这样不会因位置的偏移而造成余量太小的部位加工不出来。如图1-9所示的台阶轴是锻件毛坯，A 段余量较小，B 段余量较大，粗车时应找正 A 段，再适当考虑 B 段的加工余量。

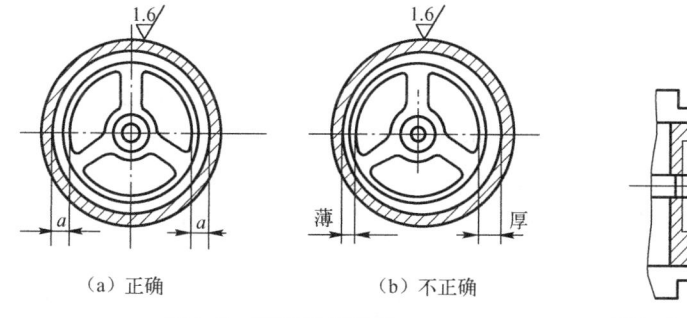

图1-8 粗基准的选择

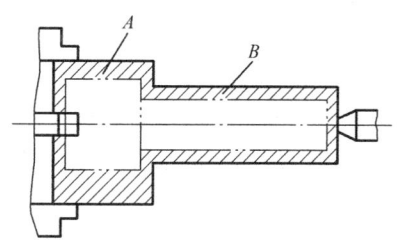

图1-9 加工余量最小的表面作为粗基准

（3）应选用工件上强度、刚性好的表面作为粗基准，否则会产生松动或将工件夹坏。
（4）粗基准应选择平整光滑的表面，铸件装夹时应让开浇冒口部分。

11

（5）粗基准不能重复使用。

2. 精基准的选择

（1）基准重合原则。尽可能采用设计基准或装配基准作为定位基准。一般的套、齿轮坯和皮带轮，精加工时一般利用心轴以内孔作为定位基准来加工外圆及其他表面，如图1-10（a）、(b)、(c)所示。在车削三爪自定心卡盘法兰时，如图1-10（d）所示，一般先车好内孔和螺纹，然后把它安装在主轴上再车三爪自定心卡盘的凸肩和端面。这种加工方法的定位基准和装配基准重合，容易达到装配精度的要求。

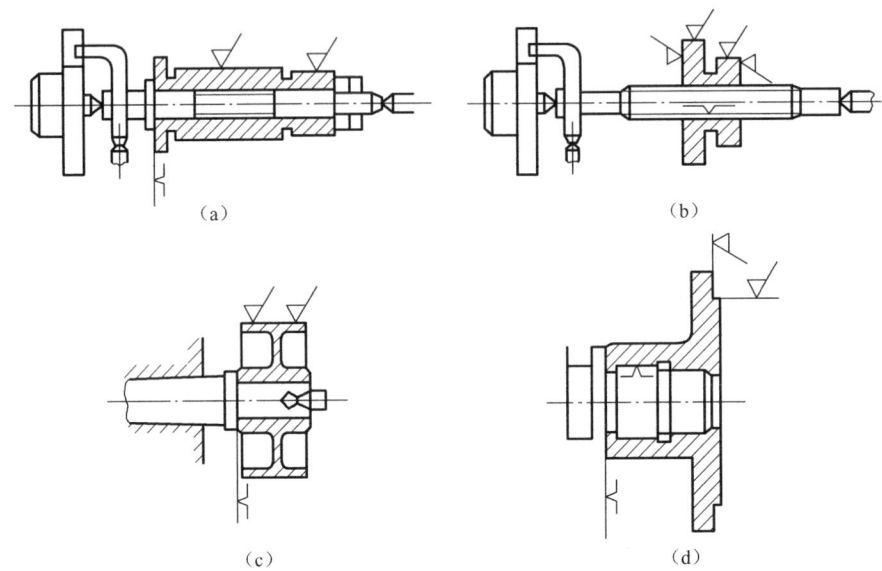

图1-10 精基准的选择

（2）基准统一原则。除第一道工序外，其余加工表面尽量采用同一个精基准，因为基准统一后，可减小定位误差，提高加工精度，使装夹方便。例如，一般轴类工件的中心孔，在车、铣、磨等工序中，始终用中心孔作为精基准。又如，齿轮加工时，先把内孔加工好，然后始终以孔作为精基准。

（3）互为基准、反复加工原则。例如，车床主轴支承轴颈与主轴锥孔的同轴度要求很高。我们常常采用互为基准、反复加工的方法来达到零件图的要求。

（4）自为基准原则。有些精加工工序要求加工余量小，为保证加工质量和提高生产率，往往就以被加工面本身作为精基面。

（5）尽可能使定位基准和测量基准重合。如图1-11（a）所示的套，A和B之间的长度公差为0.1mm，测量基准面为A。如图1-11（b）所示的心轴加工时，因为轴向定位基准是A面，这样定位基准与测量基准重合，使工件容易达到长度公差要求。如果图1-11（c）中用C面作为长度定位基准，由于C面与A面之间也有一定误差，这样就产生了间接误差，误差累计后，很难保证40 ± 0.1mm的要求。

（6）选择精度较高、形状简单和尺寸较大的表面作为精基准。这样可以减小定位误差，使定位稳固，还可使工件减少变形。如图1-12（a）所示的内圆磨具套筒，外圆长度较长，形状简单，在车削和磨削内孔时，应以外圆作为定位精基准。

车内孔和内螺纹时，应一端用软卡爪夹住，以外圆作为精基准进行加工，如图1-12（b）

所示。磨削两端内孔时,把工件安装在V形夹具中,如图1-12(c)中,同样以外圆作为精基准进行加工。

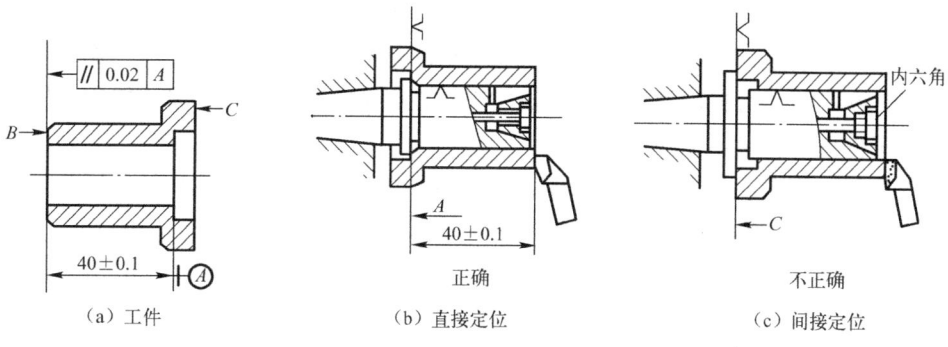

(a)工件　　(b)直接定位　　(c)间接定位

图1-11　定位基准和测量基准重合

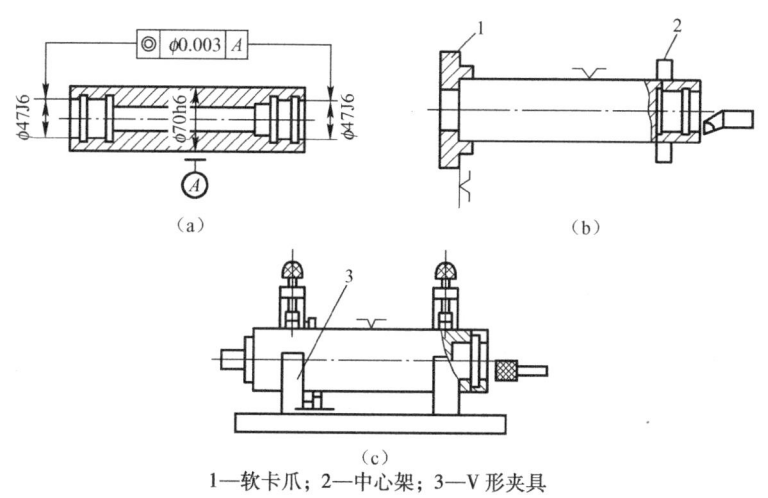

1—软卡爪；2—中心架；3—V形夹具

图1-12　内圆磨具套筒精基准的选择

1.2.2　数控车削工装夹具

数控车床主要用于加工工件的内外圆柱面、圆锥面、回转成型面、螺纹及端平面等。根据加工特点和夹具在数控车床上安装的位置,将车床夹具分为两种基本类型：一类是安装在车床主轴上的夹具,这类夹具与车床主轴相连接并带动工件一起随主轴旋转,除了各种卡盘、顶尖等通用夹具或其他数控车床附件外,往往根据加工的需要设计出各种心轴或其他专用夹具；另一类是安装在滑板或床身上的夹具,对于某些形状不规则和尺寸较大的工件,常常把夹具安装在车床滑板上,刀具则安装在车床主轴上做旋转运动,夹具做进给运动。

1. 车床夹具的概念

在车床上用来装夹工件的装置称为车床夹具。

车床夹具可分为通用夹具和专用夹具两大类。通用夹具是指能够装夹两种或两种以上工件的同一夹具,例如,车床上的三爪卡盘、四爪卡盘、弹簧卡套和通用心轴等；专用夹具是指专门为加工某一指定工件的某一工序而设计的夹具。

数控车床通用夹具与普通车床及专用车床的通用夹具相同。

2. 夹具的作用

夹具用来装夹被加工工件以完成加工过程,同时要保证被加工工件的定位精度,并使装卸尽可能方便、快捷。

选择夹具时通常先考虑选用通用夹具，这样可避免制造专用夹具。专用夹具是针对通用夹具无法装夹的某一工件或工序而设计的，下面即为专用夹具的作用。

（1）保证产品质量。被加工工件的某些加工精度是由车床夹具来保证的。夹具应能提供合适的夹紧力，既不能因为夹紧力过小导致被加工工件在切削过程中松动，又不能因夹紧力过大而导致被加工工件变形或损坏工件表面。

（2）提高加工效率。夹具应能方便被加工工件的装卸，例如，采用液压装置能使操作者降低劳动强度，同时节省车床辅助时间，达到提高加工效率的目的。

（3）解决车床加工中的特殊装夹问题。对于不能使用通用夹具装夹的工件通常需要设计专用夹具。

（4）扩大数控车床的使用范围。使用专用夹具可以完成非轴套和非轮盘类零件的孔、轴、槽和螺纹等的加工，可扩大数控车床的使用范围。

3. 圆周定位夹具

在数控车床加工中大多数情况是使用工件或毛坯的外圆定位，以下四种就是靠圆周来定位的夹具。

1）三爪卡盘

三爪卡盘是最常用的车床通用卡具，如图1-13所示。三爪卡盘最大的优点是可以自动定心，夹持范围大，装夹速度快，但定心精度存在误差，不适于同轴度要求高的工件的二次装夹。

三爪卡盘常见的有机械和液压式两种。液压卡盘装夹迅速、方便，但夹持范围变化小，尺寸变化大时需重新调整卡爪位置。数控车床经常采用液压卡盘，液压卡盘还特别适用于批量加工。

2）软爪

软爪是一种具有切削性能的夹爪。由于三爪卡盘定心精度不高，当加工同轴度要求高的工件二次装夹时，常常使用软爪。通常三爪卡盘为保证刚度和耐磨性要进行热处理，硬度较高，很难用常用刀具切削。

软爪也有机械式和液压式两种。软爪是在使用前配合被加工工件特别制造的，加工软爪时要注意以下几方面的问题：

（1）软爪要在与使用时相同的夹紧状态下加工，以免在加工过程中松动和由于反向间隙而引起定心误差。加工软爪内定位表面时，要在软爪尾部夹紧一适当的棒料，以消除卡盘端面螺纹的间隙，如图1-14所示。

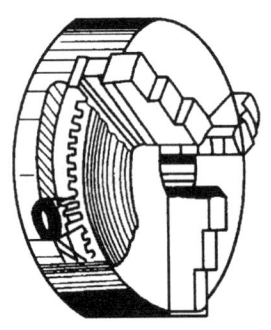

图1-13 三爪卡盘

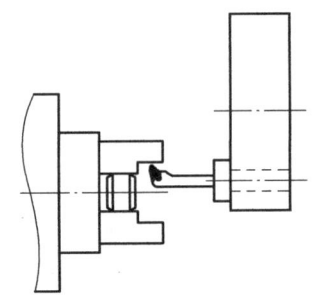

图1-14 软爪

(2)当被加工件以外圆定位时,软爪内圆直径应与工件外圆直径相同,略小更好。如图1-15所示,其目的是消除夹盘的定位间隙,增加软爪与工件的接触面积。软爪内径大于工件外径会导致软爪与工件形成三点接触,如图1-16所示,此种情况接触面积小,夹紧牢固程度差,应尽量避免。软爪内径过小,如图1-17所示,会形成六点接触,一方面会在被加工表面留下压痕,同时也使软爪接触面变形。

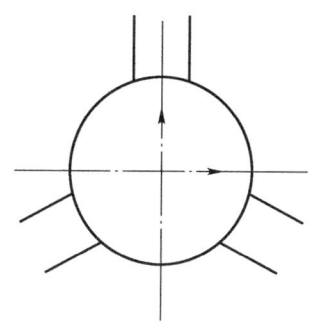

图1-15 理想的软爪内径 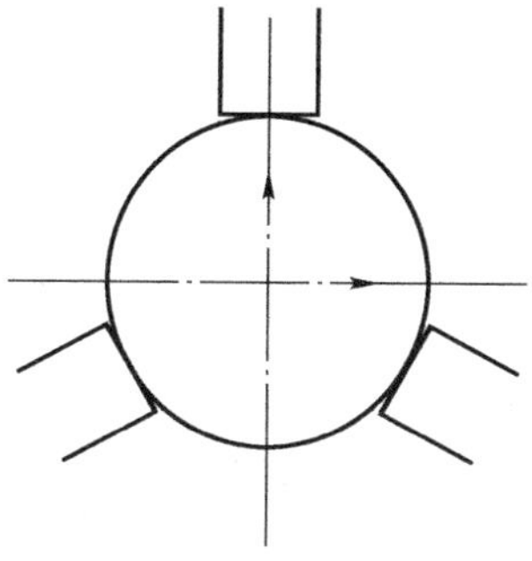　　　图1-16 软爪内径过大 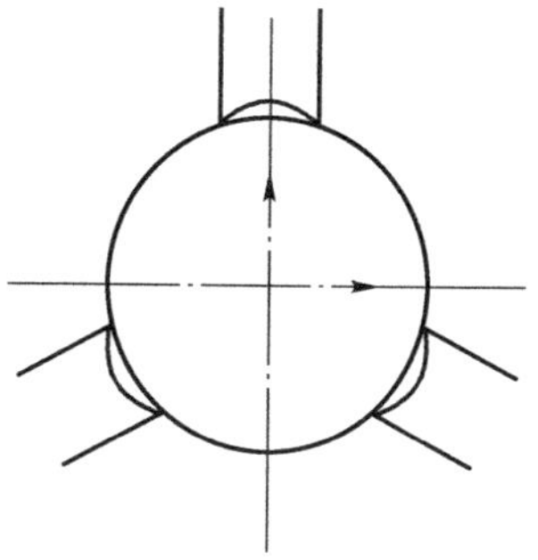　　　图1-17 软爪内径过小

3)弹簧夹套

弹簧夹套定心精度高,装夹工件快捷方便,常用于精加工的外圆表面定位。弹簧夹套特别适用于尺寸精度较高、表面质量较好的冷拔圆棒料,若配以自动送料器,可实现自动上料。弹簧夹套夹持工件的内孔是标准系列,并非任意直径。

4)四爪卡盘

四爪卡盘如图1-18所示,也是车床上常用的夹具,它适用于装夹形状不规则或大型的工件,夹紧力较大,装夹精度较高,不受卡爪磨损的影响,但装夹不如三爪自定心卡盘方便。

四爪卡盘在装夹时应根据工件被装夹处的尺寸调整卡爪,使其相对两爪的距离略大于工件直径,并且工件被夹持部分不宜太长,一般以10～15mm为宜。为了防止工件表面被夹伤和找正工件时方便,装夹位置应垫0.5mm以上的铜皮;在装夹大型、不规则工件时,应在工件与导轨面之间垫放防护木板,以防工件掉下,损坏车床表面。

四爪卡盘找正工件时:一是把主轴放在空挡位置,便于卡盘转动;二是灯光视线角度与划针尖要配合好,以减小目测误差;三是不能同时松开两只卡爪,以防工件掉下;四是工件找正后,四爪的夹紧力要基本相同,否则车削时工件容易发生位移;五是找正近卡爪处的外圆,发现有极小的误差时,不要盲目地松开卡爪,可把相对应卡爪再夹紧一点来做微量调整。

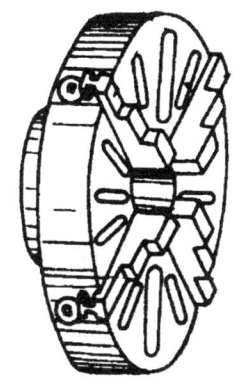

图1-18 四爪卡盘

下面介绍几种四爪卡盘找正工件的方法以供参考。

(1)盘类工件的找正方法,如图1-19所示。对于盘类工件,既要找正外圆,又要找正平面(即A点和B点)。找正A点外圆时,用移动卡爪来调整,其调整量为间隙差值的一半,如图1-19(b)所示;找正B点平面时,用铜锤或铜棒敲击,其调整量等于间隙差值,如图1-19(c)所示。

(2)轴类工件的找正方法,如图1-20所示。对于轴类工件通常是找正外圆A、B两点。其方法是先找正A点外圆,再找正B点外圆。找正A点外圆时,应调整相应的卡爪,调整方法与盘类工件外圆找正方法一样；而找正 B 点外圆时，采用铜锤或铜棒敲击。

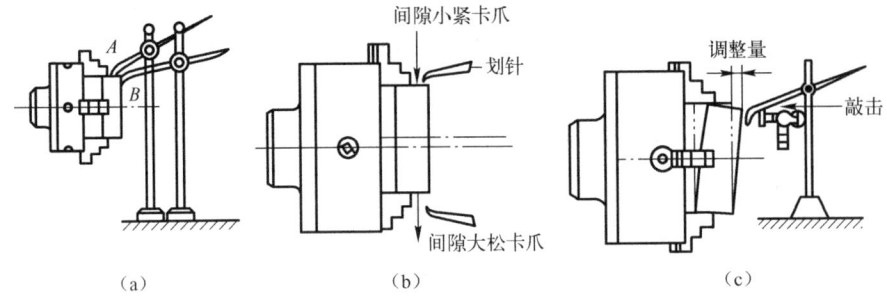

图 1-19　盘类工件找正方法

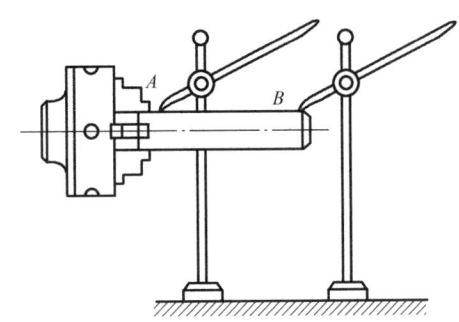

图 1-20　盘类工件找正方法

（3）百分表、量块找正法。为保证高精度的工件达到要求，采用百分表、量块找正法是最常用，也是较佳的方法，其具体方法如下。

在粗找正结束后，把百分表按图 1-21 所示装夹在中溜板上，向前移动中溜板使百分表头与工件的回转轴线相垂直，用手转动卡盘至读数最大值，记下中溜板的刻度值和此时百分表的读数值；然后提起百分表头，向后移动中溜板，使百分表离开工件，退至安全位置；挂空挡，用手把卡盘转 180°，向前移动中溜板，摇到原位（与上次刻度值重合），再转动卡盘到读数最大值，比较对应两点的读数值，若两点的读数值不相重合，出现了读数差，则应把其差值除以 2 作为微调量进行微调；若两者读数值重合，则表明工件在这个方向上的回转中心已经与主轴的轴线相重合。应用这种方法，一般只需反复 2～3 次就能使一对卡爪达到要求。同理可找好另一对卡爪。

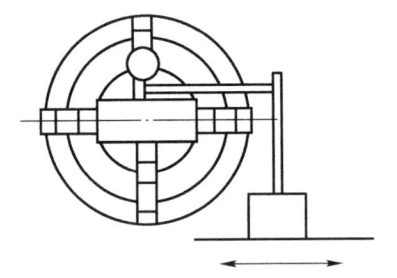

图 1-21　百分表找正方法

用四爪单动卡盘找正偏心工件（单件或少量）比三爪自动定心卡盘方便，而且精度高，尤其是在双重偏心工件加工中更能凸显优势。一般情况下，工件的偏心距在 4.5mm 范围以内时，直接运用百分表按上述找正办法即可完成找正工作；而当工件的偏心距大于 4.5mm 时，0～10mm 百分表的量程就受到了限制。此时就得借助量块进行辅助，其找正办法与前面百分表找正方法是一致的，所不同的是需垫量块辅助找正处，即要先在工件表面垫上量块，再拉起百分表的表头使其接触，压表范围控制在 1mm 以内，转到最大值，记住读数值，再拉起表头，拿出量块，退出百分表，余下的操作与前面介绍的完全一样。

（4）十字线找正法。如图 1-22 所示，先用手转动工件，找正 $A(A_1)B(B_1)$ 线；调整划针高度，使针尖通过 AB，然后工件转过 180°。可能出现下列情况：针尖仍然通过 AB 线，这表明针尖与主轴中心一致，且工件 AB 线也已经找正，如图 1-22（a）所示；二是针尖在下方与 AB 线相差距离 Δ，如图 1-22（b）所示，这表明划针应向上调整 $\Delta/2$，工件 AB 线向下调整 $\Delta/2$；三是针尖在上方与 AB 线相距 Δ，如图 1-22（c）所示，这时划针应向下调整 $\Delta/2$，AB 线向上调整 $\Delta/2$；工件这样反复调转 180°进行找正，直至划针盘针尖通过 AB 线为止。

划线盘高度调整好后，再找十字线时，就容易得多。工件上 $A(A_1)$ 和 $B(B_1)$ 线找平后，若在划针针尖上方，工件就往下调；反之，工件就往上调。找十字线时，要十分注意综合考虑，一般应该是先找内端线，后找外端线；两条十字线（如图 1-22 中 $A(A_1)$、$B(B_1)$、$C(C_1)$、$D(D_1)$ 线）要同时找调，反复进行，全面检查，直至找正为止。

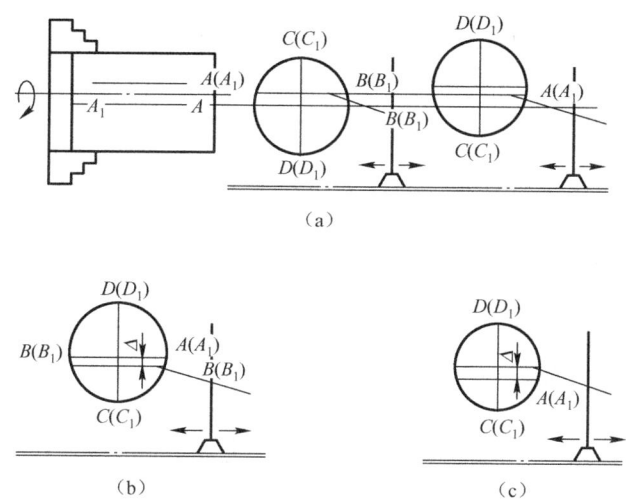

图 1-22 十字线找正方法

4. 中心孔定位夹具

（1）两顶尖拨盘：两顶尖定位的优点是定心正确可靠，安装方便。顶尖作用是定心、承受工件的质量和切削力。顶尖分前顶尖和后顶尖两种，前顶尖与主轴一起旋转，与主轴中心孔不产生摩擦；后顶尖插入尾座套筒。两顶尖拨盘的结构特点如表 1-3 所示。

表 1-3 两顶尖拨盘

名 称	特 点	结 构 图
前顶尖	插入主轴锥孔内	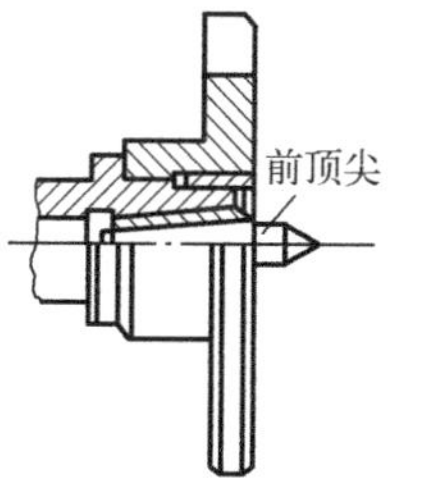
	夹在卡盘上	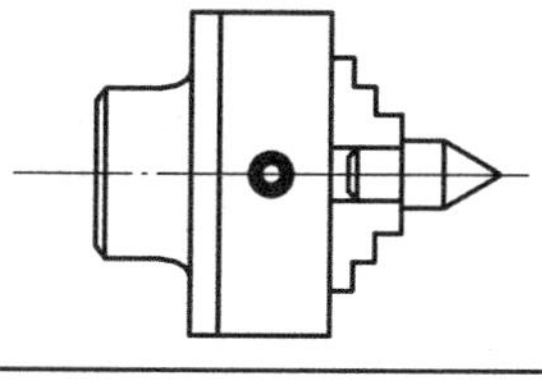

续表

名　称	特　点	结　构　图
后顶尖	固定式	
	回转式（应用广泛）	

工件安装时用对分夹头或鸡心夹头夹紧工件一端，拨杆伸向端面。两顶尖只对工件有定心和支撑作用，必须通过对分夹头或鸡心夹头的拨杆带动工件旋转，如图1-23所示。

利用两顶尖定位还可加工偏心工件，如图1-24所示。

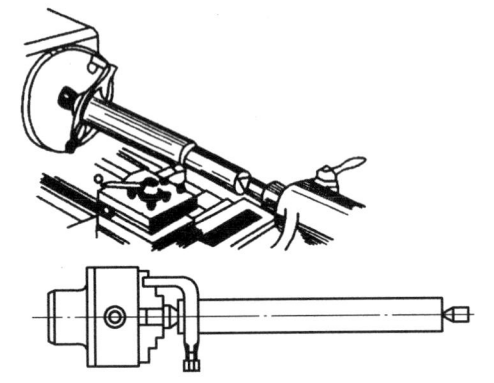
图1-23　两顶尖装夹工件

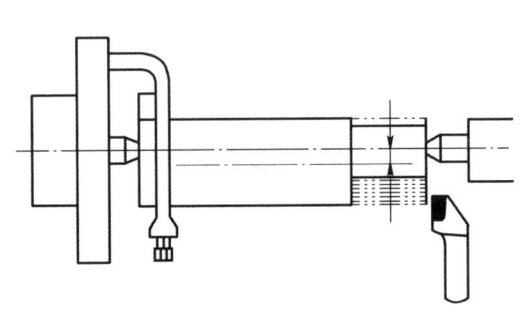
图1-24　两顶尖车削偏心轴

（2）拨动顶尖：拨动顶尖常用的有内、外拨动顶尖和端面拨动顶尖两种，如表1-4所示。

表1-4　拨动顶尖

名　称		特　点	结　构　图
拨动顶尖	内、外拨动顶尖	锥面带齿，能嵌入工件，拨动工件旋转	
	端面拨动顶尖	利用端面拨爪带动工件旋转，适合装夹工件的直径在 $\phi 50 \sim 150$ mm 之间	

5. 其他车削工装夹具

数控车削加工中有时会遇到一些形状复杂和不规则的零件，不能用三爪卡盘或四爪卡盘装夹，需要借助其他工装夹具，如花盘、角铁等。

（1）花盘：加工表面的回转轴线与基准面垂直、外形复杂的零件可以装夹在花盘上。如图1-25所示为用花盘装夹双孔连杆的方法。

（2）角铁：加工表面的回转轴线与基准面平行、外形复杂的工件可以装夹在角铁上。如图1-26所示为角铁的安装方法。

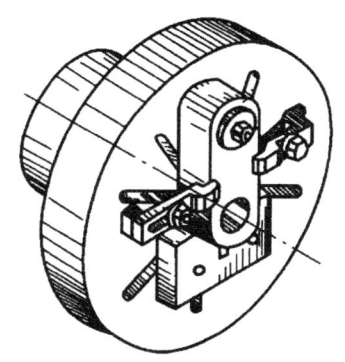
图1-25 用花盘装夹双孔连杆的方法

图1-26 角铁的安装方法

任务实施

实训2 在数控车床上定位与装夹工件

1. 认识数控车床典型夹具

认识数控车床各种典型夹具，观察夹具的结构，认识其组成元件（定位元件、夹紧装置、夹具体等），了解夹具的功用。

2. 使用三爪卡盘装夹工件

在数控车床上使用三爪卡盘装夹工件并找正。

3. 使用四爪卡盘装夹工件

在数控车床上使用四爪卡盘装夹工件并找正。

1）百分表找正法

（1）将工件按如图1-27所示的方式装夹在四爪卡盘上，夹住即可，不要用力过大，便于及时调整。

（2）将百分表夹在百分表座支架上，表座下方吸附在车床的中溜板上。

（3）先找正工件的端面。摇动大溜板，使百分表头接近工件的端面（转动工件，以端面不碰到百分表为宜），然后轻轻地转动工件，观察工件端面，哪一点离百分表最近，则轻轻敲击工件，使其离开百分表。当工件端面的各点距离百分表比较接近一致时，将百分表轻轻地压向工件，让表针转动0.2mm。看表进行找正，直至百分表的指针变化很小为止。

(4) 对工件的外圆进行找正。将百分表指向工件外圆表面,其找正的方法与端面找正基本相同,请读者在实训中体会。

(5) 边找正边将工件夹紧。

2) 画线找正法

(1) 如图1-28方式,将工件装夹在四爪卡盘上,夹住即可,不要用力过大,便于找正时调整省力。

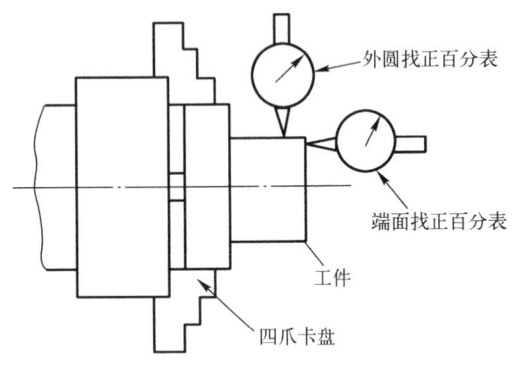

图1-27 四爪卡盘找正

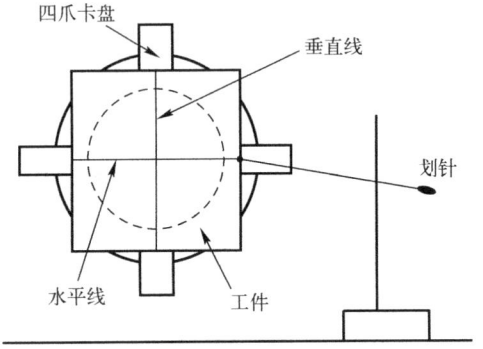

图1-28 画线找正

(2) 将划针放在中溜板上,初步调好划针针尖的高度。

(3) 用划针检查十字线中的一条画线,边转动卡盘,边用划针检查线是否水平。当工件上的直线达到水平时,则将划针与直线等高。

(4) 然后将工件转动180°,再找水平。当达到水平后,观察划针与水平直线的高度差。

(5) 调整卡盘的上、下夹爪,使划针和水平直线的高度差减半。

(6) 循环用上述的方法,直到不等高的值达到要求为止。

(7) 另一条正交直线的找正方法与上述相同。

4. 填写实训报告

按附录F的格式填写实训报告。

思考题2

(1) 数控车床定位与夹紧方案的确定原则是什么?

(2) 数控车床常用的装夹方式有哪些?

(3) 什么叫粗基准和精基准?试述它们的选择原则。

任务1-3 数控车床常用刀具的选用

任务目标

(1) 了解数控车床常用刀具的种类、材料、特点及加工范围。

(2) 掌握数控车床刀具的选择原则,正确选取数控车削刀具。

(3) 合理选择数控车床刀具的参数。

任务引领

（1）观察数控车床常用刀具的结构，了解其功用，掌握各种车削刀具的用途。

（2）分辨数控车削刀具组成元件，了解刀片的形状、切削刃形状、断屑槽形状、主要几何角度及功用。

（3）观察数控车削刀具的定位夹紧机构特点，拆卸并安装刀具刀片夹紧结构。

（4）观察采用不同切削参数的情况下，所车削零件的表面粗糙度的变化。

相关知识

1.3.1 数控车削对数控刀具的要求

数控加工过程中刀具的选择是保证加工质量和提高生产率的重要环节，合理选择数控刀具需综合考虑机床的自动化程度、工序内加工内容、零件材料的切削性能等因素。

在金属切削加工过程中，刀具切削性能的好坏，取决于刀具切削部分的材料，它直接影响着刀具寿命、刀具消耗、加工精度、已加工表面的质量和加工效率等。刀具材料是指刀具切削部分的材料。金属切削时，刀具切削部分直接和工件及切屑相接触，承受着很大的切削压力和冲击，并受到工件及切屑的剧烈摩擦，产生很高的切削温度，这也就是说，刀具切削部分是在高温、高压及剧烈摩擦的恶劣条件下工作的。因此，刀具材料应具备以下基本性能：

（1）高硬度。刀具材料的硬度必须高于被加工工件材料的硬度，否则在高温高压下，就不能保持刀具锋利的几何形状，这是刀具材料应具备的最基本的性能。高速钢的硬度 HBC 为 63～70。硬质合金的硬度 HRA 为 89～93。

（2）足够的强度和韧性。刀具切削部分的材料在切削时要承受很大的切削力和冲击力。例如，车削 45#钢时，当背吃刀量 $a_p=4mm$，进给量为 $f=0.5mm/r$ 时，刀片要承受约 4000N 的切削力。因此，刀具材料必须有足够的强度和韧性。一般用刀具材料的抗弯强度 σ_b（单位为 $Pa=N/m^2$）表示它的强度大小，用冲击韧度 σ_k（单位为 J/m^2）表示其韧性的大小，它反映刀具材料抗脆性断裂和抗崩刃的能力。

（3）高的耐磨性和耐热性。刀具材料的耐磨性是指抵抗磨损的能力。一般来说，刀具材料硬度越高，耐磨性也越好。刀具材料的耐磨性还和金相组织有关，金相组织中碳化物越多，颗粒越细，分布越均匀，其耐磨性也就越高。

刀具材料的耐磨性和耐热性也有着密切的关系。耐热性通常用它在高温下保持较高硬度的性能来衡量，即高温硬度，或叫"红硬性"。高温硬度越高，表示耐热性越好，刀具材料在高温时抗塑变的能力和耐磨损的能力也就越强。耐热性差的刀具材料，由于高温下硬度显著下降而会很快磨损乃至发生塑性变形，丧失其切削能力。

（4）良好的导热性。刀具材料的导热性用热导率（单位为 $W/(m·K)$）来表示。热导率大，表示导热性好，切削时产生的热量就容易传导出去，从而降低切削部分的温度，减轻刀具磨损。导热性好的刀具材料，其耐热冲击和抗热龟裂的性能也都增强了，这种性能对采用脆性刀具材料进行断续切削，特别是在加工导热性能差的工件时显得非常重要。

（5）良好的工艺性。为了便于制造，要求刀具材料有较好的可加工性，包括锻压、焊接、切削加工、热处理和可磨性等。

(6) 较好的经济性。经济性是评价新型刀具材料的重要指标之一,也是正确选用刀具材料、降低产品成本的主要依据之一。刀具材料的选用应结合我国资源状况,以降低刀具的制造成本。

(7) 抗黏结性和化学稳定性。刀具的抗黏结性是指工件与刀具材料分子间在高温高压作用下,抵抗互相吸附而产生黏结的能力。刀具的化学稳定性是指刀具材料在高温下,不易与周围介质发生化学反应的能力。刀具材料应具备较高的抗黏结性和化学稳定性。

1.3.2 数控车床刀具的材料

在金属切削领域中,金属切削机床的发展和刀具材料的开发是相辅相成的关系。刀具材料的发展在一定程度上推动着金属切削加工技术的进步。刀具材料从碳素工具钢到今天的硬质合金和超硬材料（陶瓷、立方氮化硼、聚晶金刚石等）的出现,都是随着车床主轴转速的提高、功率的增大、主轴精度的提高、车床刚性的增加而逐步发展的。同时,由于新的工程材料不断出现,也对切削刀具材料的发展起到了促进作用。

目前金属切削工艺中应用的刀具材料主要是高速钢刀具、硬质合金刀具、陶瓷刀具、立方氮化硼刀具和聚晶金刚石刀具。在数控车床上普遍应用的是高速钢刀具、硬质合金刀具和涂层硬质合金刀具。

1. 高速钢

高速钢是一种含有 W（钨）、Mo（钼）、Cr（铬）、V（钒）等合金元素较多的合金工具钢。它是综合性能比较好的一种刀具材料,热处理后硬度 HRC 可达 62～66,抗弯强度约 3.3GPa,耐热性为 600℃左右,可以承受较大的切削力和冲击力。并且高速钢还具有热处理变形小、能锻造、易磨出较锋利的刃口等优点,特别适合于制造各种小型及形状复杂的刀具,如成形车刀、各种钻头、铣刀、拉刀、齿轮刀具和螺纹刀具等。高速钢已从单纯的 W 系列发展到 WMo 系、WMoAl 系、WMoGo 系,其中 WMoAl 系是我国独创的品种。同时,由于高速钢刀具热处理技术的进步以及成形金切工艺的发展,高速钢刀具的红硬性、耐磨性和表面涂层质量都得到了很大的提高和改善。因此,高速钢仍是数控车床选用的刀具材料之一。

高速钢的品种繁多,按切削性能可分为普通高速钢和高性能高速钢;按化学成分可分为钨系、钨钼系和钼系高速钢;按制造工艺不同,又可分为熔炼高速钢和粉末冶金高速钢等。

1) 普通高速钢

普通高速钢应用最为广泛,约占高速钢总量的70%。碳的质量分数为 0.7%～0.9%,按钨、钼质量分数不同,分为钨系、钨钼系等。

(1) W18Cr4V 高速钢：W18Cr4V 高速钢（简称 W18,又称 18-4-1）属于钨系高速钢。它具有较好的综合性能,刃磨工艺性好,热处理控制比较容易。缺点是碳化物分布不均匀,热塑性较差,不宜制作大截面的刀具。因钨价高,国内使用逐渐减少,国外也已很少采用。

(2) W6Mo5Cr4V2 高速钢：W6Mo5Cr4V2 高速钢（简称 M2,又称 6-5-4-2）属于钨钼系高速钢,这是国内外普遍应用的钢种。由于用1%的钼可以代替2%的钨,钼的加入还可以使钢中的合金元素减少,从而降低了碳化物的数量及其分布的不均匀性,有利于提高热塑性、抗弯强度与韧度。W6Mo5Cr4V2 高速钢的高温塑性及韧性胜过 W18Cr4V 高速钢,可用于制造热轧刀具,如扭槽麻花钻等。其主要缺点是淬火温度范围窄,脱碳和过热敏感性大。

(3) W9Mo3Cr4V 高速钢：W9Mo3Cr4V 高速钢是根据我国资源研制的钢种,属于含钨量较多、含钼量较少的钨钼系高速钢。W9Mo3Cr4V 高速钢抗弯强度和韧性均高于 W6Mo5Cr4V2 高速钢，具有较好的硬度和热塑性。W9Mo3Cr4V 高速钢含钒量少，磨削加工性能也比 W6Mo5Cr4V2 高速钢好，可用于制造各种刀具（锯条、钻头、拉刀、铣刀、齿轮刀具等）。加工各种钢材时，刀具寿命比 W18Cr4V 高速钢和 W6MoSCr4V 高速钢都有一定的提高。

2）高性能高速钢

高性能高速钢是在普通高速钢的基础上，用调整其基本化学成分和添加一些其他合金元素（如 V、Co、Al、Si、Nb 等）的办法，着重提高其耐热性和耐磨性而衍生出来的钢种。它主要用来加工不锈钢、耐热钢、高温合金和超高强度钢等难加工材料。常见的钢号如低钴型高速钢 W12Mo3Cr4V3CoSSi、含铝超硬高速钢 W6Mo5Cr4V2A1、W10Mo4Cr4V3A1 等。它们的硬度 HRC 达 67～69，可制造用于出口的钻头、铰刀、铣刀等。

3）粉末冶金高速钢

粉末冶金高速钢避免了因熔炼高速钢产生的碳化物偏析，其强度和韧性都比熔炼钢有很大提高，可用于制作加工超高强度钢、不锈钢、钛合金等难加工材料的刀具，也用于制造大型拉刀和齿轮刀具等，特别是制造切削时受冲击载荷的刀具效果更好。

2. 硬质合金

硬质合金是用高硬度、难熔的金属化合物（WC、TiC、TaC、NbC 等）微米数量级的粉末与 Co、Mo、Ni 等金属黏结剂烧结而成的粉末冶金制品。常用的黏结剂是 Co，碳化钛基硬质合金的黏结剂则是 Mo、Ni。硬质合金高温碳化物的含量超过高速钢，具有硬度高（大于 HRA89）、熔点高、化学稳定性好和热稳定性好等特点，切削效率是高速钢刀具的 5～10 倍。但硬质合金韧性差、脆性大，承受冲击和震动的能力低。硬质合金现在仍是主要的刀具材料。

（1）钨钴类硬质合金。钨钴类硬质合金代号为 YG。常用的硬质合金代号有 YG3、YG3X、YG6、YG6X、YG8、YG8C 等。数字代表 Co 的百分含量，X 代表细颗粒，C 代表粗颗粒。此类硬质合金强度好，硬度和耐磨性较差，主要用于加工铸铁及有色金属。Co 含量越高，韧性越好，适合粗加工，而含 Co 量少者用于精加工。

（2）钨钛钴类硬质合金。钨钛钴类硬质合金代号为 YT。常用的硬质合金代号有 YT5、YT14、YT15、YT30 等。数字代表 TiC（碳化钛）的含量。此类硬质合金硬度、耐磨性、耐热性都明显提高，但其韧性、抗冲击震动性能差，主要用于加工钢料。若含 TiC 量多，含 Co 量少，耐磨性好，适合精加工。若含 TiC 量少，含 Co 量多，承受冲击性能好，适合粗加工。

（3）通用硬质合金。通用硬质合金代号为 YW。这种硬质合金是在上述两类硬质合金的基础上，添加某些碳化物使其性能提高。例如，在钨钴类硬质合金（YG）中添加 TaC（碳化钽）或 NbC（碳化铌），可细化晶粒，提高其硬度和耐磨性，而韧性不变，还可以提高合金的高温硬度、高温强度和抗氧化能力，如 YG6A、YG8N、YG8P3 等。在钨钛钴类硬质合金（YT）中添加某些合金可提高抗弯强度、冲击韧性、耐热性、耐磨性、高温强度和抗氧化能力等，既可用于加工钢料，又可用于加工铸铁和有色金属，被称为通用合金。

（4）碳化钛基硬质合金。碳化钛基硬质合金代号为 YN，又称金属陶瓷。碳化钛基硬质合金的主要特点是硬度 HRA 高达 90～95，有较好的耐磨性，抗月牙洼磨损的能力强，有较好的耐热性与抗氧化能力，适合高速精加工合金钢、淬火钢等。该硬质合金缺点是抗塑变性能差，抗崩刃性能差。

3. 陶瓷

近几年来，陶瓷刀具无论在品种和使用领域方面都有较大的发展。一方面由于高硬度难加工材料的不断增多，迫切需要解决刀具寿命问题。另一方面也是由于钨资源的日渐匮乏，钨矿的品位越来越低，而硬质合金刀具材料中要大量使用钨，这在一定程度上也促进了陶瓷刀具的发展。

陶瓷刀具是以 Al_2O_3（氧化铝）或以 Si_3N_4（氮化硅）为基体再添加少量的金属，在高温下烧结而成的一种刀具材料。其硬度可达 HRA91～95，耐磨性比硬质合金高十几倍，适用于加工冷硬铸铁和淬火钢。陶瓷刀具具有良好的抗黏性能，它与多种金属的亲和力小，化学稳定性好，即使在熔化时与钢也不起化合作用。

陶瓷刀具最大的缺点是脆性大、抗弯强度和冲击韧度低、热导率差。下面着重介绍几种陶瓷刀具材料。

（1）Al_2O_3 基陶瓷。这是在 Al_2O_3 中加入一定数量（15%～30%）TiC 和一定量金属（如 Ni、Mo、Co、W 等）作为黏结相经热压形成的。这样可提高其抗弯强度和断裂韧性，提高其抗机械冲击和耐热冲击的能力，适用于铣削、刨削，可对各种铸铁及钢料进行精加工、粗加工。常见的 Al_2O_3 基陶瓷牌号有 M16、SG3、AG2、AT6、SG4、SG5 等。

（2）Si_3N_4 基陶瓷。这类陶瓷刀具有比 Al_2O_3 基陶瓷刀具更高的强度、韧性和疲劳强度，有更高的切削稳定性能，更高的热稳定性，在 1300～1400℃ 能正常切削，并允许更高的切削速度。Si_3N_4 基陶瓷热导率为 Al_2O_3 基陶瓷的 2～3 倍，耐热冲击能力比 Al_2O_3 基陶瓷提高 1～2 倍，具有良好的抗崩刃能力。此类刀具适于端铣和切削有氧化皮的毛坯工件，可对铸铁、淬火钢等高硬材料进行精加工和半精加工。常见的 Si_3N_4 基陶瓷有 SM、FD01、FD05、FD03 等。

（3）Sialon 陶瓷。这类陶瓷是在 Si_3N_4 中加入 Al_2O_3 等形成的新材料，称为塞隆（Sialon）陶瓷。它是迄今陶瓷刀具材料中强度最高的材料。Sialon 陶瓷断裂韧性、化学稳定性、抗氧化性能都很好，有些品种的强度甚至随温度的升高而升高，称其为超强度材料。它在断续切削中不易崩刃，是高速粗加工铸铁及镍基合金理想的刀具材料。

（4）其他刀具陶瓷。ZrO_2（氧化锆）陶瓷刀具可用来加工铝合金、铜合金。TiB_2（二硼化钛）陶瓷刀具可用来加工汽车发动机等精密铝合金件。TiB_2 陶瓷材料具有高熔点（$T=2980℃$）、高硬度、极好的化学稳定性和物理性能，其导热性能强、热膨胀系数小，与熔融金属不侵蚀，在高温下具有优异的机械力学性能。所以 TiB_2 及其复合材料是专家公认的极具有推广应用价值和前景的高新技术材料。

4. 立方氮化硼

立方氮化硼（CBN）是用六方氮化硼（俗称白石墨）为原料，利用超高温高压技术转化而成的。它是 20 世纪 70 年代发展起来的新型刀具材料，晶体结构与金刚石类似。立方氮化硼刀片具有很好的"红硬性"，可以高速切削高温合金，切削速度要比硬质合金高 3～5 倍，在 1300℃ 高温下能够轻快锋利地切削，性能无比卓越，使用寿命是硬质合金的 20～200 倍。使用立方氮化硼刀具可加工以前只能用磨削方法加工的特种钢材，获得很高的尺寸精度和极好的表面粗糙度，实现以车代磨。它有优良的化学稳定性，适用于加工钢铁类材料。虽然它的导热性比金刚石差，但比其他材料高得多，抗弯强度和断裂韧性介于硬质合金和陶瓷之间，所以立方氮化硼材料非常适合作为数控车床加工用刀具。

5. 金刚石

金刚石刀具有天然金刚石、人造聚晶金刚石和复合金刚石三类。金刚石有极高的硬度、良好的导热性及较小的摩擦系数。该刀具有优秀的使用寿命（比硬质合金刀具寿命高几十倍以上）、稳定的加工尺寸精度（可加工几千至几万件），以及良好的工件表面粗糙度（车削有色金属可达到$Ra0.06\mu m$以上），并可在纳米级稳定切削。金刚石刀具超精密加工广泛用于激光扫描器和高速摄影机的扫描棱镜、特形光学零件、电视机、录像机、照相机零件、计算机磁盘、电子工业的硅片等领域。

除少数超精密加工及特殊用途外，工业上多使用人造聚晶金刚石（PCD）作为刀具材料或磨具材料。人造聚晶金刚石（PCD）是用人造金钢石颗粒通过添加Co、硬质合金、NiCr、Si-SiC以及陶瓷结合剂在高温（1200℃以上）、高压下烧结成形的PCD刀具。PCD刀具主要加工对象是有色金属，如铝合金、铜合金、镁合金等，也用于加工钛合金、金、银、铂、各种陶瓷制品。对于各种非金属材料，如石墨、橡胶、塑料、玻璃、含有Al_2O_3层的竹木材料，使用PCD刀具加工效果都很好。PCD刀具加工铝制工件具有刀具寿命长、金属切除率高等优点。

金刚石刀具的缺点是刀具价格昂贵，加工成本高。这一点在机械制造业已形成共识。但近年来PCD刀具的发展与应用情况已发生了许多变化。PCD刀具的价格已大幅下降50%以上。上述变化趋势将导致PCD刀具在铝材料加工中的应用日益增多。

6. 涂层类刀具

刀具表面涂层技术是一种优质的表面改性技术，它是指在普通高速钢和硬质合金刀片表面，采用化学气相沉积（CVD）或物理气相沉积（PVD）的工艺方法，涂覆一薄层（$5\sim12\mu m$）高硬度难熔金属化合物（TiC、TiN、Al_2O_3等），使刀片既保持了普通刀片基体的强度和韧性，又使表面有高的硬度和耐磨性、更小的摩擦系数和高的耐热性，较好地解决了材料硬度、强度及韧性的矛盾。

1）涂层技术的种类

刀具涂层技术可划分为两大类，即CVD技术（化学气相沉积）和PVD技术（物理气相沉积）。

（1）CVD（化学气相沉积）技术：CVD技术在硬质合金可转位刀具上应用极广。20世纪70年代初首次在硬质合金基体上涂覆一层TiC后，把普通硬质合金刀具的切削速度从80m/min提高到180m/min。1976年出现了TiC-Al_2O_3双涂层硬质合金，把切削速度提高到250m/min。1981年又出现了TiC-Al_2O_3-TiN三涂层硬质合金，使切削速度提高到300m/min。在CVD工艺中，气相沉积所需金属源的制备相对容易，可实现TiN、TiC、TiCN、TiBN、TiB_2、Al_2O_3等单层及多元多层复合涂层，其涂层与基体结合强度高，薄膜厚度可达$7\sim9\mu m$。20世纪80年代中后期，美国85%的硬质合金工具采用了涂层处理。

从目前的发展来看，CVD工艺（包括MT—CVD）主要用于硬质合金车削类刀具的表面涂层。其涂层刀具适合于中型、重型切削的高速粗加工及半精加工。因此，在干式切削加工中，CVD涂层技术仍占有极其重要的地位。CVD工艺存在先天性的缺陷：一是工艺处理温度高，易造成刀具材料抗弯强度的下降；二是薄膜内部为拉应力状态，使用中易导致微裂纹的产生；三是CVD工艺所排放的废气、废液会造成工业污染，对环境影响较大，与目前所提倡的绿色工业相抵触。

(2) PVD（物理气相沉积）技术：PVD 技术出现于 20 世纪 70 年代末期，由于其工艺处理温度可控制在 500℃ 以下，低于高速钢的回火温度。因此，可作为最终处理工艺用于高速钢类刀具的涂层。

PVD 技术在高速钢刀具领域的成功应用，引起了世界各国的重视。对其应用领域的扩大进行了更加深入的研究，尤其是在硬质合金、陶瓷类刀具领域中的应用。与 CVD 工艺相比，PVD 工艺处理温度低，在 600℃ 以下对刀具材料的抗弯强度没有影响，薄膜内部为压应力，更适合于硬质合金精密复杂类刀具的涂层。涂层成分也由第一代的 TiN 发展到 TiC、TiCN、ZrN、CrN、MoS_2、TiAlN、TiAlCN、TiN – AlN、CN（纳米氮化碳）等多种多元复合涂层，且由于纳米级涂层的出现，使得 PVD 涂层刀具质量又有了新的突破，这种薄膜涂层不仅结合强度高、硬度接近 CBN、抗氧化性能好，并可有效地控制精密刀具刃口形状及精度，在进行高精度加工时，加工精度毫不逊色于未涂层刀具。

PVD 工艺对环境没有不利影响，符合目前绿色工业的发展方向。20 世纪 90 年代中期，硬质合金刀具 PVD 涂层技术已取得了突破性的进展，并普遍用于硬质合金立铣刀、钻头、阶梯钻、油孔钻、铰刀、丝锥、可转位铣刀片、异形刀具、焊接刀具等的涂层处理。

2）刀具涂层材料

(1) 硬质合金刀具的表面涂层材料：化学涂层（CVD）目前仍是硬质合金刀具涂层的主要方式。其优点：一是与刀具基体的结合强度高；二是可以很容易实现复合涂层，即根据不同加工方式和切削不同材料的需要把抗高温氧化（Al_2O_3）、抗磨损（TiC、TiCN、TiBN 等）和降低摩擦系数（TiN）的涂层复合起来达到最佳的切削效果，在切削加工过程中可减少或不用切削液。

① TiC 涂层：TiC 涂层的 CVD 法，是将基体刀片送入四氯化钛、氢气、甲烷的蒸气混合气中，在 1000℃ 高温时产生反应物 TiC。TiC 沉积在刀片表面上形成涂层。TiC 涂层有很高的显微硬度和耐磨性，抗磨料磨损的能力强，可使切削速度提高 40% 左右。

② TiN 涂层：TiN 涂层的主要优点是与铁基金属的亲和力比 TiC 更小，抗黏结能力和抗扩散能力更好。TiN 涂层易于沉积和控制，涂层可涂得较厚（8～12μm），涂层呈金黄色。虽然 TiN 涂层的显微硬度不及 TiC 涂层，抗后面磨损能力稍差，但与切屑的摩擦系数较小，抗前面月牙洼磨损性能比 TiC 涂层优越，最适合切削易粘刀的材料，使已加工表面粗糙度值减小，刀具寿命提高。

③ Al_2O_3 涂层：Al_2O_3 涂层是超硬化合物中化学稳定性能最好的一种材料，在高温切削时，具有优越的抗高温氧化性能和抗前面月牙洼磨损的性能，适于高速加工钢和铸铁。

④ TiC – TiN 复合涂层：先涂 TiC，后涂 TiN，涂层总厚度可增至 10μm，这种涂层兼顾了 TiC 涂层和 TiN 涂层的优点，扩大了涂层刀片的综合性能和适用范围。另外，还有涂有 TiC – Ti（NC）– TiN 三涂层的复合涂层刀片。

⑤ TiC – Al_2O_3 涂层：该涂层综合了 TiC 涂层与基体结合牢固，并有较高抗磨料磨损性能、Al_2O_3 涂层有较高的热稳定性和化学稳定性的优点。这种复合涂层刀片能像陶瓷刀具一样高速切削，寿命比 TiC、TiN 涂层刀片高，又可避免陶瓷刀具易崩刃的缺点，主要用在硬质合金车削、铣削类刀具上，适用于中型、重型、高速切削的粗加工及半精加工，特别在干式切削中占有很重要的地位。

(2) 高速钢刀具的涂层材料：高速钢刀具主要采用 PVD 涂层技术，在刀具表面涂覆 TiN 等硬膜，以提高刀具性能的工艺。这种工艺要求 500℃ 环境下进行，气化的钛离子与氮反应，在阳极刀具表面上生成 TiN。TiN 涂层表面硬度 200HV，厚度一般只有 2μm，对刀具的尺寸影响不大。TiN涂层有较高的热稳定性，与钢的摩擦系数低，而且与高速钢结合牢固，可用于钻头、丝锥、铣刀、滚刀等复杂刀具上。

（3）金刚石涂层材料：金刚石涂层是用化学气相沉积（CVD）方法将金刚石沉积在可转位刀片或旋转刀具的表面上。金刚石涂层的硬质合金刀具的优点是综合了天然金刚石的硬度和硬质合金的强度及断裂韧性，所以金刚石涂层完全可用于具有复杂形状切削刃的旋转刀具以及具有复杂断屑槽形的多刃刀具。

金刚石涂层的硬质合金刀具在加工非金属复合材料和塑料时，刀具寿命可比不涂层的硬质合金刀具提高10～20倍或更高，而且在加工非铁金属和复合材料时提高了材料切除率。对于加工表面粗糙度要求高、抗磨粒磨损和抗腐蚀磨损的切削加工，最适宜采用金刚石涂层刀具。

进入21世纪，涂层刀具的比例将进一步增加，有望在CBN材料涂层技术上有所突破。总之涂层技术的发展可以用三句话来概括：一是化学涂层目前仍是刀具涂层的主力；二是物理涂层取得了令人瞩目的进展；三是涂层对刀具性能的贡献在不断上升。

1.3.3 常用刀具的种类、特点及加工范围

数控车削用的车刀一般分为三类，即尖形车刀、圆弧形车刀和成形车刀。

1. 尖形车刀

尖形车刀是以直线形切削刃为特征的车刀。这类车刀的刀尖由直线形的主、副切削刃构成，加工零件时，其零件的轮廓形状主要由一个独立的刀尖或一条直线形主切削刃位移后得到，与另两类车刀加工时所得到零件轮廓形状的原理是截然不同的。例如，90°内外圆车刀、左右端面车刀、切断（车槽）车刀以及刀尖倒角很小的各种外圆和内孔车刀。

2. 圆弧形车刀

圆弧形车刀是较为特殊的数控加工用车刀，如图1-29所示。其特点是，构成主切削刃的刀刃形状为一圆度误差或线轮廓误差很小的圆弧；该圆弧刃每一点都是圆弧形车刀的刀尖，因此，刀位点不在圆弧上，而在该圆弧的圆心上；车刀圆弧半径理

图1-29 圆弧形车刀

论上与被加工零件的形状无关，并可按需要灵活确定或经测定后确认。当某些尖形车刀或成形车刀（如螺纹车刀）的刀尖具有一定的圆弧形状时，也可作为这类车刀使用。

圆弧形车刀可以用于车削内、外表面，特别适用于车削各种光滑连接（凹形）的成形面。

3. 成形车刀

成形车刀俗称样板车刀，其加工零件的轮廓形状完全由车刀刀刃的形状和尺寸决定。数控车削加工中，常见的成形车刀有小半径圆弧车刀、非矩形槽车刀和螺纹车刀等。在数控加工中，应尽量少用或不用成形车刀。

如图1-30所示，给出了常用车刀的种类、形状和用途。

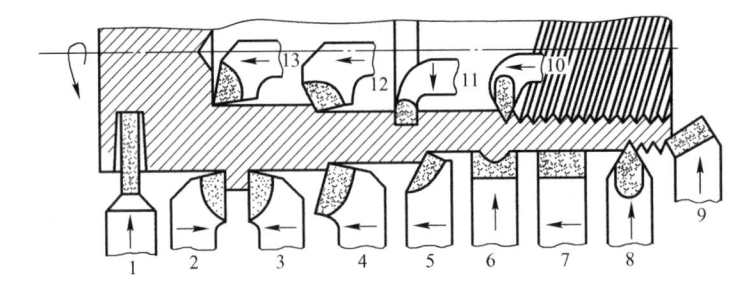

1—切断刀；2—90°左偏刀；3—90°右偏刀；4—弯头车刀；5—直头车刀；
6—成形车刀；7—宽刀精车刀；8—外螺纹车刀；9—端面车刀；10—内螺纹车刀；
11—内槽车刀；12—通孔车刀；13—盲孔车刀

图 1-30　常用车刀的种类、形状和用途

1.3.4　机夹可转位车刀的选用

机夹可转位数控刀具常见的品种、规格有 2000 种以上，并要求有各种各样的可转位硬质合金刀片、陶瓷刀片等其他材质刀片与之配套。常见的有各种铣刀、孔加工刀具、车刀及（钻、扩、镗、铰）复合刀具等类型。为了减少换刀时间和方便对刀，便于实现机械加工的标准化，数控车削加工时，应尽量采用机夹刀和机夹刀片。数控车床常用的机夹可转位式车刀结构如图 1-31 所示。

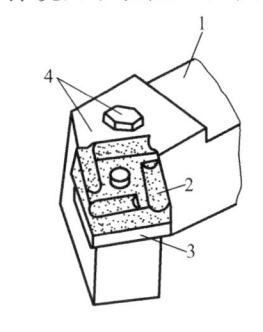

1. 可转位刀片代码

从刀具的材料应用方面看，数控车床用刀具材料主要是各类硬质合金。从刀具的结构方面看，数控车床主要采用镶嵌式机夹可转位刀片的刀具。因此对硬质合金可转位刀片的运用是数控车床操作者必须了解的内容之一。

1—刀杆；2—刀片；3—刀垫；4—夹紧元件

图 1-31　机夹可转位式车刀结构

选用机夹式可转位刀片，首先要了解可转位刀片型号表示规则，各代码的含义如图 1-32 所示。按国际标准 ISO 1832—1985，可转位刀片的代码表示方法是由 10 位字符串组成的，其排列如下：

| 1 | 2 | 3 | 4 | 5 | 6 | 7 | 8 | — | 9 | 10 |

其中每一位字符串代表刀片某种参数的意义：

1——刀片的几何形状及其夹角；

2——刀片主切削刃后角（法后角）。机夹式可转位刀片的法后角有 A（3°）、B（5°）、C（7°）、D（15°）、E（20°）、F（25°）、G（30°）、N（0°）、P（11°）、O（其他角度）等；

3——公差，表示刀片内接圆半径 d 与厚度 s 的精度级别；

4——刀片形式、紧固方法或断屑槽；

5——刀片边长、切削刃长；

6——刀片厚度；

7——修光刀，刀尖圆角半径 r（包括 0.2mm、0.4mm、0.8mm、1.2mm、1.6mm、2mm、2.4mm、3.2mm 等）或主偏角 κ_r，或修光刃法后角。

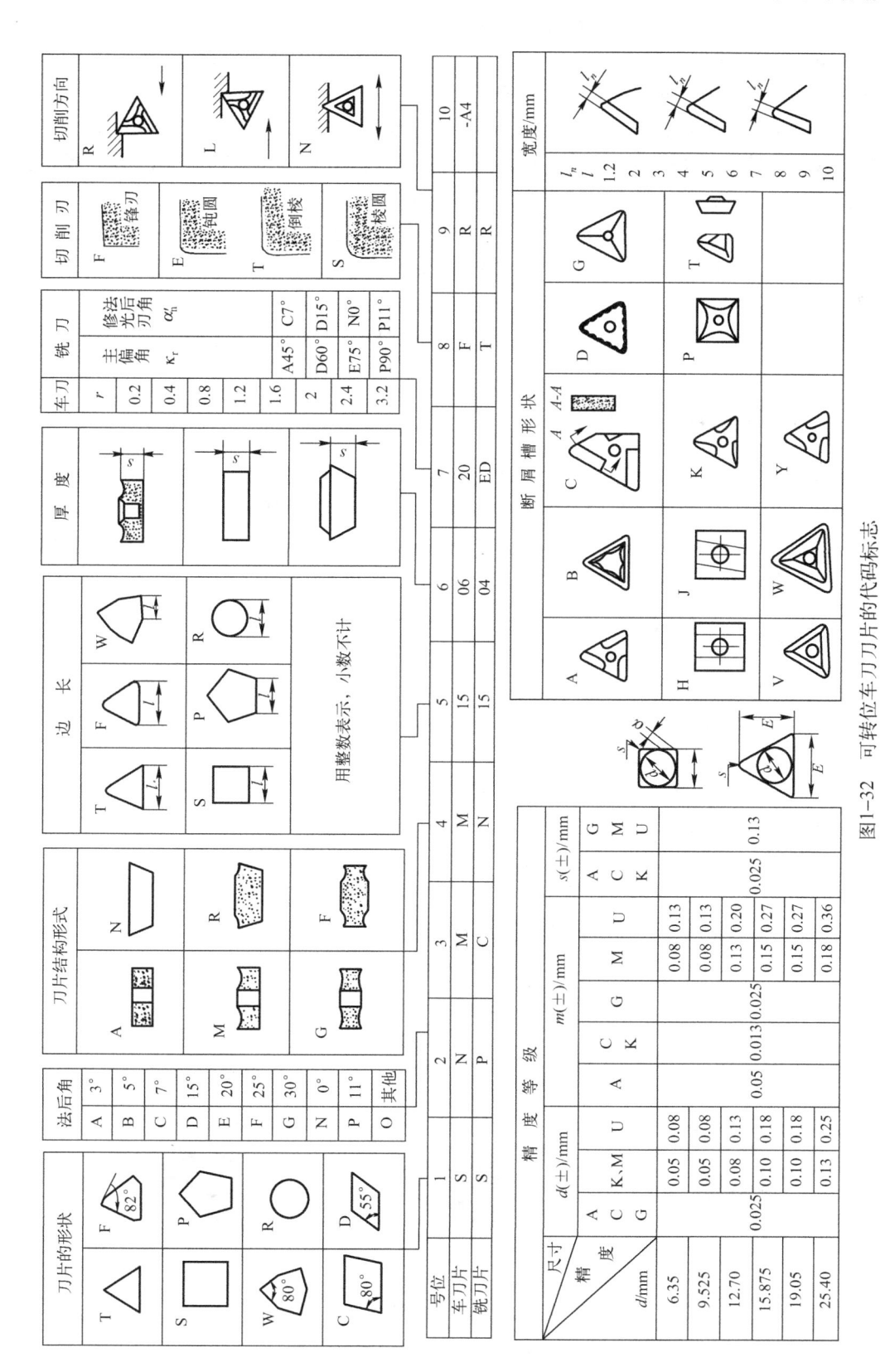

图1-32 可转位车刀刀片的代码标志

8——切削刃状态，尖角切削刃或倒棱切削刃；

9——进刀方向或倒刃宽度；

10——各刀具公司的补充符号或倒刃角度。

在一般情况下第 8 和 9 位的代码，在有要求时才填写。此外，各公司可以另外添加一些符号，用连接号将其与 ISO 代码相连接（如—PF 代表断屑槽型）。可转位刀片用于车、铣、钻、镗等不同的加工方式，其代码的具体内容也略有不同。

例如，车刀可转位刀片 CNMG120408ENUB 公制型号表示含义为：C——80°菱形刀片形状；N——法后角为 0°；M——刀尖转位尺寸允差（±0.08 ~ ±0.18）mm，内接圆允差（±0.05 ~ ±0.13）mm，厚度允差 ±0.13mm；G——圆柱孔双面断屑槽；12——内接圆直径 12mm；04——厚度 4.76mm；08——刀尖圆角半径 0.8mm；E——倒圆刀刃；N——无切削方向；UB——半精加工。

2. 可转位刀片的断屑槽槽型

为满足切削能断屑、排屑流畅、加工表面质量好、切削刃耐磨等综合性要求，可转位刀片制成各种断屑槽槽型。目前，我国标准 GB 2080—87 中所表示的槽形为 V 形断屑槽，槽宽为 $V_0 < 1$mm，$V_1 = 1$mm，$V_2 = 2$mm，$V_3 = 3$mm，$V_4 = 4$mm 五种。各刀具制造公司都有自己的断屑槽槽型，选择具体断屑槽代号可参考各公司刀具样本。

3. 可转位刀片的夹紧方式

可转位刀片的刀具由刀片、定位元件、夹紧元件和刀体组成，为了使刀具能达到良好的切削性能，对刀片的夹紧方式有如下基本要求：

（1）夹紧可靠，不允许刀片松动或移动。

（2）定位准确，确保定位精度和重复精度。

（3）排屑流畅，有足够的排屑空间。

（4）结构简单，操作方便，制造成本低，转位动作快，缩短换刀时间。

常见的可转位刀片的夹紧方式有以下几种：杠杆式、楔块上压式、螺钉上压式，等等，如图 1-33 所示。为给定的加工工序选择最合适的夹紧方式，已将这三种夹紧方式按照适应性分为 1 ~ 3 个等级，其中 3 级表示最合适的选择，参见表 1-5。

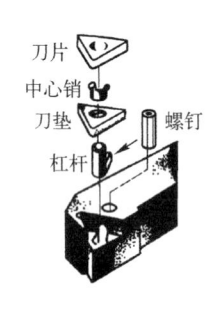

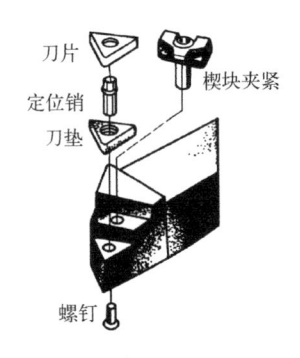

（a）杠杆式夹紧　　（b）楔块上压式夹紧　　（c）螺钉上压式夹紧

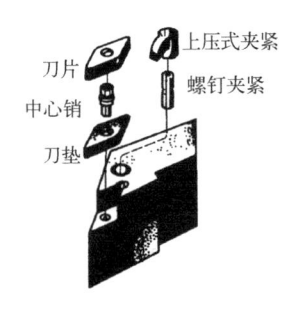

图 1-33　夹紧方式

表 1-5　各种夹紧方式最合适的加工范围

夹紧方式 加工范围	杠杆式	楔块上压式	螺栓上压式
可靠夹紧/紧固	3	3	3
仿形加工/易接近性	2	3	3
重复性	3	2	3
仿形加工/轻负荷加工	2	3	3
断续加工工序	3	2	3
外圆加工	3	1	3
内圆加工	3	3	3

4. 可转位刀片的选择

（1）刀片材质的选择。常见刀片材料有高速钢、硬质合金、涂层硬质合金、陶瓷、立方氮化硼和金刚石等，其中应用最多的是硬质合金和涂层硬质合金刀片。选择刀片材质主要依据被加工工件的材料、被加工表面的精度、表面质量要求、切削载荷的大小以及切削过程有无冲击和振动等。

（2）刀片尺寸的选择。刀片尺寸的大小取决于必要的有效切削刃长度 L。有效切削刃长度与背吃刀量 a_p 和车刀的主偏角 κ_r 有关，如图 1-34 所示，使用时可查阅有关刀具手册。

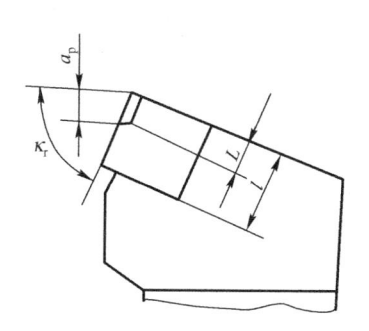

图 1-34　切削刃长度、背吃刀量与主偏角关系

（3）刀片形状选择。刀片形状主要依据被加工工件的表面形状、切削方法、刀具寿命和刀片的转位次数等因素来选择。通常的刀尖角度影响加工性能，如图 1-35 所示。如表 1-6 所示，列出了被加工表面及适用从主偏角 45°～90° 的刀片形状。具体使用时可参阅刀具手册。

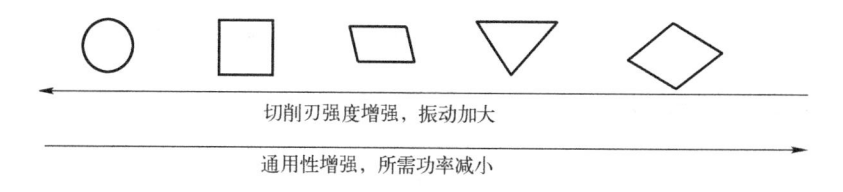

图 1-35　刀尖角度与性能关系

表1-6 被加工表面与刀片形状

	主偏角	45°	45°	60°	75°	90°
车削外圆表面	刀片形状及加工示意图	45°	45°	60°	75°	95°
	推荐选用刀片	SCMA SPMR SCMM SNMM—8 SPUN SNMM—9	SCMA SPMR SCMM SNMG SPUN SPGR	TCMA NMM—8 TCMM TPUN	SCMM SPUM SCMA SPMR SNMA	CCMA CCMM CNMM—7
车削端面	主偏角	75°	90°	90°	95°	
	刀片形状及加工示意图	75°	90°	90°	95°	
	推荐选用刀片	SCMA SPMR SCMM SPUR SPUN CNMG	TNUN TNMA TCMA TPUM TCMM TPMR	CCMA	TPUN TPMR	
车削成形面	主偏角	15°	45°	60°	90°	
	刀片形状及加工示意图	15°	45°	60°	90°	
	推荐选用刀片	RCMM	RNNG	TNMM—8	TNMG	

（4）刀片的刀尖半径选择。刀尖圆弧半径的大小直接影响刀尖的强度及被加工零件的表面粗糙度。刀尖圆弧半径大，表面粗糙度值增大，切削力增大且易产生振动，切削性能变坏，但刀刃强度增加，刀具前后刀面磨损减少。通常在切深较小的精加工、细长轴加工、机床刚度较差情况下，选用刀尖圆弧较小些；而在需要刀刃强度高、工件直径大的粗加工中，选用刀尖圆弧大些。国家标准 GB 2077—87 规定刀尖圆弧半径的尺寸系列为 0.2mm、0.4mm、0.8mm、1.2mm、1.6mm、2.0mm、2.4mm、3.2mm。图1-36（a）、图1-36（b）分别表示刀尖圆弧半径与表面粗糙度、刀具耐用度的关系。刀尖圆弧半径一般适宜选取进给量的 2～3 倍。

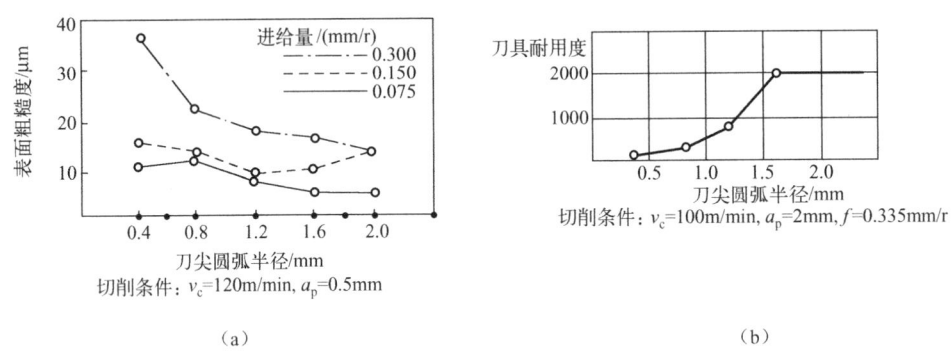

图1-36 刀尖圆弧半径与表面粗糙度、刀具耐用度关系

1.3.5 数控车削参数的选择

当编制数控加工程序时，编程人员必须确定每道工序的切削用量，并填入程序单中。数控车床加工的切削用量包括：背吃刀量 a_p、主轴转速 n 或切削速度 v_c（用于恒线速切削）、进给

速度或进给量。

合理选择加工用量的原则:粗加工时,一般以充分发挥数控车床潜力和刀具的切削性能为主;半精加工和精加工时,应着重考虑如何保证加工质量,并在此基础上尽量提高生产率。在选择切削用量时应保证刀具能加工完成一个零件或保证刀具的耐用度不低于一个工作班,最少也不低于半个工作班的工作时间。具体数值应根据机床说明书中的规定、刀具耐用度及实践经验选取。

1. 背吃刀量 a_p 的确定

背吃刀量 a_p 根据数控车床、夹具、刀具和零件的刚度以及数控车床功率来确定。在工艺系统刚性允许的条件下,尽可能选取较大的切削用量,以减少走刀次数,提高生产效率;若一次切净余量最好。当零件精度要求较高时,应根据要求选取最后一道工序的加工余量。数控车削的精加工余量小于普通车削,一般取 0.1~0.5mm。

2. 主轴转速 n 的确定

1) 轮廓车削时的主轴转速

主轴转速应根据被加工部位的直径,并按零件和刀具的材料及加工性质等条件所允许的切削速度来确定。切削速度可通过计算、查表和实践经验获取。对使用交流变频调速的数控车床,由于其低速输出力矩小,因而切削速度不能太低。如表1-7所示为硬质合金外圆车刀切削速度的参考值,可结合实践经验参考选用。

表1-7 切削速度参考表

工件材料	热处理状态	$a_p = 0.3 \sim 2$mm $f = 0.08 \sim 0.3$mm/r v_c (m/min)	$a_p = 2 \sim 6$mm $f = 0.3 \sim 0.6$mm/r v_c (m/min)	$a_p = 6 \sim 10$mm $f = 0.6 \sim 1$mm/r v_c (m/min)
低碳钢易切钢	热轧	140~180	100~120	70~90
中碳钢	热轧	130~160	90~110	60~80
	调质	100~130	70~90	50~70
合金结构钢	热轧	100~130	70~90	50~70
	调质	80~110	50~70	40~60
工具钢	退火	90~120	60~80	50~70
灰铸铁	HBS<190	90~120	60~80	50~70
	HBS=190~225	80~110	50~70	40~60
高锰钢			10~20	
铜及铜合金		200~250	120~180	90~120
铝及铝合金		300~600	200~400	150~200
铸铝合金		100~180	80~150	60~100

实际编程中,切削速度 v_c 确定后,主轴转速 n (r/min) 可根据下式计算得出:

$$n = 1000v_c/\pi D$$

式中 D——工件直径(mm)。

2) 车螺纹时的主轴转速

在切削螺纹时,数控车床的主轴转速将受到螺纹的螺距(或导程)大小、驱动电动机的升降频特性及螺纹插补运算速度等多种因素影响,故对于不同的数控系统,推荐不同的主轴转速选择范围。大多数经济型车床数控系统推荐车螺纹时的主轴转速如下：

$$n \leqslant \frac{1200}{p} - k$$

式中　p——工件螺纹的螺距或导程（mm）；

　　　k——保险系数，一般取80。

3. 进给速度的确定

进给速度是指在单位时间内，刀具沿进给方向移动的距离（单位为 mm/min）。有些数控车床规定可以选用进给量（单位为 mm/r）表示进给速度。

1）确定进给速度的原则

（1）当工件的质量要求能够得到保证时，为提高生产率，可选择较高（2000mm/min 以下）的进给速度。

（2）切断、车削深孔或精车削时，宜选择较低的进给速度。

（3）刀具空行程，特别是远距离"回零"时，可以设定尽量高的进给速度。

（4）进给速度应与主轴转速和背吃刀量相适应。

2）进给速度的计算

（1）单一方向进给速度 F 的计算。单一方向进给速度包括纵向进给速度和横向进给速度，其值可通过进给量与主轴转速得到，具体按 $F = f \times n$ 计算（式中，f 为进给量，n 为转速）。粗车时进给量一般取 0.3～0.8mm/r，精车时常取 0.1～0.3mm/r，切断时常取 0.05～0.2mm/r。如表 1-8 所示为硬质合金车刀粗车外圆及端面的进给量参考值。

表 1-8　硬质合金车刀粗车外圆及端面的进给量

工件材料	刀杆尺寸 $B \times H$/mm	工件直径 D_w/mm	背吃刀量 a_p/mm				
			$a_p \leqslant 3$	$3 < a_p < 5$	$5 < a_p < 8$	$8 < a_p < 12$	$a_p > 12$
			进给量 f（mm/r）				
碳素结构钢、合金结构钢及耐热钢	16×25	20	0.3～0.4				
		40	0.4～0.5	0.3～0.4			
		60	0.5～0.7	0.4～0.6	0.3～0.5		
		100	0.6～0.9	0.5～0.7	0.5～0.6	0.4～0.5	
		400	0.8～1.2	0.7～1.0	0.6～0.8	0.5～0.6	
	20×30 25×25	20	0.3～0.4				
		40	0.4～0.5	0.3～0.4			
		60	0.5～0.7	0.5～0.7	0.4～0.6		
		100	0.8～1.0	0.7～0.9	0.5～0.7	0.4～0.7	
		400	1.2～1.4	1.0～1.2	0.8～1.0	0.6～0.9	0.4～0.6
铸铁及铜合金	16×25	40	0.4～0.5				
		60	0.5～0.8	0.5～0.8	0.4～0.6		
		100	0.8～1.2	0.7～1.0	0.6～0.8	0.5～0.7	
		400	1.0～1.4	1.0～1.2	0.8～1.0	0.6～0.8	
	20×30 25×25	40	0.4～0.5				
		60	0.5～0.9	0.5～0.8	0.4～0.7		
		100	0.9～1.3	0.8～1.2	0.7～1.0	0.5～0.8	
		400	1.2～1.8	1.2～1.6	1.0～1.3	0.9～1.1	0.7～0.9

表注：1. 加工断续表面及有冲击的工件时，表内进给量应乘系数 k（$0.75 \leqslant k \leqslant 0.85$）。

　　　2. 在无外皮加工时，表内进给量应乘系数 $k = 1.1$。

　　　3. 加工耐热钢及其合金时，进给量不大于 1mm/r。

　　　4. 加工淬硬钢时，进给量应减小。当钢的硬度为 44～56HRC 时，乘系数 $k = 0.8$；当钢的硬度为 57～62HRC 时乘系数 $k = 0.5$。

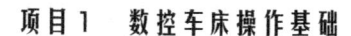

(2) 合成进给速度 Fv_h 的计算。合成进给速度是指刀具做合成（斜线及圆弧插补等）运动时的进给速度，如加工斜线及圆弧等轮廓时，刀具的进给速度由纵、横两个坐标轴同时运动的速度决定，即

$$Fv_h = \sqrt{Fv_x^2 + Fv_z^2}$$

式中 Fv_h——合成进给速度（mm/min）；

Fv_x——X向进给速度（mm/min）；

Fv_z——Z向进给速度（mm/min）。

由于计算较烦琐，实际运用时大多凭实践经验或试切确定其速度值。

任务实施

实训3 观察与选用数控车床常用刀具

1. 观察数控车床常用刀具

观察数控车床常用刀具的结构，了解其功用，掌握各种车削刀具的用途，如图1-37所示。

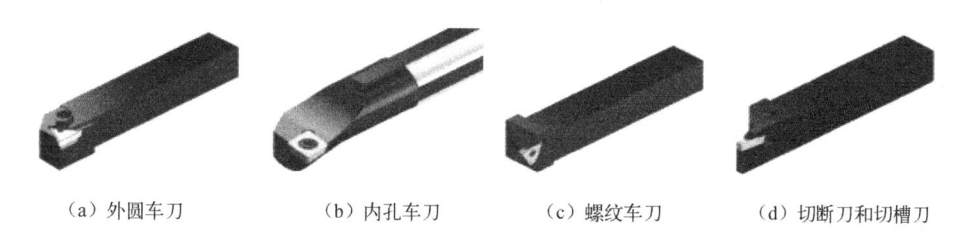

（a）外圆车刀　　（b）内孔车刀　　（c）螺纹车刀　　（d）切断刀和切槽刀

图1-37　数控车床常用刀具

2. 观察数控车削刀具组成元件

分辨数控车削刀具的组成元件，了解刀片的形状、切削刃形状、断屑槽形状、主要几何角度及功用，如表1-9～表1-11所示。

表1-9　刀片形状与主偏角

80° C	55° D		90° A	75° B	45° D	60° E	90° F	90° G	107°30' H
55° K	R		93° J	75° K	95° L	50° M	63° N	117°30' Q	75° R
S	T		45° S	60° T	93° U	72°30" V	85° Y(X)	85° Y(Z)	
35° V	80° W								

表1-10 外圆车刀片的应用

外圆车削		刀片形状 80° ◇C	55° ◇D	— ○R	90° □S	60° △T	80° ▽W	35° ◇V	55° ▱
工序	纵向车削/端面车削	◆◆	◆	◆	◆	◆	◆	◆	◆
	仿形切削		◆◆	◆		◆		◆	◆
	端面车削	◆	◆	◆	◆◆	◆	◆		
	插入车削			◆◆		◆			

表1-11 内孔刀片的应用

内圆车削		刀片形状 80° ◇C	55° ◇D	— ○R	90° □S	60° △T	80° ▽W	35° ◇V
工序	纵向车削		◆	◆	◆	◆	◆◆	◆
	仿形切削		◆◆		◆	◆		◆
	端面车削		◆◆	◆	◆	◆	◆	

◆◆=推荐刀片的形状   ◆=补充选择刀片形状

3. 拆卸与安装刀具

观察数控车削刀具的定位夹紧机构特点，拆卸并安装刀具刀片夹紧结构，参见图1-33。

4. 观察车削零件

观察采用不同切削参数的情况下，所车削零件的表面粗糙度的变化。

5. 填写实训报告

按附录F的格式填写实训报告。

思考题3

（1）选择数控刀具通常应考虑哪些因素？

(2) 数控刀具材料主要有那几种？分别按硬度和韧性分析其性能。
(3) 可转位刀片夹紧方式有几种？
(4) 可转位刀片的选择原则是什么？
(5) 数控车削加工切削参数如何确定？

任务1-4 数控车床加工工艺规程文件拟定

任务目标

(1) 掌握数控车削工序划分的原则。
(2) 掌握数控车床加工工艺规程文件的拟定方法。
(3) 熟悉数控车削加工方案的实施。

任务引领

编制轴承套零件的数控车削加工工艺文件。

相关知识

1.4.1 数控车削加工方案的确定

在数控车削加工中，一般根据零件的加工精度、表面粗糙度、材料、结构形状、尺寸及生产类型确定零件表面的数控车削加工方法及加工方案。

1. 数控车削外回转表面及端面的加工方案的确定

(1) 加工精度为IT7～IT8级、$Ra0.8～1.6\mu m$的除淬火钢以外的常用金属，可采用普通型数控车床，按粗车、半精车、精车的方案加工。

(2) 加工精度为IT5～IT6级、$Ra0.2～0.63\mu m$的除淬火钢以外的常用金属，可采用精密型数控车床，按粗车、半精车、精车、细车的方案加工。

(3) 加工精度高于IT5级、$Ra<0.08\mu m$的除淬火钢以外的常用金属，可采用高档精密型数控车床，按粗车、半精车、精车、精密车的方案加工。

(4) 对淬火钢等难车削材料，其淬火前可采用粗车、半精车的方法，淬火后安排磨削加工。

2. 数控车削内回转表面的加工方案的确定

(1) 加工精度为IT8～IT9级、$Ra1.6～3.2\mu m$的除淬火钢以外的常用金属，可采用普通型数控车床，按粗车、半精车、精车的方案加工。

(2) 加工精度为IT6～IT7级、$Ra0.2～0.63\mu m$的除淬火钢以外的常用金属，可采用精密型数控车床，按粗车、半精车、精车、细车的方案加工。

(3) 加工精度为IT5级、$Ra<0.2\mu m$的除淬火钢以外的常用金属，可采用高档精密型数控车床，按粗车、半精车、精车、精密车的方案加工。

（4）对淬火钢等难车削材料，同样其淬火前可采用粗车、半精车的方法，淬火后安排磨削加工。

1.4.2 工序划分的原则

工序的划分可以采用两种不同的原则，即工序集中原则和工序分散原则。

1. 工序集中原则

工序集中原则就是将工件的加工集中在少数几道工序内完成，每道工序的加工内容较多。工序集中有利于采用高效的专用设备和数控车床，减少车床数量、操作工人数和占地面积；一次装夹后可加工较多表面，不仅保证了各个加工表面之间的相互位置精度，同时还减少了工序间的工件运输量和装夹工件的辅助时间。但数控车床、专用设备和工艺装备投资大，尤其是专用设备和工艺装备调整和维修比较麻烦，不利于转产。

2. 工序分散原则

工序分散原则就是将工件的加工分散在较多的工序内进行，每道工序的加工内容很少。工序分散使设备和工艺装备结构简单，调整和维修方便，操作简单，转产容易；有利于选择合理的切削用量，减少机动时间。但工序分散的工艺路线长，所需设备及工人人数多，占地面积大。

从另一方面分析，一个零件上往往有若干个表面需要进行加工，这些表面不仅本身有一定的精度要求，而且各个表面间还有一定的位置要求。为了达到精度要求，这些表面的加工顺序就不能随意安排，而必须遵循一定的原则。这些原则包括定位基准的选择和转换，前工序为后续工序准备好定位基准等内容。所以工序的划分还应该遵循如下原则。

（1）先基准后其他。作为定位基准的表面应在工艺过程一开始就进行加工。因为在后续工序中，都要把这个基准表面作为工件加工的定位基准来进行其他表面的加工。

（2）先主后次。定位基准加工好以后，应先进行精度要求较高的各主要表面的加工，然后再进行其他表面的加工。

（3）主要表面的精加工和光整加工一般放在加工的最后阶段进行，以免受到其他工序的影响。次要表面的加工可穿插在主要表面加工工序之间进行。这就是"先粗后精"的原则。

在进行重要表面的加工之前，应对定位基准进行一次修正，以利于保证重要表面的加工精度。如果零件的位置精度要求较高，而加工是由一个统一的基准面定位、分别在不同工序中加工几个有关表面时，这个统一基准面本身的精度必须采取措施予以保证。

3. 常见的几种数控加工工序划分的方法

（1）按安装次数划分工序，把每一次装夹作为一道工序。此种划分工序的方法适用于加工内容不多的零件。专用数控车床和加工中心常用此方法。

（2）按加工部位划分工序。按零件的结构特点分成几个加工部分，每一部分作为一道工序。

（3）按所用刀具划分工序。这种方法用于工件在切削过程中基本不变形，退刀空间足够大的情况。此时可以着重考虑加工效率、减少换刀时间和尽可能缩短走刀路线。刀具集中分序法是按所用刀具划分工序，即用同一把刀具或同一类刀具加工完成零件上所有需要加工的部位，以达到节省时间、提高效率的目的。

（4）按粗、精加工划分工序。对易变形或精度要求较高的零件常采用此种划分工序的方法。这样划分工序一般不允许一次装夹就完成加工，而要粗加工时留出一定的加工余量，重新装夹后再完成精加工。

1.4.3 加工顺序安排原则

在数控车床加工中，总的加工顺序的安排应遵循以下原则：
（1）上道工序的加工不能影响下道工序的定位与夹紧。
（2）先内后外，即先进行内部型腔（内孔）的加工工序，后进行外形的加工。
（3）以相同的安装或使用同一把刀具加工的工序，最好连续进行，以减少重新定位或换刀所引起的误差。
（4）在同一次安装中，应先进行对工件刚性影响较小的工序。

1.4.4 加工路线的确定

数控车床进给加工路线是指车刀从对刀点（或机床固定原点）开始运动起，直至返回该点并结束加工程序所经过的路径，包括切削加工的路径及刀具切入、切出等非切削空行程路径。

因精加工的进给路线基本上都是沿其零件轮廓顺序进行的，因此确定进给路线的工作重点是确定粗加工及空行程的进给路线。

在数控车床加工中，加工路线的确定一般要遵循以下几方面原则：
（1）应能保证被加工工件的精度和表面粗糙度。
（2）使加工路线最短，减少空行程时间，提高加工效率。
（3）尽量简化数值计算的工作量，简化加工程序。
（4）对于某些重复使用的程序，应使用子程序。

使加工程序具有最短的进给路线，不仅可以节省整个加工过程的执行时间，还能减少一些不必要的刀具消耗及数控车床进给机构滑动部件的磨损等。

1. 最短的切削进给路线

切削进给路线最短，可有效提高生产效率，降低刀具损耗。安排最短切削进给路线的同时还要保证工件的刚性和加工工艺性等要求。

如图1-38所示给出了三种不同的粗车切削进给路线，其中图1-38（c）矩形循环进给路线最短，因此，在同等切削条件下的切削时间最短，刀具损耗最少。

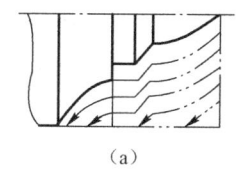

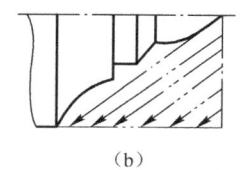

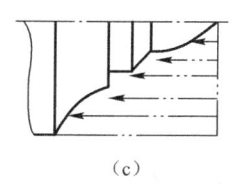

图1-38 粗车进给路线示例

2. 最短的空行程路线

1）巧用起刀点

图1-39（a）为采用矩形循环方式进行粗车的一般情况示例。其对刀点 A 的设定是考虑到精车等加工过程中需方便地换刀，故设置在离毛坯件较远的位置处，同时将起刀点与其对刀点重合在一起，按三刀粗车的进给路线安排如下：

第一刀为　$A{\to}B{\to}C{\to}D{\to}A$；
第二刀为　$A{\to}E{\to}F{\to}G{\to}A$；
第三刀为　$A{\to}H{\to}I{\to}J{\to}A$。

图1-39（b）则是巧将起刀点 B 与对刀点 A 分离，并设于图示 B 点位置，仍按相同的切削量进行，三刀粗车，其进给路线安排如下：

起刀点与对刀点分离的空行程为 $A{\to}B$；
第一刀为　$B{\to}C{\to}D{\to}E{\to}B$；
第二刀为　$B{\to}F{\to}G{\to}H{\to}B$；
第三刀为　$B{\to}I{\to}J{\to}K{\to}B$。

显然，图1-39（b）所示的进给路线短。该方法也可用在其他循环（如螺纹车削）切削的加工中。

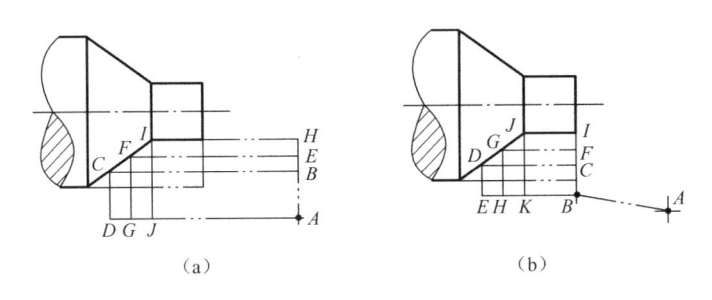

图1-39　巧用起刀点

2）巧设换刀点

为了考虑换刀的方便和安全，有时将换刀点也设置在离毛坯件较远的位置处（见图1-39中的 A 点），那么，当换第二把刀后，进行精车时的空行程路线必然也较长；如果将第二把刀的换刀点也设置在图1-39（b）中的 B 点位置上，则可缩短空行程距离。

3）合理安排"回零"路线

在手工编制复杂轮廓的加工程序时，为简化计算过程、便于校核，程序编制者有时将每一刀加工完后的刀具终点，通过执行"回零"操作指令，使其全部返回到对刀点位置，然后再执行后续程序。这样会增加进给路线的距离，降低生产效率。因此，在合理安排"回零"路线时，应使前一刀的终点与后一刀的起点间的距离尽量短，或者为零，以满足进给路线最短的要求。另外，当选择返回对刀点指令时，在不发生干涉的前提下，宜尽可能采用 X、Z 轴双向同时"回零"指令，该功能"回零"路线是最短的。

3. 大余量毛坯的阶梯切削进给路线

图1-40中列出了两种大余量毛坯的阶梯切削进给路线。图1-40（a）是错误的阶梯切削

路线，图1-40（b）按1～5的顺序切削，每次切削所留余量相等，是正确的阶梯切削进给路线。因为在同样的背吃刀量下，按图1-40（a）加工所剩的余量过多。

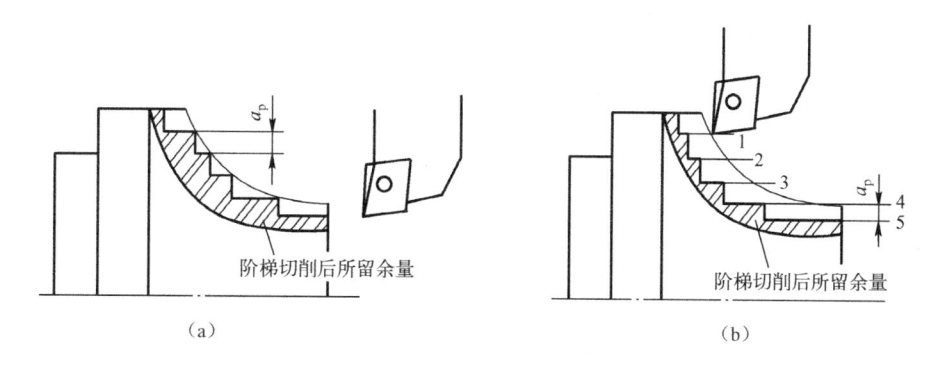

图1-40 大余量毛坯的阶梯切削进给路线

根据数控车床的加工特点，也可不用阶梯切削法，改用依次从轴向和径向进刀，顺工件毛坯轮廓进给的路线，如图1-41所示。

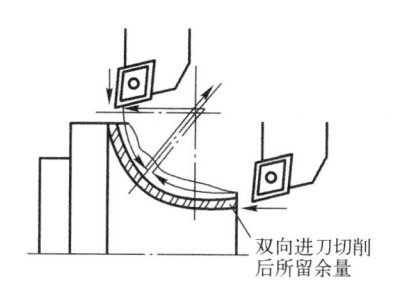

图1-41 双向进刀的加工路线

4. 零件轮廓精加工的连续切削进给路线

零件轮廓的精加工可以安排一刀或几刀精加工工序，其完工轮廓应由最后一刀连续加工而成，此时刀具的进、退位置要选择适当，尽量不要在连续的轮廓中安排切入和切出或换刀及停顿，以免因切削力突然变化而破坏工艺系统的平衡状态，致使零件轮廓上产生划伤、形状突变或滞留刀痕。

5. 特殊的进给路线

在数控车削加工中，一般情况下，刀具的纵向进给是沿着坐标的负方向进给的，但有时按其常规的负方向安排进给路线并不合理，甚至可能损坏工件。

如图1-42所示，用尖形车刀加工大圆弧内表面的两种不同进给路线：图1-42（a）中刀具沿着负Z方向进给，吃刀抗力F_p沿正X方向，F_f沿负Z方向，当刀尖运动到换象限处时（如图1-43所示），F_p方向与横拖板传动力方向一致，若丝杠副有机械传动间隙，就可能使刀尖嵌入零件表面形成扎刀，从而影响零件的表面质量；图1-42中刀具沿正Z方向进给，当刀尖运动到换象限处时（如图1-44所示），吃刀抗力F_p方向与横拖板传动力方向相反，不会因丝杠副有机械传动间隙而产生扎刀现象，因此该方案是合理的。

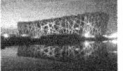

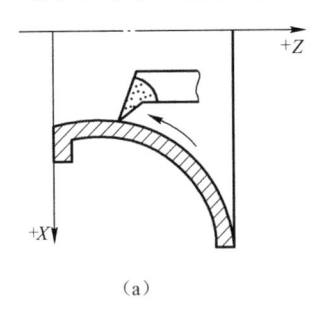

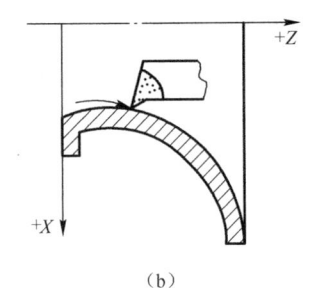

图 1-42　两种不同的进给方法

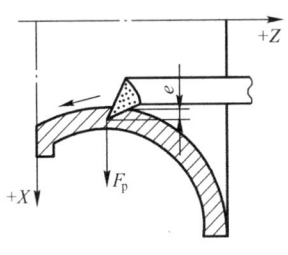

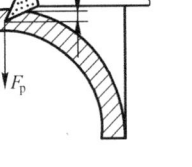

图 1-43　嵌刀现象　　　图 1-44　合理进给方案

1.4.5　数控车床加工工艺规程文件的拟定

下面以轴套类零件为例来说明其数控车削加工工艺基本过程，如图 1-45 所示。

1. 零件工艺分析

由图 1-45 可知，本零件需要加工的有孔、内螺纹、内槽、外圆、外槽、台阶和圆弧，结构形状较复杂，但尺寸精度不高，加工时应注意刀具的选择，前道工序已将孔、外圆粗车。

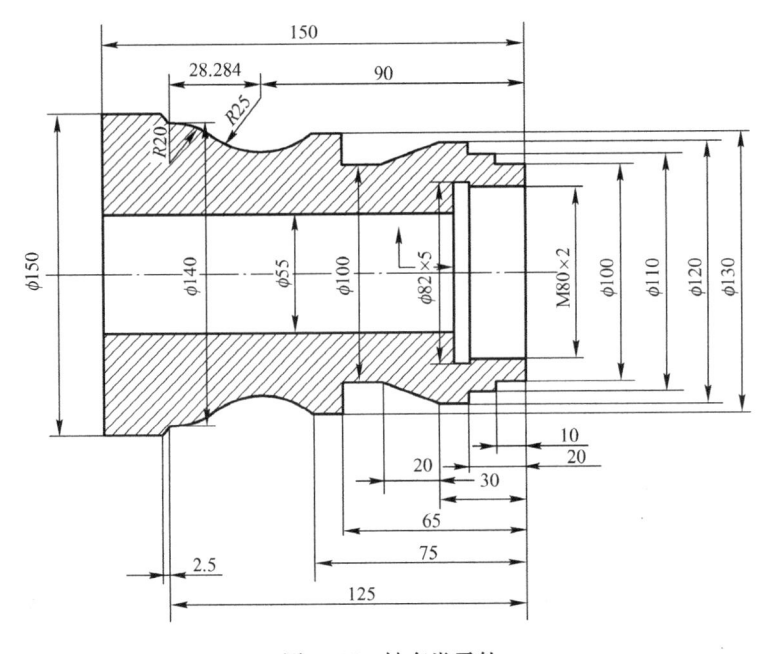

图 1-45　轴套类零件

2. 确定装夹方案

因前道工序已经将零件总长确定，本工序装夹关键是定位，预先车出 $\phi150mm \times 25mm$ 台阶，使用三爪卡盘反爪夹住 $\phi150mm$，进行车削，如图1-46所示。

3. 确定加工顺序和进给路线

由于该零件形状复杂，必须使用多把车刀才能完成车削加工。根据零件的具体要求和切削加工进给路线的确定原则，该轴套类零件的加工顺序和进给路线确定如下：

① 精车 $\phi150mm \times 125mm$；
② 粗车外形及内孔（M80×2螺纹底径为 $\phi77.8mm$），留余量 0.4mm；
③ 精车台阶 $\phi130mm$、$\phi120mm$、$\phi110mm$ 和 $\phi100mm$；
④ 精车 $\phi100mm$ 槽和锥面；
⑤ 精车圆弧面 $R25mm$ 和 $R20mm$；
⑥ 精车孔 $\phi55mm$、$\phi77.8mm$；
⑦ 切内槽 $\phi82mm \times 5mm$；
⑧ 车内螺纹 M80mm×2mm。

4. 选择刀具及切削用量

根据加工的具体要求和各工序加工的表面形状选择刀具（如图1-47所示）和切削用量。所选择的刀具全部为硬质合金机夹和焊接车刀。

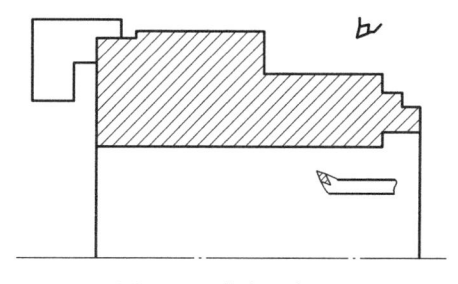

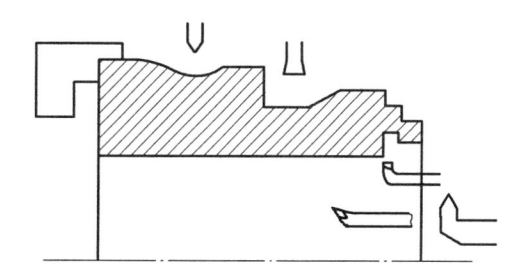

图1-46 装夹示意图　　图1-47 刀具选用示意图

工件坐标系选在 M80×2 端面中心，各号刀型如下：

1号刀：90°机夹精车刀；　　　　5号刀：硬质合金焊接外螺纹车刀；
2号刀：90°机夹粗车刀；　　　　6号刀：硬质合金焊接盲孔车刀；
3号刀：硬质合金焊接内孔车刀；　7号刀：硬质合金焊接内槽刀；
4号刀：硬质合金焊接外切断刀；　8号刀：硬质合金焊接内螺纹车刀。

各工序所用的刀具及切削用量选择如表1-12所示。

表1-12 数控工艺卡片

序 号	工 序	切削用量选择		
		刀具	主轴转速（r/min）	进给量（mm/r）
1	精车 $\phi150mm \times 125mm$ 刀具	90°机夹精车刀	800	0.10（最后一刀切削深度应大于 0.5mm）
2	(1) 粗车外形	90°机夹粗车刀	400	0.15
	(2) 粗车内孔	硬质合金焊接内孔车刀	400	0.10

续表

序 号	工 序	切削用量选择		
		刀具	主轴转速（r/min）	进给量（mm/r）
3	精车台阶 ϕ130mm、ϕ120mm、ϕ110mm 和 ϕ100mm	90°机夹精车刀	800	0.10
4	精车 ϕ100mm 槽和锥面	硬质合金焊接外切断车刀	400	0.10
5	精车圆弧面 R25mm 和 R20mm	硬质合金焊接外螺纹车刀（刀尖半径 R 为 0.4mm）	800	0.10
6	精车孔 ϕ55mm、ϕ77.8mm	硬质合金焊接盲孔车刀	400	0.08
7	切内槽 ϕ82mm×5mm	硬质合金焊接内槽刀	400	0.08
8	车内螺纹 M80×2	硬质合金焊接内螺纹车刀（刀尖半径 R 为 0.4mm）	800	2

任务实施

实训4 轴承套零件数控加工工艺规程文件的拟定

1. 零件图样工艺分析

如图 1-48 所示为一个轴承套零件，分析其数控车削加工工艺（单件小批量生产），所用数控车床为 CJK6240。

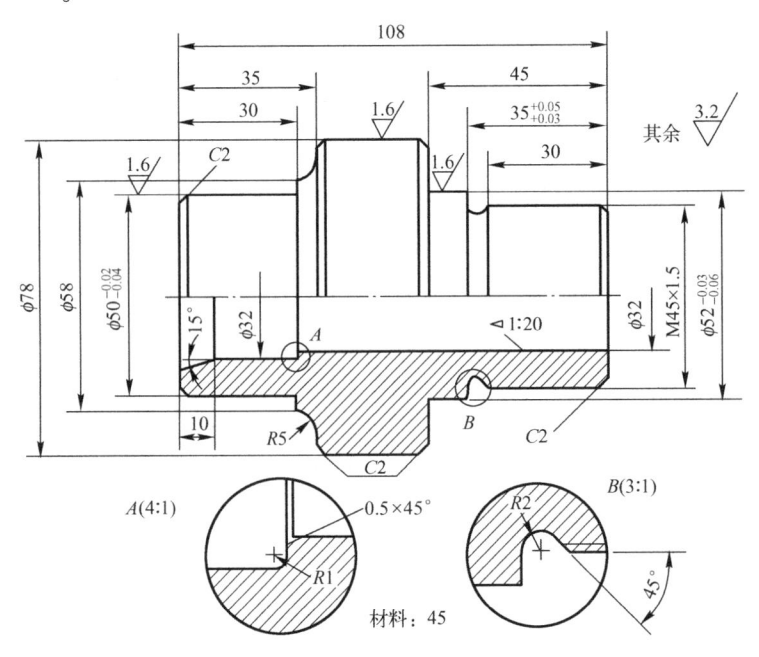

图 1-48 轴承套

该零件表面由内外圆柱面、内圆锥面、顺圆弧、逆圆弧及外螺纹等表面组成，其中多个直径尺寸与轴向尺寸有较高的尺寸精度和表面粗糙度要求。零件图尺寸标注完整，符合数控加工尺寸标注要求；轮廓描述清楚完整；零件材料为 45#钢，切削加工性能较好，无热处理和硬度要求。

通过上述分析，制定工艺时采取以下几点措施。

（1）零件图样上带公差的尺寸，因公差值较小，故编程时不必取其平均值，而取基本尺寸即可。

（2）左右端面均为多个尺寸的设计基准，相应工序加工前，应该先将左右端面车出来。

（3）内孔尺寸较小，镗1∶20锥孔与镗ϕ32mm孔及15°斜面时需掉头装夹。

2. 装夹方案的确定

内孔加工时以外圆定位，用三爪自动定心卡盘夹紧。加工外轮廓时，为保证一次安装加工出全部外轮廓，需要设计一个圆锥心轴装置，如图1-49所示的双点画线部分，用三爪卡盘夹持心轴左端，心轴右端留有中心孔并用尾座顶尖顶紧，以提高工艺系统的刚性。

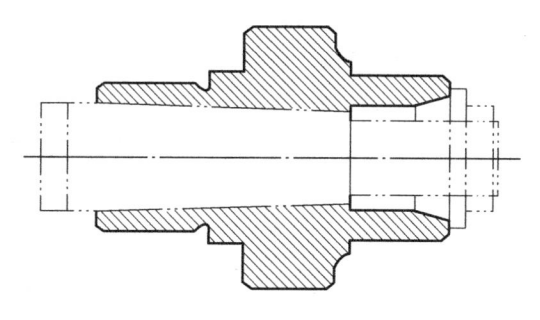

图1-49 轴承套外轮廓车削装夹方案

3. 加工顺序及走刀路线的确定

加工顺序按由内到外、由粗到精，由近到远的原则确定，在一次装夹中尽可能加工出较多的工件表面。结合本零件的结构特征，可先加工内孔各表面，然后加工外轮廓表面。由于该零件为单件小批量生产，走刀路线设计不必考虑最短进给路线或最短空行路线，外轮廓表面车削走刀路线可沿零件轮廓顺序进行。

4. 刀具选择

如表1-13所示为轴承套零件数控加工刀具卡。注意：车削外轮廓时，为防止副后刀面与工件表面发生干涉，应选择较大的副偏角，必要时可作图检验。本例中选$\kappa_r' = 55°$。

表1-13 轴承套零件数控加工刀具卡

产品名称或代号			零件名称		零件图号	
序号	刀具号	刀具规格名称	数量	加工表面	刀尖半径（mm）	备注
1	T01	硬质合金45°端面车刀	1	车端面	0.5	25mm×25mm
2	T02	ϕ5mm 中心钻	1	钻ϕ5mm 中心孔		
3	T03	ϕ26mm 钻头	1	钻底孔		
4	T04	镗刀	1	镗内孔各表面	0.4	20mm×20mm
5	T05	93°机夹右偏车刀	1	从右至左车外表面	0.2	25mm×25mm
6	T06	93°机夹左偏车刀	1	从左至右车外表面	0.2	25mm×25mm
7	T07	硬质合金60°外螺纹车刀	1	精车轮廓及螺纹	0.1	25mm×25mm
编制		审核		批准	年 月 日	共 页 第 页

5. 切削用量选择

根据被加工表面质量要求、刀具材料和工件材料三方面要求，参考切削用量手册或有关资料选取切削速度与每转进给量，然后根据公式计算主轴转速与进给速度。

背吃刀量的选择因粗、精加工而有所不同。粗加工时，在工艺系统刚性和机床功率允许的情况下，尽可能取较大的背吃刀量，以减少进给次数；精加工时，为保证零件表面粗糙度要求，背吃刀量一般取0.1～0.4mm较为合适。

6. 数控加工工序卡的拟订

将前面分析的各项内容综合成如表1-14所示的数控加工工序片，此表是编制加工程序的主要依据和操作人员配合数控程序进行数控加工的指导性文件，主要内容包括：工步顺序、工步内容、各工步所用的刀具及切削用量等。

表1-14 轴承套数控加工工序卡

单位名称		产品名称或代号		零件名称		零件图号	
工序号	程序编号	夹具名称		使用设备		车间	
001		三爪卡盘和自制心轴		CJK6240		数控中心	
工步号	工步内容	刀具号	刀具规格	主轴转速（r/mm）	进给速度（m/min）	背吃刀量 mm	备注
1	平端面	T01	25mm×25mm	320		1	
2	钻中心孔	T02	φ5mm	950			
3	钻底孔	T03	φ26mm	200			
4	粗镗φ32mm内孔、15°斜面及倒角	T04	20mm×20mm	320	40	0.8	
5	精镗φ32mm内孔、15°斜面及倒角	T04	20mm×20mm	400	25	0.2	
6	调头装夹粗镗1:20锥孔	T04	20mm×20mm	320	40	0.8	
7	精镗1:20锥孔	T04	20mm×20mm	400	20	0.2	
8	从右至左粗车轮廓	T05	25mm×25mm	320	40	1	
9	从左至右粗车轮廓	T06	25mm×25mm	400	40	1	
10	从右至左精车轮廓	T05	25mm×25mm	400	20	0.1	
11	从左至右精车轮廓	T06	25mm×25mm	400	20	0.1	
12	粗车M45螺纹	T07	25mm×25mm	320	480	0.4	
13	精车M45螺纹	T07	25mm×25mm	320	480	0.1	
编制		审核		批准		年 月 日	共 页 第 页

7. 填写实训报告

按附录F的格式填写实训报告。

思考题4

(1) 制订数控车削加工工艺方案时应遵循哪些基本原则？

(2) 轴类与孔类零件车削有什么工艺特点？

(3) 数控车削工序顺序的安排原则有哪些？工步顺序安排原则有哪些？

（4）编制如图1-50所示的密封圈零件的数控加工刀具卡和加工工序卡。

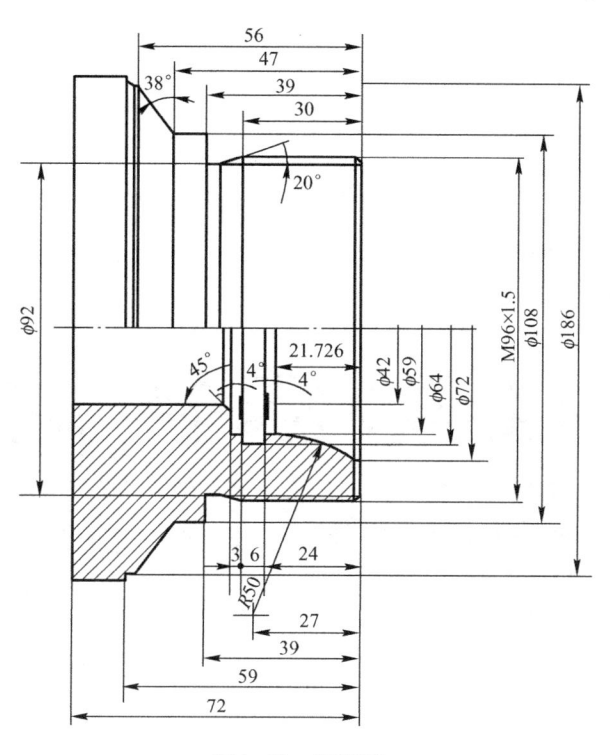

图1-50 密封圈

项目 2 轴类零件的典型表面数控车削加工

教学导航

学	教学重点	数控粗车固定循环指令的程序编制
	教学难点	数控车床工件坐标系的设定
	推荐教学方式	采用"教、学、做"相融合的项目式教学法
	建议学时	12 学时
做	学习知识目标	掌握数控车床仿真软件的基本功能与操作
	掌握技能目标	能熟练运用数控车床仿真软件进行轴类零件加工
	推荐学习方法	理论、技能与实践合一的小组学做法
	考核与评价	项目成果评定 60%，实训过程评价 30%，团队协作评价 10%

任务 2-1　简单型面程序编制在数控车床仿真软件上的加工

任务目标

(1) 掌握数控车床仿真软件的基本功能与操作。
(2) 掌握数控车床工件坐标系的设定。
(3) 掌握数控车床的常用指令及编程方法。

任务引领

制定如图 2-1 所示的简单型面加工零件的数控加工刀具卡及加工工序卡,并编写精加工程序。

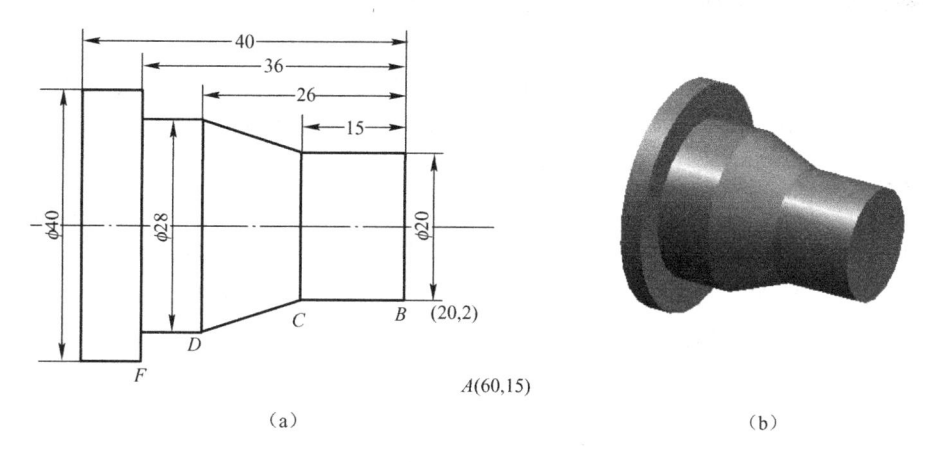

图 2-1　简单型面加工零件图

相关知识

2.1.1　数控车床编程基础

1. 数控车床的编程特点

与数控铣床相比,数控车床编程具有以下特点:
(1) 一般准备功能用 G54 或 G50 完成工件坐标系。
(2) 一个程序段中,根据图样上标注的尺寸,可以采用绝对值编程(X、Z)、增量值编程(U、W)或两者混合编程。
(3) 由于被加工零件的径向尺寸在图样上和测量时都是以直径值表示的,所以,直径方向用绝对值编程时,X 以直径值表示。用增量值编程时,以径向实际位移量的二倍值表示,并带上方向符号。
(4) 为了提高工件的径向尺寸精度,X 向的脉冲当量取 Z 向的一半。
(5) 由于车削加工常用棒料或锻料作为毛坯,加工余量大,为简化编程,数控装置常具有多次重复循环切削功能。

(6) 为提高工件的加工精度，当编制圆头刀程序时，需要对刀具半径进行补偿。大多数数控车床多具备刀具半径自动补偿功能（G41、G42），这类数控车床可以直接按工件轮廓尺寸编程。对不具备刀具半径自动补偿功能的数控车床，编程时需要先计算补偿量值。

2. 数控车床坐标系统

数控车床坐标系统分为机床坐标系和工件坐标系两种。无论那种坐标系都规定与车床主轴轴线平行的坐标轴为 Z 轴，刀具远离工件的方向为 Z 轴的正方向；在水平面内与车床主轴轴线垂直的坐标轴为 X 轴，且规定刀具远离主轴轴线的方向为 X 轴的正方向。

1）机床坐标系

由机床坐标原点与机床的 X 轴、Z 轴组成的坐标系，称为机床坐标系。机床坐标系是机床固有的坐标系，在出厂前已经预调好，一般情况下，不允许用户随意改动。

机床通电后，不论刀架位于什么位置，此时面板显示器上显示的 X 与 Z 的坐标值均为零。当完成回参考点操作后，则面板显示器上显示的是刀位点（刀架中心）在机床坐标系中的坐标值（空间位置），就相当于数控系统内部建立了一个以机床原点为坐标原点的机床坐标系。

机床原点是机床的一个固定点，永不能改变。数控车床的机床原点定义为主轴端面与主轴旋转中心线的交点，见图2-2，O 点即为机床原点。

机床参考点（O'）也是机床的一个固定点，其固定位置由 Z 向与 X 向的机械挡块来确定。该点与机床原点的相对位置如图2-2所示，它是 X 轴、Z 轴最远离工件的那一个点。当发出回参考点的指令时，装在纵向和横向滑板上的行程开关碰到相应的挡块后，由数控系统控制滑板停止运动，完成回参考点的操作。

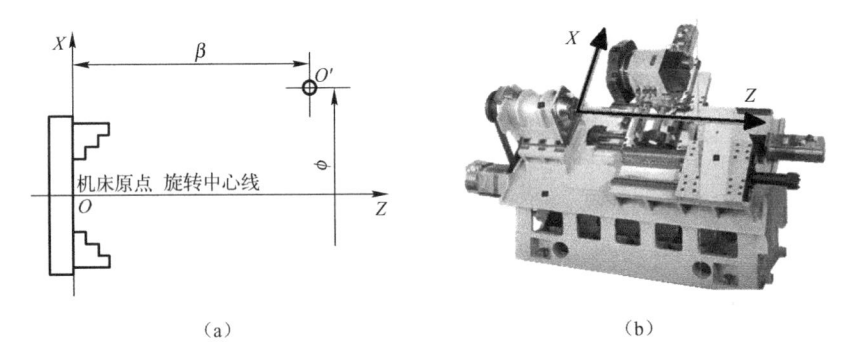

(a)　　　　　　　　　　　　(b)

图2-2　机床原点和参考点

2）工件坐标系

为了简化编程，数控编程时，应该首先确定工件坐标系和工件原点。

零件图给出后，首先应找出图样上的设计基准点，若在加工过程中有工艺基准，一般要尽量保证工艺基准和设计基准统一，该基准点称为工件原点，如图2-3中的 W 点。

工件原点也叫设计基准点（编程原点），是人为设定的。它的设定依据标注习惯，以便于编程，一般车削件的工件原点设在工件的左、右端面或卡盘端面与主轴的交点处。如图2-3所示为以工件右端面为工件原点的工件坐标系。

工件坐标系是由工件原点与 X 轴、Z 轴组成工件坐标系；当建立起工件坐标系后，显示器上显示的是刀位点（刀尖点）在工件坐标系中的位置。

工件坐标系的设定在介绍基本编程方法时再讲述。

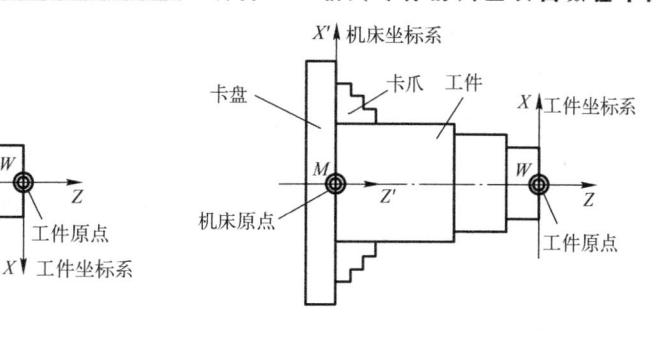

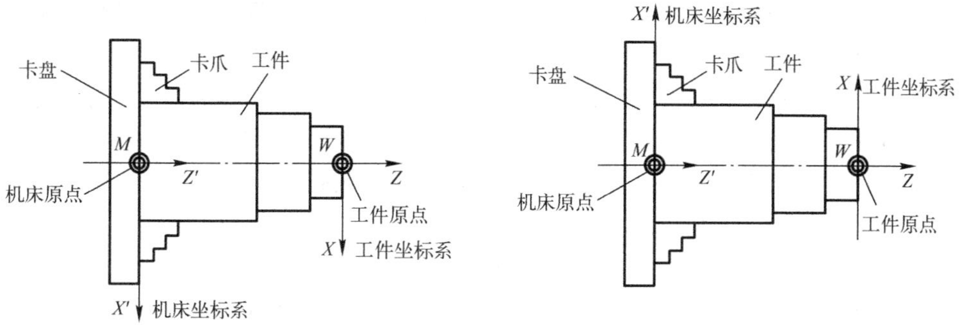

(a) 前置刀架　　　　　　　　　　　　(b) 后置刀架

图 2-3　工件原点和工件坐标系

3. 程序结构与格式

1）加工程序的组成

为运行机床而送到 CNC 的一组指令称为程序。用指定的指令刀具沿着直线或圆弧移动主轴电动机按照指令旋转或停止，在程序中以刀具实际移动的顺序指定指令。

程序是由一系列加工的一组程序段组成的，如图 2-4 所示，用来表示完成一定动作、一组操作的全部指令称为程序段。用于区分每个程序段的号叫做顺序号；用于区分每个程序的号叫做程序号。程序段中用来完成一定功能的某一具体指令（字母、数字组成）又称为字。

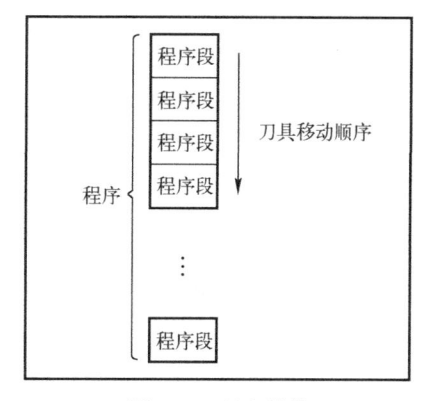

图 2-4　程序结构

2）程序段格式

（1）固定顺序程序段格式：NC 发展初期常用，现已不用。

（2）表格顺序程序段格式：少数应用（线切割）。

（3）字地址程序段格式：字—地址格式，可长可短，直观，不易出错，应用广泛。

| N_ | G_ | X_ | Y_ | Z_ | …… | F_ | S_ | T_ | M_ | ; |

其中　N——程序段序号；

　　　G——准备功能字（对机床的操作）；

X、Y、Z——坐标字；

　　　F——进给功能字（mm/min）；

　　　S——主轴转速字（r/min）；

　　　T——刀具功能字；

　　　M——辅助功能字；

　　　;——程序段结束符号。

一个程序段以识别程序段号开始，以程序段结束代码结束。字地址码程序段格式的特点是：程序段中各字的先后排列顺序并不严格，不需要的字以及与上一程序段相同的继续使用的字可以省略；数据的位数可多可少；程序简短、直观、不易出错，因而得到广泛应用。

3）字地址程序段中各功能字的含义

（1）程序段序号（简称顺序号）：通常用数字表示，在数字前还冠有标识符号 N，如

N0020、N20、N2 等。现代 CNC 系统中很多都不要求程序段号，即程序段号可有可无。

（2）准备功能（简称 G 功能）字：它由表示准备功能地址符 G 和数字所组成，如 G01，G01 表示直线插补，一般可以用 G1 代替，即可以省略前导 0。G 功能的代号已标准化。

（3）坐标字：由坐标地址符及数字组成，且按一定的顺序进行排列，各组数字必须具有作为地址码的地址符（如 X、Y 等）开头。各坐标轴的地址符按下列顺序排列：

X、Y、Z、U、V、W、P、Q、R、A、B、C

X、Y、Z 为刀具运动的终点坐标位置，现代 CNC 系统一般都对坐标值的小数点有严格的要求（有的系统可以用参数进行设置），如 26 应写成 26.，否则有的系统会将 26 视为 26μm，而不是 26mm，而写成 26.，则均会被认为是 26mm。

（4）进给功能字：由进给地址符 F 及数字组成，数字表示所选定的进给速度，如 F148.，表示进给速度为 148mm/min，其小数点与 X、Y、Z 坐标字后的小数点同样重要。

（5）主轴转速字：由主轴地址符 S 及数字组成，数字表示主轴转速，单位为 r/min。

（6）刀具功能字：由刀具地址符 T 和数字组成，用以指定刀具的号码。

（7）辅助功能（简称 M 功能）字：由辅助操作地址符 M 和两位数字组成。

（8）程序段结束符号：列在程序段的最后一个有用的字符之后，表示程序段的结束。结束符应根据编程手册规定而定。本书用"；"表示程序段结束代码，ISO 代码中为 LF，而在 EIA 代码中为 CR。

例如，

N001 G01 X70.0 Y-40.0 F140 S300 M03;

其含义为命令数控车床使用 1 号刀具以 140mm/min 的进给量，主轴正向旋转以转速 300r/min 加工工件，刀具直线位移至 $X=70$mm，$Z=-40$mm 处。

4. 编程原则

1）绝对值编程与增量值编程

数控车床编程时，可采用绝对值编程、增量值编程和两者混合编程。由于被加工零件的径向尺寸在图样的标注和测量时，都是以直径值表示的，所以，直径方向用绝对值编程时，X 以直径值表示。用增量值编程时，以径向实际位移量的二倍值表示，并带上方向符号。

（1）绝对值编程。绝对值编程是根据预先设定的编程原点计算出绝对值坐标尺寸进行编程的一种方法。首先找出编程原点的位置，并用坐标字 X、Z 进行编程，例如 "X 50.0 Z 80.0；" 语句中的数值表示终点的绝对值坐标。

（2）增量值编程。增量值编程是根据与前一位置的坐标值增量来表示位置的一种编程方法，即程序中的终点坐标是相对于起点坐标而言的。采用增量值编程时，用 U、W 代替 X、Z 进行编程。U、W 的正负由行程方向来确定，行程方向与机床坐标方向相同时为正，反之为负。例如 "U 50.0 W 80.0；" 表示终点相对于前一加工点的坐标差值在 X 轴方向为 50，Z 轴方向为 80。

（3）混合编程。设定工件坐标系后，绝对值编程与增量值编程混合起来进行编程的方法叫混合编程。

（4）编程举例。如图 2-5 所示，应用以上三种不同方法编程时程序分别如下：

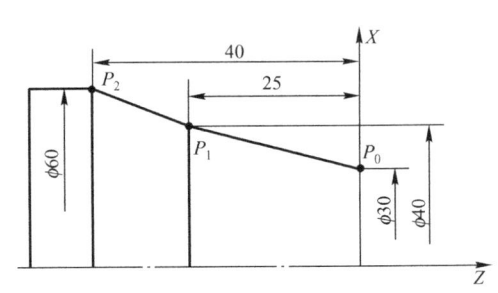

图 2-5 编程实例

绝对值编程：

　　……
　　N10 G01 X30.0 Z0 F100；
　　N15 X40.0 Z-25.0；
　　N20 X60.0 Z-40.0；
　　……

增量值编程：

　　……
　　N10 G01 U10.0 W-25.0 F100；
　　N15 U20.0 W-15.0；
　　……

混合编程：

　　……
　　N10 G01 U10.0 Z-25.0 F100；
　　N15 X60.0 W-15.0；
　　……

以上三段用不同方法编程的程序都表示从 P_0 点经过 P_1 点运动到 P_2 点。

2）脉冲数编程与小数点编程

数控编程时，可以用脉冲数编程，也可以使用小数点编程。

当使用脉冲数编程时，与数控系统最小设定单位（脉冲当量）有关，当脉冲当量为 0.001 时，表示一个脉冲运动部件移动 0.001mm。程序中移动距离数值以 μm 为单位，例如，X60 000 表示移动 60 000μm，即移动 60mm。若小数点后面的数位超过 4 位时，数控系统则按四舍五入处理。

当使用小数点输入编程时，以 mm 为单位，要特别注意小数点的输入。例如，X60.0 表示移动距离为 60mm，而 X60 则表示采用脉冲数编程，移动距离为 60μm（0.06mm）。小数点编程时，小数点后的零可省略，如 X60.0 与 X60. 是等效的。

5. 数控系统功能

数控机床加工中的动作在加工程序中用指令的方式予以规定，其中包括准备功能 G、辅助功能 M、主轴转速功能 S、刀具功能 T 和进给功能 F 等。准备功能 G 和辅助功能 M 由 JB 3208—1983 部颁标准制定。由于我国现行数控系统种类较多，它们的指令尚未统一，因此，编程技术人员在编程前必须充分了解所用数控系统的功能，并详细阅读编程说明书，以免发生错误。

下面以 FANUC0i-TC 系统常用辅助功能为例介绍。

1）准备功能

准备功能 G 又称"G 功能"或"G 代码"，是由准备功能地址符和后面的两位数来表示的，如表 2-1 所示。

表2-1 FANUC0i-TC系统准备功能

序号	代码	组别	功能	序号	代码	组别	功能
1	G00	01	快速点定位	34	G52	00	局部坐标系设定
2	G01		直线插补	35	G53		机床坐标系设定
3	G02		顺时针圆弧插补或螺旋线插补	36	G54	14	选择工件坐标系设定1
4	G03		逆时针圆弧插补或螺旋线插补	37	G55		选择工件坐标系设定2
5	G04	00	延迟（暂停）	38	G56		选择工件坐标系设定3
6	G10		可编程数据输入	39	G57		选择工件坐标系设定4
7	G11		取消可编程数据输入	40	G58		选择工件坐标系设定5
				41	G59		选择工件坐标系设定6
8	G12.1	21	极坐标插补模式	42	G65	00	宏程序调用
9	G13.1		取消极坐标插补模式	43	G66	12	宏程序模态调用
10	G17	16	$X_P Y_P$平面选择	44	G67		取消宏程序模态调用
11	G18		$Z_P X_P$平面选择	45	G70	00	精车循环
12	G19		$Y_P Z_P$平面选择	46	G71		粗车外圆复合循环
13	G20	06	英制输入	47	G72		粗车端面复合循环
14	G21		米制输入	48	G73		固定形状粗加工复合循环
15	G22	09	存储行程检查	49	G74		端面深孔钻削循环
16	G23		存储行程检查功能取消	50	G75		外径、内径钻削循环
17	G25	08	主轴转速波动检测取消	51	G76		螺纹切削复合循环
18	G26		主轴转速波动检测	52	G80	10	取消固定钻削循环
19	G27	00	返回参考点检查	53	G83		端面钻削循环
20	G28		返回到参考点	54	G84		端面攻丝循环
21	G30		返回到第2、第3、第4参考点	55	G86		端面镗孔循环
22	G31		跳跃功能	56	G87		侧面钻削循环
23	G33	01	螺纹切削	57	G88		侧面攻丝循环
24	G34		变螺距螺纹切削	58	G89		侧面镗孔循环
25	G36	00	自动刀具补偿X	59	G90	01	单一形状外径、内径切削循环
26	G37		自动刀具补偿Z	60	G92		螺纹切削循环
27	G40	07	刀具半径补偿取消	61	G96	02	端面切削速度控制
28	G41		刀尖圆弧半径左补偿	62	G97		取消端面切削速度控制
29	G42		刀尖圆弧半径右补偿	63	G98	05	每分钟进给量
30	G50	00	坐标系设定；主轴最高速度限定	64	G99		每转进给量
31	G50.3		工件坐标系预置	65	—	11	返回初始平面
32	G50.2	20	取消多边形车削	66	—		返回R平面
33	G51.2		多边形车削				

注：00组的G代码为非模态代码，其他均为模态代码。

G代码有两种模态：模态代码和非模态代码。00组的G代码属于非模态代码，只限定在被指定的程序段中有效，其余组的G代码属于模态G代码，具有续效性，在后续程序段中，只要同组其他G代码未出现之前一直有效。

G代码按其功能的不同分为若干组。在同一程序段中可以指令多个不同组的G代码，但如果在同一程序段中指令了两个或两个以上属于同一组的G代码时，只有最后的G代码有效。如果在程序段中指令了G代码表中没有列出的G代码，则显示报警。

2）辅助功能

辅助功能是用辅助操作地址符M及两位数字表示的。它主要用于机床加工操作时的工艺性指令，其特点是靠继电器的通断来实现其控制过程，如表2-2所示。

表2-2 辅助功能

序号	代码	功能	序号	代码	功能
1	M00	程序暂停	10	M10	车螺纹45°退刀
2	M01	选择暂停	11	M11	车螺纹直退刀
3	M02	程序结束	12	M12	误差检测
4	M03	主轴正转	13	M13	误差检测取消
5	M04	主轴反转	14	M19	主轴准停
6	M05	主轴停止	15	M20	ROBOT工作启动
7	M06	刀塔转位	16	M30	纸带结束
8	M08	切削液开	17	M98	调用子程序
9	M09	切削液关	18	M99	返回子程序

M00——程序暂停。完成编有M00指令的程序段中的其他指令后主轴停止，进给停止，冷却液关断，程序停止。此时可执行某一手动操作，如工作调头，手动变速等。重新按"循环启动"按钮，机床将继续执行下一程序段。

M01——选择暂停，与M00相似，不同处在于必须在操作面板上，预先（程序启动前）按下任选停止开关按钮，使其相通，当执行完编有M01指令的程序段的其他指令后，程序停止。若不按任选停止开关按钮，则M01指令不起作用，程序继续执行。当零件加工时间较长，或要在加工过程中需要停机检查，测量关键部位以及交接班等情况使用该指令很方便。

M02——程序结束。执行该程序后，表示程序内所有指令均已完成，因此切断机床所有动作，机床复位。但程序结束后，不返回到程序开头的位置。

M03——主轴顺时针（正）转。

M04——主轴逆时针（反）转。

M05——主轴停止。

M06——刀塔转位，必须与相应的刀号结合，才构成完整的换刀指令。

M08——切削液开。

M09——切削液关。

M30——纸带结束，在完成程序段的所有指令后，使主轴进给、冷却液停止，机床复位，与M02相似，不同在于该指令还使纸带回到起始位置。

M98——调用子程序。

M99——子程序结束返回主程序。

3) N、F、S、T功能

(1) N功能：程序段号是用地址N和后面的四位数字来表示的，通常是按顺序在每个程序段前加上编号（顺序号），但也可以只在需要的地方编号。

(2) F功能：指定进给速度，由地址F和其后面的数字组成。

每转进给（G99）：在一条含有G99的程序段后面，再遇到F指令时，则认为F所指定的进给速度单位为mm/r。系统开机状态为G99状态，只有输入G98指令后，G99才被取消。如F0.25即进给速度为0.25mm/r。

每分钟进给（G98）：在一条含有G98的程序段后面，再遇到F指令时，则认为F所指定的进给速度单位为mm/min。G98被执行一次后，系统将保持G98状态，直到被G99取消为止，如F20.54即进给速度为20.54mm/min。

(3) T 功能：指令数控系统进行选刀或换刀。用刀具地址符和后面的数字来指定刀具号和刀具补偿，数控车床上一般采用 T2+2 的形式。

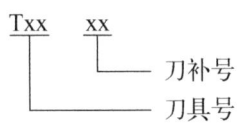

即：

Txx xx
  │ └── 刀补号
  └────── 刀具号

例如：

N1 G50 X100.0 Z175.0；

N2 G00 S600 M03；

N3 T0304；　　　　　　　　　3号刀补、4号补偿

N4 G01 Z60.0 F30；

N5 T0000；　　　　　　　　　3号刀补取消

(4) S 功能。

① 主轴最高速度限定（G50）。G50 除有坐标系设定功能外，还有主轴最高速度设定的功能，即用 S 指定的数值设定主轴每分钟最高转速。例如："G50 S2000；"表示把主轴最高速度限定为 2000r/min。

② 恒线速度控制（G96）。G96 是接通恒线速度控制的指令。系统执行 G96 指令后，便认为用 S 指定的数值确定切削速度 v_c（m/min）。例如，G96 S150 表示控制主轴转速，使切削点的速度始终保持在 150m/min。

用恒线速度控制加工端面、锥度和圆弧时，由于 X 坐标不断变化，当刀具逐渐接近工件的旋转中心时，主轴转速越来越高，工件有从卡盘飞出的危险，所以为防止事故的发生，有时必须限定主轴的最高转速。

③ 主轴转速控制（G97）。G97 是取消恒线速度控制的指令。此时，S 指定的数值表示主轴每分钟的转速。例如："G97 S1500；"表示主轴转速为 1500r/min。

2.1.2 数控车床常用指令及编程方法

对数控车床来说，采用不同的数控系统，其编程方法也不尽相同。因此，在编程之前，一定要了解数控车床系统的功能及有关参数。

1. 工件坐标系设定

1）使用 G54、G55、…、G59 设定工件坐标系

通过试切工件，测出工件坐标系在机床坐标系中的位置，将其储存到数控车床 G54 等零点偏置器或刀具长度补偿中，程序运行时自动调用存储器数值。其中数控车刀刀位点是表示该刀具位置的点，常用车刀刀位点如图 2-6 所示。

使用 G54、G55、…、G59 等零点偏置指令对刀时，一般编程中把工件坐标系建立在工件右端面轴线上，通过对刀将工件坐标系在机床坐标系中偏置距离测量出来并输入、存储到 G54 中。

(1) Z 轴对刀。手动模式下单击主轴 正转 按钮，使主轴转动。选择相应的倍率，移动刀具，沿着 $-X$ 方向车削端面，后保持刀具 Z 方向位置不变，再沿 $+X$ 方向退出刀具，如图 2-7 所

示，使主轴停转。

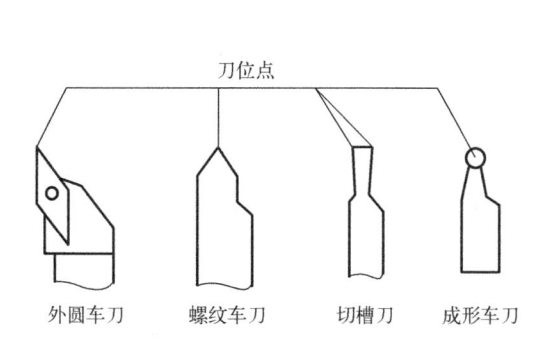

图 2-6　常用车刀刀位点

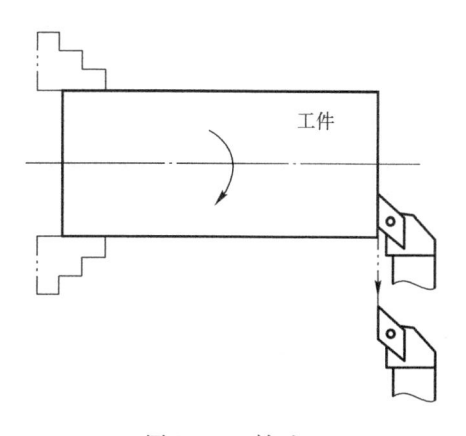

图 2-7　Z 轴对刀

最后进行对刀面板操作。单击 按钮，进入参数设置画面，再按【坐标系】软键，进入坐标系界面，单击方向键 使光标移动到 G54 的 Z 轴数据位置，在界面下方的">"后输入"0"，再按【测量】软键，系统会自动计算出工件坐标系的 Z 轴的机械坐标，而无须自己计算，如图 2-8 所示，即完成 Z 轴对刀和工件坐标系的设定。

（2）X 轴对刀。手动模式下单击主轴 按钮，使主轴转动。选择相应的倍率，移动刀具，沿着 -Z 方向接近工件并切削外圆（长约 3~5mm），然后保持刀具 X 方向位置不变，再沿 +Z 方向退出刀具，如图 2-9 所示，使主轴停转。此时使用游标卡尺测量所车外圆直径（假设测得外圆直径为 38.88mm），进行对刀面板操作。

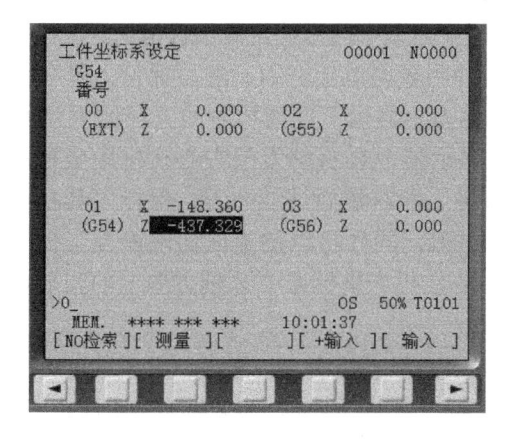

图 2-8　工件坐标系 Z 轴参数设定

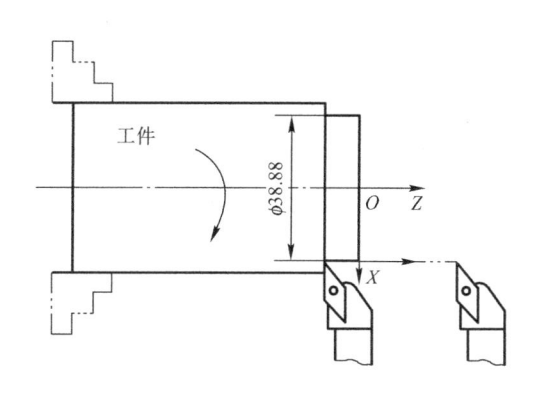

图 2-9　X 轴对刀

单击 按钮，进入参数设置画面，再按【坐标系】软键，进入坐标系界面，单击方向键 使光标移动到 G54 的 X 轴数据位置，在界面下方的">"后输入"38.88"，再按【测量】软键，系统会自动计算出工件坐标系的 X 轴的机械坐标，而无须自己计算，如图 2-10 所示，即完成 X 轴对刀和工件坐标系的设定。

2）使用 G50 设定工件坐标系

G50 指令规定了刀具起刀点距工件原点的距离。坐标值 X、Z 为刀位点在工件坐标系中的起始点（即起刀点）位置。当刀具的起刀点空间位置一定时，工件原点选择不同，刀具在工件坐标系中的坐标 X、Z 也不同。其指令格式：

57

G50 X__Z__

如图 2-11 所示，假设刀尖的起始点距工件原点的 Z 向尺寸和 X 向尺寸分别为 α 和 β（直径值），则执行程序段 G50 后，系统内部即对 α，β 进行记忆，并显示在面板显示器上，就相当于系统内部建立了一个以工件坐标系为坐标原点的工件坐标系。

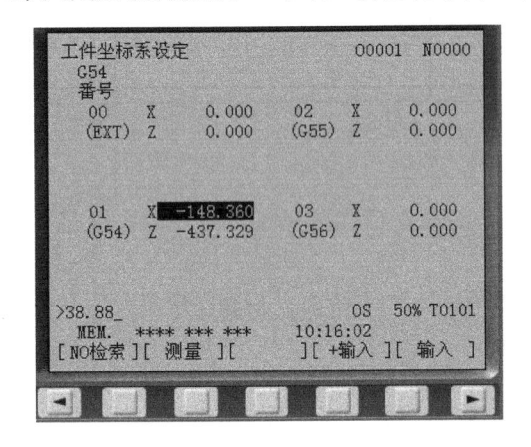

图 2-10　工件坐标系 X 轴参数设定

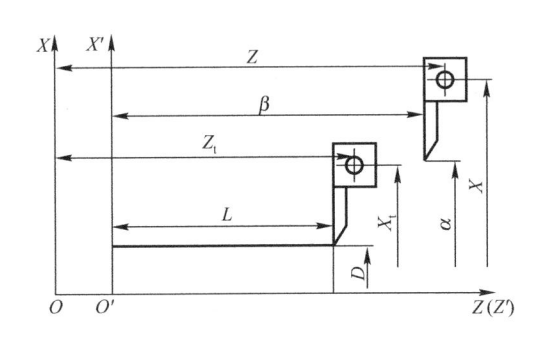

图 2-11　工件坐标系设定

显然，当 α，β 不同或改变了刀位点在工件坐标系中的确定位置后，所设定的工件坐标系的工件原点也不同。因此在执行程序段 G50 Xα Zβ 前，刀具就应安装在一确定位置。工人操作时，将刀具准确地安装在这一确定位置的就是对刀过程，其对刀方法有以下两种。

（1）试切对刀。

① 回参考点操作。用面板 ZRN（回参考点）方式，进行回参考点的操作，建立机床坐标系。此时显示器上显示刀架中心（对刀参考点）在机床坐标系中的当前位置坐标值。

② 试切的测量。用面板上的 MDI 方式操纵机床对外圆表面试切一刀，然后保持刀具在横向（X 轴方向）上的位置不变，沿纵向（Z 轴方向）退刀；测量工件试切后的直径值 D 即可知道刀尖在 X 轴方向上的当前位置坐标值，并记录下显示器上显示的刀架中心在机床坐标系中 X 轴方向上的当前位置坐标值 X_t。用同样的方法再将工件右端面试切一刀，保持刀具在纵向（Z 轴方向）上的位置不变，沿横向（X 轴方向）退刀，同样可以测量试切端面至工件原点的距离长度尺寸 L，并记录下显示器上显示的刀架中心在机床坐标系中 Z 轴方向上的当前位置坐标值 Z_t。

③ 计算坐标增量。根据试切后测量的工件直径 D、端面距离长度 L 与程序所要求的起刀点位置（α，β），计算出将刀尖移到起刀点位置所需的 X 轴的坐标增量 α−D 与 Z 轴坐标增量 β−L。

④ 对刀。根据算出的坐标增量，用手摇脉冲发生器移动刀具，使前面记录的位置坐标值 (X_t, Z_t) 增加相应的坐标增量，即将刀具移至使显示器上所显示的刀架中心（对刀参考点）在机床坐标系中位置坐标值为 ($X_t + α − D$, $Z_t + β − L$) 为止。这样就实现了将刀尖放在程序所要求的起刀位置（α，β）上。对刀的原理见图 2-11。

$$X = α + (X_t - D) \qquad Z = β + (Z_t - L)$$

如图 2-12 所示，设以卡爪前端面为工件原点（G50 X200.0 Z253.0;），若完成回参考点操作后，经试切，测量工件直径为 φ67mm，试切端面至卡爪

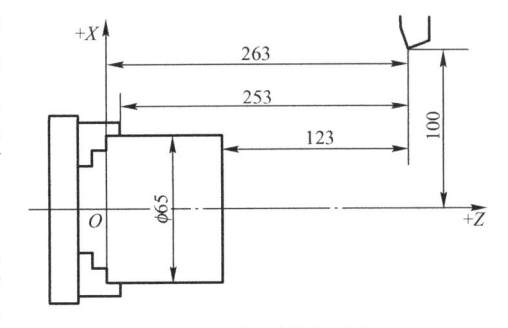

图 2-12　对刀的原理图

端面的距离尺寸为131mm，而显示器上显示的位置坐标值为X265.763 Z419.421。为了将刀尖调整到起刀点的位置X200.0 Z253.0，只要将显示的位置X坐标增加200－67＝133，Z坐标增加253－131＝122，即将刀具移到使显示器上显示的位置为X398.763，Z541.421即可。然后执行加工程序段"G50 X200.0 Z253.0;"即可建立工件坐标系，并显示刀尖在工件坐标系中的当前位置X200.0 Z253.0。

（2）通过改变数控系统参考点位置来使刀位点到达一个新的起刀点位置，即移动机床上的挡块（一般讲是把极限位置变得离机床原点近了）。这样在进行回参考点操作时，即能使刀尖到达起刀点位置。

3) 使用刀具补偿设定工件坐标系

数控车床加工中使用刀具较多，采用零点偏置指令对刀时，需一把车刀设置在一个零点偏置指令中，使用不方便，故数控车床加工还可以采用刀具长度补偿对刀，通过对刀将工件坐标系原点在机床坐标系中位置测出并输入到刀具长度补偿等寄存器中，运行程序时调用该刀具长度补偿，使刀具在工件坐标系中运行。此时一般把G54、G55等零点偏置指令中X、Z值全部清零。

（1）Z轴对刀。手动模式下单击主轴 按钮，使主轴转动。选择相应的倍率，移动刀具，沿着－X方向进行车削端面，然后保持刀具Z方向位置不变，再沿＋X方向退出刀具，见图2-7，使主轴停转。

最后进行对刀面板操作。单击 按钮，进入参数设置画面，再按【补正】软键，出现刀具补偿界面，单击方向键 使光标移动到该刀具号的Z轴数据位置，在界面下方的">"后输入"Z0"，再按【测量】软键，如图2-13所示，即完成Z轴对刀和工件坐标系的设定。

（2）X轴对刀。手动模式下单击主轴 按钮，使主轴转动。选择相应的倍率，移动刀具，沿着－Z方向接近工件并切削外圆（长约3～5mm），然后保持刀具X方向位置不变，再沿＋Z方向退出刀具，见图2-9，使主轴停转。此时使用游标卡尺测量所车外圆直径（假设测得外圆直径为38.88mm），进行对刀面板操作。

单击 按钮，进入参数设置画面，再按【补正】软键，出现刀具补偿界面，单击方向键 使光标移动到该刀具号的X轴数据位置，在界面下方的">"后输入"X38.88"，再按【测量】软键，如图2-14所示，即完成X轴对刀和工件坐标系的设定。

图2-13　刀具补偿Z轴参数设定　　　　图2-14　刀具补偿X轴参数设定

2. 刀具的直线插补

1）快速点定位指令 G00

G00 指令是模态代码，它命令刀具以点定位控制方式从刀具所在点快速运动到下一个目标位置。它只是快速定位，而无运动轨迹要求，也无切削加工过程。其指令书写格式为：

　　G00 X（U）__Z（W）__；

当采用绝对值编程时，刀具分别以各轴的快速进给速度运动到工件坐标系（X, Z）点。当采用增量值编程时，刀具以各轴的快速进给速度运动到距离现有位置（U, W）点。

需要注意的事项有：

（1）G00 为模态指令。

（2）移动速度不能用程序指令设定，由厂家预调。

（3）G00 的执行过程：刀具由程序起始点加速到最大速度，然后快速移动，最后减速到终点，实现快速点定位。

（4）刀具的实际运动路线不是直线，而是折线。使用时注意刀具是否和工件发生干涉。

如图 2-15 所示，从起点 A 快速运动到 B 点。

绝对值编程为

　　G00 X120.0 Z100.0；

增量值编程为

　　G00 U80.0 W80.0；

2）直线插补指令 G01

G01 指令是模态代码，它是直线运动的命令，规定刀具在两坐标或三坐标间以插补联动方式按 F 指定的进给速度做任意斜率的直线运动。

当采用绝对值编程时，刀具以 F 指令的进给速度进行直线插补，移至运动到工件坐标系（X, Z）点。当采用增量值编程时，刀具以 F 指令的进给速度运动到距离现有位置（U, W）的点上。其中 F 指令的进给速度在没有新的 F 指令以前一直有效，不必在每个程序段中都写入 F 指令。其指令书写格式为

　　G01 X（U）__Z（W）__F__；

如图 2-16 所示为直线插补实例。

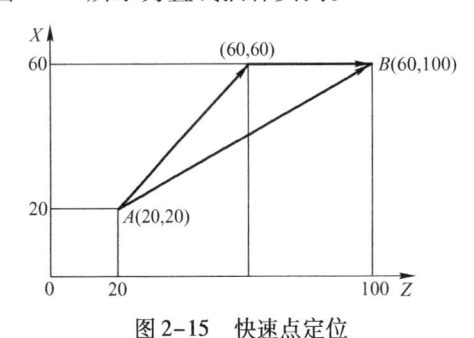

图 2-15　快速点定位

图 2-16　直线插补实例

使用绝对值编程：（O 点为工件原点）从 A→B

G01 X45.0 Z13.0 F30；

使用增量值编程：从 A→B

G01 U20.0 W-20.0 F30；

注意事项：

① G01 指令后的坐标值取绝对值编程还是取增量值编程，由坐标字决定。

② 进给速度由 F 指令决定。F 指令也是模态指令，可由 G00 指令取消。如果在 G01 程序段之前的程序段没有 F 指令，而现在的 G01 程序段中也没有 F 指令，则机床不运动。因此，G01 程序中必须含有 F 指令。

3. 圆弧插补指令 G02、G03

圆弧插补指令是命令刀具在指定平面内按给定的 F 进给速度做圆弧运动，切削出圆弧轮廓。

1）圆弧顺逆的判断

圆弧插补指令分为顺时针圆弧插补指令 G02 和逆时针圆弧插补指令 G03。数控车床是两坐标的机床，只有 X 轴和 Z 轴，因此，按右手定则的方法将 Y 轴考虑进来，然后观察者从 Y 轴的正方向向 Y 轴的负方向看去，即可正确判断出圆弧的顺逆了，如图 2-17 所示。

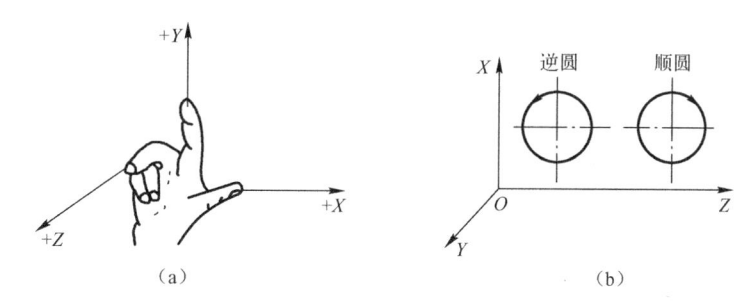

图 2-17 圆弧顺逆的判断

2）G02、G03 指令的格式

在车床上加工圆弧时，不仅需要用 G02 或 G03 指令指出圆弧的顺逆方向，用 $X(U)$、$Z(W)$ 指定圆弧的终点坐标，而且还要指定圆弧的中心位置。一般指定圆心位置的常用方法有以下两种：

（1）用圆心坐标（I，K）指定圆心位置，其格式为：

$\begin{Bmatrix} G02 \\ G03 \end{Bmatrix}$ X(U)__Z(W)__I__K__F__；

（2）用圆弧半径 R 指定圆心位置，其格式为：

$\begin{Bmatrix} G02 \\ G03 \end{Bmatrix}$ X(U)__Z(W)__R__F__；

注意事项：

① 以上格式中 G02 为顺圆插补，G03 为逆圆插补。

② 采用绝对值编程时，用 X、Z 表示圆弧终点在工件坐标系中的坐标值；采用增量值编程

时，用 U、W 表示圆弧终点相对于圆弧起点的增量值。

③ 圆心坐标（I，K）为圆弧起点到圆弧中心所作矢量分别在 X、Z 轴方向上的分矢量（矢量方向指向圆心）。本系统的 I，K 为增量坐标，当分矢量方向与坐标轴的方向一致时为"+"号，反之为"-"号。

④ 用半径 R 指定圆心位置时，由于在同一半径 R 的情况下，从圆弧的起点到终点有两个圆弧的可能性，因此在编程时规定：圆心角小于或等于 180°的圆弧 R 值为正；圆心角大于 180°的圆弧 R 值为负。

⑤ 程序段中同时给出 I、K 和 R 值，以 R 值优先，I、K 无效。

⑥ G02、G03 用半径指定圆心位置时，不能描述整圆，只能使用分矢量编程。

如图 2-18 所示，编写顺时针圆弧插补程序。

方法一：用（I，K）表示圆心位置。

绝对值编程：

  ……

  N05 G00 X20.0 Z2.0；

  N10 G01 Z-30.0 F80；

  N15 G02 X40.0 Z-40.0 I10.0 K0 F60；

  ……

增量值编程：

  ……

  N05 G00 U-80.0 W-98.0；

  N10 G01 U0 W-32.0 F80；

  N15 G02 U20.0 W-10.0 I10.0 K0 F60；

  ……

方法二：用 R 表示圆心位置。

  ……

  N05 G00 X20.0 Z2.0；

  N10 G01 Z-30.0 F80；

  N15 G02 X40.0 Z-40.0 R10.0 F60；

  ……

如图 2-19 所示，编写逆时针圆弧插补程序。

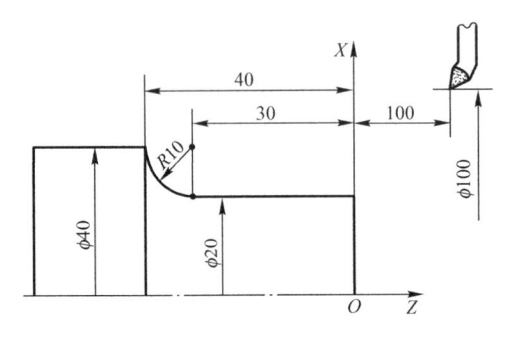

图 2-18　顺时针圆弧插补　　　　　　　　图 2-19　逆时针圆弧插补

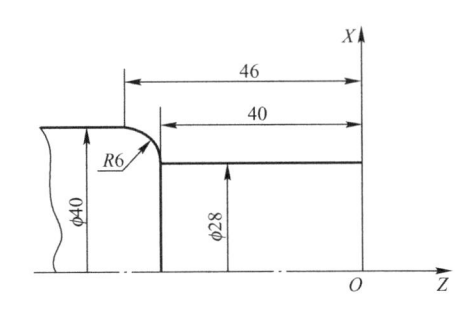

方法一：用（I，K）表示圆心位置。

绝对值编程：

　　……

　　N05 G00 X28.0 Z2.0；

　　N10 G01 Z－40.0 F80；

　　N15 G03 X40.0 Z－46.0 I0 K－6.0 F60；

　　……

增量值编程：

　　……

　　N05 G00 U－150.0 W－98.0；

　　N10 G01 W－42.0 F80；

　　N15 G03 U12.0 W－6.0 I0 K－6.0 F60；

　　……

方法二：用R表示圆心位置。

　　……

　　N05 G00 X28.0 Z2.0；

　　N10 G01 Z－40.0 F80；

　　N15 G03 X40.0 Z－46.0 R6.0 F60；

　　……

3）数控车床中圆弧的加工方法

（1）车锥法。在车圆弧时，从工艺上不可能用一刀就把圆弧车好，因为这样一来吃刀量太大，容易打刀。因此可以先车一个圆锥，再车圆弧。但这就需要确定车锥的起点和终点，方法如图2-20所示，连接OC交圆弧于D，过D点作圆弧的切线AB，由图可知$OC=\sqrt{2}R$，$CD=\sqrt{2}R-R=0.414R$，$AC=BC=0.586R$。即车锥时，加工路线不能超过AB线。

（2）车圆法。车圆法就是用不同半径的圆弧来车削，最终达到加工要求，如图2-21所示。起刀点A和终点B的确定方法：连接OA、OB，则此时的圆弧$R_1=OA=OB$，$BD=AE=\sqrt{R_1^2-R}$，$BC=AC=R-\sqrt{R_1^2-R}$，每刀长$L=\dfrac{\sqrt{2}R-R}{P}$（P为分刀次数）。

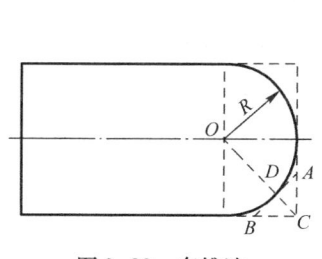

图2-20　车锥法

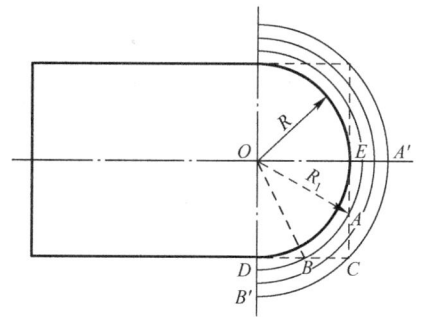

图2-21　车圆法

4. 暂停（延时）指令G04

G04指令为非模态指令，常在进行锪孔、车槽、车台阶轴清根等加工时，要求刀具在很短时间内实现无进给光整加工，此时可以用G04指令实现暂停，暂停结束后，继续执行下一段程序，其程序格式为：

  G04 P__（ms）；

或 G04 X(U)__(s)；

其中 X、U、P 指令指定暂停时间，P 指令后面的数值为整数，单位为 ms，X(U) 指令后面为带小数点的数，单位为 s。

例如，欲停留 1.5s 的时间，则程序段为："G04 X1.5;" 或 "G04 P1500;"。

5. 米制输入与英制输入 G21、G20

如果一个程序段开始用 G20 指令，则表示程序中相关的一些数据为英制（in）；如果一个程序段开始用 G21 指令，则表示程序中相关的一些数据为米制（mm）。数据车床出厂时一般设为 G21 状态，车床刀具各参数以米制单位设定。两者不能同时使用，停机断电前后 G20、G21 仍起作用，除非再重新设定。

2.1.3 数控车床仿真软件基本操作

使用"数控加工仿真与远程教学系统 VNUC"软件可以很方便地进行教学和练习，采用数控车床的仿真软件进行模拟加工，如图 2-22 所示。软件中包括国内外大部分数控系统，主要有三大系统：FANUC、西门子、华中数控，还有其他的一些，如广州数控、阿贝尔信浓 ASINA Series 205 - T CNC 数控系统等。

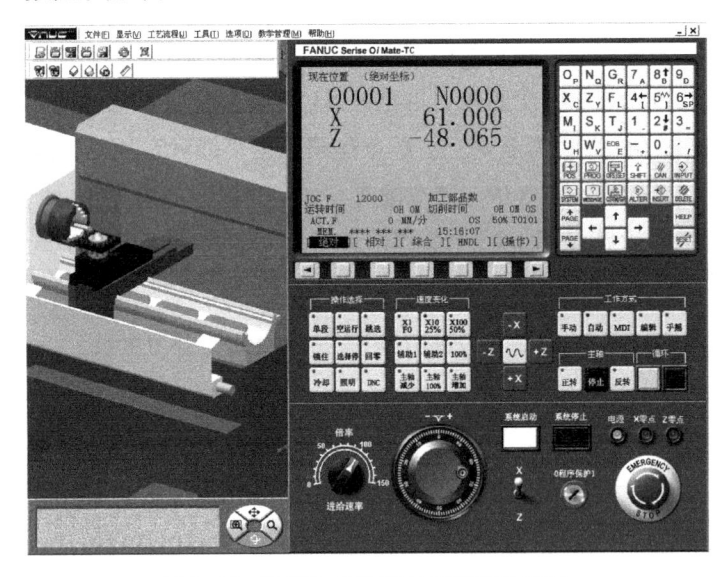

图 2-22 数控加工仿真与远程教学系统

下面以 FANUC 0i Mate - TC 系统为例来实现数控车削的仿真加工，数控系统和机床操作面板的使用如表 2-3 和表 2-4 所示。

表 2-3 数控系统操作面板功能

名 称	功 能 说 明
复位键	按下这个键可以使 CNC 复位或者取消报警等
帮助键	当对 MDI 键的操作不明白时，按下这个键可以获得帮助

续表

名 称	功 能 说 明
软键	根据不同的画面，软键有不同的功能。软键功能显示在屏幕的底端
地址和数字键 O_P	按下这些键可以输入字母，数字或者其他字符
切换键 SHIFT	在键盘上的某些键具有两个功能。按下 SHIFT 键可以在这两个功能之间进行切换
输入键 INPUT	当按下一个字母键或者数字键时，再按该键数据被输入到缓冲区，并且显示在屏幕上。要将输入缓冲区的数据复制到偏置寄存器中等，可按下该键。这个键与软键中的 INPUT 键是等效的
取消键 CAN	取消键，用于删除最后一个进入输入缓存区的字符或符号
程序功能键 ALTER、INSERT、DELETE	ALTER：替换键 INSERT：插入键 DELETE：删除键
功能键 POS PROG OFFSET SETTING SYSTEM MESSAGE CUSTOM GRAPH	POS：按下这一键以显示位置屏幕 PROG：按下这一键以显示程序屏幕 OFFSET SETTING：按下这一键以显示偏置/设置（SETTING）屏幕 SYSTEM：按下这一键以显示系统屏幕 MESSAGE：按下这一键以显示信息屏幕 CUSTOM GRAPH：按下这一键以显示用户宏屏幕
光标移动键	有四种不同的光标移动键 → 用于将光标向右或者向前移动 ← 用于将光标向左或者往回移动 ↓ 用于将光标向下或者向前移动 ↑ 用于将光标向上或者往回移动
翻页键	有两个翻页键 PAGE↑ 该键用于将屏幕显示的页面往前翻页 PAGE↓ 该键用于将屏幕显示的页面往后翻页

表2-4 机床操作面板功能

名 称	功 能 说 明
方式选择键 手动 自动 MDI 编辑 手摇	用来选择系统的运行方式 编辑：按下该键，进入编辑运行方式 自动：按下该键，进入自动运行方式 MDI：按下该键，进入 MDI 运行方式 手动：按下该键，进入手动运行方式 手摇：按下该键，进入手轮运行方式
操作选择键 单段 回零	用来开启单段、回零操作 单段：按下该键，进入单段运行方式 回零：按下该键，可以进行返回机床参考点操作（即机床回零）

续表

名　　称	功　能　说　明
主轴旋转键	用来开启和关闭主轴 正转：按下该键，主轴正转 停止：按下该键，主轴停转 反转：按下该键，主轴反转
循环启动/停止键	用来开启和关闭，在自动加工运行和 MDI 运行时都会用到它们
主轴倍率键	在自动或 MDI 方式下，当 S 代码的主轴速度偏高或偏低时，可用来修调程序中编制的主轴速度 主轴100%：按下该键（指示灯亮），主轴修调倍率被置为 100% 主轴升速：按下该键主轴修调倍率递增 5% 主轴降速：按下该键主轴修调倍率递减 5%
进给轴和方向选择开关	用来选择机床欲移动的轴和方向 其中，⌇ 为快进开关。当按下该键后，该键变为红色，表明快进功能开启。再按一下该键，该键的颜色恢复成白色，表明快进功能关闭
JOG 进给倍率刻度盘	用来调节 JOG 进给的倍率。倍率值从 0%～150%。每格为 10%。用鼠标左键单击旋钮，旋钮逆时针旋转一格；用鼠标右键单击旋钮，旋钮顺时针旋转一格
系统启动/停止	用来开启和关闭数控系统。在通电开机和关机时用到
电源/回零指示灯	用来表明系统是否开机和回零的情况。当系统开机后，电源灯始终亮着。当进行机床回零操作时，某轴返回零点后，该轴的指示灯亮
急停键	用于锁住机床。按下急停键时，机床立即停止运动 急停键抬起后，该键下方有阴影，见图（a）；急停键按下时，该键下方没有阴影，见图（b）

任务实施

实训 5　简单阶梯轴的数控加工

1. 零件图分析

在数控车床上加工图 2-1 中的轴类零件，该零件由外圆柱面和外圆锥面构成，其中 $\phi 40 mm$ 的外径不加工（可用于装夹），其材料为 45# 钢。选择毛坯尺寸为 $\phi 40 mm \times 40 mm$。

2. 确定工件的装夹方式

由于这个工件是一个实心轴，并且轴的长度不很长，所以采用工件的右端面和 $\phi 40 mm$ 外

项目2 轴类零件的典型表面数控车削加工

圆作为定位基准。使用普通三爪卡盘夹紧工件,取工件的右端面中心为工件坐标系的原点,对刀点选在图2-1中的A(60,15)处。

3. 确定数控加工工序

根据零件的加工要求,选用一把1号为90°硬质合金机夹偏刀(由于工件的结构简单,对精度的要求不高,故粗车和精车使用一把外圆车刀),用于粗、精车削加工。该零件的数控加工工序卡如表2-5所示。

表2-5 数控加工工序卡

零件名称		轴	数量		10	年 月 日	
工序		名称	工艺要求			工作者	日期
1		下料	ϕ40mm×40mm 棒料10根				
2		车	车削外圆到ϕ40mm				
3		热处理	调质处理 HB 220～250				
4		数控车	工步	工步内容		刀具号	
			1	车端面		T01	
			2	自右向左粗车外轮廓		T01	
			3	自右向左精车外轮廓		T01	
5		车	切断,并保证总长等于36mm				
6		检验					
材料			45#钢		备注:		
规格数量			ϕ40mm×40mm				

4. 合理选择切削用量

选择合理的切削用量,如表2-6所示为图2-1中的零件的数控加工刀具卡。

表2-6 数控加工刀具卡

刀具号	刀具规格名称	数量	加工内容	刀尖半径(mm)	主轴转速(r/min)	进给速度(mm/r)	备注
T01	90°硬质合金机夹偏刀	1	车端面、粗、精车轮廓	0.5	620	0.2	

5. 编写加工程序

编写零件的精加工程序,车削图2-1的零件程序见表2-7。

表2-7 车削轴类零件程序

主程序	注释
O0001	程序号
N001 G50 X60.0 Z15.0 (或G54);	工件坐标系设定
N002 S620 M03 T0101;	调用1号刀
N003 G00 X50.0 Z0 M08;	快速点定位
N004 G01 X0 F0.2;	车右端面
N005 G00 X2.0;	
N006 X20.0;	快速点定位
N007 G01 X−15.;	精车外圆柱面
N008 G01 X28. Z−26.;	精车外圆锥面
N009 G01 X28. Z−36.;	精车外圆柱面
M010 G01 X42.;	车台阶面
M011 G00 X60.0 Z15.0 T0100;	快速退回起刀点,取消刀补
N012 M05;	主轴停止转动
N013 M30;	程序结束

6. 操作步骤

通过数控加工仿真软件进行模拟加工，在 VNUC 数控加工仿真软件上，模拟图 2-1 所示车削零件的加工路线轨迹，步骤如下。

1）启动与设置加工仿真软件

双击计算机桌面上的 VNUC4.0单机版 图标进入，或者从 Windows 的程序菜单中依次展开"legalsoft"→VNUC4.0 单机版，执行上述操作后会出现如图 2-23 所示的窗口。

图 2-23　VNUC 数控加工仿真软件

进入加工系统后，从软件的主菜单里面"选项"中选择 选择机床和系统(J) 参数设置(P) 菜单，进入"数控车床选择"对话框，选中 FANUC 0i Mate-TC 系统数控车床，如图 2-24 所示。

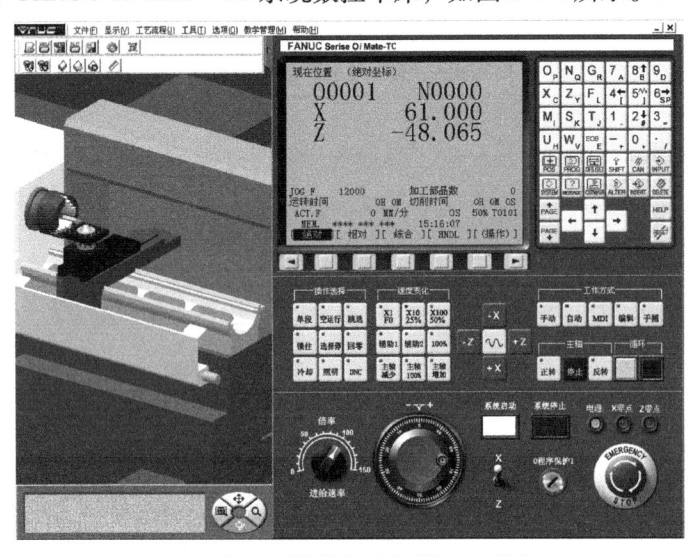

图 2-24　"数控车床选择"对话框

2）设置机床回零参考点

首先将开关 系统启动 加电，弹开急停按钮，单击 JOG 按钮，在 JOG 状态下面单击 回零 按钮，然后，就可以调节 Z 轴、X 轴的控制按钮 +Z 和 +X 进行回零了。

3）安装工件和工艺装夹

在菜单栏里选择菜单命令"工艺流程"→"毛坯"，弹出如图 2-25（a）所示的对话框，单击"新毛坯"按钮，弹出如图 2-25（b）所示的"车床毛坯"对话框，按照提示填写工件要求的数值，最后单击"确定"按钮。

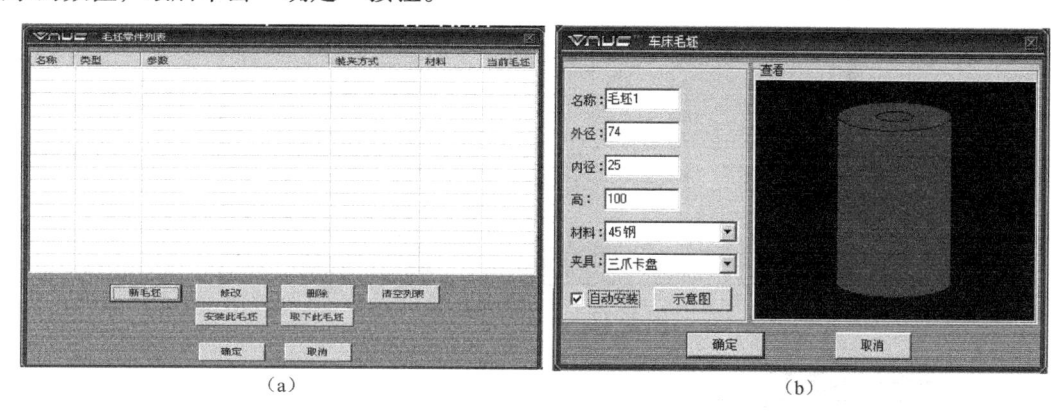

图 2-25　定义毛坯

选中此毛坯，使其变蓝，单击"安装此毛坯"→"确定"按钮即可。用户还要调整毛坯的位置，最后单击"关闭"按钮即可，如图 2-26 所示。

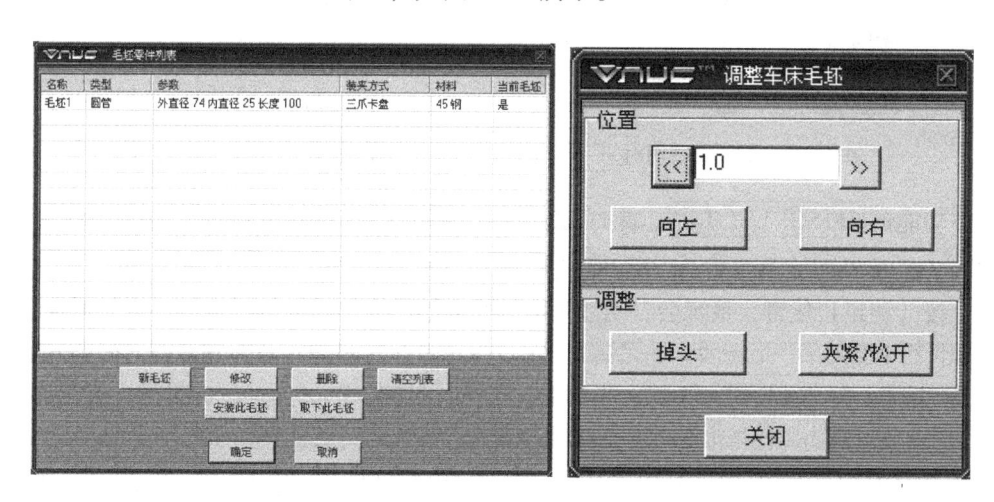

图 2-26　安装工件和装夹

4）定义与安装刀具

选择菜单命令"工艺流程"→"车刀刀库"，选择刀具，55°车刀，同样方法，根据需要选择刀柄，如图 2-27 所示。

5）建立工件坐标系

首先，单击主轴 正转 按钮，在控制面板里面单击 手动 按钮，进入手动状态，调节 +Z 和 +X，用试切法对刀，先用 1 号刀在工件外轮廓表面试切，保证 X 坐标不动，沿 Z 轴退刀，如图 2-28 所示。

退出后，停转主轴。在主菜单中选择菜单命令"工具"→"测量"，测量出试切毛坯直径（如 ϕ37.8mm）这个直径值，如图 2-29 所示。

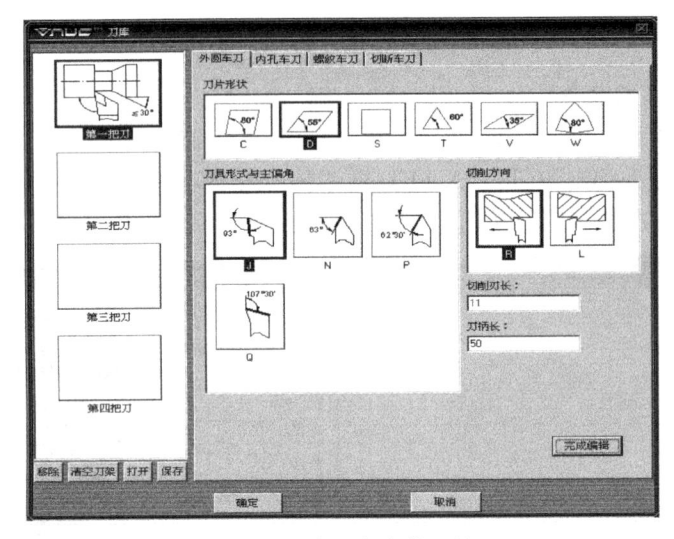

图 2-27 定义与安装刀具

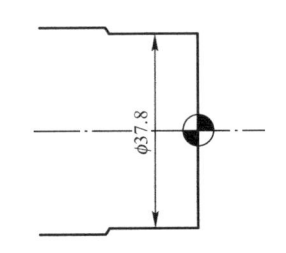

图 2-28 X 方向试切对刀　　图 2-29 X 方向试切后测量

按下功能键 OFFSET SETTING，此时出现如图 2-30（a）所示的画面，再按【坐标系】软键，进入坐标系界面，单击方向键使光标移动到 G54 位置，在界面下方的">"后输入"37.8"，按【测量】软键，系统会自动计算出工件坐标系的 X 轴的机械坐标，而无须自己计算。

同理再用 1 号刀平一下端面，平完端面之后，保证 Z 坐标不动，沿 X 轴退刀，在坐标系的界面中单击方向键，把光标移到 G54 的 Z 坐标上，在界面下方的">"后输入"0."，按【测量】软键，系统会自动计算出工件坐标系的 Z 轴的机械坐标，而无须自己计算，如图 2-30（a）所示。

其他三把刀都要按照上述方法对刀，按下功能键 OFFSET SETTING，进入刀补界面，按【补正】软键，依次把每把刀的 X、Z 方向的偏移值用【测量】软键自动测出并反映到系统中，如图 2-30（b）所示。

6）创建和编辑程序

在机床操作面板的方式选择键中按编辑键，进入编辑运行方式。按系统面板上的 PROG 键，数控屏幕上显示程式画面。使用字母和数字键，输入程序号，按插入键，这时程序屏幕上显示新建立的程序名和结束符%，接下来可以输入程序内容，如图 2-31 所示。

7）自动加工

此时检查倍率和主轴转速，单击按钮，使机床处于自动状态，最后单击"循环启动"按钮，机床执行自动模拟加工。

项目 2　轴类零件的典型表面数控车削加工

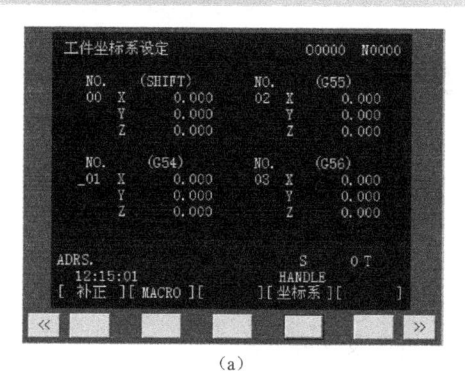

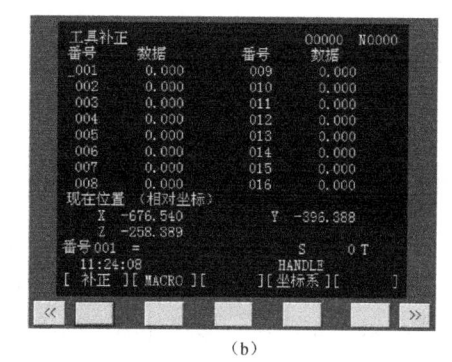

　　(a)　　　　　　　　　　　　　　(b)

图 2-30　工件坐标系设定

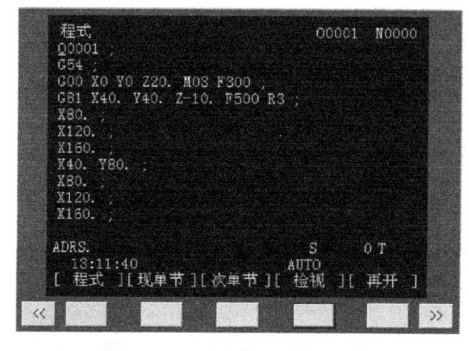

图 2-31　创建和编辑程序

7. 填写实训报告

按附录 F 的格式填写实训报告。

思考题 5

（1）说明 G00、G01 指令的功用与区别？
（2）分析模态代码与非模态代码有何特点？
（3）试述数控车床常用的对刀方法？
（4）编制如图 2-32 所示的零件的数控加工刀具卡、加工工序卡和精加工程序，并在 VNUC 数控加工仿真软件上模拟加工路线轨迹。

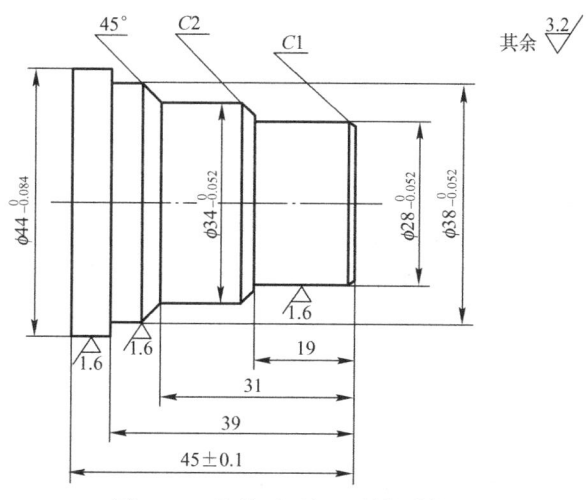

图 2-32　简单型面加工训练零件图

71

任务2-2 端面及阶梯轴在数控车床仿真软件的加工

任务目标

(1) 掌握数控车床仿真软件的基本功能与操作。
(2) 掌握数控车床单一形状端面切削固定循环指令及编程方法。
(3) 掌握数控车床单一形状外圆切削固定循环指令及编程方法。

任务引领

采用锻造毛坯，材料为45#钢，制定如图2-33所示的单一形状端面及外圆加工零件的数控加工刀具卡及加工工序卡，并编写加工程序。

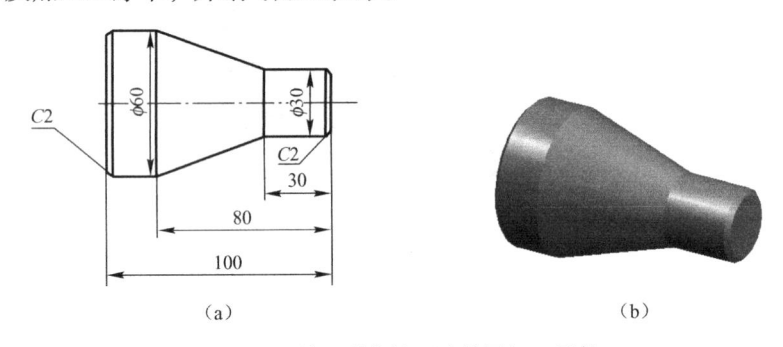

图2-33 单一形状端面及外圆加工零件

相关知识

数控车床上被加工工件的毛坯常用棒料或铸、锻件，因此加工余量大，一般需要多次重复循环加工，才能去除全部余量。为了简化编程，数控系统提供不同形式的固定循环功能，以缩短程序段的长度，减少程序所占内存。

2.2.1 单一形状外圆切削固定循环（G90）

单一形状外圆切削固定循环（G90）的指令格式：

G90 X(U)_Z(W)_F;

如图2-34所示，刀具从循环起点开始按矩形循环，最后又回到循环起点。图中虚线表示快速运动，实线表示按指令F指定的进给速度运动。(X, Z)为圆柱面切削终点坐标值；(U, W)为圆柱面切削终点相对循环起点的增量值。其加工顺序按1、2、3、4进行。

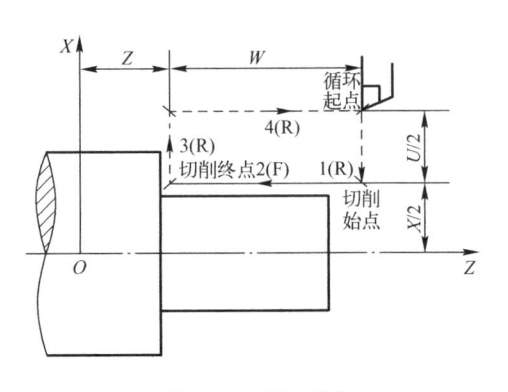

图2-34 G90指令

加工如图2-35所示的工件，其部分加工程序如下：

……
N05 G90 X40.0 20.0 F30.0;   (A—B—C—D—A)
N10 X30.0;   (A—E—F—D—A)
N15 X20.0;   (A—G—H—D—A)
……

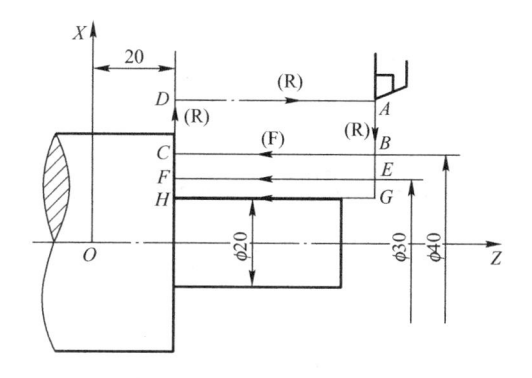

图 2-35　G90 加工实例

2.2.2　单一形状锥面切削固定循环（G90）

单一形状锥面切削固定循环（G90）的指令格式：

G90 X(U)_Z(W)_I_F_;

如图 2-36 所示，I 为锥体大小端的半径差。采用编程时，应注意 I 的符号，锥面起点坐标大于终点坐标时为正，反之为负。

加工如图 2-37 所示的工件，其部分加工程序如下：

……
N05 G90 X40.0 Z20.0 I-5.0 F30.0;   (A—B—C—D—A)
N10 X30.0;   (A—E—F—D—A)
N15 X20.0;   (A—G—H—D—A)
……

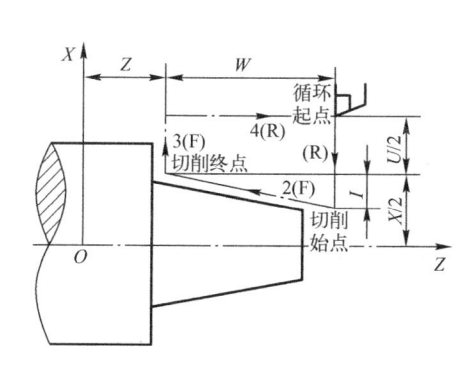

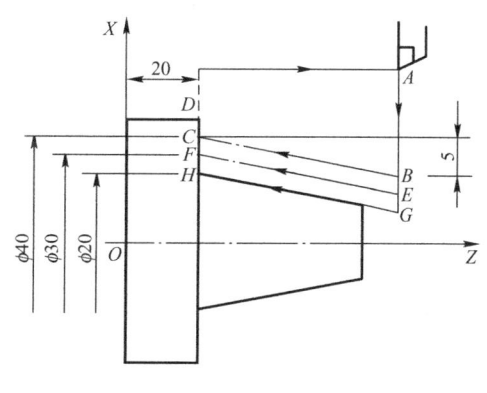

图 2-36　G90 指令　　　　　图 2-37　G90 加工实例

2.2.3 单一形状端面切削固定循环（G94）

单一形状端面切削固定循环（G94）的指令格式：

G94 X(U)__Z(W)__F__;

如图 2-38 所示，(X, Z) 为端平面切削终点的坐标值，(U, W) 为端面切削终点相对循环起点的坐标分量。

2.2.4 单一形状带锥度的端面切削固定循环（G94）

单一形状带锥度的端面切削固定循环（G94）的指令格式：

G94 X(U)__Z(W)__K__F__;

如图 2-39 所示，K 为端面切削始点到终点位移在 Z 轴方向的坐标增量值。

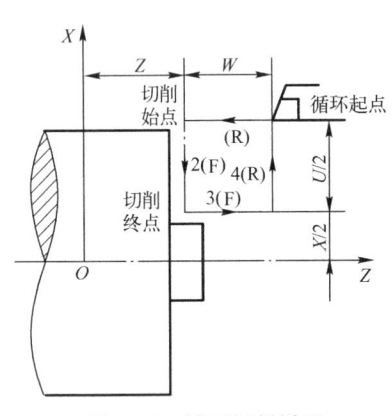

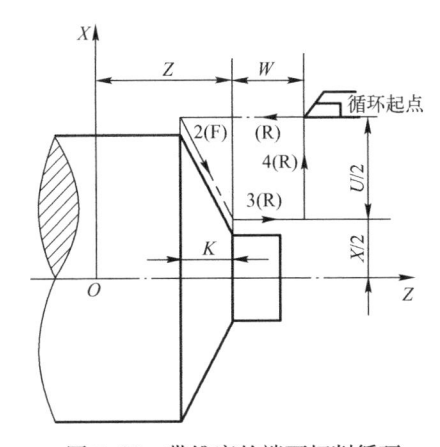

图 2-38 端面切削循环 图 2-39 带锥度的端面切削循环

注意：一般在固定循环切削过程中，M、S、T 等功能都不改变；但如果需要改变时，必须在 G00 或 G01 的指令下变更，然后再指令固定循环语句。

2.2.5 数控车床仿真软件的程序创建与编辑

1. 创建程序

在机床操作面板的方式选择键中按编辑键，进入编辑运行方式。按系统面板上的 PROG 键，数控屏幕上显示程式画面。使用字母和数字键，输入程序号，按插入键。这时程序屏幕上显示新建立的程序名和结束符%，接下来可以输入程序内容。新建的程序会自动保存到 DIR 画面中的零件程序列表里。但这种保存是暂时的，退出 VNUC 系统后，列表里的程序列表会消失。

2. 字的检索

选择"操作"软键；按最右侧带有向右箭头的菜单继续键，直到软键中出现"检索"

软键；输入需要检索的字，例如，要检索 M03，则输入 M03，按检索键。带向下箭头的检索键为从光标所在位置开始向程序后面检索，带向上箭头的检索键为从光标所在位置开始向程序前面进行检索。可以根据需要选择一个检索键；光标找到目标字后，定位在该字上。

3. 跳到程序头

当光标处于程序中间，而需要将其快速返回到程序头时，可使用下列两种方法。

方法一：按下复位键 ，光标即可返回到程序头。

方法二：连续按软键最右侧带向右箭头的菜单继续键，直到软键中出现 REWIND 键 。按下该键，光标即可返回到程序头。

4. 字的插入

我们要在第一行的最后插入"X20."。使用光标移动键，将光标移到需要插入的后一位字符上。在这里我们将光标移到";"上；输入要插入的字和数据：X20.，按下插入键 ；"X20."被插入。

5. 字的替换

使用光标移动键，将光标移到需要替换的字符上；输入要替换的字和数据；按下替换键 ；光标所在的字符被替换，同时光标移到下一个字符上。

6. 字的删除

使用光标移动键，将光标移动到需要删除的字符上；按下删除键 ；光标所在的字符被删除，同时光标移动到被删除字符的下一个字符上。

7. 输入过程中的删除

在输入过程中，即字母或数字还在输入缓存区、没有按插入键 的时候，可以使用取消键 来进行删除。每按一下，则删除一个字母或数字。

8. 程序号检索

在机床操作面板的方式选择键中按编辑键 ，进入编辑运行方式。按 PROG 键，数控屏幕上显示程式画面，屏幕下方出现软键【程式】、【DIR】。默认进入的是程式画面，也可以按【DIR】键进入 DIR 画面即加工程序列表页。输入地址键 O。按数控系统面板上的数字键，输入要检索的程序号，按【O 检索】软键。被检索到的程序被打开显示在程式画面里。如果按【DIR】软键则进入 DIR 画面，那么这时屏幕画面会自动切换到程式画面，并显示所检索的程序内容。

9. 删除程序

在机床操作面板的方式选择键中按编辑键 ，进入编辑运行方式。按 PROG 键，数控屏幕上显示程式画面。按【DIR】软键进入 DIR 画面即加工程序列表页。输入地址键 O。按数控系统面板上的数字键，输入要检索的程序号。按数控系统面板上的 DELETE 键 ，输入程序号的程序被删除。

10. 输入加工程序

选择菜单命令"文件"→"加载NC代码文件",弹出Windows"打开"对话框。从计算机中选择代码存放的文件夹,选中代码,单击"打开"按钮。按程序键,显示屏上显示该程序。同时该程序文件被放进程序列表里。在编辑状态下,按PROG键,再按【DIR】软键,就可以在程序列表中看到该程序的程序名。

11. 保存代码程序

选择菜单命令"文件"→"保存NC代码文件",弹出Windows"另存为"对话框。从计算机中选择存放代码的文件夹,单击"保存"按钮。这样该加工程序就被保存在计算机中。

任务实施

实训6 圆锥轴的数控加工

1. 零件分析

零件的工件原点在右端面,采用锻造毛坯,材料为45#钢,毛坯余量为5mm(直径),其大直径端多留30mm作为夹紧长度。当然,不留夹紧用量,掉头夹小端,加工大端也可以,如图2-40所示。

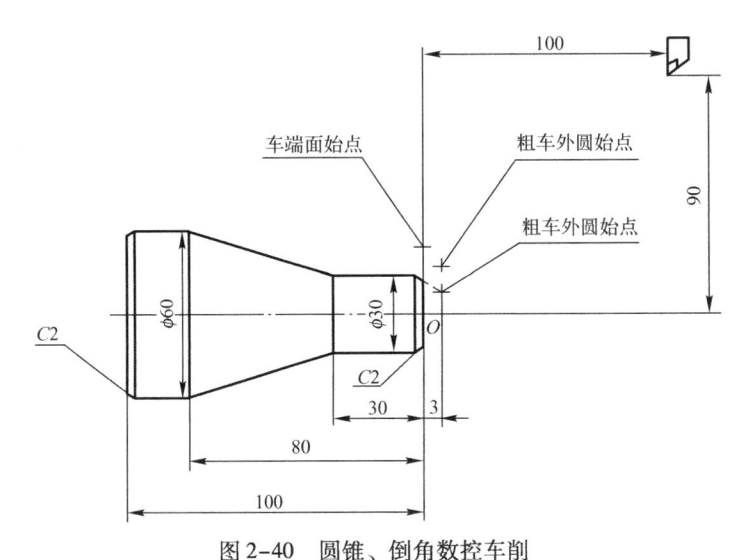

图2-40 圆锥、倒角数控车削

2. 确定工件的装夹方式

用三爪自定心卡盘装夹工件。

3. 确定数控加工工序

由于所用锻件毛坯的余量不大(单边2.5mm),所以安排一次粗车,然后精车。需要加工面有端面、外圆、倒角并且切断。工序内容如表2-8所示。

表2-8 数控加工工序卡

工 步 号	工步内容	刀 具	背吃刀量（mm）	主轴转速（r/min）	进给速度（mm/r）
1	粗车端面	T01		<1500	0.1
2	粗车外圆、锥面，留余量0.2mm	T01	2.3	<1500	0.3
3	精车端面	T02	0.2	<1500	0.1
4	精车外圆，倒角	T02	0.2	<1500	0.15
5	切断，保证总长100mm，倒角	T03		<1500	0.1

工件坐标系原点按下面的方法设置。

X轴工件原点在工件的轴线上；

Z轴原点：因为图2-40工件的轴向尺寸基准在工件右端，所以选工件右端面为Z轴原点。工件原点设置在右端面时，工件的Z坐标为负值。程序编写过程完全相同。一般情况下，将工件原点设置在右端面更方便些。习惯上工件原点选在右端面居多。

倒角：工件右端面有的倒角为$C2$mm，倒角可以采用主偏角45°的车刀车削，也可用本例中的方法，把倒角安排在精车工步中，连同外圆连续车削而成。为使切削连续，把精车始点安排在$C2$mm倒角的延长线上，图2-40中的倒角是45°，经计算后的精车外圆始点坐标为（20，3）（X轴是直径值）。

切断并倒角：工件完成了端面及外圆的切削后需要切断，如果要求工件的切断面上有倒角，如图2-41（a）所示。通常采用切断工件后调头装夹，进行倒角，这样一来，多了一次装夹，降低了加工效率。下面提供一种方法，在同一安装中用切断刀进行车倒角和切断，效果很好。加工步骤是：

（1）在工件的切断处用切断刀先车一适当深度的槽，图2-41（b）所示，此槽为准备倒角用，并减小了刀尖切断较大直径坯件时的长时间摩擦，同时有利于切断时的排屑。

（2）用切断刀倒角，其刀位点的起、止位置如图2-41（c）所示。

（3）对工件切断，切断刀的起始位置及路径如图2-41（d）所示。

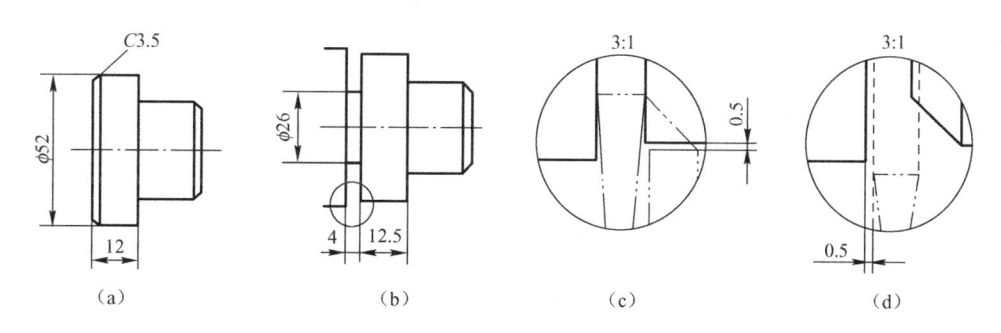

图2-41 切断并倒角

4. 合理选择切削用量

选择合理的切削用量，如表2-9所示为此轴零件数控加工刀具卡。

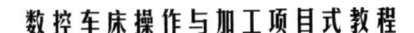

表2-9　数控加工刀具卡

刀具号	刀具规格名称	数量	加工内容	刀尖半径（mm）	主轴转速（r/min）	进给速度（mm/r）	备注
T01	90°硬质合金机夹偏刀	1	车端面、粗车轮廓	0.5	80	0.3	
T02	90°硬质合金机夹偏刀	1	精车轮廓	0.2	200	0.15	
T03	切断刀	1	车倒角、切断工作		100	0.1	

5. 编写数控程序

本段程序用相对坐标编程，注意与前面绝对坐标编程进行比较。程序如表2-10所示。

表2-10　倒角及圆锥面数控车削程序

程　　序	注　　释
O0002	程序编号 O0002
N2 G54 G99;	设工件原点在右端面，采用每转进给
N4 G00 X90.0 Z100.0;	返回换刀点
N6 G50 S1500 T0101 M08;	限制最高主轴转速为1500r/min，换1号刀具，打开冷却液
N8 G96 S80 M03;	设定恒切削速度为80m/min，主轴正转
N10 G00 X30.4 Z3.0;	快速走到起始点（30.4，3.0）
N12 G94 X0 Z0 F0.1;	粗车端面
N14 G01 W-33.0 F0.3;	进给率0.3mm/r，粗车ϕ30mm外圆到尺寸ϕ30.4mm
N16 U30.0 W-50.0;	粗车锥面
N18 W-23.0;	粗车ϕ60mm长20mm的外圆到尺寸ϕ60.4mm
N20 G00 X90.0 Z100.0;	刀具快速返回换刀点（90.0，100.0）
N22（Finishing）;	精加工
N24 G50 S1500 T0202;	设置主轴最高转速1500r/min，换2号刀具
N26 G96 S200;	指定恒切削速度为200m/min
N28 G00 X20.0 Z10.0;	刀具快速定位到点（20，10）
N30 G42 G01 Z3.0 F0.15;	调刀尖半径补偿，右偏，定位到精车外圆始点（20，3）
N32 U10.0 W-5.0;	倒角 C2mm
N36 W-28.0;	精车ϕ30mm外圆到尺寸
N38 U30.0 W-50.0;	精车锥面
N40 W-23.0;	精车ϕ60mm外圆到尺寸
N42 G40 G00 U2.0 Z0;	取消刀补，刀具快速走到（62，0）
N44 U-31.0;	刀具快定位到点（31，0.0）
N46 G41 G01 U-1.0;	刀尖半径补偿，左偏
N48 G01 U-32.6;	精车端面
N50 G40 G00 W2.0 M09;	取消刀补，Z向快速退刀2mm
N52 G00 X90.0 Z100.0;	返回换刀点
N54 G50 S1500 T0303;	设置主轴最高转速1500r/min，换3号刀具（切断刀）
N56 G96 S100;	指定恒切削速度为100m/min
N58 G00 X65.0 Z-100.5;	刀具快速定位到点（65，-100.5）
N60 G01 X50.0 F0.1;	切槽（深度5mm）
N62 G00 X61.0;	X向退刀，到点（61，-100.5）
N64 W2.5;	
N66 G01 U-5.0 W-2..5 F0.1;	倒角 C2mm
N68 G00 U5.0 W0.5;	退刀
N70 G01 U-32.0 F0.1;	切断
N72 G00 X180.0 Z100.0 M09;	返回对刀点，关闭冷却液
N746 M30;	程序结束

6. 进行数控模拟加工

在VNUC数控加工仿真软件上，模拟图2-40中的车削零件的加工路线轨迹。

（1）进入VNUC数控加工仿真软件。

（2）机床回参考点。

(3)安装工件和工艺装夹。
(4)定义与安装刀具。
(5)建立工件坐标系。
(6)创建和编辑程序。
(7)自动加工。

7. 填写实训报告

按附录 F 的格式填写实训报告。

思考题 6

(1)说明在使用数控车床单一形状端面切削固定循环指令时,K 值是如何确定的?
(2)说明在使用数控车床单一形状外圆切削固定循环指令时,I 值是如何确定的?
(3)编制如图 2-42 所示的零件的数控加工刀具卡、加工工序卡和加工程序,并在 VNUC 数控加工仿真软件上模拟加工路线轨迹。

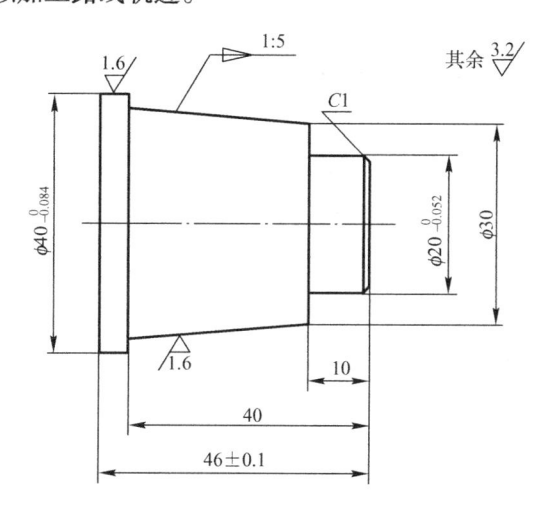

图 2-42 单一形状固定循环加工训练零件图

任务 2-3 阶梯轴在数控车床仿真软件上的加工

任务目标

(1)熟练掌握数控车床仿真软件的基本功能与操作。
(2)掌握数控车床外圆复合形状多重粗车固定循环指令及编程方法。
(3)掌握数控车床端面复合形状多重粗车固定循环指令及编程方法。
(4)掌握数控车床轮廓复合形状多重粗车固定循环指令及编程方法。
(5)掌握数控车床精车固定循环指令及编程方法。

任务引领

制定如图 2-43 所示的零件的数控加工刀具及加工工序卡,并编写加工程序。

(a)　　　　　　　　　　　　　　　(b)

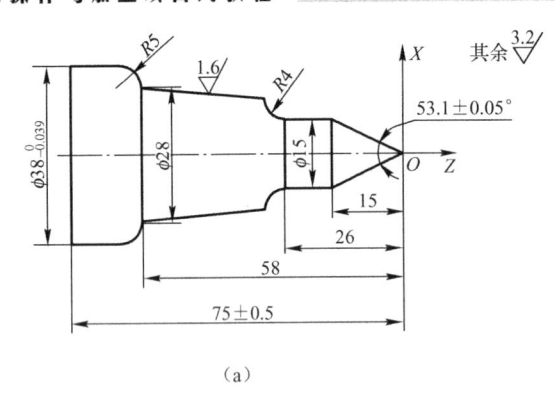

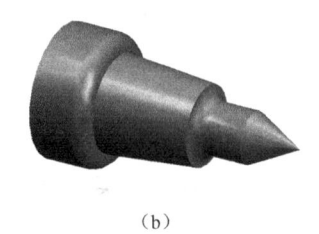

图2-43　加工零件图

相关知识

在多次走刀粗车的情况下利用复合固定循环功能，只要编写出最终走刀路线，给出每次切除余量或循环次数，数控车床即可以自动完成重复切削直至加工完毕。

2.3.1　外圆复合形状多重粗车固定循环（G71）

外圆复合形状多重粗车固定循环（G71）指令适用于切除棒料毛坯的大部分加工余量，其指令格式为：

G71 U(Δd) R(e)；
G71 P(ns) Q(nf) U(Δu) W(Δw) F__ S__ T__；

其中　Δd——每次切削深度（半径值给定），不带符号。切削方向决定于 AA' 方向。该值是模态的。

e——退刀量，其值为模态值；

ns——循环中的第一个程序号；

nf——循环中的最后一个程序号；

Δu——径向（X）的精车余量；

Δw——轴向（Z）的精车余量；

F、S、T——粗加工循环中的进给速度、主轴转速与刀具功能。

如图2-44所示为用G71指令粗车外圆的走刀路线。图中 C 点为起刀点；A 点是毛坯外径与端面轮廓的交点；R表示快速进给；F表示切削进给。指令中的F值和S值是指粗加工中的F值和S值，该值一经指定，则在程序段段号"ns"和"nf"之间所有的F值和S值均无效。另外，该值也可以不加指定而沿用前面程序段中的F值，并可沿用至粗、精加工结束后的程序中去。而ns至nf程序中指定的F、S、T功能对精车循环有效。

当上述程序指令在工件内径轮廓中执行时，G71就自动成为内径粗车循环，此时径向精车余量 Δu 应指定为负值。下面就数值的符号，提供下面4种切削模式（所有这些切削循环都平行于 Z 轴），U 和 W 的符号如图2-45所示，其中 A 和 A' 之间的刀具轨迹是在包含G00或G01顺序号为"ns"的循环第一个程序段中指定的，并且在这个程序段中，不能指定 Z 轴的运动指令。A' 和 B 之间的刀具轨迹在 X 和 Z 方向必须逐渐增加或减少。当 A 和 A' 之间的刀具轨迹用G00或G01编程时，沿 AA' 的切削是在G00或G01方式完成的。

图 2-44　G71 指令

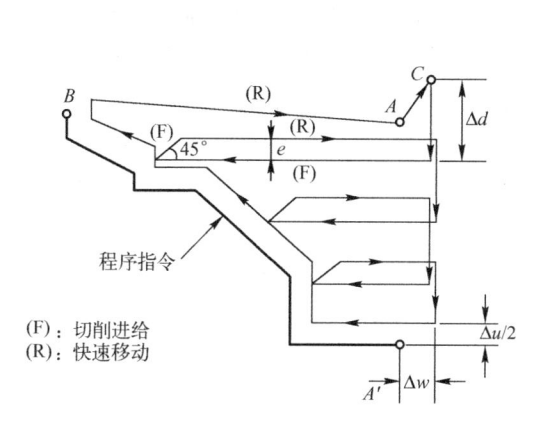

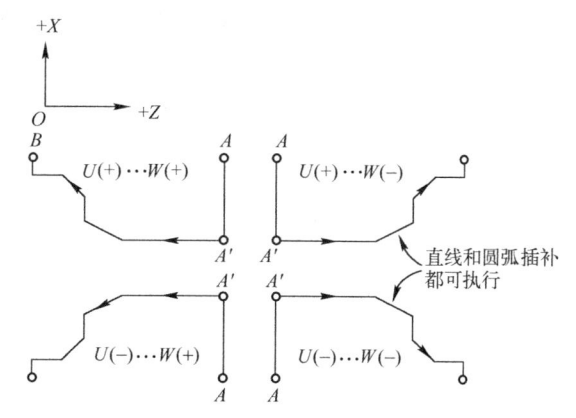

图 2-45　G71 指令中 U、W 数值的符号

如图 2-46 所示为棒料毛坯的加工示意图。粗加工切削深度为 7mm，进给量为 0.3mm/r，主轴转速为 500r/min，精加工余量 X 向为 4mm（直径上），Z 向 2mm，进给量为 0.15mm/r，主轴转速为 800r/min，程序起点为图 2-46 中的 C 点。

加工程序如下：

```
N05 G54;
N08 G00 X200.0 Z220.0;
N10 X160.0 Z180.0 M03 S800;
N15 G71 U7.0 R1.0;
N16 G71 P20 Q50 U4.0 W2.0 F0.30 S500;
N20 G00 X40.0 S800;
N25 G01 W-40.0 F0.15;
N30 X60.0 W-30.0;
N35 W-20.0;
N40 X100.0 W-10.0;
N45 W-20.0;
N50 X140.0 W-20.0;
N55 G70 P20 Q50;
N60 G00 X200.0 Z220.0;
N65 M05;
N70 M30;
```

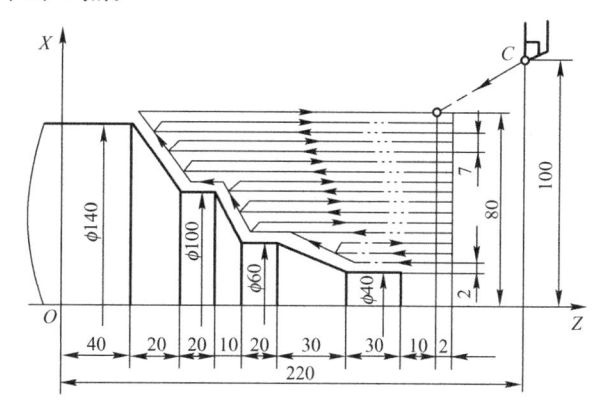

图 2-46　G71 加工实例

2.3.2 端面复合形状多重粗车固定循环（G72）

端面复合形状多重粗车固定循环（G72）指令适用于圆柱棒料毛坯端面方向粗车，其指令格式为：

G72 W(Δd) R(e);
G72 P(ns) Q(nf) U(Δu) W(Δw) F__S__T__;

G72 程序段中的地址字含义与 G71 相同，但它只完成端面方向粗车。如图 2-47 所示为从外径方向往轴心方向车削端面循环。

下面就数值的符号，提供下面 4 种切削模式（所有这些切削循环都平行于 X 轴），U 和 W

的符号如图 2-48 所示，A 和 A'之间的刀具轨迹在包含 G00 或 G01 顺序号为 "ns" 的程序段中指定，在这个程序段中，不能指定 X 轴的运动指令。在 A'和 B 之间的刀具轨迹沿 X 和 Z 方向都必须单调变化。沿 AA'切削是 G00 方式还是 G01 方式，由 A 和 A'之间的指令决定。

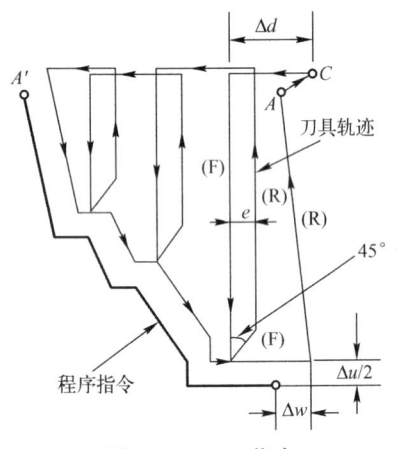

图 2-47 G72 指令

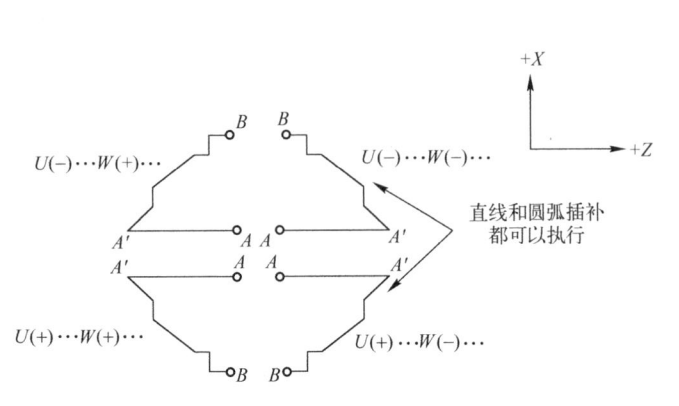

图 2-48 G72 指令中 U、W 指定值的符号

图 2-49 所示，端面复合形状多重粗车固定循环 G72 粗加工程序如下：

N05 G50 X220.0 Z190.0；
N10 G00 X176.0 Z132.0 M03 S800；
N15 G72 W7.0 R1.0；
N16 G72 P20 Q40 U4.0 W2.0 F0.30 S500；
N20 G00 Z56.0 S800；
N25 G01 X120.0 W14.0 F0.15；
N30 W10.0；
N35 X80.0 W10.0；
N40 W20.0；
N45 G70 P20 Q50；
N50 G00 X220.0 Z190.0；
N55 M05；
N65 M30；

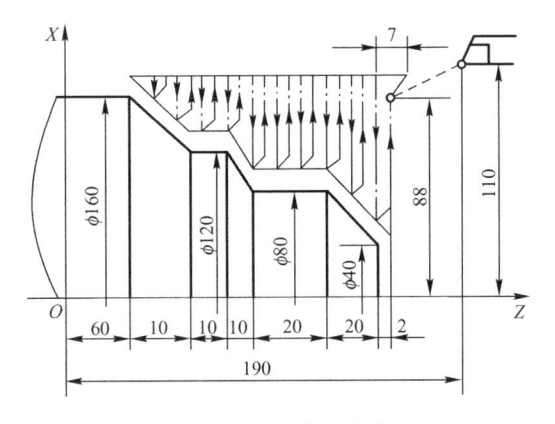

图 2-49 G72 加工实例

2.3.3 轮廓复合形状多重粗车固定循环（G73）

G73 适用于毛坯轮廓形状与零件轮廓形状基本接近的铸、锻毛坯件，其指令格式为：

G73 U(Δi) W(Δk) R(d)；
G73 P(ns) Q(nf) U(Δu) W(Δw) F__S__T__；

其中　Δi——X 方向退刀量的距离和方向（半径值指定），该值是模态值；

Δk——Z 方向退刀量的距离和方向，该值是模态该值；

d——分层次数，此值与粗切重复次数相同，该值是模态的；

ns——循环中的第一个程序号；

nf——循环中的最后一个程序号；

Δu——径向（X）的精车余量；

Δw——轴向（Z）的精车余量；

F、S、T——粗加工循环中的进给速度、主轴转速与刀具功能。

走刀路线如图2-50所示。执行G73功能时，每一刀的切削路线的轨迹形状是相同的，只是位置不同。每走完一刀，就把切削轨迹向工件移动一个位置，这样就可以将锻件待加工表面分布较均匀的切削余量分层切去。

G73循环主要用于车削固定轨迹的轮廓。这种复合循环，可以高效地切削铸造成形、锻造成形或已粗车成形的工件。对不具备类似成形条件的工件，如果采用G73指令进行编程与加工，则反而会增加刀具在切削过程中的空行程，而且也不便计算粗车余量。G73程序段中，"ns"所指程序段可以向X轴或Z轴的任意方向进刀。因此G73循环加工的轮廓形状，没有单调递增或单调递减形式的限制。

如图2-51所示，设粗加工分三刀进行，第一刀后余量（X和Z向）均为单边14mm，三刀过后，留给精加工的余量X方向（直径上）为4.0mm，Z向为2.0mm；粗加工进给量为0.3mm/r，主轴转速为500r/min；精加工进给量为0.15mm/r，主轴转速为800r/min；其加工程序如下：

```
N05 G50 X260.0 Z220.0;
N10 G00 X220.0 Z160.0 M03 S800;
N15 G73 U14.0 W14.0 R3.0;
N16 G73 P20 Q45 U4.0 W2.0 F0.30 S500;
N20 G00 X80.0 W-40.0 S800;
N25 G01 W-20.0 F0.15;
N30 X120.0 W-10.0;
N35 W-20.0;
N40 G02 X160.0 W-20.0 R20.0;
N45 G01 X180.0 W-10.0;
N50 G70 P20 Q45;
N55 G00 X260.0 Z220.0;
N60 M05;
N65 M30;
```

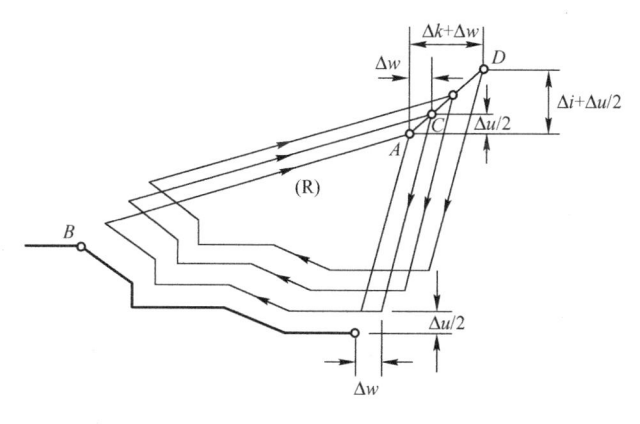

图2-50 G73指令

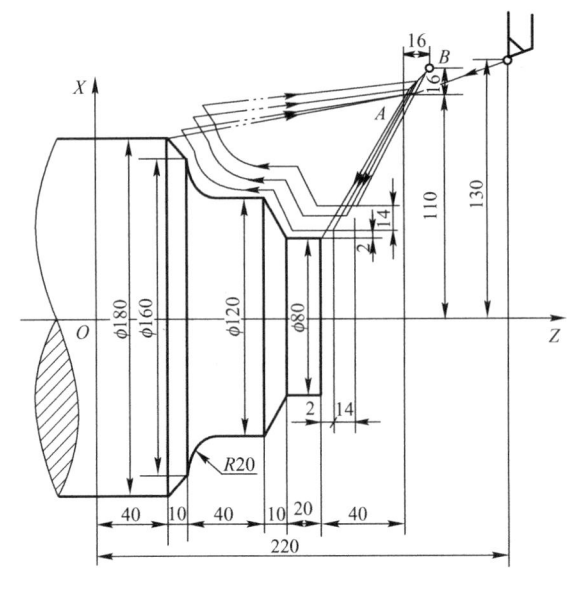

图 2-51 G73 加工实例

2.3.4 精车固定循环（G70）

当用 G71、G72、G73 粗车工件后，用 G70 来指定精车固定循环，切除粗加工的余量，其格式为：

G70 P(ns) Q(nf);

其中 ns——表示精车循环的第一个程序段号；

nf——表示精车循环中的最后一个程序号；

在精车固定循环 G70 状态下，ns 至 nf 程序中指定的 F、S、T 功能有效；如果 ns 至 nf 程序中不指定的 F、S、T 功能时，粗车循环中指定 F、S、T 功能有效。其编程使用见上述几例。在使用 G70 精车固定循环时，要特别注意快速退刀路线，防止刀具与工件发生干涉。

2.3.5 使用内、外圆复合固定循环（G71、G72、G73、G70）时的注意事项

（1）如何选用内、外圆复合固定循环，应根据毛坯的形状、工件的加工轮廓及其加工要求来选取。

① G71 固定循环主要用于对径向尺寸要求比较高、轴向切削尺寸大于径向切削尺寸这类毛坯工件进行粗车循环。

② G72 固定循环主要用于对端面精度要求比较高、径向切削尺寸大于轴向切削尺寸这类毛坯工件进行粗车循环。

③ G73 固定循环主要用于已成形工件的粗车循环。

（2）使用内、外圆复合固定循环进行编程时，在其 ns～nf 之间的程序段中，不能含有以下指令。

① 除 G04（暂停）以外的 00 组的非模态 G 代码（如参考点返回和 G71～G76 固定循环指令等）；

② 除 G00～G03 外的所有 01 组 G 代码（如 G90、G92、G94 等切削指令）；

③ 06 组 G 代码；

④ 宏程序调用或子程序调用指令。

（3）执行 G71、G72、G73 循环时，只有在 G71、G72、G73 指令的程序段中 F、S、T 是有效的，在调用的程序段 ns～nf 之间编入的 F、S、T 功能将被全部忽略。相反，在执行 G70 精车循环时，G71、G72、G73 程序段中指令的 F、S、T 功能无效，这时，F、S、T 值决定于程序段 ns～nf 之间编入的 F、S、T 功能。

（4）在 MDI 方式不能指令 G70、G71、G72 或 G73，如果指令了会产生 67 号 P/S 报警。在 MDI 方式可以指令 G74、G75 或 G76。

（5）当执行 G70、G71、G72 或 G73 时，用地址 P 和 Q 指定的顺序号不应当在同一程序中指定两次以上。

（6）在 G71、G72、G73 程序段中，系统是根据 G71、G72、G73 程序段中是否指定 P、Q 来区分 Δd（Δi）、Δu 及 Δk、Δw 的。当程序段中没有指定 P、Q 时，该程序段中的 U 和 W 分别表示 Δd（Δi）和 Δk；当程序段中指定了 P、Q 时，该程序段中的 U、W 分别表示 Δu 和 Δw。

（7）在 G71、G72、G73 程序段中的 Δw、Δu 是指精加工余量值，该值按其余量的方向有正、负之分。另外，G73 指令中的 Δi、Δk 值也有正、负之分，其正、负值是根据刀具位置和进、退刀方式来判定的。

任务实施

实训 7 阶梯轴的数控加工

1. 零件图分析

在数控车床上加工一个图 2-43 所示的轴类零件，该零件由外圆柱面、外圆锥面、圆弧面构成，零件的最大特点是右端呈锥形（夹角为 53.1°），所以选取毛坯为 φ40mm×100mm 的圆棒料，材料为 45#钢。

2. 确定工件的装夹方式

由于这个工件是一个实心轴类零件，并且轴的长度不很长，以轴心线为工艺基准，所以采用工件的左端面和 φ40mm 外圆作为定位基准。使用普通三爪卡盘夹紧工件，取工件的右端面中心为工件坐标系的原点。

3. 确定数控加工刀具及加工工序

根据零件的外形和加工要求，选用如下刀具：T01 号刀为 45°外圆偏刀；T02 号刀为 93°可转位硬质合金外圆偏刀；T03 号刀为切断刀（刀宽 4mm）。以 T01 号刀具为对刀基准，分别将其余 3 把刀的位置偏差测出进行补偿，该零件的数控加工工序卡如表 2-11 所示。

表 2-11 数控加工工序卡

零件名称	轴	数　　量	10		
工　序	名　　称	工艺要求		工作者	日　期
1	下料	φ40mm×100mm 棒料 10 根			

续表

零件名称		轴	数 量		10		
工 序	名 称		工艺要求			工作者	日 期
2	数控车		工步	工步内容		刀具号	
			1	车端面		T01	
			2	自右向左粗车外轮廓		T02	
			3	自右向左精车外轮廓		T02	
			4	切断,并保证总长等于75mm		T03	
3	检验						
材料			45#钢			备注:	
规格数量			φ40mm×100mm				

4. 合理选择切削用量

如表2-12所示为数控加工刀具卡。

表2-12 数控加工刀具卡

刀具号	刀具规格名称	数量	加工内容	主轴转速(r/min)	进给速度(mm/r)	备注
T01	45°外圆偏刀	1	车端面	700	0.25	
T02	93°可转位硬质合金外圆偏刀	1	粗车轮廓	800	0.2	
T02	93°可转位硬质合金外圆偏刀	1	精车轮廓	1200	0.1	
T03	切断刀	1	切断	450	0.08	

5. 编写加工程序

如表2-13所示为图2-43所示的轴类零件的车削加工程序。

表2-13 数控车削加工程序

主程序	注 释
O0007	程序号
N0010 G54;	设定工件坐标系
N0020 S700 M03;	主轴正转,转速700r/min
N0030 G00 X100 Z100;	定位换刀点
N0040 T0101 M08;	换1号刀,切削液开
N0050 G00 X32.0 Z0;	快速进刀
N0060 G01 X0 F0.25;	车端面
N0070 G00 X100.0 Z100.0;	快速退刀
N0080 T0202 S800;	换2号刀
N0090 G00 X45.0 Z3.0;	快速进刀
N0100 G71 U3.0 R1.0;	外圆粗车循环,切入深度3mm,退刀1mm
N0110 G71 P120 Q190 U0.3 W0.15 F0.2 S800;	精加工余量0.15mm,进给速度0.2mm/r,转速800r/min
N0120 G01 X0 S1200 F0.1;	精加工,进给率0.1mm/r,转速1200r/min
N0130 Z0;	
N0140 X15.0 Z15.0;	加工锥面
N0150 Z-26.0;	加工φ26mm外圆
N0160 G02 X23.0 Z-29.0 R4.0;	加工R4mm圆弧
N0170 G01 X28.0 Z-58.0;	加工锥面
N0180 G03 X37.981 Z60 R5.0;	加工R5mm圆弧
N0190 G01 Z-75.0;	加工φ38mm外圆
N0200 G70 P120 Q190;	精车循环
N0210 G00 X100.0;	退回换刀点

续表

主 程 序	注　释
N0220 Z100.0;	退回换刀点
N0230 T0303;	换3号切刀
N0240 S450 M03;	主轴变速，转速450r/min
N0250 G00 X32.0 Z-74.0;	快速进刀
N0260 G01 X-1.0 F0.08;	切断
N0270 G00 X100.0 Z100.0;	退回换刀点
N0280 M05 M09;	主轴停转，切削液关
N0290 M30;	主程序结束

6. 进行数控模拟加工

在 VNUC 数控加工仿真软件上模拟图 2-43 所示的零件的加工路线轨迹。

（1）进入 VNUC 数控加工仿真软件。
（2）机床回参考点。
（3）安装工件和工艺装夹。
（4）定义与安装刀具。
（5）建立工件坐标系。
（6）创建和编辑程序。
（7）自动加工。

7. 填写实训报告

按附录 F 的格式填写实训报告。

思考题 7

（1）说明数控车床的复合形状多重固定循环加工指令的功用？
（2）试述外圆复合形状多重粗车固定循环（G71）和轮廓复合形状多重粗车固定循环（G73）的区别？
（3）编制如图 2-52 所示的零件的数控加工刀具卡、加工工序卡和加工程序，并在 VNUC 数控加工仿真软件上模拟加工路线轨迹。

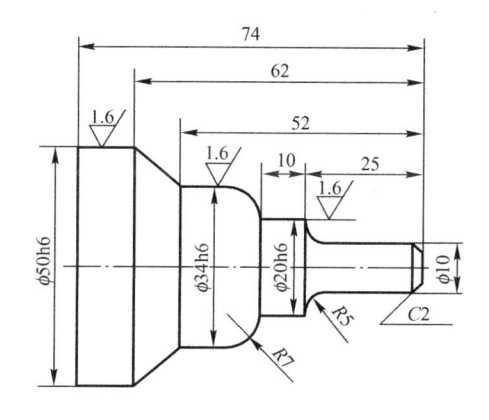

图 2-52　外圆复合形状多重粗车固定循环训练零件图

项目 3

盘类零件的数控车削加工

教学导航

学	教学重点	盘类零件的程序编制
	教学难点	数控车床刀具半径补偿的设定
	推荐教学方式	采用"教、学、做"相融合的项目式教学法
	建议学时	10 学时
做	学习知识目标	掌握数控车床的系统操作设备与操作方法
	掌握技能目标	能正确运用数控车床进行盘类零件加工
	推荐学习方法	理论、技能与实践合一的小组学做法
	考核与评价	项目成果评定 60%，实训过程评价 30%，团队协作评价 10%

任务 3-1 普通盘类零件的数控车削加工

任务目标

（1）掌握数控车床的系统操作设备与操作方法。
（2）掌握数控车床刀具的几何磨损补偿的设定。
（3）掌握数控车床刀具半径补偿的设定。
（4）掌握数控车床盘类零件的编程方法。

任务引领

制定如图 3-1 所示的盘类零件的数控加工刀具卡及加工工序卡，并编写精加工程序。

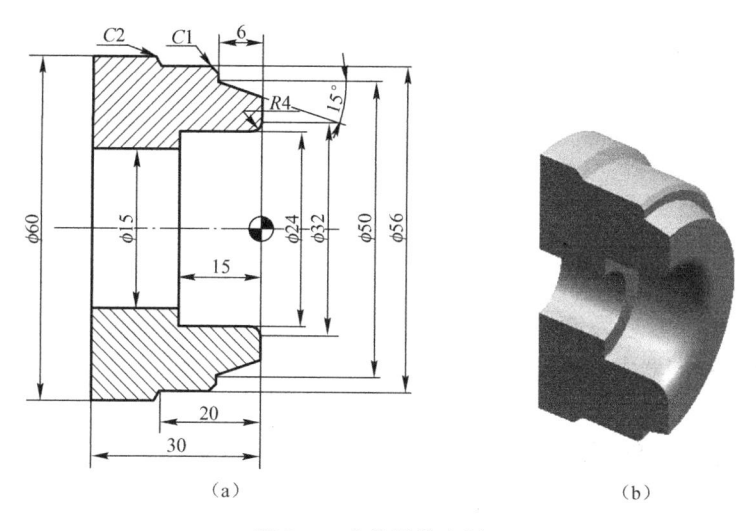

图 3-1 盘类零件实例

相关知识

刀具的补偿功能由程序中指定的 T 代码来实现。T 代码由字母 T 后面跟 4 位数字组成，其中前两位为刀具号，后两位为刀具补偿号。刀具补偿号实际上是刀具补偿存储器的地址号，该寄存器中放有刀具的几何偏置量和磨损偏置量。刀具补偿号可以是 00 ～ 32 中的任意数，刀具补偿号为 00 时，表示不进行补偿或取消刀具补偿。

系统对刀具的补偿或取消都是通过滑板的移动来实现的。

3.1.1 数控车床刀具的偏移

刀具的偏移是指车刀刀尖实际位置与编程位置存在的误差。在编程时，一般以其中一把刀具为基准，并以该刀具的刀尖位置为基准来建立工件坐标。这样，当其他刀位的刀具转到加工位置时，刀尖的位置就会有偏差，原设定的工件坐标系对这些刀具就不适用，必须进行补偿。

例如，编制工件加工程序时，按刀架中心位置编程，如图 3-2（a）所示。即以刀架中心 A 作为程序的起点，但安装后，刀尖相对于 A 点必有偏移，其偏移值为 ΔX、ΔZ。将此二值输入到相应的存储器中，当程序执行了刀具补偿功能后，原来的 A 点就被实际位置所代替了，如图 3-2（b）所示。

3.1.2 刀具的几何磨损补偿

每把刀具在加工过程中都有不同程度的磨损。因此应对由此而引起的偏移量 ΔX、ΔZ 进行补偿。这种补偿只要修改每把刀具相应存储器中的数值即可，即使刀尖位置 B 移至位置 A，如图 3-3 所示。

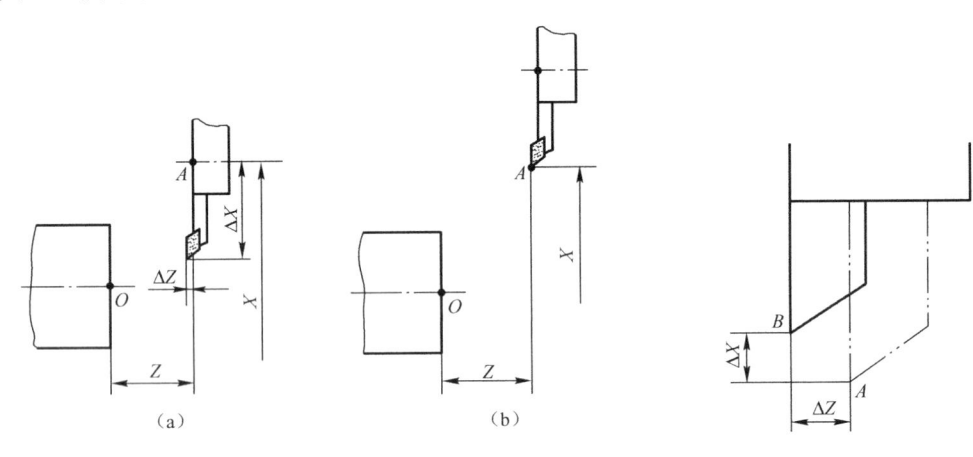

图 3-2　刀具偏移　　　　　图 3-3　刀具的几何磨损补偿

例如，某工件加工后外圆直径比要求的尺寸相差了 0.02mm，则可以用 $U-0.02$ 或（0.02）修改相应存储器中的数值。

3.1.3 刀具半径补偿

在实际加工中，刀具的磨损或精加工刀具的刃磨会在刀尖形成圆弧，为确保工件轮廓形状，加工时不允许刀具中心轨迹与被加工工件轮廓重合，而应与工件轮廓偏移一个半径值，这种偏移称为刀具半径补偿。

大多数数控装置都有刀具半径补偿功能，使用刀具半径补偿指令，并按刀具中心轨迹运动。执行刀具半径补偿后，刀具自动偏离工件轮廓一个刀具半径值，从而加工出所要求的工件轮廓。

当刀具磨损或刀具重磨后，刀具半径变小，这时只须通过面板输入改变后的刀具半径，而不需修改已编好的程序或纸带。在用同一把刀具进行粗、精加工时，设精加工余量为 Δ，则粗加工的补偿量为 $r+\Delta$，而精加工的补偿量改为 r 即可，如图 3-4 所示。

G41——刀具半径左补偿，即沿刀具运动方向看（假设工件不动），刀具位于工件左侧时的刀具半径补偿，如图 3-5 所示。

G42——刀具半径右补偿，即沿刀具运动方向看（假设工件不动），刀具位于工件右侧时的刀具半径补偿，如图 3-5 所示。

G40——刀具半径左补偿取消，即使用该指令后，G41、G42 指令无效。

左补偿、右补偿通常是在补偿平面内判别，即从 $+Y$ 轴往 $-Y$ 轴方向看到的 XOZ 平面机床采用前置刀架和后置刀架时刀尖半径补偿平面不同，补偿方向也不同，如图 3-6、图 3-7 所示。但判别结果是一样的，即车外圆时采用右补偿 G42 指令，车内孔时采用左补偿 G41 指令。

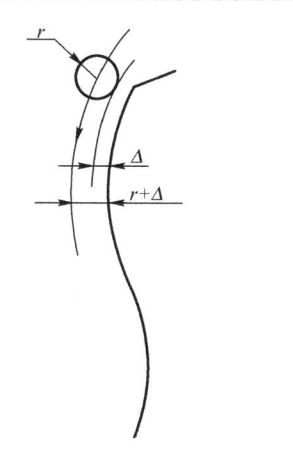

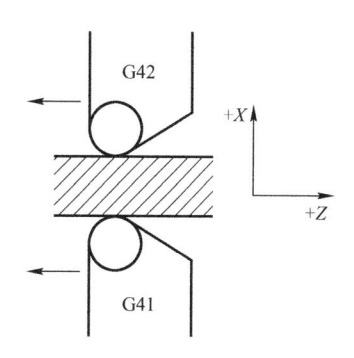

图 3-4　粗、精加工补偿

图 3-5　刀具半径补偿

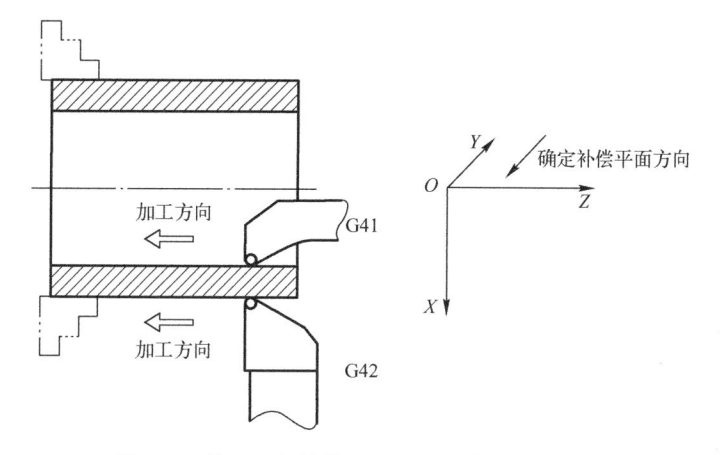

图 3-6　前置刀架补偿平面及刀具半径补偿方向

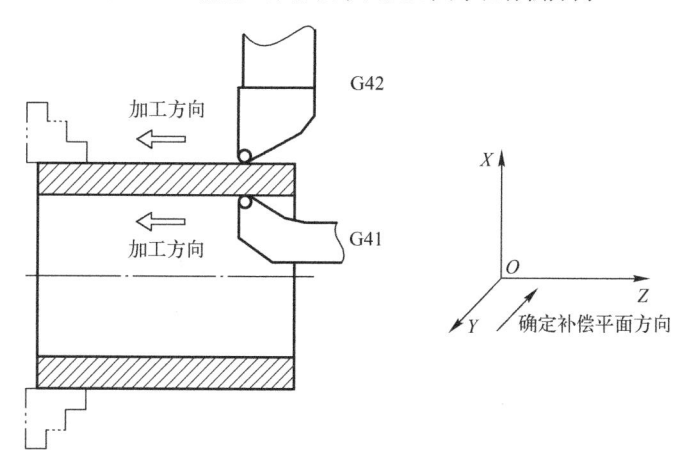

图 3-7　后置刀架补偿平面及刀具半径补偿方向

采用刀尖半径补偿时，车刀形状不同，决定刀尖圆弧所处的位置不同，刀具自动偏离工件轮廓的方向也就不同，前置刀架和后置刀架的刀尖位置也有一定区别。如图3-8和图3-9所示为各种刀具的假想刀尖位置及编号。当用假想刀尖编程时，假想刀尖号设为1～8；当用假想刀尖圆弧中心编程时，假想刀尖号设为0或9。加工时，需把代表车刀形状和位置的参数输入到存储器中。

图 3-8 前置刀架刀尖位置示意图

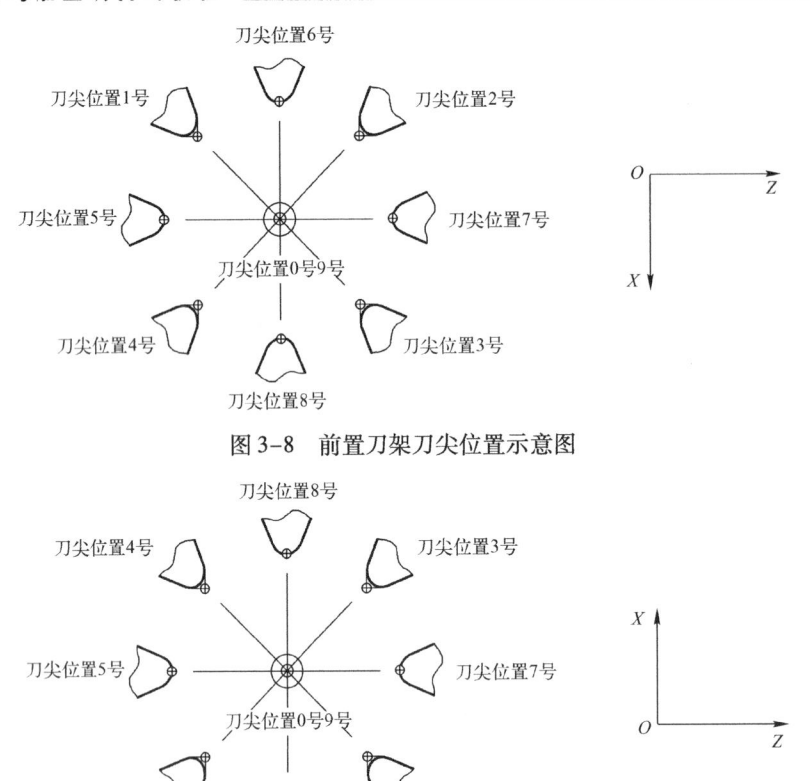

图 3-9 后置刀架刀尖位置示意图

使用刀具半径补偿需要注意以下几个问题。

（1）刀具半径补偿的加入。刀补程序段内必须有 G00 或 G01 功能才有效。而且偏移量补偿必须在一个程序段的执行过程中完成，并且不能省略。如图 3-10 表示了刀具补偿的加入过程，若前面没有 G41、G42 功能，则可以不用 G40，直接写入 G41、G42 即可。

（2）刀具半径补偿的执行。G41、G42 指令不能重复规定使用，即在前面使用了 G41 或 G42 指令之后，不能再直接使用 G41 或 G42 指令。若想使用，则必须先用 G40 指令解除原补偿状态后，再使用 G41 或 G42 指令，否则补偿就不正常了。

（3）刀具半径补偿的取消。在 G41、G42 程序段后面，加入 G40 程序段即是刀具半径补偿的取消。如图 3-11 表示为刀具半径补偿取消的过程。刀具半径补偿取消 G40 程序段执行前，

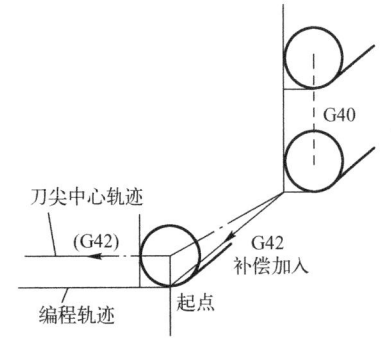

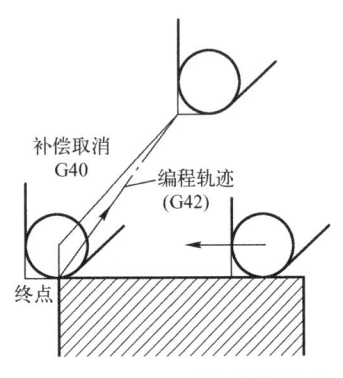

图 3-10 刀具半径补偿过程　　　图 3-11 取消刀具半径补偿的过程

刀尖圆弧中心停留在前一程序段终点的垂直位置上，G40 程序段是刀具由终点退出的动作。

3.1.4 刀具补偿量的设定

对应每个刀具补偿号，都有一组偏置量 X、Z，刀具半径补偿量 R 和刀尖方位号 T。一般情况下，可以通过面板上的功能键 OFFSET 来分别设定、修改并存入数控系统中，如图 3-12 所示。

OFFSET	01		00004	N0030
NO	X	Z	R	T
01	025，023	002，004	001，002	1
02	021，051	003，300	000，500	3
03	014，730	002，000	003，300	0
04	010，050	006，081	002，000	2
05	006，588	-003，000	000，000	5
06	010，600	000，770	000，500	4
07	009，900	000，300	002，050	0
ACTUAL	POSFFION	(RELATIVE)		
	U	22，500	W	-10，000
W		LSK		

图 3-12 刀具补偿量的设定

3.1.5 数控车床系统操作设备

下面以 FANUC 数控车床系统为例，来介绍数控车床的系统操作设备，主要包括 CRT/MDI（LCD/MDI）单元、MDI 键盘和功能键等组成。

1. CRT/MDI 单元

如图 3-13 所示为 FANUC 0i Mate-TC 系统的 CRT/MDI（LCD/MDI）单元示意图。

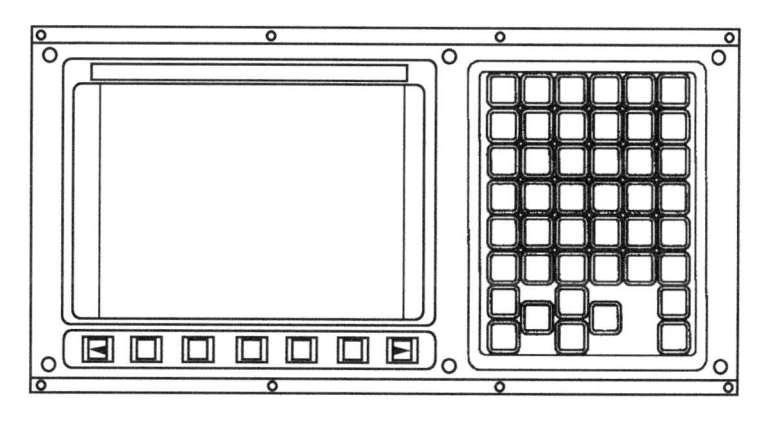

图 3-13 CRT/MDI（LCD/MDI）单元示意图

2. MDI 键盘的布局及各键的功能

如图 3-14 所示为 FANUC 0i Mate-TC 系统的 MDI 键盘的布局示意图，各键的名称和功能如表 3-1 所示。

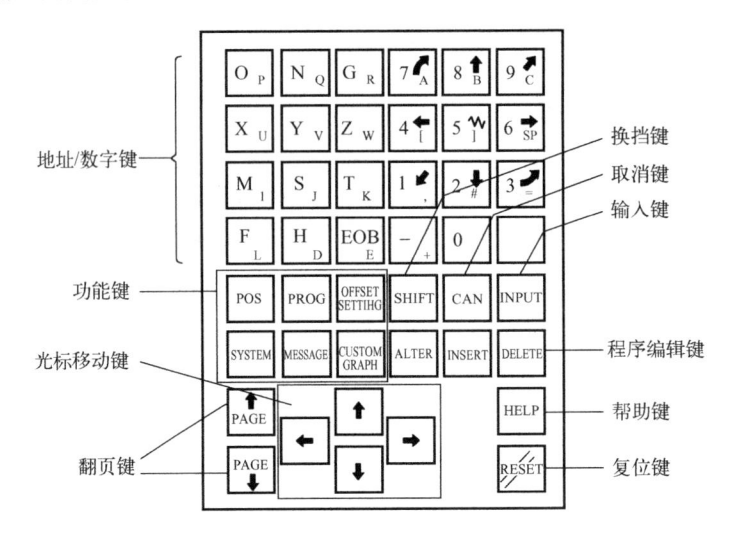

图 3-14 MDI 键盘的布局示意图

根据其使用场合，软键有各种功能。软键功能显示在 CRT 屏幕的底部。

表 3-1 MDI 键盘功能说明

序号	名称	功 能
1	复位键 RESET	按此键可使 CNC 复位，用以消除报警等
2	帮助键 HELP	按此键用来显示如何操作机床，如 MDI 键的操作，可在 CNC 发生报警时提供报警的详细信息（帮助功能）
3	地址/数字键 N Q　4	按这些键可输入字母、数字以及其他字符
4	软键	根据其使用场合，软键有各种功能。软键功能显示在 CRT 屏幕的底部
5	换挡键 SHIFT	在有些键的顶部有两个字符，按 SHIFT 键来选择字符。当一个特殊字符 $\hat{E}$ 在屏幕上显示，表示键面右下角的字符可以输入
6	输入键 INPUT	当按了地址键或数字键后，数据被输入到缓冲器，并在 CRT 显示器显示出来。为了把输入到缓冲器中的数据复制到寄存器，按 INPUT 键。这个键相当于软键的【INPUT】键，按此两键的结果是一样的
7	取消键 CNA	按此键可删除已输入缓冲器的最后一个字符或符号
8	程序编辑键 ALTER INSERT DELETE	当编辑程序时按这些键。 ALTER：替换 INSERT：插入 DELETE：删除
9	功能键 POS PROG	按这些键用于切换各种功能显示画面

续表

序号	名称	功能
10	光标移动键	这是四个不同的光标移动键 →：用于将光标朝右或前进方向移动。在前进方向光标按一段短的单位移动 ←：用于将光标朝左或倒退方向移动。在倒退方向光标按一段短的单位移动 ↓：用于将光标朝下或前进方向移动。在前进方向光标按一段大尺寸单位移动 ↑：用于将光标朝上或倒退方向移动。在倒退方向光标按一段大尺寸单位移动
11	翻页键	这两个是翻页键 PAGE↑：用于在屏幕上朝前翻一页 PAGE↓：用于在屏幕上朝后翻一页

3. 功能键和软键的功用

（1）功能键用于选择显示的屏幕（功能）类型。按了功能键之后，一按软键（章选择软键），与已选功能相对应的屏幕就被选中。如图 3-15 所示为功能键和软键的画面。

功能键提供了选择要显示的画面类型，其在 MDI 面板上的作用如下。

POS 键：按此键显示位置画面。

PROG 键：按此键显示程序画面。

OFFSET SETTING 键：按此键显示刀偏/设定（SETTING）画面。

SYSTEM 键：按此键显示系统画面。

CUSTOM GRAPH 键：按此键显示信息画面。

MESSAGE 键：按此键显示用户宏画面（会话式宏画面）或图形显示画面。

图 3-15 功能键和软键的画面

（2）软键。为了显示更详细的画面，在按了功能键之后紧接着按软键。软键在实际操作中也很有用，如图 3-16 所示，说明了按了各功能键后软键所对应的图中符号的含义。

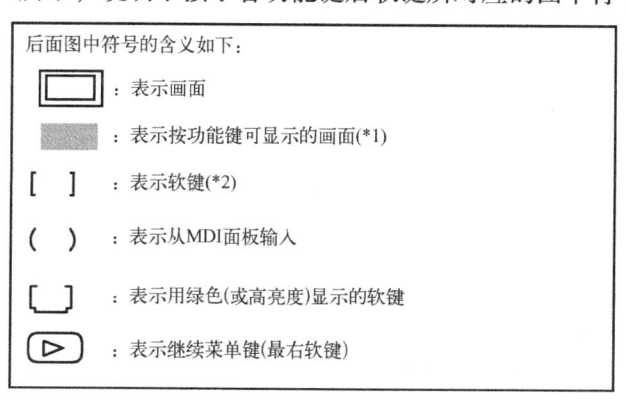

后面图中符号的含义如下：

▢ ：表示画面

▨ ：表示按功能键可显示的画面(*1)

[ ] ：表示软键(*2)

( ) ：表示从MDI面板输入

⌊ ⌉ ：表示用绿色(或高亮度)显示的软键

▷ ：表示继续菜单键(最右软键)

图 3-16 软键的含义

3.1.6 数控车床的操作方法

下面以配置 FANUC 0i–TC 系统的数控车床为例，来介绍数控车床的操作面板组成及其功用。如图 3-17 所示为 FANUC 0i–TC 系统数控车床机床操作面板图。

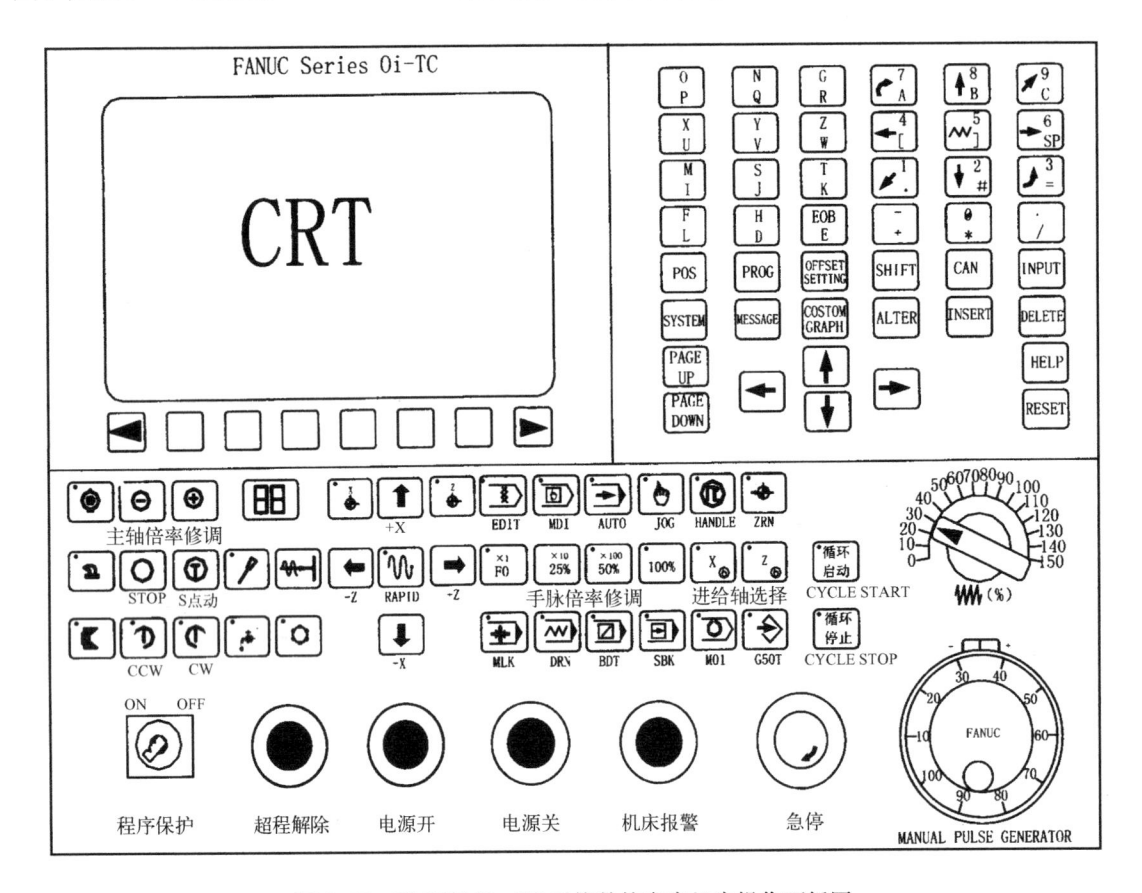

图 3-17　FANUC 0i–TC 系统数控车床机床操作面板图

如表 3-2 所示，简单介绍了操作面板上各开关及按钮的功能与使用（以面板编号为序）。

表 3-2　操作面板上各开关及按钮的功能与使用

序号	类别	按　钮	名　称	功 能 说 明
1	电源开关		机床总电源开关	机床总电源开关一般位于机床的背面，在使用时必须先将主电源开关置于"ON"
		电源开	机床电源开	按下按钮"电源开"，机床处于自检状态，并向机床润滑、冷却等机械部分及系统供电
		电源关	机床电源关	按钮"电源关"为关闭系统电源的开关

续表

序号	类别	按钮	名称	功能说明
2	紧急按钮及机床报警	急停	紧急停止按钮	当出现紧急情况而按下该按钮时,机床及CNC装置随即处于急停状态。这时在屏幕上出现"EMG"字样,机床报警指示灯亮。要消除急停状态,可顺时针转动急停按钮,使按钮向上弹起,并按下复位键RESET即可
		机床报警	机床报警指示灯	当机床出现各种报警时,该指示灯亮,报警消除后该灯即熄灭
3	模式选择按钮	EDIT	编辑	按下该按钮,可以对储存在内存中的程序数据进行编辑操作
		MDI	手动数据输入	在该状态下,可以在输入了单一的指令或几条程序段后,立即按下循环启动按钮使机床动作,以满足操作需要。如开机后指定转速"S800 M03;"
		AUTO（自动执行）	MLK 机床锁住	按下该按钮后,刀具在自动运行过程中的移动功能将被限制执行,但能执行+M、S、T指令。系统显示程序运行时刀具的位置坐标
			DRN 空运行	按下该按钮后,在自动运行过程中刀具按机床参数指定的速度快速运行。该功能主要用于检查刀具的运行轨迹是否正确
			BDT 程序段跳跃	按下该按钮后,程序段前加"/"符号的程序段将被跳过执行
			SBK 单段运行	按下该按钮后,每按一次循环启动按钮,机床将执行一段程序后暂停。再次按下"循环启动"按钮,则机床再执行一段程序后暂停。采用这种方法可对程序及操作进行检查
			M01 选择停止	按下该按钮后,在自动执行的程序中出现有"M01"指令的程序段时,其加工程序将停止执行。此时主轴功能、冷却功能等也将停止。再次按下"循环启动"按钮后,系统将继续执行"M01"以后的程序
		JOG 手动连续进给	进给方向键	手动连续慢速进给按下JOG进给方向键按钮不放,该指定轴即沿指定的方向进给。进给速率可通过调节范围为0%～150%进给速度倍率旋钮进行调节。另外,对于在自动执行的程序中所指定的进给速度,也可用其进给速度倍率旋钮进行调节
			进给速度倍率旋钮	手动连续快速进给在按下方向选择按钮后,同时按下中间位置的快速移动按钮,即可实现某一轴的自动快速进给。快速进给速率由系统参数确定其最大值,并有F0、25%、50%、100% 4种快速倍率选择
		HANDLE	手轮进给操作	先选择进给轴,再选择（×1、×10、×100）的增量步长,转动手摇脉冲发生器即可移动滑板,每次只能移动一个坐标轴。手摇脉冲发生器顺时针旋转方向为正向进给方向,逆时针旋转方向为负向进给方向。当选择"×1"增量步长时,表示手摇脉冲发生器转过一格（一周有100格）,刀具移动距离为0.001mm。同理,"×100"表示手摇脉冲发生器转过一格时,刀具移动0.1mm

续表

序号	类别	按钮	名称	功能说明
3	模式选择按钮	ZRN	手动返回参考点	在该状态下，可以执行返回参考点的功能。当相应轴返回参考点指令执行完成后，对应轴的返回参考点指示灯亮
4	循环启动执行按钮	循环启动	循环启动开始按钮	在自动运行状态下，按下"循环启动"按钮，机床自动运行加工程序
		循环停止	循环启动停止按钮	在机床循环启动状态下，按下"循环停止"按钮，程序运行及刀具运动将处于暂停状态，其他功能如主轴转速、冷却等保持不变。再次按下"循环启动"按钮，机床重新进入自动运行状态
5	主轴功能	CCW	主轴反转按钮	在HANDLE（手轮）模式或JOG（手动）模式下，按下该按钮，主轴将逆时针转动
		CW	主轴正转按钮	在HANDLE（手轮）模式或JOG（手动）模式下，按下该按钮，主轴将顺时针转动
		STOP	主轴停转按钮	在HANDLE（手轮）模式或JOG（手动）模式下，按下该按钮，主轴将停止转动
		S点动	主轴点动按钮	按下主轴"点动"按钮，主轴旋转，松开该按钮，主轴则停止旋转
		⊖ ⊕	主轴倍率修调旋钮	在主轴旋转过程中，可以通过主轴倍率修调按钮对主轴转速实现无级调速。每按一下主轴倍率修调按钮"+"使主轴转速增加10%，同样每按一下主轴倍率修调按钮"-"使主轴转速减小10%。在加工程序执行过程中，也可对程序中指定的转速进行调节
6	液压系统功能按钮		液压启动按钮	"液压启动"按钮用于控制数控机床液压系统电源的开启与关闭
			液压尾座按钮	在液压系统开启的情况下，"液压尾座"按钮用于控制液压尾座的顶紧与松开
			液压卡盘按钮	在液压系统开启的情况下，"液压卡盘"按钮用于控制液压卡盘的夹紧与松开
7	手动冷却润滑功能按钮		间隙润滑按钮	按下"间隙润滑"按钮，将自动对机床进行间隙性润滑，间隙时间由系统参数设定
			手动冷却按钮	每按一次该按钮，机床即执行切削液冷却"开"功能；再次按下该按钮，则其冷却功能停止
8	其他功能		手动转刀按钮	按下该按钮，刀架将依次转过一个刀位
			返回中断点按钮	按下该按钮，可以实现程序中断后的返回中断点操作
			刀具号显示与转速挡位数显示功能	"状态显示"用于显示了当前机床的转速挡位数与刀具号。其中左边为转速挡位数，右边为刀具号数
			"G50T"位置存储功能按钮	G50T功能可为每一把刀具设定一个工件坐标系
		ON OFF	程序保护	当程序保护开关处于"ON"位置时，即使在"EDIT"状态下也不能对NC程序进行编辑操作。只有当程序保护开关处于"OFF"位置时，同时在"EDIT"状态下，才能对NC程序进行编辑操作
			超程解除按钮	当机床出现超程报警时，按下"超程解除"按钮不要松开，可使超程轴的限位挡块松开，然后用手摇脉冲发生器反向移动该轴，从而解除超程报警

项目3　盘类零件的数控车削加工

任务实施

实训8　盘套的车削加工

1. 零件图分析

图3-1为一盘类零件,要在数控车床上加工,该零件由外圆柱面、外圆锥面、内阶梯孔及倒角构成,其材料为45#钢。选择毛坯尺寸为$\phi 60mm \times 31mm$(预留$\phi 14mm$的内孔),如图3-18所示。

2. 确定工件的装夹方式

由于该工件是一个盘类零件,并且这个零件的壁厚较大,所以采用工件的左端面和外圆作为定位基准。使用普通三爪卡盘夹紧工件,并且一次装夹即可完成全部加工,取工件的右端面中心为工件坐标系的原点,换刀点选在(200,200)处。

3. 确定数控加工工序

根据零件的加工要求,选用T01号为45°硬质合金机夹粗车外圆偏刀;T02号为93°硬质合金机夹粗车外圆偏刀;T03号刀为93°硬质合金机夹精车外圆偏刀;T04号刀为内孔粗镗刀;T05号刀为内孔精镗刀。该零件的数控加工工序卡如表3-3所示。

图3-18　盘类零件毛坯

表3-3　数控加工工序卡

零件名称	轴套	数量	10		
工序	名称	工艺要求		工作者	日期
1	下料	$\phi 60mm \times 31mm$(预留$\phi 14mm$的内孔)			
2	车	车削外圆到$\phi 60mm$			
3	热处理	调质处理 HB 220~250			
4	数控车	工步	工步内容	刀具号	
		1	车端面	T01	
		2	粗车外圆	T02	
		3	粗镗内孔	T04	
		4	精车外圆	T03	
		5	精镗内孔	T05	
5	检验				
材料	45#钢	备注			
规格数量					

4. 选择切削用量

选择合理的切削用量,如表3-4所示为数控加工刀具卡。

表3-4 数控加工刀具卡

刀具号	刀具规格名称	数量	加工内容	刀尖半径(mm)	主轴转速(r/min)	进给速度(mm/r)	备注
T01	45°硬质合金机夹粗车外圆偏刀	1	车端面	0.4	400	0.15	
T02	93°硬质合金机夹粗车外圆偏刀	1	粗车外圆	0.4	800	0.2	
T03	93°硬质合金机夹精车外圆偏刀	1	精车外圆	0.2	1200	0.08	
T04	内孔粗镗刀	1	粗镗内孔	0.4	700	0.2	
T05	内孔精镗刀	1	精镗内孔	0.2	1200	0.08	

5. 编写加工程序

编写如图3-18所示的盘类零件的加工程序,如表3-5所示。

表3-5 盘类零件加工程序

主 程 序	注 释
O0008	程序号
N0010 G54;	工件坐标系设定
N0020 S400 M03 T0101;	主轴正转,调用1号刀,1号刀补
N0030 G00 X62.0 Z0 M08;	快进至工件表面,打开切削液
N0040 G01 X0. F0.15;	车端面,进给速度0.15mm/r
N0050 G00 Z1.0;	快速点定位
N0060 X200.0 Z200.0 T0100;	回换刀点换刀,取消1号刀补
N0070 T0202;	调用2号刀,刀具补偿号为2
N0080 G00 X64.0 Z2.0;	快速点定位
N0090 G71 U2.0 R0.5;	调用粗车循环
N0105 G71 P0100 Q0150 U0.4 W0.1 F0.2 S800;	
M0100 G00 X46.8 Z0.;	快速点定位
M0110 G01 X50.0 Z-6.0;	粗车圆锥面
N0120 X54.0;	车削台阶面
N0130 X56.0 W-1.0;	车削倒角C1mm
N0140 Z-20.0;	粗车φ56mm外圆柱面
N0150 X62.0 Z-23.0;	车削倒角C2mm
N0160 G00 X65.0;	退刀
N0170 X200.0 Z200.0 T0200;	回换刀点换刀,取消2号刀补
N0180 T0404;	调用4号刀,刀具补偿号为4
N0190 G00 X12.0 Z2.0;	快速点定位
N0200 G71 U2.0 R0.5;	调用粗车循环
N0205 G71 P0210 Q0260 U-0.4 W0.1 F0.2 S800;	
N0210 G00 X32.0;	加入刀具半径左补偿
N0220 G01 Z0. F0.08;	
N0230 G02 X24.0 Z-4.0 R4.0;	粗车内孔圆角
N0240 G01 Z-15.0;	
N0250 X14.0;	
N0260 Z17.0;	退刀
N0270 G00 X200.0 Z200.0 T0400;	回换刀点换刀,取消4号刀补
N0280 T0303;	调用3号刀,刀具补偿号为3
N0290 G00 X64.0 Z2.0;	快速进刀
N0300 G70 P0100 Q0150;	调用精车循环
N0310 G00 X200.0 Z200.0 T0300;	退刀
N0320 T0505;	调用5号刀,刀具补偿号为5
N0330 G00 X12.0 Z2.0;	
N0340 G70 P0210 Q0260;	调用精车循环
N0350 G00 X200.0 Z200.0 T0500;	回换刀点换刀,取消5号刀补
N0360 M09;	切削液关
N0370 M05;	主轴停止
N0380 M30;	程序结束

6. 进行数控模拟加工

在数控车床上模拟并加工图3-1所示的盘类零件的加工路线轨迹。

1) 电源接通前后的检查

（1）在机床主电源开关接通之前，操作者必须做好下面的检查工作。

① 检查机床的防护门、电箱门等是否关闭。

② 检查润滑装置上油标的液面位置。

③ 检查切削液的液面是否高于水泵吸入口。

④ 检查所选择的液压卡盘的夹持方向是否正确。卡盘正反卡开关设置在电箱内。

⑤ 检查是否遵守了《机床使用说明书》中规定的注意事项。

当检查以上各项均符合要求时，方可合上机床主电源开关，机床工作灯亮，风扇启动，润滑泵、液压泵启动。

（2）机床通电后，操作者应做好下面的检查工作。

① 压下NC装置电源启动键"ON"，在CRT显示器上应出现机床的初始位置坐标。

② 检查安装在机床上部的总压力表，若表头读数为"4MPa"，说明系统压力正常，可以进行下面的操作。

2) 手动返回参考点

若机床采用增量式测量系统，一旦机床断电后，其上的数控系统就失去了对参考点坐标的记忆，当再次接通数控系统的电源时，操作者必须首先进行返回参考点的操作。另外，机床在过程中遇到急停信号或超程报警信号，待故障排除后，恢复机床工作时，也必须进行返回机床参考点的操作。如图3-19所示，显示了手动返回参考点的刀具移动与操作示意及控制按钮。

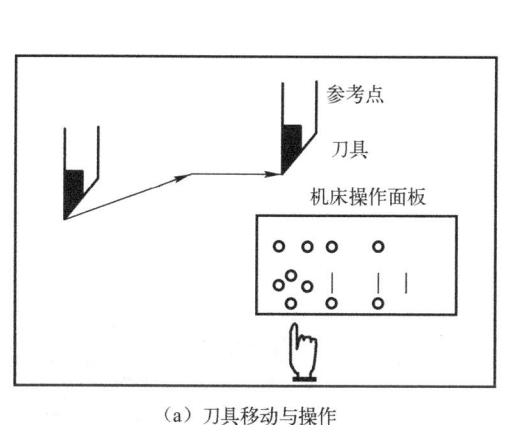

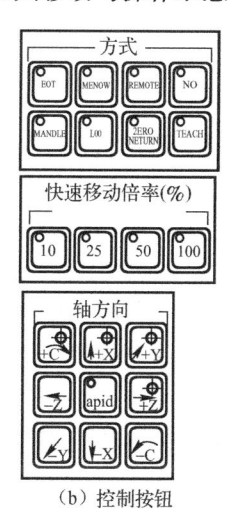

（a）刀具移动与操作　　（b）控制按钮

图3-19　手动返回参考点

（1）按方式选择开关之一的返回参考点开关。

（2）为了减小速度按一个快速移动倍率开关。

（3）按与返回参考点相应的进给轴和方向选择开关，按住开关直至刀具返回到参考点。在系统参数设定之后，刀具也可同时三轴联动；刀具以快速移动速度移动到减速点，然后按参数中设定的FL速度移动到参考点。当刀具返回到参考点后，返回参考点完成灯（LED）点亮。

（4）对其他轴也执行同样的操作。

3）安装工件和工艺装夹

安装外径为 φ60mm，内孔 φ14mm 的毛坯，并使用普通三爪卡盘夹紧工件。

4）工、量、刃具选择与刀具安装

将选用的 T01 号 45°硬质合金机夹粗车外圆偏刀；T02 号 93°硬质合金机夹粗车外圆偏刀；T03 号 93°硬质合金机夹精车外圆偏刀；T04 号内孔粗镗刀；T05 号内孔精镗刀按要求依次装入 T01、T02、T03、T04、T05 号刀位。

5）建立工件坐标系

按照 2.1.2 节中所述工件坐标系的设定方法来建立工件坐标系，如图 3-20（a）所示，其他几把刀都要按照上述方法对刀，按下功能键 OFFSET SETTING，进入刀补界面，按【补正】软键，依次把每把刀的 X、Z 方向的偏移值用【测量】软键自动测出并反映到系统中，如图 3-20（b）所示。

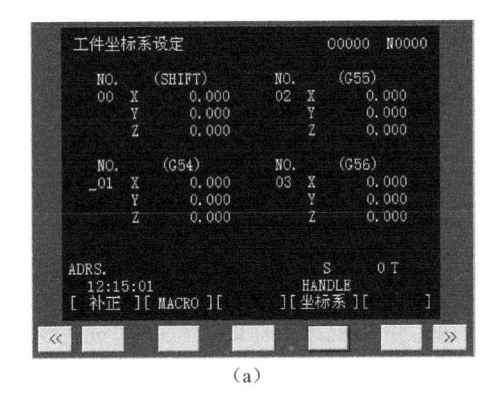

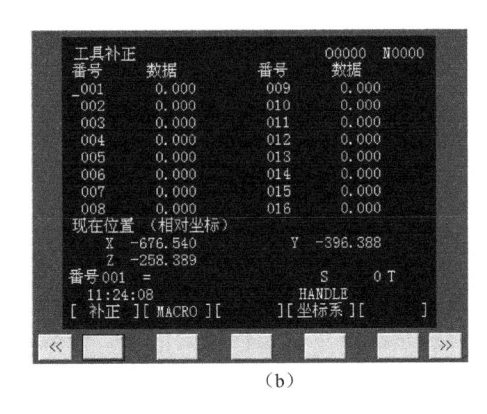

图 3-20　工件坐标系设定

6）创建和编辑程序

在机床操作面板的方式选择键中按编辑键，进入编辑运行方式。按系统面板上的 PROG 键，数控屏幕上显示程式画面。使用字母和数字键，输入程序号，按插入键，这时程序屏幕上显示新建立的程序名和结束符%，接下来可以输入程序内容，如图 3-21 所示。

对程序输入后发现的错误，或程序检查中发现的错误，必须进行修改，在具体程序编辑过程中，如果出现问题，可以在插入字之前检索或扫描字→键入要插入的地址和数据→按键对字进行插入，可以检索或扫描要修改的字→输入要插入的地址和数据→按键对字进行修改，也可以检索或扫描要修改的字→按键对字进行删除，但需要注意的是在程序执行期间，通过如单段运行或进给暂停等操作暂停程序的执行，对程序进行修改插入或删除后不能再继续执行程序。

7）机床的空运行

工件的加工程序输入到数控系统后，经检查无误，且各刀具的位置补偿值和刀尖圆弧半径补偿值已输入到相应的存储器中，便可进行数控车床的空运行。

数控车床的空运行是指在不装工件的情况

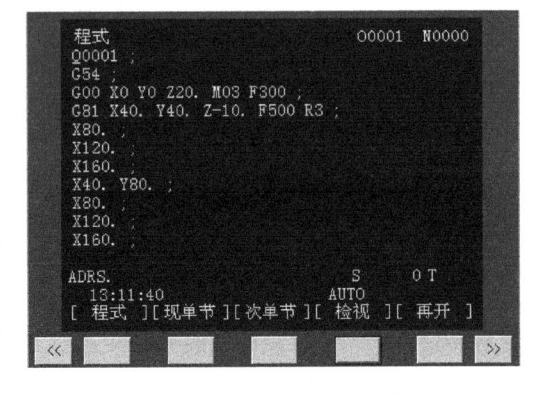

图 3-21　创建和编辑程序

下，自动运行加工程序。在机床空运行之前，操作者必须完成下面的准备工作。

（1）各刀具装夹完毕。

（2）各刀具的补偿值已输入数控系统。

（3）将 FEEDRATE OVERRIDE 开关旋至适当位置，一般置于100%。

（4）置 SINGLE BOLCK 开关于 ON。

（5）置 OPTINAL STOP 开关于 ON。

（6）置 MACHINE LOCK 开关于 ON。

（7）置 DRY RUN 开关于 ON。

（8）将尾座体退回原位，并使套筒退回。

（9）卡盘夹紧。

完成了上面的操作之后，便可执行加工程序，进行数控车床的空运行。

8）图形模拟

操作者可以通过图形模拟功能在画面上显示程序的刀具轨迹，通过观察屏显的轨迹可以检查加工过程。显示的图形可以放大/缩小，但在显示刀具轨迹前必须设定画图坐标（参数）和绘图参数。具体图形模拟的步骤：

开始画图前用参数 No.6510 设定绘图坐标，设定值和坐标的对应关系见图3-23。

（1）按功能键 GRAPH ，在小键盘的 MDI 单元上按 CUSTOM GRAPH 键，则显示如图3-22所示的绘图参数画面（如果不显示该画面按【G.PRM】软键。

（2）用光标键将光标移动到所需设定的参数处。

（3）输入数据，然后按 INPUT 键。

（4）重复第（2）和（3）步直到设定完所有需要的参数。

（5）按下【GRAPH】软键。

（6）启动自动或手动运行，于是数控车床开始移动，并且在画面上绘出刀具的运动轨迹，并且图形可整体或局部放大，如图3-23所示。

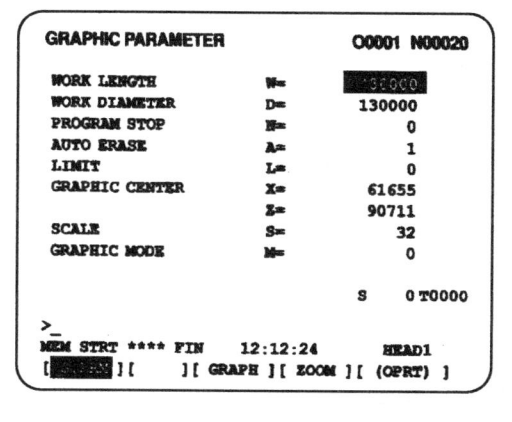

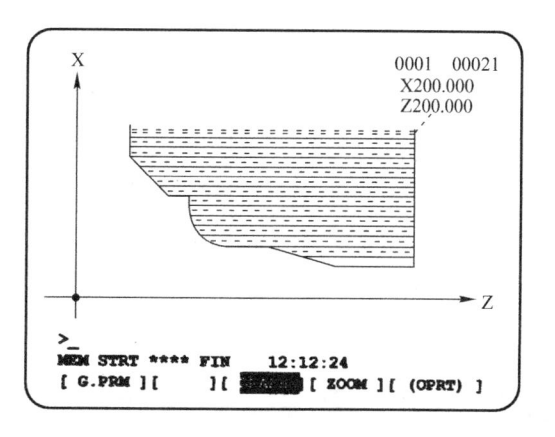

图3-22 图形模拟参数画面

图3-23 图形模拟显示

（7）按下功能键 GRAPH ，然后按【ZOOM】软键以显示放大图，放大图画面有两个放大光标（■），用两个放大光标定义的对角线的矩形区域被放大到整个画面，如图3-24所示。

（8）用光标键 移动放大光标，按【HI/LO】软键启动放大光标的移动。

（9）为使原来图形消失，按【EXEC】键。恢复前面的操作用放大光标，所定义的绘图部分被放大。为显示原始图形，按【NORMAL】软键后开始自动运行。

9）自动加工

此时检查倍率和主轴转速，单击 按钮，使机床处于自动状态，最后单击"循环启动" 按钮，机床执行自动模拟加工。

图 3-24　图形放大

10）收尾

加工结束，清理机床。

7. 填写实训报告

按附录 F 的格式填写实训报告。

思考题 8

（1）如何建立或取消刀具半径补偿功能？
（2）如何设置刀具半径补偿参数？
（3）试述数控车床在实际切削之前，要进行哪些校验操作？
（4）车削加工如图 3-25 所示的零件的右端面及外圆轮廓。材料为铸铁，毛坯为铸锻件。编制该零件的数控加工刀具卡、加工工序卡和加工程序，并在数控车床上模拟加工路线轨迹。

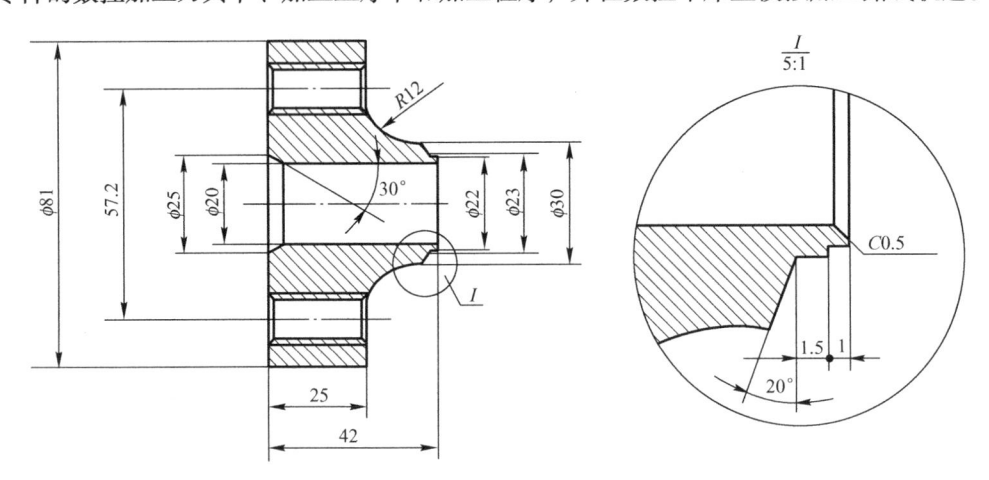

图 3-25　普通盘类加工训练零件图

任务 3-2　复杂盘类零件的数控车削加工

任务目标

（1）掌握数控车床的系统操作设备与操作方法。

（2）掌握数控车床的多种对刀方法。

（3）了解数控车床避免碰撞的方法。

（4）掌握复杂盘类零件的加工工艺及数控程序编制。

任务引领

采用锻造毛坯，材料为45#钢，制定如图3-26所示的复杂盘类零件的数控加工刀具卡及加工工序卡，并编写加工程序。

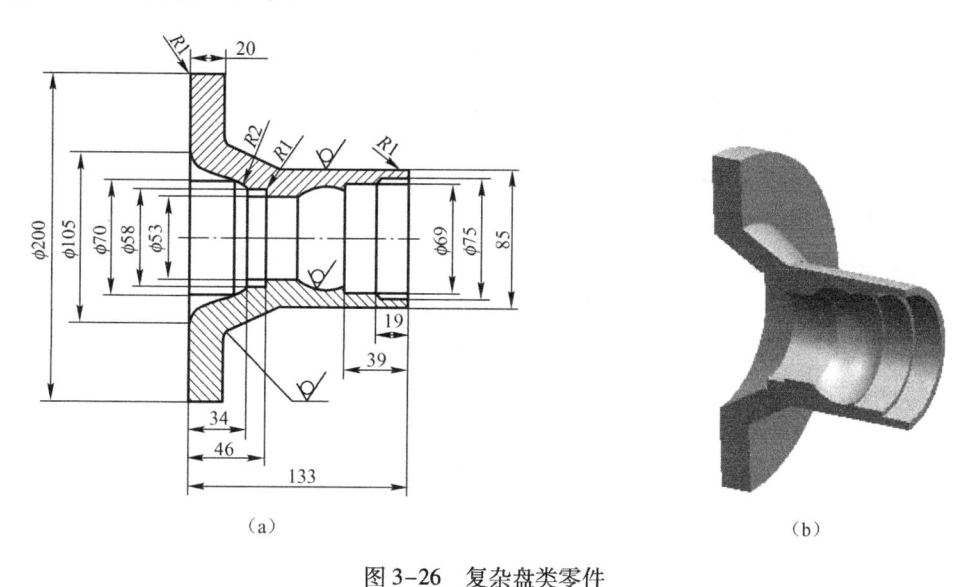

（a）　　　　　　　　　　　　　　　　　（b）

图3-26　复杂盘类零件

相关知识

3.2.1 数控车床的对刀与找正

对刀是数控车削加工前的一项重要工作，它关系到被加工零件的尺寸精度，因此它也是加工成败的关键因素之一。全功能型数控车床中具有自动对刀功能。但对于经济型数控车床必须通过对刀才便于进行刀位偏差自动补偿，或在编程过程中进行考虑。数控车削加工前，应对工艺系统做准备性的调整，其中完成对刀过程并输入刀具补偿是关键的环节。在数控车削过程中，应首先确定零件的加工原点，以建立工件坐标系；同时，还要考虑刀具的不同尺寸对加工的影响，并输入相应的刀具补偿值。这些都需要通过对刀来解决。

在加工程序执行前，应调整每把刀具用于编程的刀位点（如尖形车刀刀尖、圆弧车刀圆心等），使其尽量重合于某一理想基准点，这一过程称为对刀。对刀操作的目的是通过确定刀具起始点，建立工件坐标系及设置刀偏量（刀具偏置量或位置补偿量）。对刀的方法按所用数控机床的类型不同也有所区别，一般可分为机内对刀和机外对刀两大类。

1. 试切法对刀

由于试切法对刀不需要任何辅助设备，所以被广泛地用于经济型低档数控机床中。其基本原理是通过每一把刀具对同一工件的试切削，分别测量出其切削部位的直径和轴向尺寸，来计

算出各刀具刀尖在 X 轴和 Z 轴的相对尺寸，从而确定各刀具的刀补量，具体参见本项目中的工件坐标系设定。

2. 测量法对刀（机外对刀 – 对刀仪对刀）

机外对刀的本质是测量出刀具假想刀尖点到刀具台基准之间在 X 方向及 Z 方向的距离，即刀具 X 向和 Z 向的长度。利用机外对刀仪可将刀具预先在机床外校对好，以便装上机床即可以使用。如图3-27所示为一种比较典型的机外对刀仪，它可适用于各种数控车床。针对某台具体的数控车床，应制作相应的对刀刀具台，将其安装在刀具台安装座上。这个对刀刀具台与刀座的连接结构及尺寸，应与机床刀架相应结构及尺寸相同，甚至制造精度也要求与机床刀架该部位一样，此外，还应制作一个刀座、刀具联合体（也可将刀具焊接在刀座上），作为调整对刀仪的基准。把此联合体装在机床刀架上，尽可能精确地对出 X 向及 Z 向的长度，并将这两个值刻在联合体表面，对刀仪使用若干时间后就应装上这个联合体做一次调整。机外对刀的大至顺序是：将刀具随同刀座一起紧固在对刀刀具台上，摇动 X 向和 Z 向进给手柄，使移动部件载着投影放大镜沿着两个方向移动，直至假想刀尖点与放大镜中十字线交点重合为止，如图3-28所示。这时通过 X 向和 Z 向的微型读数器分别读出 X 向和 Z 向的长度值，就是这把刀具的对刀长度。如果这把刀具马上使用，那么将它连同刀座一起装到机床某刀位上之后，将对刀长度输入到相应刀具补偿号或程序中就可以了。如果这把刀是备用的，应做好记录。

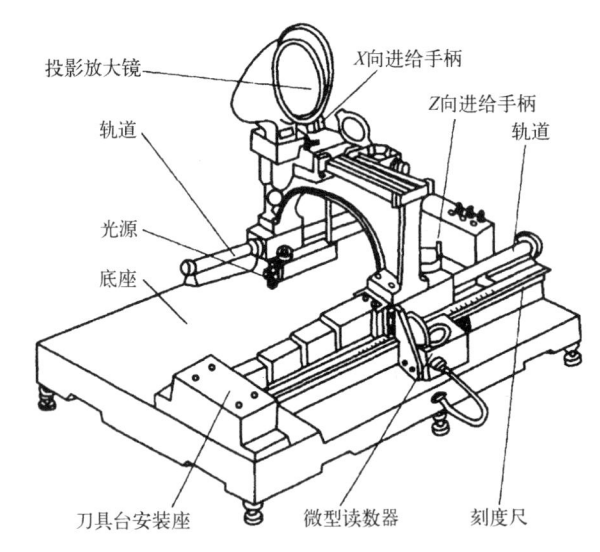

图3-27 机外对刀仪

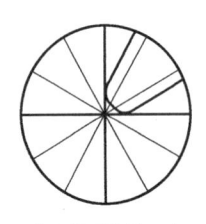

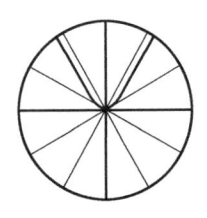

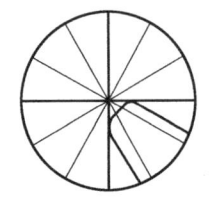

图3-28 刀尖在放大镜中的对刀投影

3. 机内光学对刀法 – ATC 对刀

机内光学对刀法又简称为 ATC 对刀，是在机床上利用对刀显微镜自动计算出车刀长度的一种方法。对刀镜与支架不用时取下，需要对刀时才装到主轴箱上。对刀时，用手动方式将刀尖移到对刀镜的视野内，再用手动脉冲发生器微量移动刀架使假想刀尖点与对刀镜内的中心点重合（见图 3-28），再将光标移到相应的刀具补偿号，并按【自动计算（对刀）】键，这把刀两个方向的长度就被自动计算出来，并自动存入它的刀具补偿号中。

这种方法的适用范围广泛，对刀精度较高，其分格读数值可达 0.01mm，且属不接触对刀方式，对刀具的刀尖不会损坏，是推广采用的方法之一。然而，质量较高的光学对刀仪价格较昂贵，尚需专门保管；对某些刀具（如镗刀）进行的对刀过程较烦琐，有时不如试切对刀法简便。

加工轴、套类零件时各刀具的对刀过程如下：

（1）先按前述光学对刀过程安好基准刀，即对好 1 号刀并确定出对刀基准点，如图 3-29（a）所示。

（2）按动刀架控制器上的手控按钮，使刀架转过两个刀位，留出 3 号刀的安装位置，如图 3-29（b）所示。

（3）根据加工套类零件用镗刀的外形尺寸（主要指刀尖伸出刀架的长度），并考虑到镗刀在对刀时所处位置的特殊性，应预先设定出该镗刀相对于基准刀之间的偏移位置，并据此设计出如下对刀程序（当设定 X 向偏移量为 50mm，Z 向偏移量为 80mm 时）：

01　6E　00　80　00

（4）执行对刀程序中的第（1）～（3）工步，使刀架到达镗刀的对刀位置后暂停，如图 3-29（c）所示。

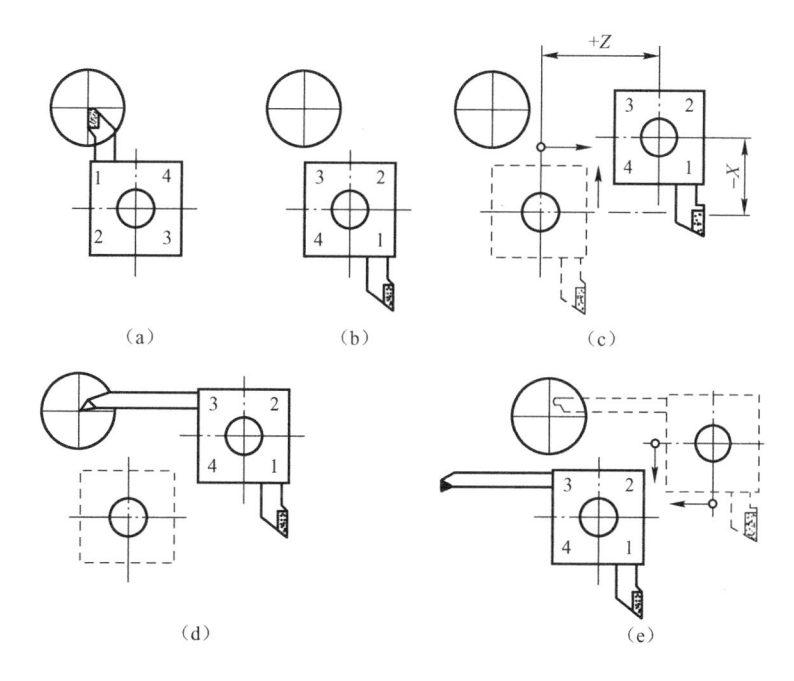

图 3-29 光学对刀过程

（5）在刀架上装好镗刀。装刀时应使镗刀位点对准显微镜上十字的中心，然后将镗刀压紧。

（6）按动操作面板上的启动键，继续执行对刀程序，使刀架返回到基准刀对刀的初始位置上。

（7）按照上述方法，即可完成其余各把刀的对刀工作。

采用这种方法对刀时应特别注意，凡是按设定偏移量进行对刀后的车削，在加工前均应通过所编制的程序把原设定的偏移量加进去，该工步进行完后，仍应通过程序减去其偏移量，以保证对刀执行的正确性。

4. 自动对刀

使用对刀镜进行机外对刀或机内对刀，由于整个过程基本上还是手工操作，所以仍没有跳出手工对刀的范畴。利用 CNC 装置自动、精确地测出刀具两个坐标方向的长度、自动修正刀具补偿值，并且不用停顿就接着开始加工工件，这就是刀具检测功能，也叫自动对刀。

刀检传感器上带有超硬触头（一般为边长 7mm 的立方体），它安装在以枢轴轴承为支点的杠杆的一端。杠杆的另一端与四个接触式传感元件的探针接触。刀检时，刀尖作用并推动触头，与此对应的某个传感探针就被杠杆压迫，内部电路接通，发出电信号。当刀尖离开时，杠杆靠四个带弹簧的支撑复位。整个传感器的使用精度主要取决于传感元件的重复精度。好的传感元件重复精度可达 $2\mu m$。

刀检时，刀尖随刀架按刀检用户宏程序向已设定了位置的触头缓缓行进，并与之接触，直到内部电路接通，发出电信号。数控系统立即"记下"该瞬时的坐标值，接着将此值与设定值做比较，并将差值自动修正到刀具补偿值中去。

下面介绍刀尖检测的测定原理，今以 Z 向为例，先假定触头的外侧面 B 正好与程序原点 O 在同一平面内，如图 3-30 所示。设刀具为 T0100，A 为假想刀尖点。

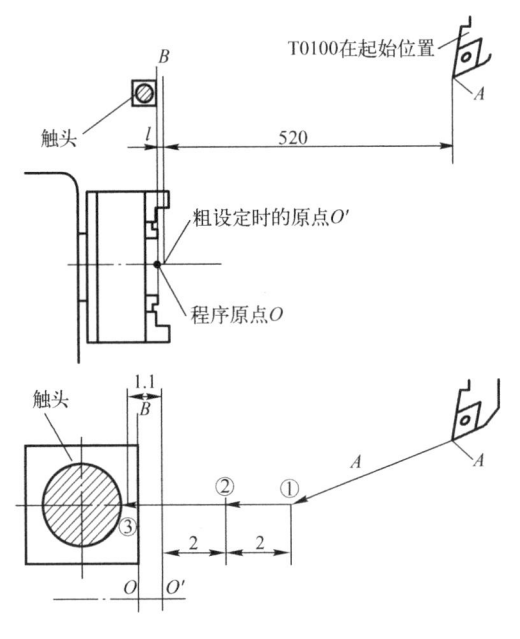

图 3-30 刀尖检测测定原理

1) 新装刀的刀检

首先将 01 号补偿清零。当刀架停在起始位置时，粗测 A、O 两点间的水平距离，例如，测得 520。将 520 写入 G50 程序段，即用此粗测值来设定对刀程序的坐标系，也是粗定工件坐标系。令设定坐标系的 Z 向原点为 O'，那么 O' 与 O 间的距离，即 O' 与 B 面间的距离就是上述粗测的误差，可令它为 l。如果不进行刀检，即忽视了这个 l，程序原点将位于 O'，加工出工件的长度与目标长度间也会有这么大的误差。精确测出 l 值，并自动反映到刀补值中去，使粗设定坐标系与程序坐标系重合，以保证工件尺寸与指令值一致，这就是刀尖检测的任务。

刀检时用开始粗略设定的坐标系。先让刀尖快速到达检测起始点①，接着到达检测准备点②，随后用跳跃准备机能缓慢地向坐标为（Z-1.1）的目标点③前进。正常刀检时走不到点③，而是在行进途中接触月面并推动测头直到发出电信号，至此刀尖停止前进。在数控系统"记下"此刻坐标值后，刀具快退到点①，然后退走。如果发出电信号时刀尖 A 在 Z 向为 O 位置（特殊情况），则设定坐标系正好与程序坐标系重合，即 01 号 Z 向补偿为零；如果发出电信号时刀尖 A 不在 Z 向为 O 位置（一般情况），说明两个坐标系 Z 向不重合，需要通过刀具补偿将设定坐标系移至程序坐标系，使之重合。假如在 Z-0.216 时发出电信号，表明程序坐标系在设定坐标系左边，相距 0.216，这时数控系统就自动将 01 号 Z 向补偿变更为 -0.216。

2）换刀片后的检测原理

上述检测，测出并决定了该刀具当时的刀补值。若有磨损或更换刀片后，又会有尺寸误差。把新换刀片与原刀片的刀尖位置差测出来，并把此值累加到 01 号补偿中去，这就是换刀片后检测的任务。

由于图 3-30 中的 520 已进入主程序开头指令中，因此刀检总是用以 O' 为原点的坐标系。换刀片后刀检时，刀尖在由点②向点③行进中如在 Z-0.216 处发出电信号，则此时 01 号 Z 向补偿正好不必修正。此时把 -0.216 称为刀检 Z 向目标值。刀检中数控系统要按刀检用户宏程序的指令将接到电信号时的刀尖位置与目标值比较，因此在用户宏程序中要指定目标值。当程序执行到此指令时会自动提取相应的刀补值。数控系统按程序指令将接到电信号时的刀尖坐标值与目标值比较，求出差值后，立即累加到刀补中去。

事实上，传感器触头外侧面不可能正好装在程序坐标系的 Z 为 0 的平面内。这包含两层意思：一是为了保护传感器及其触头，就要将它装在靠近床头箱处，即触头外侧面与程序原点间会有一段距离，见图 3-31；二是我们可以测出该距离精确到毫米的近似值（如图 3-31 中刀尖到传感器触头的距离 812mm），并把它写入程序，用以确定刀检程序的坐标系。用前述新装刀具的刀检方法，可以自动检测出刀检程序原点到触头外侧面距离的精确值，该值即为刀补值。采用对刀仪对刀、ATC 对刀和自动对刀，都是确定刀具相对基准刀的刀补值，建立工件坐标系还需要利用基准刀根据编程原点安装后的位置采用其他方法对刀确定。

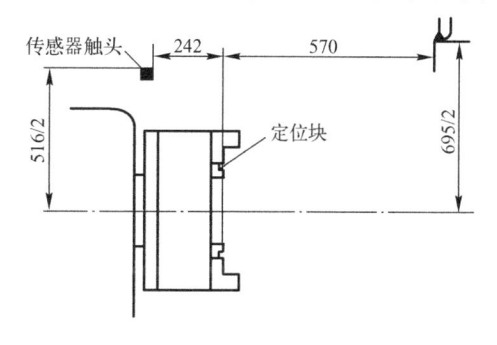

图 3-31 卡盘、触头和刀尖间的位置关系

3.2.2 数控车床避免碰撞的方法

数控车床的价格一般为普通车床价格的 5～10 倍，一旦发生碰撞，经济损失严重。这就

要求编程人员和机床操作者在工作中必须严谨、细致。下面是避免机床发生碰撞的几种方法。

1. 避免程序中的坐标值超越卡爪尺寸

如图3-32所示，以工件的右端面中心为工件坐标系原点，工件原点至卡爪端面的距离为70mm。编程时要注意到各程序段中Z方向的负值不得大于70mm，否则就会发生刀具与卡爪相碰的事故。例如，加工程序中，某一程序段的$Z = -70.5$mm，则刀具与卡爪之间有0.5mm的干涉量，势必导致碰撞，由此可见，编程人员在程序编制结束以后，必须认真检查所有程序段中的Z轴尺寸值是否小于70mm，一旦查出，要立即纠正，以避免机床受损。

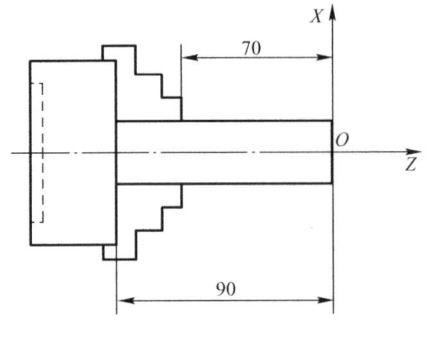

图3-32 工件原点与卡爪端面尺寸图

2. 当工件形状特殊时避免发生碰撞

如图3-33所示，工件需车槽，工件原点在右端面，换刀点为P_0。当车槽加工完成后。刀架需快速退回刀点，如果用"N200G00X80.Z50.;"程序段实施退刀动作，则刀尖轨迹为斜线（见图3-33（a）），刀具在运动过程中要与工件的台阶面碰撞，工件和刀具都会损坏，严重的还要破坏机床的精度。

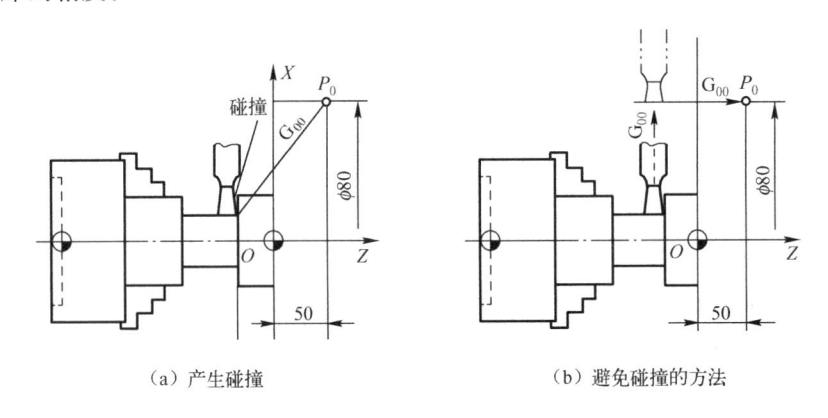

（a）产生碰撞　　　　（b）避免碰撞的方法

图3-33 槽形工件产生碰撞的实例

正确的程序为

　　N200 G00 X80.；

　　N210 Z50.；

执行上面的程序退刀，刀具的运动轨迹如图3-33（b）所示，避免了碰撞。

3. 防止程序中G00的负值引起碰撞

当需要刀具快速移动接近工件时，要用G00指令快速定位。当机床执行该指令时，刀具将以最快的进给速度移向工件，如果编程时Z的负值计算有误，将导致刀具在快速移动中与工件碰撞，后果是极为严重的。因此，要求编程人员对G00的负值尺寸要反复核对，以控制车刀与工件或卡盘发生碰撞的可能性。

3.2.3 设定和显示数据

为了操作 CNC 机床，CNC 用的各种数据必须在 CRT/MDI 或 LCD/MDI 上设定。在数控车床操作期间，操作者可以用显示的数据来监控操作状态，以便及时发现和处理现场发生的各种故障。

1. 用功能键 POS 显示的画面和参数设定

按功能键 POS 显示当前刀具位置，可以进行如图 3-34 所示的三种当前刀具位置的显示和设定，包括：工作坐标系的位置显示画面；相对坐标系的位置显示画面；综合位置显示画面，上述画面上也显示进给速度运行时间及零件数。另外功能键 POS 也可用于显示伺服电动机和主轴电动机的负载，以及主轴电动机的旋转速度（运行监视画面），也可用于显示由手轮中断引起的移动距离。

在上述显示画面中：

按【ABS】软键——显示工件坐标系的当前刀具位置，当前位置随刀具移动而改变。最小输入增量单位作为显示数值的单位；画面顶部的标题指出使用的绝对坐标。

按【REL】软键——显示操作者设定的相对坐标系中刀具的当前位置，当前位置随刀具移动而改变，增量单位作为显示数值的单位；画面顶部的标题指出所用的是相对坐标。

按【ALL】软键——在画面上显示下述位置：在工件坐标系，相对坐标系以及机械坐标系中刀具的当前位置和剩余移动距离，在此画面上可设定相对坐标。

图 3-34 功能键 POS 显示的画面

按【HNDL】软键——显示操作者在手动方式下进行操作的参数设置。

按【(OPRT)】软键——显示由手动插入等操作偏移的工件坐标系，可以用 MDI 操作预置一个偏移工件坐标系，预置的坐标是距机械零点偏移了工件零点偏移值。

2. 用功能键 PROG 显示的画面和参数设定

在 MEMORY 或 MDI 方式，按功能键 PROG 显示如图 3-35 所示的画面，包括程序内容显示画面、当前程序段显示画面、下一程序段显示画面、程序检查画面和 MDI 操作用的程序画面；其中前 4 个画面显示在 MEMORY 或 MDI 方式正在执行的程序的状态，最后的画面显示 MDI 方式中 MDI 运行时的指令值。

在上述显示画面中：

按【PRGRM】软键——在 MEMORY 或 MDI 方式显示当前正在执行的程序。

图 3-35 用功能键 PROG 显示的画面

按【CHECK】软键——显示 MEMORY 方式下当前正在执行的程序刀具的当前位置和模态数据。

按【CURRNT】软键——在 MEMORY 或 MDI 方式中显示当前执行的程序段内容及其模态数据。

按【NEXT】软键——显示在 MEMORY 或 MDI 方式中当前正在执行的程序段和下一个即将执行的程序段。

3. 用功能键 OFFSET SETTING 显示的画面和参数设定

按下功能键 OFFSET SETTING ，可以显示或设定刀具补偿值和其他数据，主要包括刀具偏移值、运行时间和零件数、工件原点偏移值或工件坐标系偏移值、用户宏程序公用变量、软操作面板、刀具寿命管理数据的显示和设定。

1) **刀具偏移量的显示和设定**

将编程时用的刀具参考位置标准刀具的刀尖或转塔中心等与加工中实际使用刀具的刀尖位置之间的差值设定为刀偏值。为保证加工精度和编程方便，在加工过程中必须进行刀具补偿，每一把刀具的补偿量需要在空运行前输入到数控系统中，以便在程序的运行中自动进行补偿。

(1) 刀具偏移量的直接输入法。

① Z 轴偏移量的设定可以采用以下方法来设定。

a. 如图 3-36 所示在手动方式中用一把实际刀具切削表面 A（假定工件坐标系已经设定）。

b. 在 X 轴方向退回刀具，Z 轴不动并使主轴停转。

c. 测量工件坐标系的零点至面 A 的距离 β，Z 在图 3-37 画面上用下述的方法将该值设为指定刀号的 Z 向测量值。

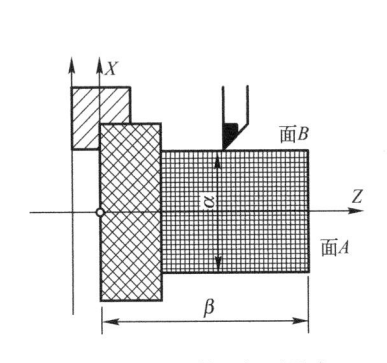

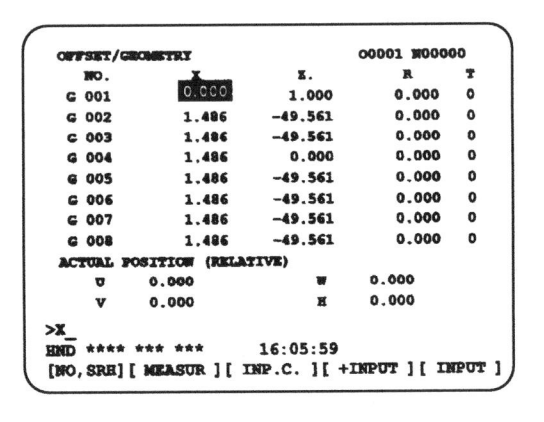

图 3-36　工件坐标系设定　　　　图 3-37　刀具偏移量的直接输入

d. 按功能键 OFFSET SETTING 和软键【OFFSET】显示刀具补偿画面。如果几何补偿值和磨损补偿值需分别设定，就显示与其相应的画面。

e. 将光标移动至欲设定的偏移号处。

f. 按地址键 Z 进行地址设定。

g. 输入实际测量值（β）。

h. 按【MEASUR】软键，则测量值 β 与程序编写的坐标值之间的差值作为偏移量被设入指定的刀偏号。

② X轴偏移量的设定可以采用以下方法来设定。

a. 在手动方式中切削面 B。

b. Z轴退回而X轴不动并停止主轴。

c. 测量面 B 的直径 α。用与上述设定 Z 轴的相同方法将该测量值设为指定刀号的 X 向测量值。

d. 对所有使用的刀具重复以上步骤则其刀偏量可自动计算并设定。例如，当程序中表面 B 的坐标值为 70.0 时，α = 69.0，在偏移号 2 处按【MEASUR】软键并设定 69.0，于是 2 号刀偏的 X 向刀偏量为 1.0。

③ 补偿值的输入实例。我们再以下面的实例说明补偿值的输入过程。如图 3-38 所示，更换刀具后，测得其位置尺寸变化为（双点画线所示为更换后刀具位置）：

X 向变化 -0.1mm（直径变化为 -0.2mm）；

Z 向变化 +0.2mm。

对应补偿值为：

$X = +0.2$mm　　　　$Z = -0.2$mm

设定该刀具号和补偿号均为 02，按下面的顺序输入刀具补偿值。

a. 按功能键"OFFSET SETTING"，CRT 屏幕上显示"OFFSET/WEAR"画面。

b. 将光标移到设定的补偿号为 02 的一行上。

c. 绝对值坐标编程时，按 X 键→输入 "-0.2" →按 INPUT 键；按 Z 键→输入 -"0.2" →按 INPUT 键。

增量坐标编程时，将 "X" 改为 "U" 键，将 "Z" 改为 "W" 键，而输入的补偿值相同。

刀具补偿值输入到数控系统之后，刀具的运动轨迹便会自动校正。如图 3-39 所示，双点画线为刀具补偿值为 "0" 的刀具轨迹，实线为刀具补偿值 $X = +0.2$mm、$Z = -0.2$mm 的刀具轨迹。

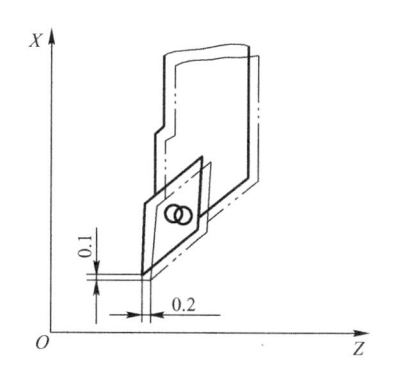

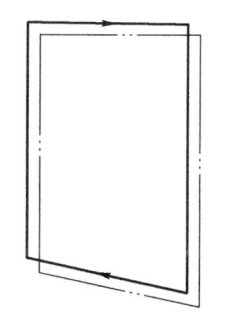

图 3-38　更换刀具引起的刀尖位置变化　　图 3-39　有刀补和无刀补刀尖运动轨迹

（2）刀具位置补偿值的修改。当我们使用带有刀具补偿值的车刀加工工件时，如果测得加工后的工件尺寸比图样要求的尺寸大，说明磨损了，这就需要修改已存储在刀具补偿存储器里的该刀具补偿值，以便加工出合格的工件。

例如，加工图 3-40 中 φ25mm 外圆，在加工过程中发现由于刀具磨损，使工件尺寸产生误差，测量工件直径 φ = 25.1mm，计算差值为（25.1 - 25.0）mm = 0.1mm，即切削出工件的实际尺寸比图样要求尺寸大 0.1mm，故需对原刀具补偿值进行修改。设 X 轴原输入的刀具补偿值为 0.2mm，(0.2 − 0.1) mm = 0.1mm，即 0.1mm 为刀具补偿的修改值。修改刀具补偿值的操作如下：

① 按功能键 OFFSET SETTING，CRT 屏幕上显示"OFFSET/WEAR"画面。

② 将光标移到刀具的补偿号上。

图 3-40 车削外圆

③ 采用绝对值编程时，输入 X = 0.1mm，采用增量值编程时，输入 U = −0.1。

④ 按 INPUT 键，修改后的刀补值取代了原刀补值。

2）设定工件坐标系偏移值

当用 G50 指令或自动坐标系来设定的坐标系与编程时使用的工件坐标系不同时，所设定的坐标系可被偏移，如图 3-41 所示。设定工件坐标系偏移值的步骤如下。

（1）按功能键 OFFSET SETTING。

（2）按菜单继续键 →，直至显示如图 3-42 所示的带有【WK.SHFT】软键的画面。

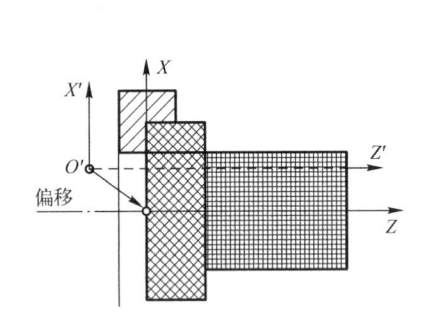

图 3-41 工件坐标系偏移

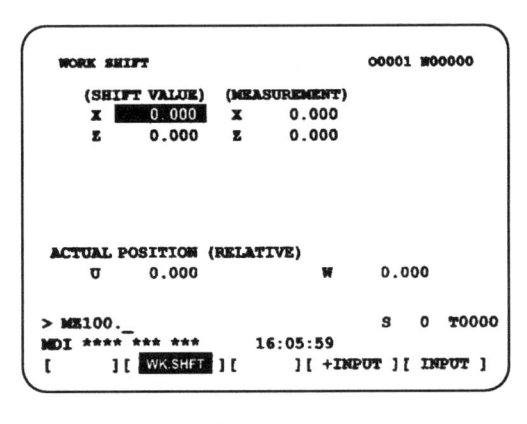

图 3-42 带有【WK.SHFT】软键的画面

（3）按【WK.SHFT】软键。

（4）将光标移至坐标系需要偏移的轴上。

（5）输入偏移值并按【INPUT】软键。

3）设定和显示工件原点偏移值

在如图 3-43 所示的画面上可以显示各工件坐标系（G54、G59）的工件原点偏移和外部工件原点偏移值，也可设定工件原点偏移和外部工件原点偏移。具体显示和设定工件原点偏移值的步骤如下：

（1）按功能键 OFFSET SETTING。

（2）按【WORK】软键显示工件坐标系设定画面。

（3）工件原点偏移值的画面有几页，通过按翻页键选择所需的页面，或输入工件坐标系号（0：外部工件原点偏移；1—6：工件坐标系 G54、G59），按下【NO.SRH】软键。

（4）打开数据保护键以便允许写入。

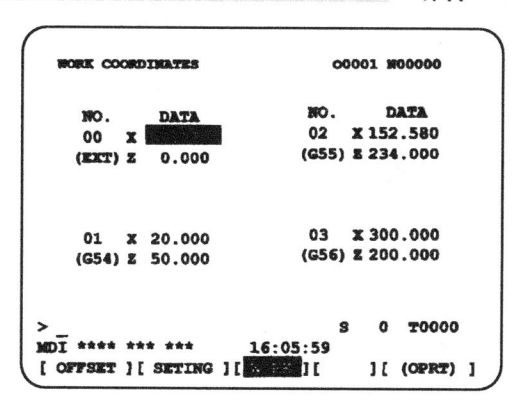

图 3-43 设定和显示

（5）移动光标到所需改变的工件原点偏移值处。
（6）用数字键输入所需值按【INPUT】软键则输入的值被指定为工件原点偏移值。
（7）重复步骤（5）和（6）以改变其他偏移值。
（8）关闭数据保护键以禁止写入。

4. 用功能键 SYSTEM 显示的画面和参数设定

当 CNC 与机床连接起来时，必须设定参数以定义机床的功能和规格，以便充分利用伺服电动机或其他部件的特性。此外用功能键 SYSTEM 下的操作可以设定或显示提高丝杠定位精度的螺距误差补偿数据，还可进行画面诊断，其过程如图 3-44 所示。

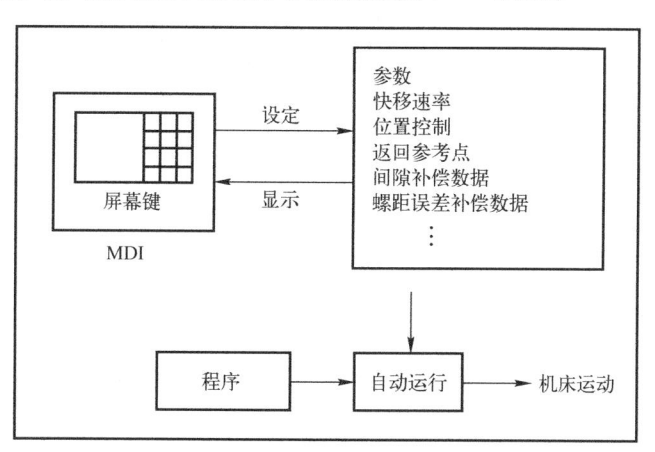

图 3-44 显示和设定参数

5. 用功能键 MESSAGE 显示的画面

按功能键 MESSAGE ，可以显示报警、报警履历和外部信息等数据。外部操作信息可作为履历数据被保存，保存的履历数据可在外部操作信息履历屏幕上显示。当指定外部操作信息号时，开始更新外部操作信息的履历数据，这一更新将一直持续到指定新的外部操作信息号或删除了指定的外部操作信息履历数据。

任务实施

实训 9　连接盘的数控车削加工

1. 零件分析

连接盘类零件的径向和轴向尺寸较大，一般要求加工外圆、端面及内孔，有时还需调头加工。为保证加工要求和数控车削时工件装夹的可靠性，应注意加工顺序和装夹方式。连接盘类零件除端面和内孔的车削加工外，两端内孔还有同轴度要求。

2. 确定工件的装夹方式

可调卡爪式卡盘常用于装夹盘类工件，其结构如图 3-45 所示。每个基体卡座 2 上都对应装配有没淬火的卡爪 1，其径向夹紧所需位置可以通过卡爪上的端齿和螺钉单独进行粗调整（错齿移动），或通过差动螺杆 3 单独进行细调整。为了便于对较特殊的、批量大的盘类零件进行准确定位及装夹，还可按其实际需要，通过简单的加工程序或数控系统的手动功能，用车刀将不淬火卡爪的夹持面车至所需的尺寸。

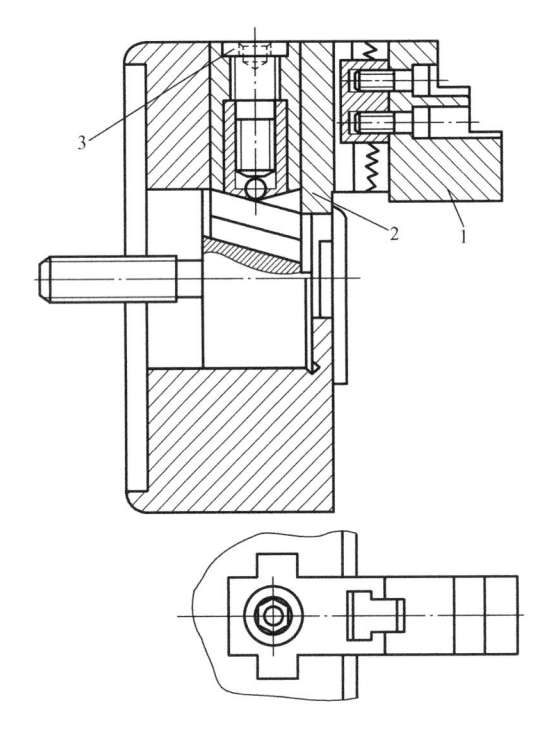

1—卡爪；2—基体卡座；3—差动螺杆
图 3-45　可调卡爪式卡盘

本例采用可调卡爪式卡盘装夹工件。

3. 确定数控加工工序

本工件（见图 3-26）的加工需要在两次装夹中完成，首先夹小端，车削大端各部分；然后夹大端，车削小端各部分。为保证车削加工后工件的同轴度，采取先加工大端面和内孔，并在内孔预留精加工余量 0.3mm。然后将工件调头装卡。在车完右端内孔后，反向车左端内孔，以保证两端内孔的同轴度。该零件的数控加工工序卡如表 3-6 所示。

表 3-6 数控加工工序卡

装夹	工步	工步内容	刀具	背吃刀量（mm）	主轴转速（r/min）	进给速度（mm/r）
一		夹小端，加工大端各部				
	1	粗车外圆、端面，留余量 0.3mm	T01		<1500	0.3
	2	精车外圆、端面到尺寸	T02	0.3	<1500	0.15
	3	粗车孔 $\phi58$mm 到尺寸 $\phi57.4$mm 等	T03		<1500	0.25
二		夹大端，加工小端各部				
	1	粗车端面，留余量 0.3mm	T01		<1500	0.3
	2	精车端面到尺寸	T02	0.3	<1500	0.15
	3	粗车系列孔、倒圆 4 等	T03		<1500	0.3
	4	精车系列孔等	T04	0.3	<1500	0.15
	5	反向精车同轴孔	T05	0.3	<1500	0.15

（1）复杂盘类零件车削大端各部分的走刀路线如图 3-46 所示。

（2）复杂盘类零件车削小端各部分的走刀路线如图 3-47 所示。

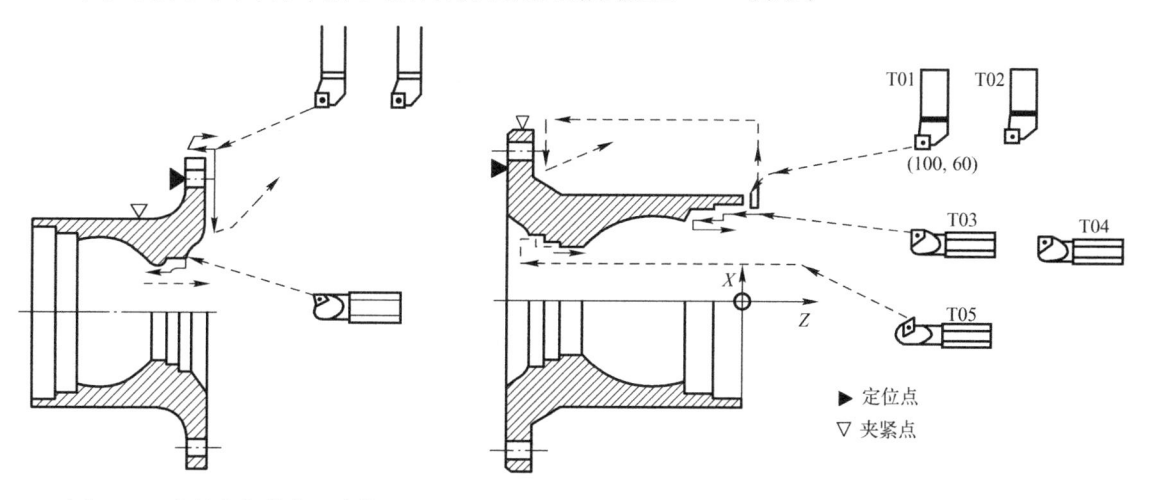

图 3-46 大端各部分走刀路线

图 3-47 小端各部分走刀路线

工件坐标系原点设置如下。

（a）车大端各部加工中，X 轴工件原点在工件的轴线上；Z 轴原点：选工件装夹位置右端（大端）面为 Z 轴原点。

（b）车小端各部加工中，X 轴工件原点在工件的轴线上；Z 轴原点：选工件装夹位置右端（小端）面为 Z 轴原点。

换刀点：在第二参考点换刀。

4. 合理选择切削用量

选择合理的切削用量，如表 3-7 所示为此轴零件数控加工刀具卡。

表 3-7　数控加工刀具卡

刀具号	刀具规格名称	数量	加工内容	刀尖半径（mm）	主轴转速（r/min）	进给速度（mm/r）	备注
T01	93°硬质合金机夹粗车外圆偏刀	1	粗车外圆	0.4	<1500	0.3	
T02	93°硬质合金机夹精车外圆偏刀	1	精车外圆	0.2	<1500	0.15	
T03	内孔粗镗刀	1	粗镗内孔	0.4	<1500	0.3	
T04	内孔精镗刀	1	精镗内孔	0.2	<1500	0.15	
T05	反向内孔精镗刀	1	精镗内孔	0.2	<1500	0.15	

5. 编写数控程序

编写图 3-26 中的复杂盘类零件车削的数控加工程序。

(1) 装夹一：车大端各部分加工程序，如表 3-8 所示。
(2) 装夹二：车小端各部分加工程序，如表 3-9 所示。

表 3-8　大端各部分车削程序

程　　序	注　　释
O0091	程序编号 O0091
N0 G54;	设置工件原点在右端面
N4 G50 S1500 T0101 M08;	限制最高主轴转速为 1500r/min，换 1 号刀，开冷却液
N6 G96 S200 M03;	指定恒切削速度为 200m/min，主轴正转
N8 G00 X198.0 Z3.0;	快速到外圆粗车始点（198.0，3.0）
N10 G01 Z0.3 F0.3;	接近端面圆弧切削起点
N12 G03 X200.6 Z-1.0 R1.3;	粗车开始，留精车余量 0.3mm
N14 G01 Z-22.0;	ϕ200.6mm 外圆粗车到尺寸
N16 G00 X202.0 Z0.3;	快速走到右端面粗车起点
N18 G01 X98.0 F0.3;	右端面粗车
N20 G00 X100.0 Z100.0;	回换刀点
N22 T0202;	换 2 号刀
N24 G00 X198.0 Z1.0;	快速走到端面精车始点
N26 G42 G01 Z0.0 F0.15;	刀具补偿，右偏
N28 G03 X200.0 Z-1.0 R1.0;	R1mm 端面圆角精车，端面精车到尺寸
N30 Z-20.0;	ϕ200mm 外圆精车到尺寸
N32 G40 G00 X203.0 Z0;	快速走到右端面精车起点
N34 G41 G01 X200.0 F0.15;	刀具补偿，左偏
N36 X98.0;	端面精车
N38 G40 G00 X100.0 Z100.0;	回换刀点，取消补偿
N40 T0303;	换 3 号刀
N42 G00 X69.4 Z0;	快速走到内孔粗车起点
N44 Z-12.0;	刀具快进
N46 G01 Z-32.0 F0.25;	ϕ69mm 内孔粗车，留精车余量 0.3mm
N48 G03 X66.0 Z-33.7 R1.7;	R2mm 内圆角粗车
N50 X57.4;	
N52 Z-45.0;	ϕ58 内孔粗车，留余量 0.3mm
N54 G03 X56.0 Z-45.7 R0.7;	R1mm 内圆角粗车
N56 X53.0;	
N58 Z-60.0;	ϕ53mm 内孔车到尺寸
N60 G00 U-1.0 Z3.0 M09;	快速退刀，关冷却液
N62 G00 X100.0 Z100.0;	回换刀点
N64 M30;	程序结束

项目3 盘类零件的数控车削加工

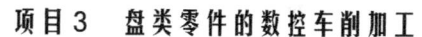

表3-9 小端各部分车削程序

程 序	注 释
O0092	程序编号 O0092
N0 G54;	设置工件原点在右端面
N3 G00 X100.0 Z100.0;	设换刀点
N6 G50 S1500 T0101 M08;	限制最高主轴转速为1500r/min，换1号刀
N9 G96 S200. M03;	指定恒切削速度为200m/min
N12 G00 X87.0 Z0.3;	快速走到右端面粗车始点（87.0，0.3）
N15 G01 X75.0 F0.3;	粗车右端面（留精车余量0.3mm）
N18 G00 X201.0 Z1.0;	快速退刀
N20 Z-112.7;	快速走到左端点（201，-112.7）处，以便粗车大端面
N24 G01 X151.0 F0.3;	粗车大端面（留精车余量0.3mm）
N27 G00 X100.0 Z100.0;	回换刀点
N30 T0202;	换2号精车刀
N33 G00 X87.0 Z0.0;	快速走到小端精车始点
N35 G01 X75.0 F0.15;	精车端面（到设计尺寸）
N38 G00 X201.0 Z1.0;	快速退刀
N41 Z-113.0;	快速走到大端始点（201，-113）处，以便精车大端面
N44 G01 X-151:0 F0.15;	精车大端面
N47 G00 X100.0 Z100.0;	回换刀点
N50 T0303;	换3号车孔刀
N53 G00 X77.0 Z0.3;	
N54 G02 X74.4 Z-1.0 R1.3 F0.3.;	粗车右端圆角R1mm（留精车余量0.3mm）
N61 G01 Z-18.7;	粗车ϕ75mm孔到尺寸ϕ74.4mm
N64 X68.4;	粗车台阶
N66 Z-38.7;	粗车ϕ69mm到尺寸ϕ68.4mm
N70 X62.0;	粗车台阶
N73 G00 Z3.0;	快速退刀
N76 G00 X100.0 Z100.0;	回换刀点
N79 T0404;	换4号刀
N82 G00 X77.0 Z0.6;	快速走到精车孔起点
N85 G41 G01 Z0 F0.15;	刀具补偿，左偏，到精车孔始点
N88 G02 X75.0 Z-1.0 RL0;	车R1mm圆角
N90 G01 Z-19.0;	精车ϕ75mm内孔
N94 X69.0;	精车台阶
N97 Z-39.0;	精车ϕ69mm内孔
N100 X62.0;	精车台阶
N103 G00 Z3.0;	快速退刀
N106 G00 X100.0 Z100.0;	回换刀点
N109 T0505;	换5号刀
N112 G00 X0 Z0;	刀具快进
N115 Z-122.0;	刀具快进到点（0，-122）
N118 X70.0;	刀具快进到点（70，-122）
N121 G42 G01 Z-121.0 F0.15;	刀具右偏
N124 Z-101.0;	反向精车ϕ70mm内孔
N127 G02 X66 Z-99.0 R2.0;	反向精车R2mm圆角
N130 X58.0;	反向精车台阶
N133 Z-88.0;	反向精车ϕ58mm孔
N136 G02 X56.0 Z-87.0 R1.0;	反向精车R1mm圆弧
N139 X53.0;	反向精车台阶
N142 G40 G00 Z3.0;	取消刀补，快速退刀
N145 G00 X100.0 Z100.0 M09;	回换刀点，关冷却液
N148 M30;	程序结束

6. 进行数控模拟加工

在数控车床上模拟图3-26所示车削零件的加工路线轨迹并加工。

（1）电源接通前后的检查。

（2）手动返回参考点。

（3）安装工件和工艺装夹。

（4）工具、量具、刃具选择与刀具安装。
（5）建立工件坐标系。
（6）创建和编辑程序。
（7）数控车床的空运行。
（8）图形模拟。
（9）自动加工。
（10）加工结束，清理数控车床。

7. 填写实训报告

按附录 F 的格式填写实训报告。

思考题 9

（1）数控车削加工刀具的选择及安装应如何避免与工件发生干涉？
（2）试述数控车床常用的对刀方法？
（3）车削加工图 3-48 所示的法兰零件的右端面及外圆轮廓。材料为铸铁，毛坯为铸锻件。编制该零件的数控加工刀具卡、加工工序卡和加工程序，并在数控车床上模拟加工路线轨迹。

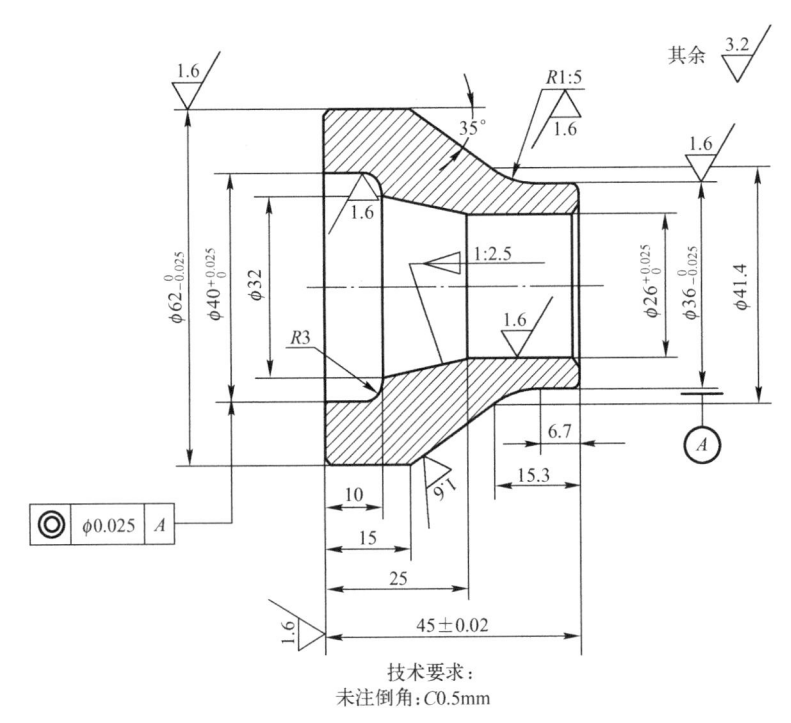

图 3-48 法兰加工训练零件图

项目 4 套类零件的数控车削加工

教学导航

学	教学重点	套类零件的程序编制
	教学难点	数控车床套类零件的工艺安排
	推荐教学方式	采用"教、学、做"相融合的项目式教学法
	建议学时	12 学时
做	学习知识目标	掌握数控车床套类零件的装夹方法
	掌握技能目标	能正确运用数控车床进行套类零件加工
	推荐学习方法	理论、技能与实践合一的小组学做法
	考核与评价	项目成果评定 60%，实训过程评价 30%，团队协作评价 10%

任务 4-1　普通套类零件的数控车削加工

任务目标

（1）掌握数控车床的系统操作设备与操作方法。
（2）掌握数控车床内孔车刀的对刀方法。
（3）掌握数控车床套类零件的编程方法。

任务引领

制定如图 4-1 所示的套类零件的数控加工刀具卡及加工工序卡，并编写加工程序。

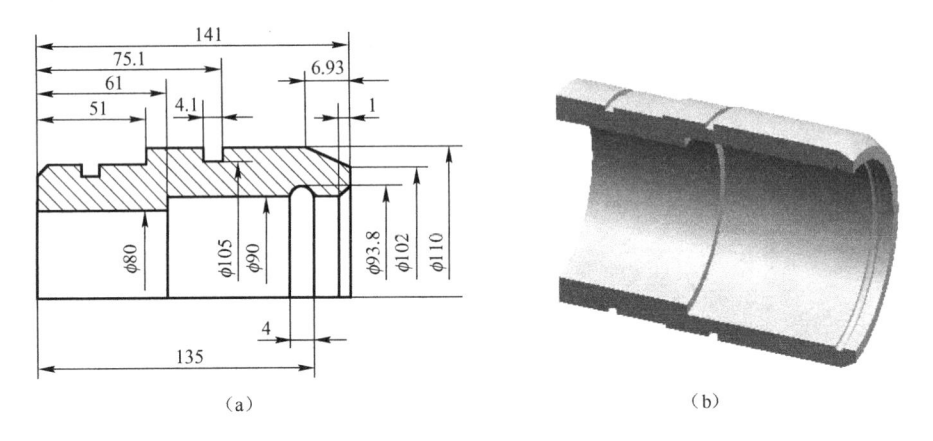

图 4-1　套类零件实例

相关知识

4.1.1　回参考点检验 G27、自动返回参考点 G28、从参考点返回 G29

1. 回参考点检验 G27

回参考点检验 G27 的指令格式：

　　G27 X（U）＿ Z（W）＿ T0000；

该指令用于检查 X 轴与 Z 轴是否正确返回参考点。但执行 G27 指令前的前提是机床在通电后必须返回过一次参考点。如果定位结束后检测到开关信号发令正确，参考点的指示灯亮，说明滑板正确回到了参考点的位置；如果检测到的信号不正确，系统报警。

该指令之后，如果欲使机床停止，须加入 M00 指令。否则机床将继续执行下一个程序段。

2. 自动回参考点 G28

自动回参考点 G28 的指令格式：

G28 X（U）_Z（W）_T0000；

执行该指令时，刀具先快速移动到指令中所指的 X（U）、Z（W）中间点的坐标位置，然后自动回参考点。到达参考点后，相应的坐标指示灯亮，如图 4-2 所示。

注意：使用 G27、G28 指令时，必须预先取消补偿量值（T0000），否则会发生不正确的动作，如"G28 U40.0 W40.0 T0000；"。

3. 从参考点返回 G29

从参考点返回 G29 的指令格式：

G29 X（U）_Z（W）_；

执行该指令后各轴由中间点移动到指令中所指的位置处定位。其中 X（U）、Z（W）为返回目标点的绝对坐标或相对 G28 中间点的增量坐标值，如图 4-3 所示。

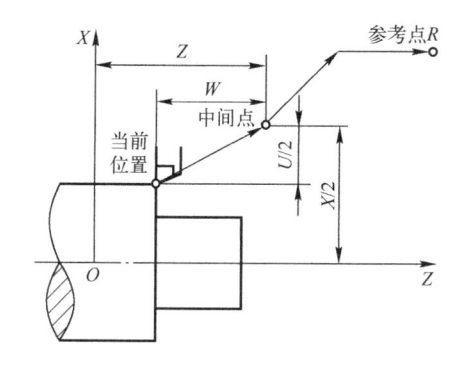

图 4-2　自动返回参考点

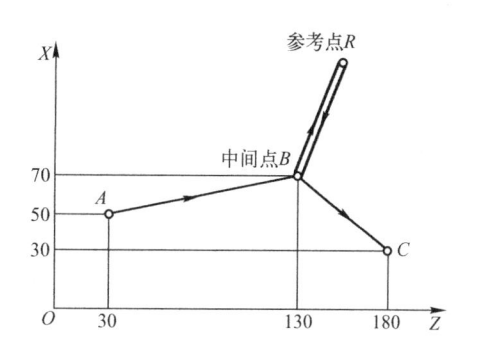

图 4-3　从参考点返回

G28 U40.0 W100.0；	A—B—R
T0202；	换刀
G29 U-80.0 W50.0；	R—B—C

4.1.2　内孔车刀对刀

1. Z 方向对刀

手动模式下移动内孔车刀，使刀尖与工件右端面平齐，如图 4-4 所示，为保证对刀精度，可借助直尺确定，然后按功能键 OFFSET SETTING ，进入刀补界面，按【补正】软键，把刀具的 Z 方向的偏移值输入到相应刀具长度补偿中，按【测量】软键自动测出并反映到系统中。

2. X 方向对刀

手动模式下单击主轴 正转 按钮，使主轴转动。选择相应的倍率，移动刀具，沿着内孔 -Z 方向（长约 3～5mm）试切内孔，后保持刀具 X 方向位置不变，再沿 +Z 方向退出刀具，如图 4-5 所示，使主轴停转。此时使用内孔千分尺测量出内孔直径，按功能键 OFFSET SETTING ，进入刀补界面，按【补正】软键，把刀具的 X 方向的偏移值输入到相应刀具长度补偿中，按【测量】软键自动测出并反映到系统中。

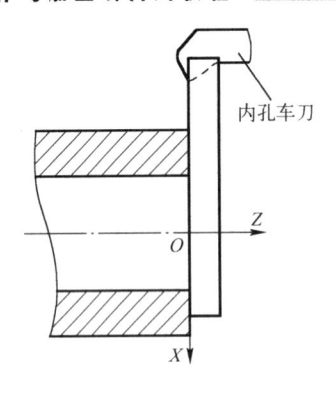

图 4-4 内孔 Z 方向对刀示意图 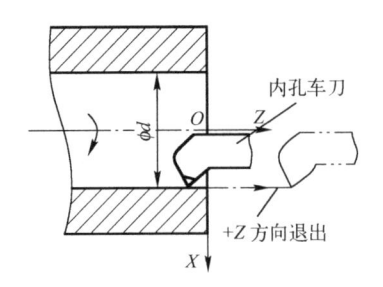　　　　图 4-5 内孔 X 方向对刀示意图

任务实施

实训 10　缸盖的车削加工

1. 零件图分析

图 4-1 为一套类零件的缸盖简图，要在数控车床上加工，该零件由外圆柱面、外圆锥面和内阶梯孔构成，其中长度为 51mm 的外径以二次装夹来进行加工（可用于本次装夹），其材料为 45#钢。选择毛坯尺寸为 ϕ115mm×135mm（预留 ϕ75mm 的内孔）。

2. 确定工件的装夹方式

由于该工件是一个套类零件，并且这个零件的壁厚较大，所以采用工件的左端面和外圆作为定位基准。使用普通三爪卡盘夹紧工件，取工件的左端面中心为工件坐标系的原点，对刀点选在（400，400）处。

3. 确定数控加工刀具及加工工序

根据零件的加工要求，选用 T01 号为 90°硬质合金机夹粗车外圆偏刀；T03 号刀为粗车内圆车刀；T05 号刀为 90°硬质合金机夹精车外圆偏刀；T07 号刀为切槽刀；T09 号刀为精车内圆车刀；T11 号刀为切槽刀。该零件的数控加工工序卡如表 4-1 所示。

表 4-1　数控加工工序卡

零件名称	套	数量	12		
工　序	名称	工艺要求		工作者	日期
1	下料	ϕ115mm×135mm（预留 ϕ75mm 的内孔）			
2	车	车削外圆到 ϕ112mm			
3	热处理	调质处理 HB 220~250			
4	数控车	工步	工步内容	刀具号	
		1	粗车端面—切削外圆锥度部分—粗车削 ϕ110mm 外圆	T01	
		2	粗车内阶梯孔	T03	
		3	精车端面—切削外圆锥度部分—精车削 ϕ110mm 外圆	T05	
		4	切 4mm×ϕ93.8mm 的槽	T07	

续表

零件名称	套	数 量	12		
工 序	名称		工艺要求	工作者	日期
4	数控车	5	精车内阶梯孔及倒角	T09	
5	检验	6	切4.1mm×2.5mm的槽	T11	
材料		45#钢	备注：		
规格数量					

4. 选择切削用量

选择合理的切削用量，如表4-2所示为数控加工刀具卡。

表4-2 数控加工刀具卡

刀具号	刀具规格名称	数量	加工内容	刀尖半径（mm）	主轴转速（r/min）	进给速度（mm/r）	备注
T01	90°硬质合金机夹粗车外圆偏刀	1	粗车外圆及端面	0.5	800	0.2	
T03	粗车内圆车刀	1	粗车内阶梯孔	0.5	800	0.3	
T05	90°硬质合金机夹精车外圆偏刀	1	精车外圆及端面	0.2	1200	0.2	
T07	切槽刀	1	切4mm×ϕ93.8mm槽		450	0.2	
T09	精车内圆车刀	1	精车内阶梯孔	0.2	1200	0.2	
T11	切槽刀	1	切4.1mm×2.5mm的槽		600	0.1	

5. 编写加工程序

编写如图4-1所示的套类零件的加工程序，如表4-3所示。

表4-3 套类零件加工程序

程 序	注 释
O0010	程序号
N001 G54 M06 T0101；	工件坐标系设定
N002 S800 M03；	
N003 G00 X118.0 Z141.5；	
N004 G01 X82.0 F0.3；	粗车端面
N005 G00 X103.0；	
N006 G01 X110.5 Z135.0 F0.2；	粗车短锥面
N007 Z48.0 F0.3；	粗车ϕ110mm外圆
N008 G00 X400.0 Z400.0 T0100；	
N009 M06 T0303；	
M010 G00 X89.5 Z180.0；	
M011 Z145.0；	
N012 G01 Z61.5 F0.3；	粗车ϕ90mm内孔
N013 X79.5；	粗车内孔阶梯面
N014 Z−5.0；	粗车ϕ80mm孔
N015 G00 X75.0；	

续表

程　　序	注　　释
N016 Z180.0;	
N017 G00 X400.0 Z400.0 T0300;	
N018 M06 T0505;	
N019 S1200 M03;	
N020 G00 X85.0 Z145.0;	
N021 G01 Z141.0 F0.5;	
N022 X102.0 F0.2;	精车端面
N023 U8.0 W-6.93;	精车短锥面
N024 G01 Z48.0 F0.08;	精车 ϕ110mm 外圆
N025 G00 X112.0;	
N026 X400.0 Z400.0 T0500;	
N027 M06 T0707;	
N028 S450 M03;	
N029 G00 X85.0 Z180.0;	
N030 Z131.0 T0707 M08;	
N031 G01 X93.8 F0.2;	车 ϕ93.8mm 槽
N032 G00 X85.0;	
N033 Z180.0;	
N034 X400.0 Z400.0 T0700 M09;	
M035 M06 T0909;	
N036 S1200 M03;	
N037 G00 X94.0 Z180.0;	
N038 Z142.0;	
N039 G01 X90.0 Z140.0 F0.2;	内孔倒角
N040 Z61.0;	精车 ϕ90mm 内孔
N041 X80.2;	精车内孔阶梯面
N042 Z-5.0;	精车 ϕ80mm 内孔
N043 G00 X75.0;	
N044 Z180.0;	
N045 X400.0 Z400.0 T0900;	
N046 M06 T1111;	
N047 S600 M03;	
N048 G00 X115.0 Z71.0;	
N049 G01 X105.0 F0.1 T1111 M08;	车 4.1mm×2.5mm 槽
N050 X115.0;	
N051 G00 X400.0 Z400.0 T1100 M09;	
N052 M05;	
N053 M30;	

6. 进行数控模拟加工

在数控车床上模拟并加工图 4-1 所示的零件的加工路线轨迹。

(1) 电源接通前后的检查。

(2) 手动返回参考点。

(3) 安装工件和工艺装夹。

(4) 工具、量具、刃具选择与刀具安装。

（5）建立工件坐标系。

（6）创建和编辑程序。

（7）数控车床的空运行。

（8）图形模拟。

（9）自动加工。

（10）加工结束，清理数控车床。

7. 填写实训报告

按附录 F 的格式填写实训报告。

思考题 10

（1）通孔和盲孔在车刀的选用上有何要求？

（2）如何设置内孔车刀的刀补？

（3）车削加工如图 4-6 所示的零件的右端面及外圆轮廓。材料为 45#钢，毛坯为外圆直径 $\phi40mm$，内圆直径 $\phi12mm$ 铸锻件。编制该零件的数控加工刀具、加工工序卡和加工程序，并在数控车床上模拟加工路线轨迹。

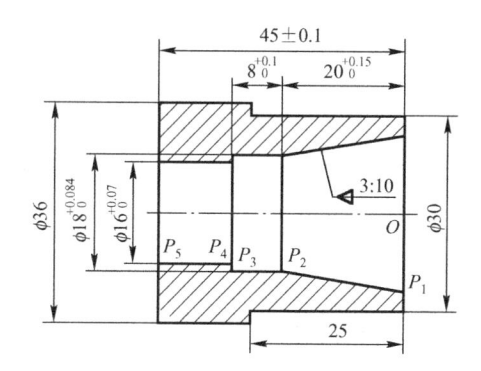

图 4-6 普通套类加工训练零件图

任务 4-2 套类零件内外槽的数控车削加工

任务目标

（1）熟练掌握数控车床的系统操作设备与操作方法。

（2）掌握数控车床套类零件的多种装夹方法。

（3）掌握套类零件内外槽的加工工序及数控程序编制。

任务引领

零件材料为 45#钢，制定如图 4-7 所示的套类零件内外槽的数控加工刀具卡及加工工序卡，并编写加工程序。

(a)

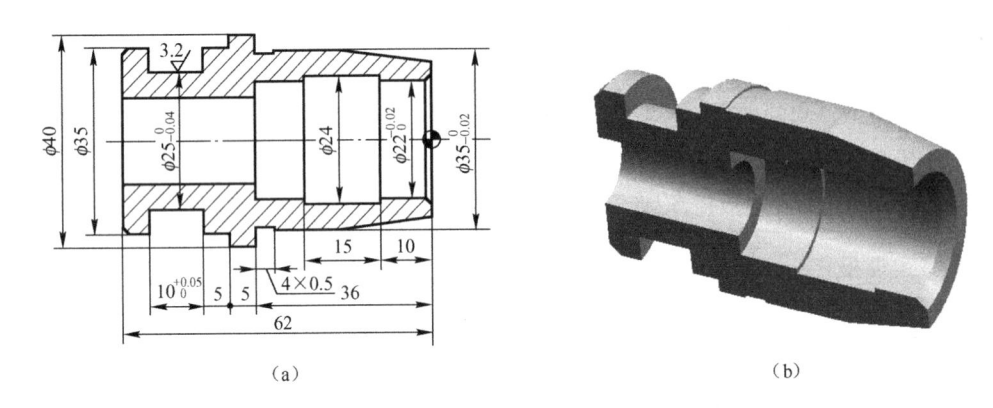

(b)

图 4-7 套类零件

相关知识

4.2.1 端面切槽（钻孔）循环（G74）

端面切槽（钻孔）循环（G74）指令适用于加工端面切槽或回转中心钻孔（刀装在刀架上，尾座无效）。其指令格式：

G74 R(e);
G74 X(U)_Z(W)_P(Δi) Q(Δk) R(Δd) F__;

其中　e——退刀量，该值是模态值；

X(U)_Z(W)_——切槽终点处坐标；

Δi——刀具完成一次轴向切削后，在 X 方向的移动量（该值用不带符号的半径值表示）；

Δk——Z 方向每次切深量（该值用不带符号的值表示）；

Δd——刀具在切削底部的退刀量，d 的符号总是（+）。但是，如果指令 X(U) 和 i 被省略，退刀方向可以指定为希望的符号；

F——指定进给速度。

该循环可实现断屑加工，其走刀路线如图 4-8 所示。如果指令 X(U) 和 P 都被省略或设定为 0 时，只在 Z 向钻孔。

如图 4-9 所示，试用 G74 指令编写工件的切槽（切槽刀刀宽为 3mm）及钻孔的加工程序。

其加工程序如下：

......

N20　G00　X27.0　Z1.0　S600;　　　　　　　定位
N25　G74　R0.3;
N30　G74　X20.0　Z-5.0　P1000　Q2000　F0.1;　端面切槽循环
N35　G28　U0　W0;　　　　　　　　　　　　返回参考点，换刀
N40　T0202;

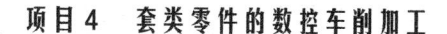

```
N45 G00 X0.0 Z1.0；              定位
N50 G74 R0.3；
N55 G74 Z-28.0 Q5000 F0.08；      钻孔循环
N60 G28 U0 W0；
N65 M30；
```

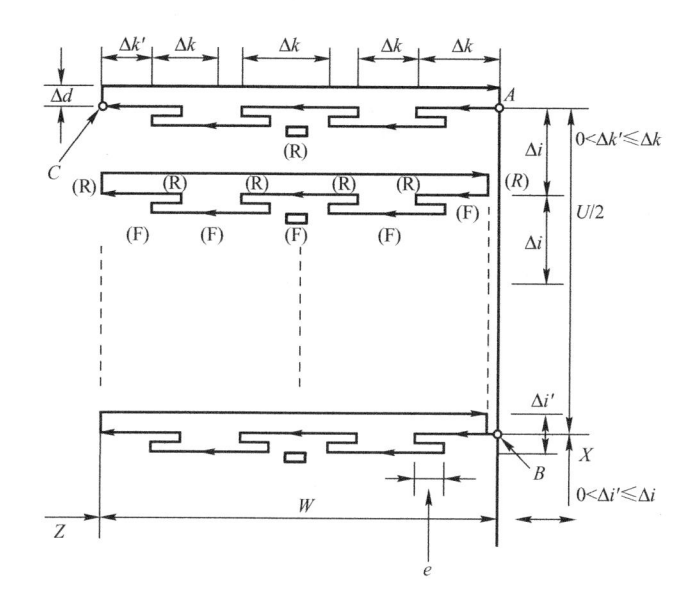

图 4-8 端面切槽循环轨迹图

图 4-9 端面切槽循环 G74 实例

4.2.2 径向切槽（钻孔）循环（G75）

径向切槽（钻孔）循环（G75）指令适用于加工径向切槽或排屑钻孔。其指令格式：

G75 R(e)；
G75 X(U)＿ Z(W)＿ P(Δi) Q(Δk) R(Δd) F＿；

其中 e——退刀量，该值是模态值；

X(U)＿ Z(W)＿——切槽终点处坐标；

Δi——X 方向每次切深量（该值用不带符号的值表示）；

Δk——刀具完成一次轴向切削后，在 Z 方向的移动量（该值用不带符号的半径值表示）；

Δd——刀具在切削底部的退刀量，d 的符号总是（+）。但是，如果指令 Z（W）和 k 被省略，退刀方向可以指定为希望的符号；

F——指定进给速度。

该循环可实现 X 径向切槽，X 向排屑钻孔（此时，忽略指令 Z、W 和 Q）。其走刀路线如图 4-10 所示。

例如，用 G75 指令编写如图 4-11 所示的工件的切槽（切槽刀刀宽为 3mm）的加工程序。由于切槽刀在对刀时以刀尖点 M（见图 4-11）作为 Z 向对刀点，而切槽时由刀尖点 N 控制长度尺寸 25mm，因此，G75 循环起始点的 Z 向坐标为"-25-3（刀宽）=-28"。

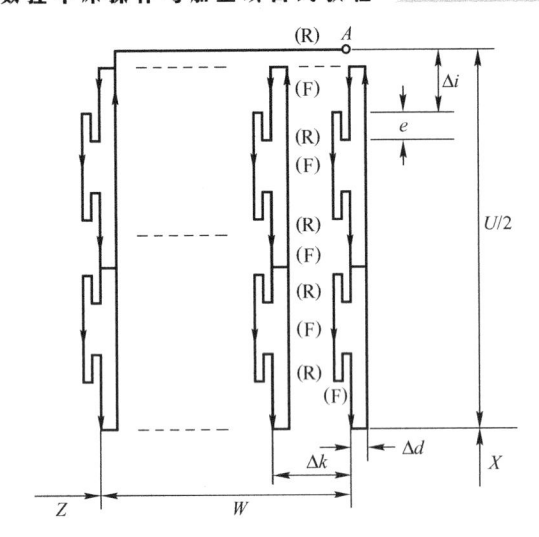

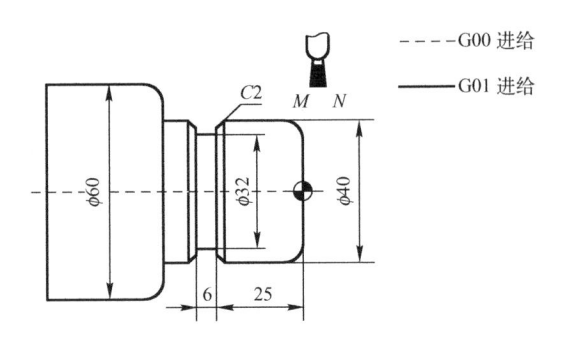

图 4-10　径向切槽循环轨迹图　　　　　　　图 4-11　径向切槽循环 G75 实例

其加工程序如下：

……
N20　G00　X42.0　Z-28.0　S600；　　　　　快速定位至切槽循环起点
N25　G75　R0.3；
N30　G75　X32.0　Z-31.0　P1500　Q2000　F0.08；　切槽
N35　G01　X40.0　Z-26.0；
N40　　　 X36.0　Z-28.0；　　　　　　　　　车削右倒角
N45　　　 Z-31.0；　　　　　　　　　　　　应准确测量刀宽，以确定刀具 Z 向移动量
N50　　　 X40.0　Z-33.0；　　　　　　　　 用刀尖 M 车削左倒角
N55　G00　X100.0　Z100.0；
N60　M30；

4.2.3　使用切槽复合循环（G74、G75）时的注意事项

（1）在 FANUC 系统中，当出现以下情况而执行切槽复合循环指令时，将会出现程序报警。

① $X(U)$ 或 $Z(W)$ 指定，而 Δi 值或 Δk 值未指定或指定为 0；

② Δk 值大于 Z 轴的移动量（W）或 Δk 值设定为负值；

③ Δi 值大于 $U/2$ 或 Δi 值设定为负值；

④ 退刀量大于进刀量，即 e 值大于每次切削深度 Δi 或 Δk。

（2）由于 Δi 和 Δk 为无符号值，所以，刀具切深完成后的偏移方向由系统根据刀具起刀点及切槽终点的坐标自动判断。

（3）切槽过程中，刀具或工件受较大的单方向切削力，容易在切削过程中产生振动。因此，切槽加工中进给速度 F 的取值应略小（特别是在端面切槽时），通常取 0.05～1.2mm/min。

4.2.4　内孔检测

内孔零件尺寸的检测工具主要有游标卡尺、内径千分尺、数显内径千分尺、塞规等。当内

孔尺寸要求不高时，可以采用游标卡尺的内测爪测量；如果内孔尺寸精度要求较高时，一般采用内径千分尺和内径百分表进行测量；对于批量或大量生产零件时，由于需要检测的零件数量较多，一般采用专用的塞规来测量。

1. 内径千分尺的使用方法

常见的内径千分尺主要有普通内径千分尺、三点式内径千分尺和数显式内径千分尺三种，如图 4-12 所示。其中内径千分尺的主要规格有 25mm、50mm、75mm、150mm 等，测量上限最大至 5000mm，单体内径千分尺的示值范围为 25mm。

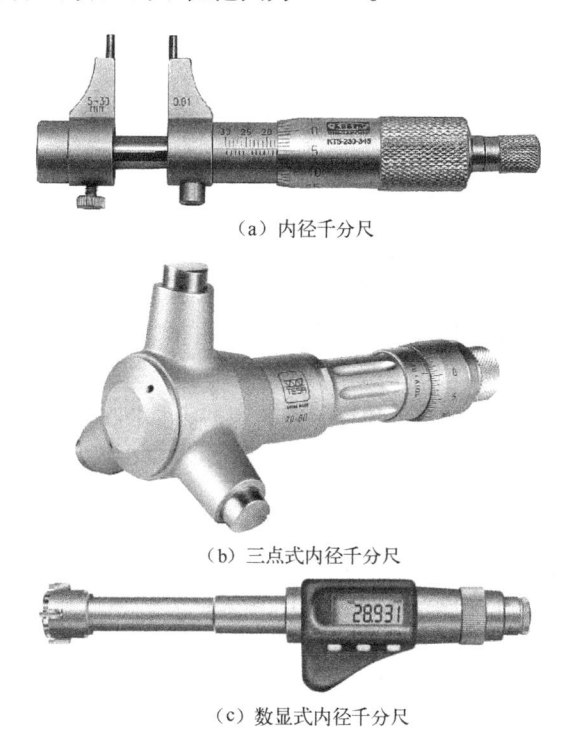

（a）内径千分尺

（b）三点式内径千分尺

（c）数显式内径千分尺

图 4-12 内径千分尺

1）内径千分尺的结构和用途

内径千分尺的结构和原理与外径千分尺基本相同，主要由固定测头、螺母、固定套管、锁紧装置、测微螺杆、微分筒、活动测头、调整量具、管接头、弹簧、套管、量杆等部分组成。内径千分尺适用于测量 IT10 或低于 IT10 级工件的孔径、槽宽、两端间距离等内尺寸。

2）内径千分尺的测量方法

内径千分尺使用时，先将测头伸入孔内，旋转微分筒使测头张开，直至两测头与内孔孔壁接触，最后读出内径千分尺的测量尺寸。

内径千分尺的刻数原理和读数方法与外径千分尺是相同的，也是先在主尺上读出测量尺寸的整数部分，然后在副尺（微分筒）上读出其小数部分。

3）使用注意事项

（1）测量时，固定测头与被测表面接触，摆动活动测头的同时，转动微分筒，使活动测头在正确的位置上与被测工件手感接触，就可以从内径千分尺上读数。

（2）选取接长杆时，尽可能选取数量最少的接长杆来组成所需的尺寸，以减小累积误差。

在连接接长杆时，应按尺寸大小排列，尺寸最大的接长杆应与微分头连接。如果把尺寸小的接长杆排在组合体的中央时，则接长后千分尺的轴线，会因管头端面平行度误差的"积累"而增加弯曲，使测量误差增大。

（3）测量必须注意温度影响，防止手的传热或其他热源，特别是大尺寸内径千分尺受温度变化的影响较显著。测量前后应严格等温，还要尽量减少测量时间。

（4）使用测量下限为75mm（或150mm）的内径千分尺时，被测量面的曲率半径不得小于25mm（或60mm），否则可能由内径千分尺的测头球面的边缘来测量。

2. 内径百分表的使用方法

内径百分表俗称量缸表，是一种比较性的间接测量仪表，主要用来测量内孔的圆度和圆柱度。

1）内径百分表结构、工作原理和用途

内径百分表是一种借助于百分表为读数机构、配备杠杆传动系统或楔形传动系统的杆部组合而成的。内径百分表测量范围一般有6～10mm、10～18mm、18～35mm、35～50mm、50～100mm和100～160mm等。其主要用于以比较法测量孔径或槽宽、孔或槽的几何形状误差，根据被测工件的公差选择相应精度标准环规或用量块及量块附件的组合体来调整内径百分表。

内径百分表由接杆1、活动测头2和百分表3组成，如图4-13所示。

2）内径百分表的使用方法

在使用内径百分表测量前，必须调整百分表的零位，其方法是：先根据被测量内孔直径选择合适的接杆装到表架上，再用外径千分尺按被测孔的基本尺寸来调整接杆的伸出长度，活动量杆应被压缩1mm为宜，然后旋转百分表盘，使"0"位对正大指针，最后扭紧接杆上的固定螺母。此时大指针的"0"位就对应着被测孔的基本尺寸。

测量时，必须使量杆与岗套的轴线保持垂直，并前后摆动内径百分表，在摆动过程读取大指针摆动到极限位置时的读数。如果大指针摆动的极限位置正对零线，说明被测孔径与标准尺寸相同，若大指针摆动的极限位置没有达到或超出零位，说明被测孔径大于或小于标准尺寸，在刻度盘上可读出相对标准尺寸的正偏差或负偏差。

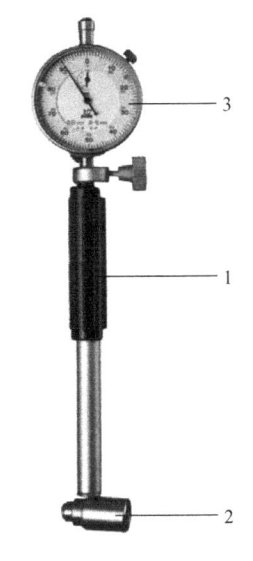

图4-13 内径百分表

3）内径百分表的使用注意事项

（1）内径百分表在测量前必须根据被测工件的尺寸，选用相应尺寸的测头。

（2）内径百分表一套，百分表和测量杆不可分开使用。

（3）在调整及测量工作中，内径百分表的测杆应与环规及被测孔径垂直，即在径向找其最大值，在轴向找其最小值。在测量槽宽时，在径向及轴向找其最小值。具有定心器的内径百分表，在测量内孔时，只要将仪器按孔的轴线方向来回摆动，其最小值即为孔的直径。

3. 塞规的使用方法

塞规是检测零件中某一孔尺寸或槽的一种专用量具，由于其具有针对性和检验效率高的特点，因此在批量或大量生产中被广泛使用。

塞规在制造时，根据尺寸允许的最大极限尺寸和最小极限尺寸，分别做成一个"允许通过"的通规和一个"不允许通过"的止规，如图4-14所示。一般情况下，用于检验孔径的塞规，其长圆柱体一端为通端，短圆柱体一端为止端。

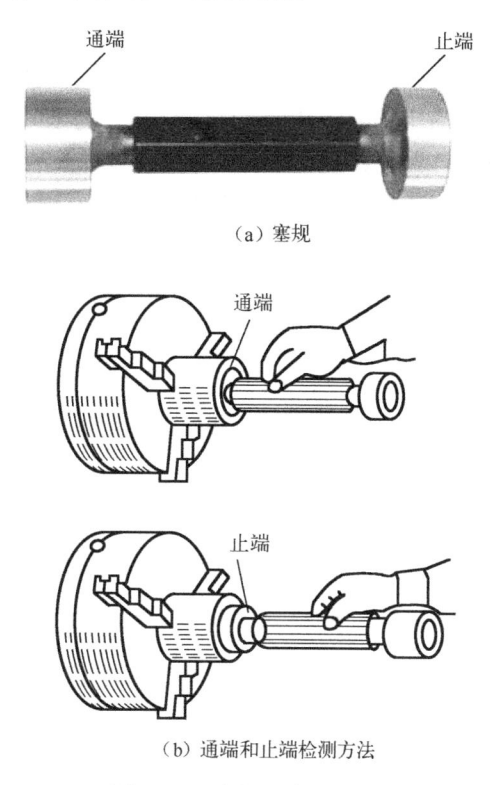

（a）塞规

（b）通端和止端检测方法

图4-14 塞规及检测方法

用塞规测量孔径（或槽）时，如果被检测的内孔（或槽）能够通过通规、并且止规不通过，那么被检测的尺寸是合格的；如果止规能够通过被检测的内孔（或槽）、或者通规不能通过被检测的内孔（或槽）时，被检测的尺寸是不合格的。

任务实施

实训11 套槽的数控车削加工

1. 零件分析

图4-7中的套类零件的两个外槽和一个内槽安排在加工内外圆后进行，内槽采用3mm宽度的内切槽刀加工，外槽采用宽度3mm的外切槽刀加工。

为了减少刀具空行程，4×0.5mm外槽采用基本切削指令编程。由于$10_{\ 0}^{+0.05}$的外槽的宽度和槽底尺寸有较高的精度和表面粗糙度要求，因此工艺安排为先粗加工后精加工，精加工余量为 0.1mm；粗加工采用 G75 编程，精加工采用基本切削指令编程。内槽加工采用 G75 编程。

2. 确定工件的装夹方式

由于该工件是一个套类零件，并且一般该类零件的壁厚薄，所以装夹径向刚性差。在夹紧力和切削力的作用下容易产生变形、振动，影响工件加工精度，而且还会产生热变形，加工尺寸不易控制。因此，必须采取相应的工件装夹措施，减少因夹紧时产生的变形。

1）径向夹紧方法

由于零件壁厚较薄，使用一般三爪卡盘夹紧工件外圆时，外圆和内孔变成了三棱形；加工时内孔是正圆形；当松开夹头后工件的内孔变成了三棱形。为了减小径向夹紧时夹紧力对工件造成的变形，可以采用如图 4-15（a）、（b）所示的开口套过渡装夹方式，使夹紧接触面积增大、工件圆周上受力均匀，如图 4-15（b）所示；或者采用接触面积较大的专用夹爪，如图 4-15（c）所示。

（a）开口套　　　　　　（b）开口套过渡夹紧　　　　　　（c）专用夹爪夹紧

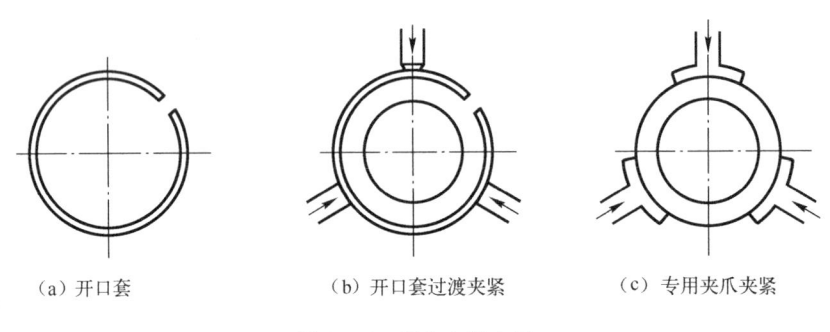

图 4-15　径向夹紧方法

2）轴向夹紧方法

套筒类零件的轴向刚性比径向刚性好，可以采用轴向夹紧的方法，使夹紧力作用的方向与零件刚性好的方向一致，避免了径向夹紧时夹紧力对零件产生变形。轴向夹紧时，一般采用专用的夹具，如普通心轴、弹性心轴、夹紧套等，也可采用工件上的凸边或者在工件上做出径向刚性的辅助凸边进行夹紧，增大辅助支撑与工件的接触面积，以减少加工时变形。

（1）夹紧套夹紧。当先加工套筒类零件的外圆时，同时把零件两个定位端面事先加工，然后采用如图 4-16（a）所示的专用夹紧套，利用外圆表面径向定位，一端面轴向定位，另一端面用于夹紧。

（2）利用工件上的凸边或增加工艺凸边做辅助夹紧。如图 4-16（b）所示的工件，采用反爪对工件进行夹紧，工件的左端面为轴向定位面，直接贴紧卡盘端面，工件上的凸边（工件上凸起的最大外圆表面）为夹紧力作用表面，既保证了工件的定位要求，又提高了工件的夹紧可靠性。

（3）心轴夹紧。当先进行零件内孔加工时，可采用心轴定位夹紧工件来加工外圆，保证了内外圆的位置精度要求。心轴夹紧时，将工件套在心轴上，利用螺母和压板对工件进行夹紧，如图 4-16（c）所示。

（4）弹性心轴夹紧。如图 4-16（d）所示为一种弹性心轴专用夹具，主要由心轴、左锥套、右锥套、弹性套、夹紧螺母等组成。

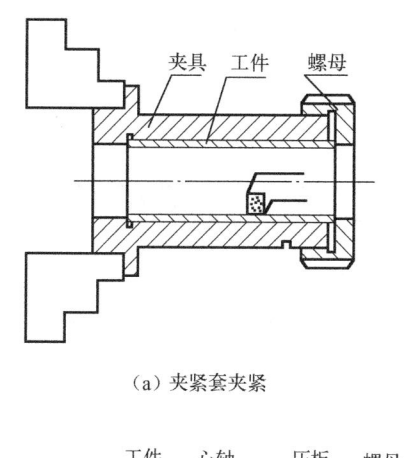

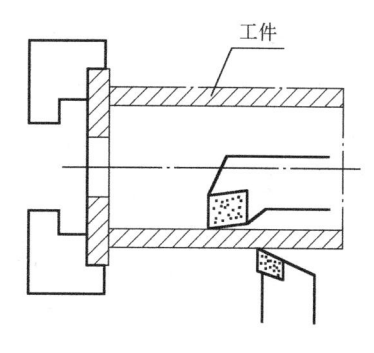

(a) 夹紧套夹紧

(b) 利用凸边辅助夹紧

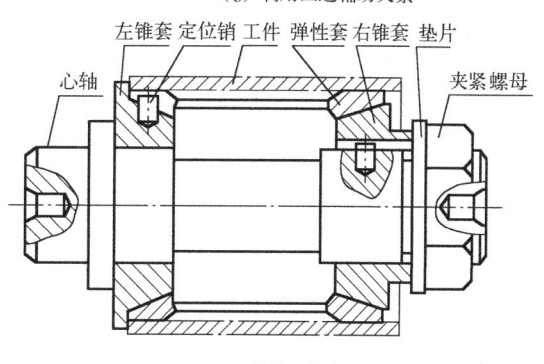

(c) 心轴夹紧

(d) 弹性心轴夹紧

图 4-16 轴向夹紧

图 4-16（d）中的夹具的核心元件是弹性套，在心轴上装有左、右一对锥套，将事先加工好内孔和两端面的工件装在弹性套上，拧动夹紧螺母使其向左移动时，锥套给弹性套一个径向力，弹性套径向增大，将工件夹紧；反方向拧动夹紧螺母时，弹性套收缩，径向尺寸变小，工件松开。图中的两个定位销是为了防止弹性套与锥套以及锥套与心轴之间产生相对转动。该夹具特点是使夹紧力均匀作用在工件的内表面上，减小了工件因变形而引起的加工误差，消除了径向间隙而提高了定位精度，能够很好地保证内外圆的同轴度要求。

3. 确定数控加工工序

根据零件的加工要求，该零件的数控加工工序卡如表 4-4 所示。

表 4-4 数控加工工序卡

零件名称	轴套	数	量		10	
工序	名称	工艺要求			工作者	日期
1	数控车	工步	工步内容		刀具号	
		1	车削 $\phi24mm \times 15mm$ 的内槽		T01	
		2	车削 $\phi4mm \times 0.5mm$ 外槽		T02	
		3	粗车 $\phi25mm \times 10mm$ 外槽		T02	
		4	精车 $\phi25mm \times 10mm$ 外槽		T02	
2	检验					
材料		45#钢		备注：		
规格数量						

4. 选择切削用量

选择合理的切削用量，如表4-5所示为数控加工刀具卡。

表4-5 数控加工刀具卡

刀具号	刀具规格名称	数量	加工内容	主轴转速（r/min）	进给速度（mm/r）	备注
T01	宽3mm的内槽刀	1	车内槽	500	0.1	
T02	宽3mm的外槽刀	1	粗车外槽	600	0.1	
T02	宽3mm的外槽刀	1	粗、精车外槽	800	0.08	

5. 编写加工程序

编写加工程序，如表4-6所示。

表4-6 套类零件加工程序

主 程 序	注 释
O0008	程序号
N0010 G54；	工件坐标系设定
N0020 S500 M03 T0101；	主轴正转，调用1号刀，1号刀补
N0030 G00 X20.0；	快进至工件内孔
N0040 Z－13.0；	
N0050 G75 R1.0；	调用G75指令切 $\phi 24mm \times 15mm$ 的内槽
N0060 G75 X24.0 Z－25.0 P2000 Q2.8 F0.1；	
N0070 G00 Z2.0；	
N0080 X100.0 Z100.0；	
N0090 T0202；	回换刀点
N0105 S600；	调用2号刀，刀具补偿号为2
M0100 G00 X37.0 Z－34.0；	快速点定位
M0110 G01 X34.0 F0.1；	粗车 $4 \times 0.5mm$ 外槽
N0120 G00 X42.0；	退刀
N0130 Z－35.0；	快速点定位
N0140 G01 X34.0 F0.1；	粗车 $4 \times 0.5mm$ 外槽
N0150 G00 X42.0；	退刀
N0160 X100.0 Z100.0；	回换刀点
N0170 M05；	主轴停转
N0180 M00；	程序暂停
N0190 T0202；	调用2号刀，刀具补偿号为2
N0200 M03 S500；	主轴正转
N0205 G00 Z－48.1；	快速点定位
N0210 X37.0；	
N0220 G75 R1.0；	调用G75指令粗切 $\phi 25mm \times 10mm$ 外槽
N0230 G75 X25.2 Z－54.9 P3000 Q2.8 F0.1；	
N0240 G00 Z－48.0；	快速点定位
N0250 G01 X25.0 F0.08；	精切 $\phi 25mm \times 10mm$ 外槽
N0260 W－5.0；	
N0270 G00 X37.0；	
N0280 W－2.0；	
N0290 G01 X25.0 F0.08；	
N0300 W0.2；	

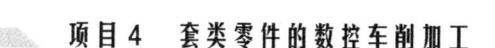

续表

主 程 序	注 释
N0310 X100.0 Z100.0;	回换刀点
N0320 M05;	主轴停止
N0330 M30;	程序结束

6. 进行数控模拟加工

在数控车床上模拟图 4-7 所示的零件的加工路线轨迹并加工。

（1）电源接通前后的检查。
（2）手动返回参考点。
（3）安装工件和工艺装夹。
（4）工具、量具、刃具选择与刀具安装。
（5）建立工件坐标系。
（6）创建和编辑程序。
（7）数控车床的空运行。
（8）图形模拟。
（9）自动加工。
（10）加工结束，清理数控车床。

7. 填写实训报告

按附录 E 的格式填写实训报告。

思考题 11

（1）安排套类零件工艺时，应遵循什么原则？
（2）试述数控车床套类零件的装夹方法？
（3）如图 4-17 所示的轴套零件，毛坯为铸铝件，径向加工余量为 1.5mm，轴向 1mm，图中未注倒角为 C1mm，要求按批量生产编制其数控加工程序。编制该零件的数控加工刀具卡、加工工序卡和加工程序，并在数控车床上模拟加工路线轨迹。

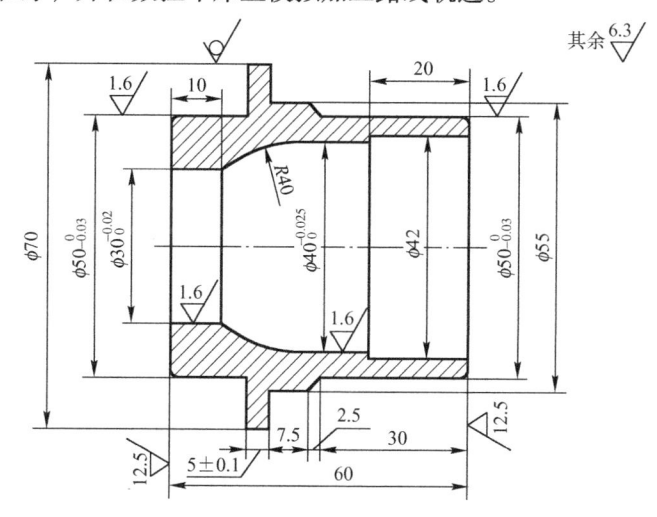

图 4-17 轴套类加工训练零件图

项目 5 螺纹类零件的数控车削加工

教学导航

学	教学重点	螺纹类零件的程序编制
	教学难点	三角形螺纹尺寸的计算方法和工艺安排
	推荐教学方式	采用"教、学、做"相融合的项目式教学法
	建议学时	12 学时
做	学习知识目标	掌握数控车床螺纹类零件的对刀方法
	掌握技能目标	能正确运用数控车床进行螺纹类零件加工
	推荐学习方法	理论、技能与实践合一的小组学做法
	考核与评价	项目成果评定 60%,实训过程评价 30%,团队协作评价 10%

项目 5 螺纹类零件的数控车削加工

任务 5-1 圆柱螺纹类零件的数控车削加工

任务目标

（1）掌握三角形螺纹尺寸的计算方法和工艺安排。
（2）掌握数控车床螺纹车刀的对刀方法。
（3）掌握数控车床螺纹类零件的编程方法。

任务引领

制定如图 5-1 所示的圆柱螺纹类零件的数控加工刀具卡及加工工序卡，并编写加工程序。

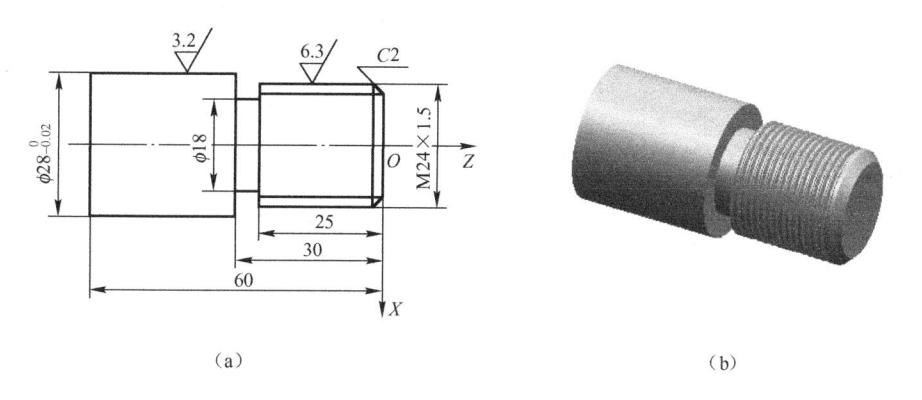

（a）　　　　　　　　　　　　　（b）

图 5-1　圆柱螺纹类零件加工实例

相关知识

5.1.1　单行程螺纹切削（G32）

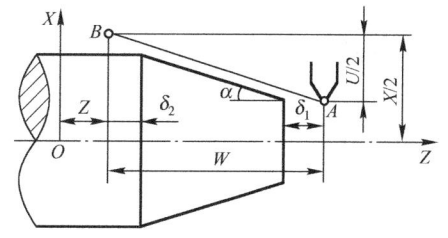

单行程螺纹切削（G32）用于完成单行程螺纹切削，车刀进给运动严格根据输入的螺纹导程进行。但是车入、切出、返回均需输入程序。其指令格式为：

G32 X(U)_Z(W)_F_；

此格式为整数导程螺纹切削。其中，F 指令指定螺纹导程（单位 0.01mm/min）。

对于锥螺纹，如图 5-2 所示，角 α 在 45°以下时，螺纹导程以 Z 轴方向指定；角 α 在 45°以上至 90°时，螺纹导程以 X 轴方向指定。

螺纹切削应注意在两端设置足够的升速进刀段 $δ_1$ 和降速退刀段 $δ_2$。

如果螺纹牙型深度较深、螺距较大时，可分次进给，每次进给的背吃刀量用螺纹深度减去精加工背吃刀量所得的差按递减规律分配。常用螺纹切削的进给次数与背吃刀量如表 5-1 所示。

图 5-2　单行程螺纹切削 G32

表 5-1　常用螺纹切削的进给次数与背吃刀量（mm）

米制螺纹								
螺 距		1.0	1.5	2.0	2.5	3.0	3.5	4.0
牙 深		0.649	0.974	1.299	1.624	1.949	2.273	2.598
背吃刀量切削次数	1 次	0.7	0.8	0.9	1.0	1.2	1.5	1.5
	2 次	0.4	0.6	0.6	0.7	0.7	0.7	0.8
	3 次	0.2	0.4	0.6	0.6	0.6	0.6	0.6
	4 次		0.16	0.4	0.4	0.4	0.6	0.6
	5 次			0.1	0.4	0.4	0.4	0.4
	6 次				0.15	0.4	0.4	0.4
	7 次					0.2	0.2	0.4
	8 次						0.15	0.3
	9 次							0.2

英制螺纹								
螺纹参数 a（牙/in）		24	18	16	14	12	10	8
牙 深		0.678	0.904	1.016	1.162	1.355	1.626	2.033
背吃刀量切削次数	1 次	0.8	0.8	0.8	0.8	0.9	1.0	1.2
	2 次	0.4	0.6	0.6	0.6	0.6	0.7	0.7
	3 次	0.16	0.3	0.5	0.5	0.6	0.6	0.6
	4 次		0.11	0.14	0.3	0.4	0.4	0.5
	5 次				0.13	0.21	0.4	0.5
	6 次						0.16	0.4
	7 次							0.17

如图 5-3 所示，锥螺纹导程为 3.5mm，$\delta_1 = 2$mm，$\delta_2 = 1$mm，每次背吃刀量为 1mm，则程序为：

N05 G00 X12.0;
N10 G32 X41.0 W-43.0 F3.5;
N15 G00 X50.0;
N20 W43.0;
N25 X10.0;
N30 G32 X39.0 W-43.0;
N35 G00 X50.0;
N40 W43.0;

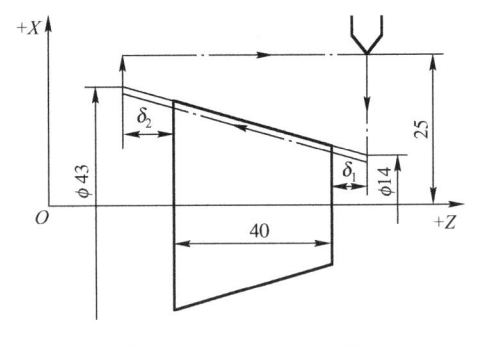

图 5-3　G32 加工实例

可见该指令编写螺纹加工程序烦琐，计算量大，一般很少使用。

5.1.2　螺纹切削循环（G92）

螺纹切削循环（G92）为简单螺纹循环，该指令可以切削锥螺纹和圆柱螺纹，其循环路线与前面讲述的单一形状固定循环指令基本相同，只是 F 指令后边的进给量改为螺距值即可，其格式为：

项目5　螺纹类零件的数控车削加工

G92 X(U)__Z(W)__I__F__；

如图5-4所示，图（a）为圆锥螺纹循环，图（b）为圆柱螺纹循环。刀具从循环开始，按A、B、C、D进行自动循环，最后又回到循环起点A。X、Z为螺纹终点（C点）的坐标值；U、W为螺纹终点坐标相对于螺纹起点的增量坐标；I为锥螺纹起点和终点的半径差（有正、负之分），加工圆柱螺纹时为零，可省略。

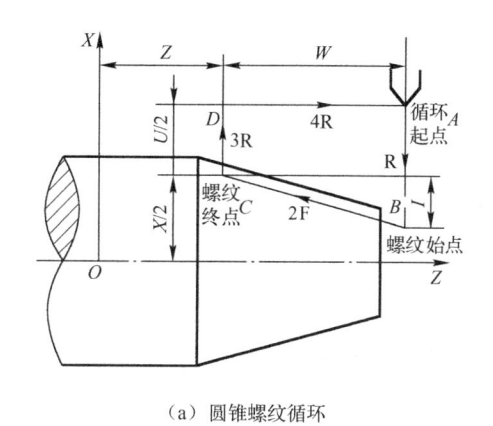

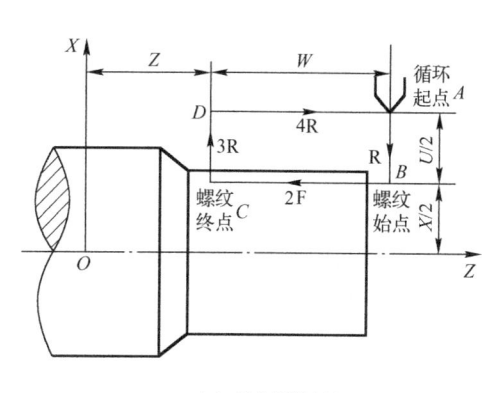

（a）圆锥螺纹循环　　　　　　（b）圆柱螺纹循环

图5-4　螺纹切削循环G92

如图5-5所示为圆柱螺纹加工，螺纹的螺距2mm，车削螺纹前工件直径φ58mm，第一次切削量0.4mm，第二次切削量0.3mm，第三次切削量0.25mm，第四次切削量0.15mm，采用绝对值编程，写出加工程序。

图5-5　G92加工实例

程序：

N001 G50 X220.0.0 Z200.0；
N002 M03 S800 T0101；
N003 G00 X58.0 Z71.0；
N004 G92 X47.2 Z12.0 F2.0；　（其直径47.2为48-0.4×2）
N005 X46.6；
N006 X46.1；
N007 X45.8；
N008 G00 X220.0 Z200.0 T0000；
N009 M05；
N010 M30；

在使用螺纹切削单一固定循环时，需要注意以下几方面内容：

（1）在螺纹切削过程中，按下循环暂停键时，刀具立即按斜线回退，然后先回到X轴的起点，再回到Z轴的起点。在回退过程中，不能进行另外的暂停。

（2）如果在单段方式下执行G92循环，则每执行一次循环必须按4次循环启动按钮。

（3）G92指令是模态指令，当Z轴移动量没有变化时，只需对X轴指定其移动指令即可重复执行固定循环动作。

（4）在G92指令执行过程中，进给速度倍率和主轴速度倍率均无效。

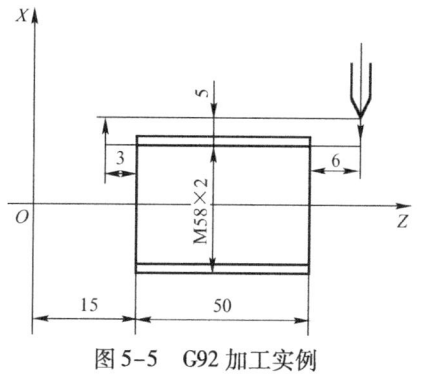

5.1.3 螺纹切削时的有关问题

普通螺纹是我国应用最为广泛的一种三角形螺纹，牙型角为60°。普通螺纹分粗牙普通螺纹和细牙普通螺纹。粗牙普通螺纹螺距是标准螺距，其代号用字母"M"及公称直径表示，如M16、M12等。细牙普通螺纹代号用字母"M"及公称直径×螺距表示，如M24×1.5、M27×2等。

普通螺纹有左旋螺纹和右旋螺纹之分，左旋螺纹应在螺纹标记的末尾处加注"LH"字，如M20×1.5LH等，未注明的是右旋螺纹。

1. 螺纹牙型高度

螺纹牙型高度是指在螺纹牙型上牙顶到牙底之间垂直于螺纹轴线的距离。根据GB197—81普通螺纹国家标准规定，普通螺纹的牙型理论高度$H = 0.866P$（P——螺距，mm）；但在实际加工中，由于螺纹车刀半径的影响，螺纹实际牙型高度可按下式计算：

$$h = H - 2 \times (H/8) = 0.6495P$$

2. 螺纹起点与螺纹终点径向尺寸的确定

螺纹加工中，径向起点（即编程大径）的确定取决于螺纹大径。例如，欲加工M30×2-6g的外螺纹，由GB197—81可得：螺纹大径的基本偏差为es = -0.038mm；公差为Td = 0.28mm；则螺纹大径尺寸为$\phi 30_{-0.318}^{-0.038}$mm，所以，编程大径应在此范围内选取。

径向终点（编程小径）的确定取决于螺纹小径。因为螺纹大径确定后，螺纹的总切深在加工中是由螺纹小径来控制的。可按下列公式计算：

$$d' = d - 2(7/8 - R - es/2 + 1/2 \times Td_2/2) = d - 7/4H + 2R - es - Td_2/2$$

式中　d——螺纹公称直径（mm）；
　　　H——螺纹原始三角形高度（mm）；
　　　R——牙底圆弧半径（mm），一般取$R = (1/8 \sim 1/6)H$；
　　　es——螺纹中径基本偏差（mm）；
　　　Td_2——螺纹中径公差（mm）。

3. 螺纹起点与终点轴向尺寸的确定

螺纹切削应注意在两端设置足够的升速进刀段δ_1和降速退刀段δ_2。

4. 分层切削深度

螺纹的吃刀数次及背吃刀量参见表5-1。

5.1.4 螺纹车刀对刀

1. Z方向对刀

手动模式下移动螺纹车刀，使刀尖与工件右端面平齐，如图5-6所示，为保证对刀精度，

可借助直尺确定，然后单击 OFFSET SETTING 按钮，进入刀补界面，按【补正】软键，把刀具的 Z 方向的偏移值输入到相应刀具长度补偿中，按【测量】软键自动测量并反映到系统中。

2. X 方向对刀

手动模式下按主轴正转按钮，使主轴转动。选择相应的倍率，移动螺纹车刀，沿着外圆 −Z 方向（长约 3～5mm）试切外圆，后保持刀具 X 方向位置不变，再沿 +Z 方向退出刀具，如图 5-7 所示，使主轴停转。此时使用千分尺测量出外圆直径，单击 OFFSET SETTING 按钮，进入刀补界面，按【补正】软键，把刀具的 X 方向的偏移值输入到相应刀具长度补偿中，按【测量】软键自动测量并反映到系统中。

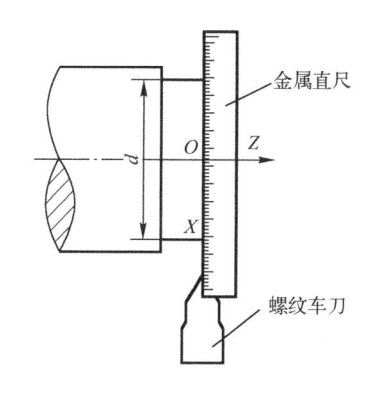

图 5-6　螺纹车刀 Z 方向对刀示意图

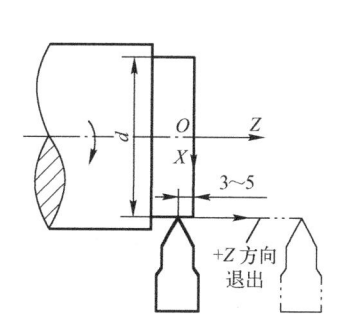

图 5-7　螺纹车刀 X 方向对刀示意图

任务实施

实训 12　圆柱螺纹的车削加工

1. 零件图分析

在数控车床上加工一个图 5-1 所示的圆柱螺纹类零件，该零件由外圆柱面、槽及螺纹构成，其中 $\phi 28$mm 外圆柱面直径处加工精度较高，并需加工 M24×1.5 的螺纹，其材料为 45# 钢，选择毛坯尺寸为 $\phi 32$mm×90mm。

2. 确定工件的装夹方式

由于这个工件是一个实心轴，并且轴的长度不很长，所以采用工件的右端面和 $\phi 32$mm 外圆作为定位基准。使用普通三爪卡盘夹紧工件，取工件的右端面中心为工件坐标系的原点，对刀点选在（100，100）处。

3. 确定数控加工刀具及加工工序

根据零件的加工要求，选用 T01 号为 90°硬质合金机夹外圆偏刀（由于工件的结构简单，对精度的要求不高，故粗车和精车使用一把外圆车刀），用于粗、精车削加工。选择 T02 号刀具为硬质合金机夹切断刀，刀片宽度为 5mm，用于切槽、切断车削加工；选择 3 号刀具为 60°

硬质合金机夹螺纹刀,用于螺纹车削加工。该零件的数控加工工序卡如表5-2所示。

表5-2 数控加工工序卡

零件名称	轴	数 量			
工序	名称	工艺要求		工作者	日期
1	下料	ϕ32mm×90mm 棒料12根			
2	热处理	调质处理 HB 220~250			
3	数控车	工步	工步内容	刀具号	
		1	车端面	T01	
		2	自右向左粗车外轮廓	T01	
		3	自右向左精车外轮廓	T01	
		4	切削 ϕ18mm 的退刀槽	T02	
		5	车螺纹 M24×1.5 达零件图尺寸	T03	
4	车	切断,并保证总长等于60mm			
5	检验				
材料		45#钢	备注:		
规格数量		ϕ28mm×60mm			

4. 选择切削用量

选择合理的切削用量,如表5-3所示为数控加工刀具卡。

表5-3 数控加工刀具卡

刀具号	刀具规格名称	数量	加工内容	刀尖半径(mm)	主轴转速(r/min)	进给速度(mm/r)	备注
T01	90°硬质合金机夹外圆偏刀	1	车端面及粗、精车轮廓	0.5	600	0.2	
T02	硬度合金机夹切断刀	1	切削退刀槽	0.1	500	0.08	
T03	60°硬质合金机夹螺纹车刀	1	车螺纹 M24×1.5		500	1.5	

5. 纹有关参数计算

螺纹牙型深度:$t = 0.65P = 0.65 \times 1.5 = 0.975 (\text{mm})$

$D_{大} = D_{公称} - 0.1P = 24 - 0.1 \times 1.5 = 23.85 (\text{mm})$

$D_{小} = D_{公称} - 1.3P = 24 - 1.3 \times 1.5 = 22.05 (\text{mm})$

螺纹加工分为4刀,第1刀:ϕ23.00mm;第2刀:ϕ22.40mm;第3刀:ϕ22.10mm;第4刀:ϕ22.05mm。

6. 编写加工程序

编写加工程序(精加工程序),如表5-4所示。

项目5 螺纹类零件的数控车削加工

表5-4 车削螺纹类零件加工程序

程　　序	注　　释
O0007	程序号
N001 G54;	工件坐标系设定
N002 S600 M03 T0101;	主轴正转,调用1号刀,1号刀补
N003 G00 X34.0 Z0 M08;	快进至工件表面,打开切削液
N004 G01 X0. F0.2;	车端面,进给量0.2mm/r
N005 G00 Z1.0;	快速点定位
N006 X28.5;	快速点定位
N007 G01 Z-60.0;	粗车外圆柱面为ϕ28.5mm
N008 X32.0;	车削台阶面
N009 G00 Z1.0;	快速点定位
M010 X24.5;	快速点定位
M011 G01 Z-30.0;	粗车螺纹外圆柱面为ϕ24.5mm
N012 X28.5;	车削台阶面
N013 G00 Z0.;	快速点定位
N014 X19.85;	快速点定位
N015 G01 X23.85 Z-2.0 F0.1;	车削倒角C2mm
N016 Z-30.0.;	精车ϕ23.85mm螺纹大径
N017 X28.0;	精车台阶面
N018 Z-60.;	精车ϕ28mm外圆柱面
N019 X32.0;	精车台阶面
N020 G00 X100.0 Z100.0 T0100;	回换刀点换刀,取消1号刀补
N021 T0202;	调用2号刀,刀具补偿号为2
N022 G00 X30.0 Z-30.0;	快速点定位
N023 G01 X18.0;	切槽
N024 G04 X1.0;	暂停1s
N025 X30.0;	退刀
N026 X100.0 Z100.0 T0202;	回换刀点换刀,取消2号刀补
N027 T0303;	调用3号刀,刀具补偿号为3
N028 G00 X26.0 Z4.0;	快速进刀
N029 G92 X23.0 Z-26.0 F1.5;	车螺纹循环,第1刀
N030 X22.4;	车螺纹循环,第2刀
N031 X22.1;	车螺纹循环,第3刀
N032 X22.05;	车螺纹循环,第4刀
N033 G00 X100.0 Z100.0 T0300;	回换刀点换刀,取消3号刀补
N034 T0202;	调用2号刀,刀具补偿号为2
N035 G00 X30.0 Z-65.0;	快速进刀
N036 G01 X0.0 F0.1;	切断
N037 G00 X30.0;	退刀
N038 X100.0 Z100.0 T0200 M09;	回换刀点,取消2号刀补,切削液关
N039 M05;	主轴停止
N040 M30;	程序结束

7. 进行数控模拟加工

在数控车床上模拟并加工图5-1所示的零件的加工路线轨迹。

(1) 电源接通前后的检查。

(2) 手动返回参考点。

(3) 安装工件和工艺装夹。

(4) 工具、量具、刃具选择与刀具安装。

(5) 建立工件坐标系。

(6) 创建和编辑程序。

(7) 数控车床的空运行。

(8) 图形模拟。

(9) 自动加工。

(10) 加工结束，清理数控车床。

8. 填写实训报告

按附录 F 的格式填写实训报告。

思考题 12

(1) 螺纹加工为什么要设置引入长度和超越长度？
(2) 如何设置螺纹车刀的刀补？
(3) 车削加工图 5-8 所示的零件，材料为 45#钢，毛坯为外圆直径 $\phi 75mm$。编制该零件的数控加工刀具卡、加工工序卡和加工程序，并在数控车床上模拟加工路线轨迹。

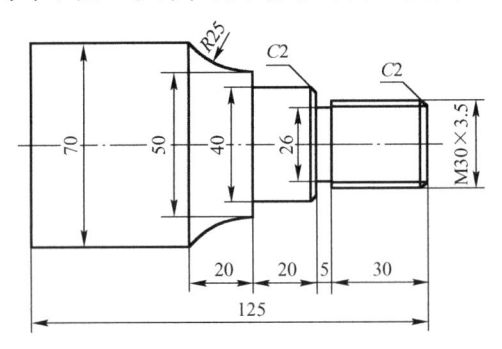

图 5-8 圆柱螺纹类零件类加工训练零件图

任务 5-2 圆锥螺纹类零件的数控车削加工

任务目标

(1) 掌握三角形圆锥螺纹尺寸的计算方法和工艺安排。
(2) 掌握螺纹的检测方法。
(3) 掌握数控车床螺纹切削复合循环指令的编程及应用。

任务引领

零件材料为 45#钢，制定如图 5-9 所示的圆锥螺纹类零件的数控加工刀具卡及加工工序卡，并编写加工程序。

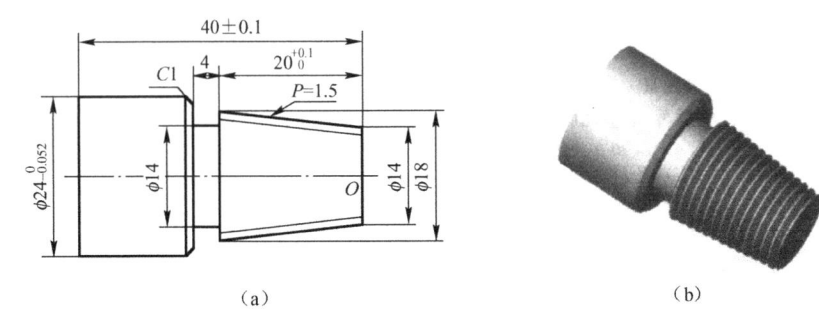

图 5-9 圆锥螺纹类零件加工实例

相关知识

5.2.1 螺纹切削复合循环（G76）

螺纹切削复合循环（G76）的指令格式：

G76 P(m) (r) (a) Q(Δd_{min}) R(d);

G76 X(U)__Z(W)__R(i) P(k) Q(Δd) F__;

其中 m——精加工重复次数（01～99）；

r——倒角量，即螺纹切削退尾处（45°）的Z向退刀距离。当螺距由L表示时，可以从0.1L到9.9L设定，单位为0.1L（两位数从00到99）；

a——刀尖角度可以选择80°,60°,55°,30°,29°和0°六种中的一种，由2位数规定；

Δd_{min}——最小切深（该值不带小数点的半径值表示），当一次循环运行（$\Delta d_n - \Delta d_{n-1}$）的切深小于此值时，切深钳在此值处；

d——精加工余量（该值不带小数点的半径值表示）；

X(U)__Z(W)__——螺纹终点坐标值；

i——锥螺纹起点与终点的半径差，i为零时可加工圆柱螺纹；

k——螺纹牙型高度（该值不带小数点的半径值表示），为正；

Δd——第一刀切削深度（半径值），为正；

L——螺纹导程。

例如，当m=2，r=1.2L，a=60°，（L是螺距）指令应写为：P021260；

如图5-10所示为螺纹切削复合循环的刀具运动轨迹及进刀轨迹。以加工圆柱外螺纹为例，

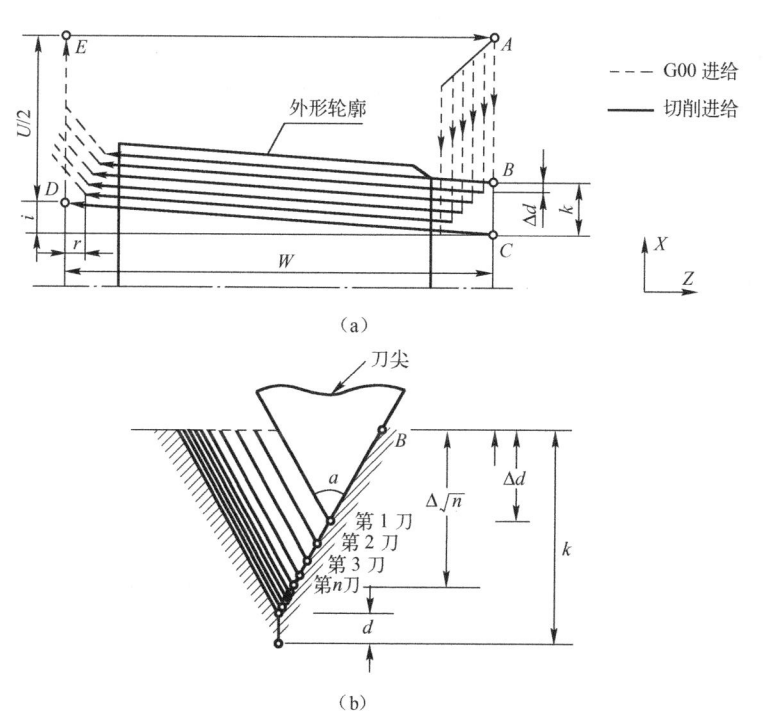

图5-10 G76螺纹切削复合循环的刀具运动轨迹及进刀轨迹

刀具从循环起点 A 处，以 G00 方式沿 X 向进给至螺纹牙顶 X 坐标处（B 点，该点的 X 坐标值 = 小径 +2k），然后沿基本牙型一侧平行的方向进给（见图 5-10（b）），X 向切深为 Δd，再以螺纹切削方式切削至离 Z 向终点距离为 r 处，倒角退刀至 D 点，再沿 X 向退刀至 E 点，最后返回 A 点，准备第二刀切削循环。如该分多刀切削循环，直至循环结束。

第一刀切削循环时，背吃刀量为 Δd（见图 5-10（b）），第二刀的背吃刀量为 $(\sqrt{2}-1)\Delta d$，第 n 刀的背吃刀量为 $(\sqrt{n}-\sqrt{n-1})\Delta d$。因此，执行 G76 循环的背吃刀量是逐步递减的。

图 5-10（b）所示为：螺纹车刀向深度方向并沿基本牙型一侧的平行方向进刀，从而保证了螺纹粗车过程中始终用一个刀刃进行切削，减小了切削阻力，提高了刀具寿命，为螺纹的精车质量提供了保证。

如图 5-11 所示，螺纹加工程序为：

G80 G00 X80.0 Z130.0；
G76 P011060 Q100 R200；
G76 X55.564 Z25.0 P3680 D1800 F6.0；

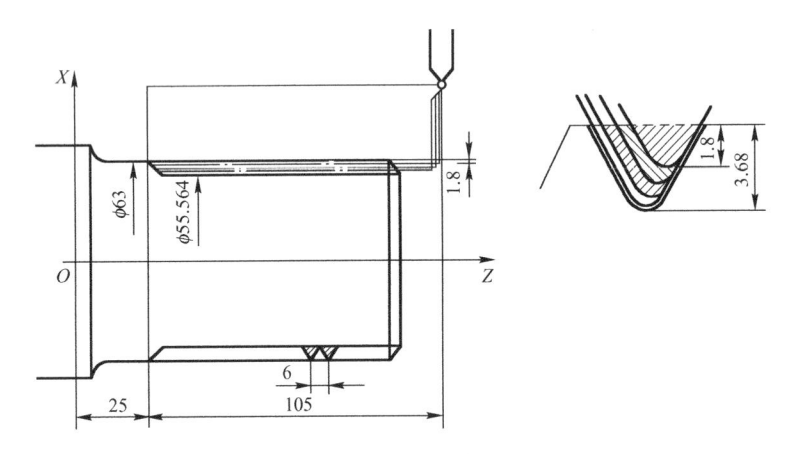

图 5-11 螺纹切削复合循环 G76

5.2.2 螺纹检测

在加工螺纹时，通常需要反复测量和加工，这些工作必须在拆卸工件、刀具前进行，以便于发现问题能及时补救。螺纹检测主要测量螺纹的螺距、检查牙型角、测量螺纹中径和综合检测。

1. 螺距与牙型角检验

螺距是由车床的运动关系来保证的，螺距的检验方法主要有钢尺测量和螺纹牙规检测两种方法。

1）直尺测量

用钢尺测量若干个螺距的长度，然后除以螺距数，就可以得到测量零件的螺距。一般测量长度以取 10 个螺距为宜。这种测量螺距的方法，测量误差较大，常用于测绘、粗略检查时采用。

2）螺纹牙规检测

螺纹牙规是一种通用的检测螺纹螺距的工件，每把螺纹牙规一般是由若干个螺距的样板组

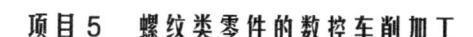

成的，如图5-12所示。测量时，用被测量螺纹相近的螺距样板，压在螺纹沟槽中，通过观察样板与螺纹的贴合程度判断螺纹的螺距和牙型角的误差值。

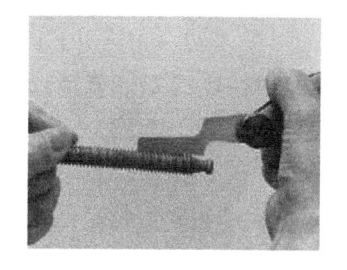

（a）螺纹牙规　　　　　　　　　（b）螺纹牙规测量螺距

图5-12　螺纹牙规

2. 螺纹中径测量

常用的螺纹中径测量方法有螺纹千分尺和三针测量两种。

1）螺纹千分尺测量法

螺纹中径常用螺纹千分尺测量，如图5-13所示，其使用方法与一般的外径千分尺相似。螺纹千分尺配套有各种牙型和螺距的测头，在测量前先选择测头并安装好，测量时，测头的触头正好与螺纹的牙型面接触，所得的读数就是被测量螺纹的中径实际尺寸。

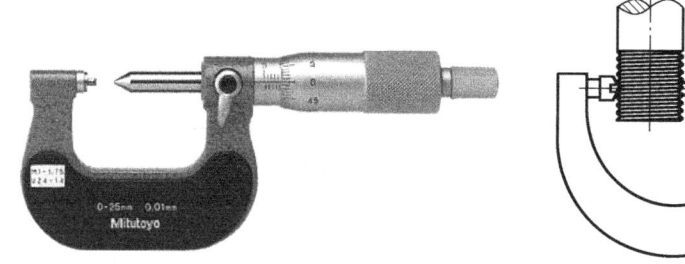

图5-13　螺纹千分尺

2）三针测量法

三针测量法是一种间接简易测量外螺纹中径的比较精密的方法。此方法不受牙型的限制，主要适用于测量一些精度要求较高、螺旋角小于4°的螺纹和蜗杆。测量时将直径相同的三根量针放在被测螺纹的沟槽里，其中两根放在同侧相邻的沟槽里，另一根放在对面与之相对应的中间沟槽内，如图5-14所示。

（1）计算钢针直径。按照以下公式（5-1）计算使用的钢针直径

$$d = P/2\cos(\alpha/2) \quad \text{公式（5-1）}$$

式中　P——螺距或蜗杆周节；
　　　α——螺纹牙型角；

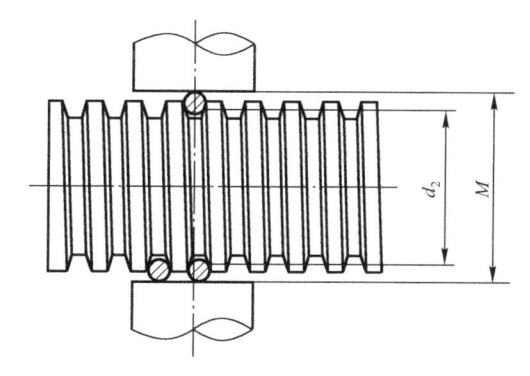

图5-14　三针测量法测量螺纹中径

149

d——钢针直径。

（2）将钢针依次放在三个相邻螺旋槽内，用千分尺测量出两边钢针的顶点距离尺寸 M；

（3）然后根据公式（5-2）：

$$d_2 = M - d[1 + 1/\sin(\alpha/2)] + 0.5P\cos(\alpha/2) \quad \text{公式（5-2）}$$

就可以计算出螺纹中径 d_2（蜗杆节径）。

3）综合测量

螺纹经过测量直径、螺距、牙型和表面粗糙度后，最后用螺纹环规或塞规测量螺纹的精度，如图5-15所示。

螺纹环规和塞规都是由一个通规和一个止规组成的。其检验规则是"通规通、止规止——螺纹合格；通规不通、止规不止——都不合格"。

具体操作方法为：用螺纹环规或塞规的通规拧入被检测螺纹，如果通规通过，再用止规检验，两者符合规则，表明被检验的螺纹合格；如果两者当中有一个不符合规则，被检验的螺纹不合格。

图5-15 螺纹环规和塞规

任务实施

实训13 圆锥螺纹的车削加工

1. 零件图分析

在数控车床上加工一个如图5-9所示的圆锥螺纹类零件，该零件由外圆柱面、槽及圆锥螺纹构成，其中 $\phi28$mm 外圆柱面直径处加工精度较高，并需加工螺距1.5mm的圆锥螺纹，其材料为45#钢，选择毛坯尺寸为 $\phi30$mm 的棒料。工件坐标系设置在零件的右端面回转中心处，如图5-16所示，并计算 P_1、P_2、P_3、P_4、P_5 的基点坐标，其基点坐标如表5-5所示。

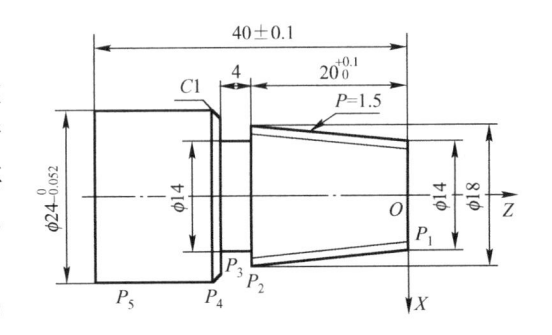

图5-16 圆锥螺纹类零件分析图

表5-5 基点坐标 （单位：mm）

基 点	坐标（X, Z）	基 点	坐标（X, Z）
P_1	(13.85, 0)	P_4	(24.00, -25.00)
P_2	(17.85, -20.00)	P_5	(24.00, -40)
P_3	(22.00, -24.00)		

2. 确定工件的装夹方式

由于这个工件是一个实心轴，并且轴的长度不很长，所以采用工件的右端面和 $\phi30$mm 外圆作为定位基准。使用普通三爪卡盘夹紧工件，取工件的右端面中心为工件坐标系的原点，换刀点选在（100，150）处。

3. 确定数控加工刀具及加工工序

根据零件的加工要求，选用 T01 号为 90°硬质合金机夹外圆粗车偏刀用于粗车削加工。选择 T02 号 90°硬质合金机夹外圆精车偏刀用于精车削加工。选择 T03 号刀具为硬质合金机夹切断刀，刀片宽度为 4mm，用于切槽、切断车削加工；选择 4 号刀具为 60°硬质合金机夹螺纹刀，用于螺纹车削加工。该零件的数控加工工序卡如表 5-6 所示。

表 5-6 数控加工工序卡

零件名称	轴	数量			
工序	名称	工艺要求		工作者	日期
		工步	工步内容	刀具号	
		1	车右端面	T01	
		2	自右向左粗车外轮廓，留 0.2mm 余量	T01	
1	数控车	3	自右向左精车外轮廓	T02	
		4	切削 φ14mm 的退刀槽	T03	
		5	车圆锥螺纹达零件图尺寸	T04	
2	车	切断，并保证总长等于 40mm			
3	检验				
材料		45#钢	备注：		
规格数量		φ30mm 棒料			

4. 选择切削用量

选择合理的切削用量，如表 5-7 所示为数控加工刀具卡。

表 5-7 数控加工刀具卡

刀具号	刀具规格名称	数量	加工内容	刀尖半径 (mm)	主轴转速 (r/min)	进给速度 (mm/r)	备注
T01	90°硬质合金机夹外圆粗车偏刀	1	车端面及粗车轮廓	0.4	800	0.2	
T02	90°硬质合金机夹外圆精车偏刀	1	精车轮廓	0.2	1200	0.1	
T03	硬质合金机夹切断刀	1	切削退刀槽	0.08	500	0.08	
T04	60°硬质合金机夹螺纹刀	1	车圆锥螺纹		500	0.2	

5. 螺纹有关参数计算

螺纹牙型深度：$t = 0.65P = 0.65 \times 1.5 = 0.975 \text{(mm)}$

大端：$D_{大} = D_{公称} - 0.1P = 18 - 0.1 \times 1.5 = 17.85 \text{(mm)}$

小端：$D_{大} = D_{公称} - 0.1P = 14 - 0.1 \times 1.5 = 13.85 \text{(mm)}$

$D_{小} = D_{公称} - 1.3P = 18 - 1.3 \times 1.5 = 16.05 \text{(mm)}$

6. 编写加工程序

编写加工程序（精加工程序），如表 5-8 所示。

表 5-8　车削螺纹类零件加工程序

程　　序	注　　释
O0013 N001 G40 G99 G21 G54； N002 S800 M03 T0101； N003 G00 X34.0 Z0 M08； N004 G01 X0. F0.2； N005 G00 Z3.0； N006 G00 X32.0； N007 G71 U2.0 R1.0； N008 G71 P9 Q15 U0.4 W0.2 F0.2 S800； N009 G01 X13.85； M010 Z0； M011 G01 X17.85 Z-20.00 F0.1； N012 Z-24.0； N013 X22.0； N014 X24.00 Z-25.00； N015 Z-40.0； N016 G00 X100.0 Z150.0 T0100； N017 T0202 S1200； N018 G70 P9 Q15； N019 G00 X100.0 Z150.0 T0200； N020 T0303 S500； N021 G00 Z-24.0； N022 X26.0； N023 G01 X14.0 F0.08； N024 G04 X1.0； N025 X26.0； N026 X100.0 Z150.0 T0300； N027 T0404 S500； N028 G00 X20.0 Z3.0； N029 G76 P021160 Q100 R50； N030 G76 X16.05 Z-20.0 R-2.0 P975 Q400 F1.5； N031 G00 X100.0 Z150.0 T0400； N032 T0303 S500； N033 G00 Z-44.0； N034 X29.0； N035 G01 X0.0 F0.08； N036 X29.0； N037 G00 X100.0 Z100.0 T0300； N038 M05； N039 M30；	程序号 工件坐标系设定 主轴正转，调用 1 号刀，1 号刀补 快进至工件表面，打开切削液 车端面，进给量 0.2mm/r 快速点定位 快速点定位 外圆粗车循环，切入深度 2mm，退刀 1mm 精加工余量 0.2mm，进给速度 0.2mm/r 转速 1000r/min 粗车外圆锥面 车削台阶面 车削倒角 C1mm 车削 φ24mm 外圆 回换刀点换刀，取消 1 号刀补 调用 2 号刀，刀具补偿号为 2 精车外轮廓 回换刀点换刀，取消 2 号刀补 调用 3 号刀，刀具补偿号为 3 快速进刀 切槽 暂停 1s 退刀 回换刀点换刀，取消 3 号刀补 调用 4 号刀，刀具补偿号为 4 快速进刀 调用螺纹切削复合循环 回换刀点换刀，取消 4 号刀补 调用 3 号刀，刀具补偿号为 3 快速点定位 快速点定位 切断 退刀 回换刀点，取消 3 号刀补，切削液关 主轴停止 程序结束

7. 进行数控模拟加工

在数控车床上模拟并加工图 5-9 所示的零件的加工路线轨迹。

（1）电源接通前后的检查。

（2）手动返回参考点。

（3）安装工件和工艺装夹。

（4）工具、量具、刃具选择与刀具安装。

（5）建立工件坐标系。

（6）创建和编辑程序。

（7）数控车床的空运行。

（8）图形模拟。

（9）自动加工。

（10）加工结束，清理数控车床。

8. 填写实训报告

按附录 F 的格式填写实训报告。

思考题 13

（1）螺纹车刀的安装有何要求？

（2）螺纹切削过程中能否使用恒表面切削速度控制指令 G96？

（3）车削加工图 5-17 所示的零件，材料为 45#钢，毛坯为外圆直径 ϕ30mm。编制该零件的数控加工刀具卡、加工工序卡和加工程序，并在数控车床上模拟加工路线轨迹。

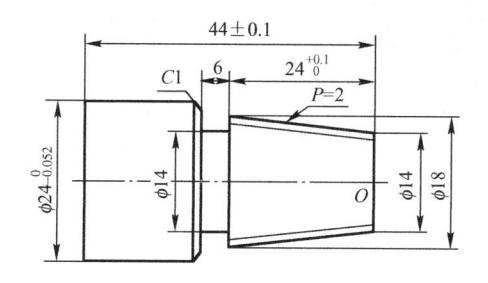

图 5-17　圆锥螺纹类零件加工训练零件图

（4）车削加工图 5-18 所示的零件，材料为 45#钢，毛坯为铸锻件。编制该零件的数控加工刀具卡、加工工序卡和加工程序，并在数控车床上模拟加工路线轨迹。

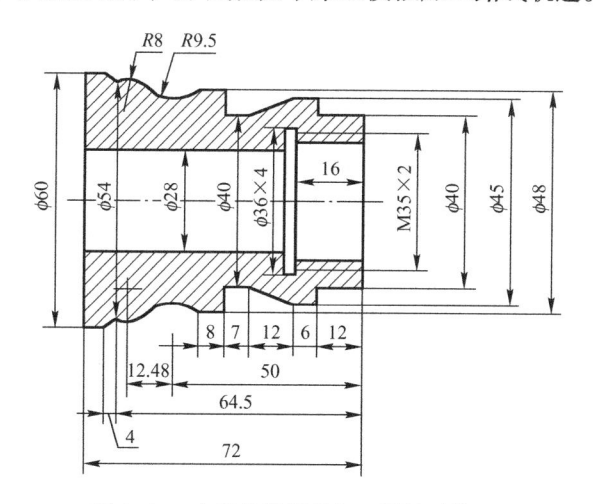

图 5-18　内螺纹类零件加工训练零件图

项目 6 综合零件的数控车削加工

教学导航

学	教学重点	复杂零件的工艺和程序的编制方法
	教学难点	异形轴零件和宏程序的程序编制
	推荐教学方式	采用"教、学、做"相融合的项目式教学法
	建议学时	20 学时
做	学习知识目标	复杂零件图的识读和工艺方案的制定
	掌握技能目标	能正确运用数控车床进行复杂零件的加工
	推荐学习方法	理论、技能与实践合一的小组学做法
	考核与评价	项目成果评定 60%，实训过程评价 30%，团队协作评价 10%

任务6-1 典型子程序零件在数控车床的加工

任务目标

（1）掌握典型子程序类零件工艺安排。
（2）掌握宽窄槽加工方法。
（3）掌握数控车床子程序类零件的编程方法。

任务引领

制定如图6-1所示的不等距槽类零件的数控加工刀具卡及加工工序卡，并编写加工程序。

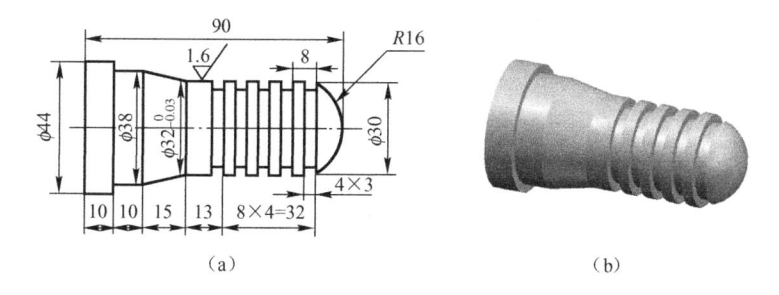

图6-1 不等距槽类零件加工实例

相关知识

6.1.1 子程序

当一个程序反复出现，或在几个程序中都要使用它，可以把这类程序作为固定程序，并事先存储起来，使程序简化，这组程序叫子程序。

主程序可以调用子程序，一个子程序也可以调用下一级子程序。子程序必须在主程序结束后建立，其作用相当于一个固定循环。

（1）调用子程序的格式如下：

　　M98 P__ L__;

其中　P——调用的子程序号；
　　　L——重复调用的子程序的次数。

（2）子程序的格式：

　　O(子程序号)
　　……
　　M99;(子程序返回)

车削如图6-2所示的不等距槽类零件，要求应用子程序编写。已知毛坯直径 $\phi32mm$，长度为77mm，1号刀为外圆车刀，3号刀为切断刀，其宽度为2mm，加工程序如表6-1所示。

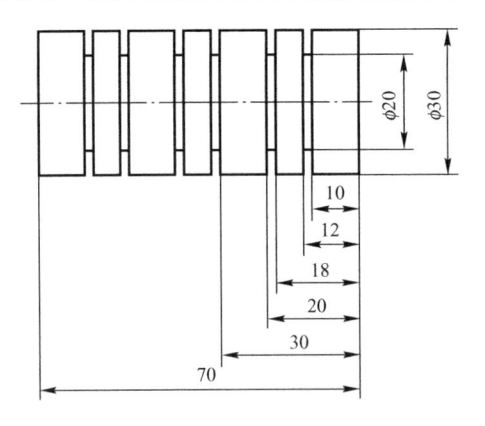

图 6-2 子程序范例

表 6-1 车削不等距槽程序

主 程 序	子 程 序
O0001 N001 G54； N002 M03 S800 M08； N003 G00 X35.0 Z0； N004 G01 X0 F0.3； N005 G00 X30.0 Z2.0； N006 G01 Z-55.0 F03； N007 G00 X150.0 Z100.0； N008 X32.0 Z0 T03； N009 M98 P15 L2； N010 G00 W-12.0； N011 G01 X0 F0.12； N012 G04 X2.0； N013 G00 X150.0 Z100.0 M09； N014 M30；	O0002 N101 G00 W-12.0； N102 G01 U-12.0 F0.15； N103 G04 X1.0； N104 G00 U12.0； N105 W-8.0； N106 G01 U-12.0 F0.15； N107 G04 X1.0； N108 G00 U12.0； N109 M99；

6.1.2 切槽刀对刀

1. Z方向对刀

手动模式下单击主轴正转按钮，使主轴转动。选择相应的倍率，移动刀具，接近时倍率为1%，使切槽刀左侧刀尖刚好接触工件右端面。沿着-X方向进行车削端面，后保持刀具Z方向位置不变，再沿+X方向退出刀具，如图6-3所示，使主轴停转。然后按下功能键 OFFSET SETTING ，进入刀补界面，按【补正】软键，把刀具的Z方向的偏移值输入到相应刀具长度补偿中，按【测量】软键自动测量并反映到系统中。

2. X方向对刀

手动模式下单击主轴正转按钮，使主轴转动。选择相应的倍率，移动切槽刀，沿着外圆-Z方向（长约3～5mm）试切外圆（或主切削刃刚好接触工件），后保持刀具X方向位置不变，再沿+Z方向退出刀具，如图6-4所示，使主轴停转。此时使用千分尺测量出外圆直径，按下功能键 OFFSET SETTING ，进入刀补界面，按【补正】软键，把刀具的X方向的偏移值输入到相应刀具长度补偿中，按【测量】软键自动测量并反映到系统中。

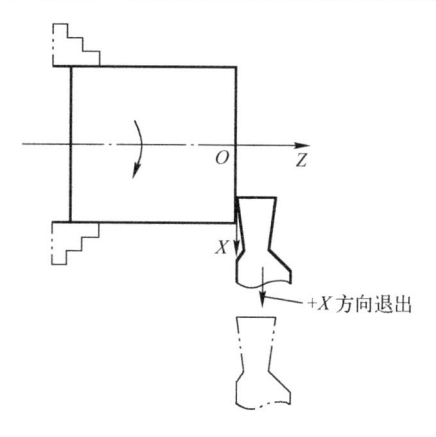

图 6-3 切槽刀 Z 方向对刀示意图 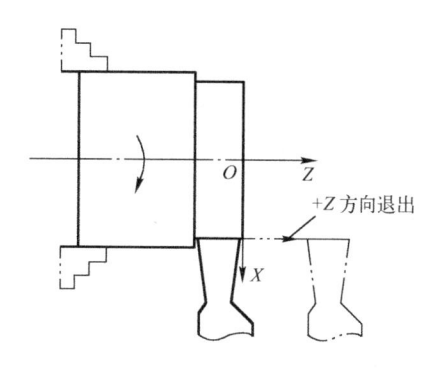　　　图 6-4 切槽刀 X 方向对刀示意图

6.1.3 槽加工工艺方案

1. 窄槽加工方法

当槽宽度尺寸不大，可用刀头宽度等于槽宽的切槽刀，一次进给切出，如图 6-5 所示。编程时还可用 G04 指令在刀具切至槽底时停留一定时间，以光整槽底。

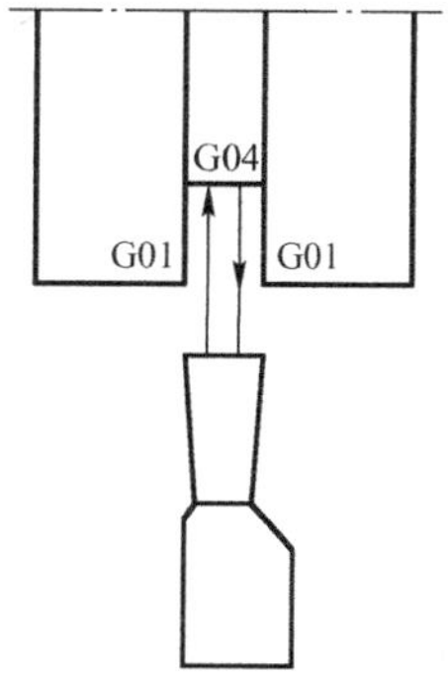

2. 宽槽加工方法

图 6-5 窄槽加工方法

当槽宽度尺寸较大（大于切槽刀刀头宽度）时，应采用多次进给法加工，并在槽底及槽壁两侧留有一定精车余量，然后根据槽底、槽宽尺寸进行精加工。宽槽加工的刀具路线如图 6-6 所示。

3. 切槽加工应注意的问题

（1）切槽刀有左、右两个刀尖及切削刃中心处等三个刀位点。在整个加工程序中应使用同一个刀位点，一般采用左侧刀尖作为刀位点，对刀、编程较方便，如图 6-7 所示。

（2）切槽过程中退刀路线应合理，切槽后应先沿径向（X 向）退出刀具，再沿轴向（Z 向）退刀，避免撞刀。

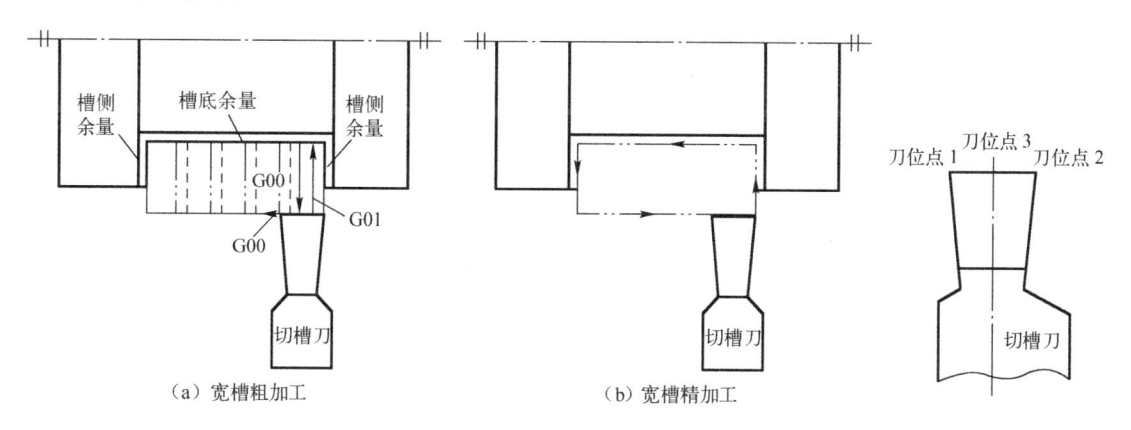

（a）宽槽粗加工　　　（b）宽槽精加工

图 6-6 宽槽加工的刀具路线　　　图 6-7 切槽刀刀位点

任务实施

实训14　不等距槽的车削加工

1. 零件图分析

图6-1为车削不等距槽类零件的实例，该零件毛坯直径 $\phi 45$mm，长度为110mm。该零件车削的槽宽都为4mm，并且根据零件的尺寸可归结为五组相同的形状，因此可以应用子程序来进行编写。

2. 确定工件的装夹方式

这个工件是一个实心轴，并且轴的长度不很长，所以采用工件的左端面和 $\phi 30$mm 外圆作为定位基准。使用普通三爪卡盘夹紧工件，取工件的右端面中心为工件坐标系的原点。

3. 确定数控加工刀具及合理选择切削用量

T01号刀为93°可转位硬质合金外圆菱形车刀；T02号刀为切槽刀，其宽度为4mm，如表6-2所示为数控加工刀具卡。

表6-2　数控加工刀具卡

刀具号	刀具规格名称	数量	加工内容	刀尖半径（mm）	主轴转速（r/min）	进给速度（mm/r）	备注
T01	93°可转位硬质合金外圆菱形车刀	1	粗车轮廓	0.2	900	0.2	
T01	93°可转位硬质合金外圆菱形车刀	1	精车轮廓	0.2	1200	0.1	
T02	切槽刀	1	切削槽	0.1	500	0.1	

4. 编写加工程序

加工程序如表6-3和表6-4所示。（O0014为主程序，O0002为子程序）

表6-3　切槽加工主程序

主　程　序	注　　释
O0014	程序号
N0010 G54 ;	工件坐标系设定
N0020 S600 M03;	主轴正转，转速600r/min
N0030 G00 X100.0 Z100.0;	定位换刀点
N0040 T0101 M08;	换1号外圆刀，切削液开
N0050 G00 X45.0 Z0;	快速进刀
N0060 G01 X0 F0.25;	车端面
N0070 G00 X100.0 Z100.0;	快速退刀
N0080 S900 M03;	转速900r/min
N0090 G00 X45.0 Z3.0;	快速进刀
N0100 G71 U2.0 R1.0;	调用外圆粗车循环指令
N0105 G71 P110 Q190 U0.4 W0.2 F0.2 S800;	
N0110 G00 X0 S1200;	加工轮廓开始
N0120 Z0;	定位
N0130 G03 X30.0 Z-10.0 R16.0 F0.1;	加工 $R16$mm 圆弧

续表

主 程 序	注 释
N0140 X32.0;	加工台阶
N0150 G01 Z-55.0;	加工φ32mm外圆
N0160 G01 X38.0 Z-70.0;	加工圆锥面
N0170 Z-80.0;	加工φ38mm外圆
N0180 X44.0;	加工台阶
N0190 Z-90.0;	加工φ44mm外圆
N0200 G70 P110 Q190;	精车外轮廓
N0210 G00 X100.0;	回换刀点换刀
N0220 Z100.0 T0100;	回换刀点换刀，取消1号刀补
N0230 T0202;	换2号切槽刀
N0240 S500 M03;	主轴正转，转速500r/min
N0250 G00 X36.0 Z-6.0;	定位换刀点
N0180 M98 P0002 L5;	调用子程序5次，切5个槽
N0190 G00 X50.0;	退刀
N0200 Z-94.0;	定位
N0210 G01 X0 F0.1;	切断
N0220 G00 X100.0 Z100.0 M09;	退回换刀点
N0230 M05;	主轴停
N0240 M02;	主程序结束

表6-4 切槽加工子程序

子 程 序	注 释
O0002	切槽子程序
N0101 G00 W-8.0;	相对值编程
N0102 G01 U-12.0 F0.1;	切槽
N0103 G04 X1.0;	槽底暂停
N0109 G00 U12.0;	转换成绝对值编程
N0110 M99;	子程序结束返回

5. 进行数控模拟加工

在数控车床上模拟并加工图6-1所示的零件的加工路线轨迹。

（1）电源接通前后的检查。

（2）手动返回参考点。

（3）安装工件和工艺装夹。

（4）工具、量具、刃具选择与刀具安装。

（5）建立工件坐标系。

（6）创建和编辑程序。

（7）数控车床的空运行。

（8）图形模拟。

（9）自动加工。

（10）加工结束，清理数控车床。

6. 填写实训报告

按附录F的格式填写实训报告。

思考题14

（1）子程序中用绝对值还是用增量值编程，对零件加工有何影响？

(2) 如何设置切槽刀的刀补？

(3) 车削加工如图 6-8 所示的零件，材料为 45#钢，毛坯为外圆直径 ϕ35mm。编制该零件的数控加工刀具卡、加工工序卡和加工程序，并在数控车床上模拟加工路线轨迹。

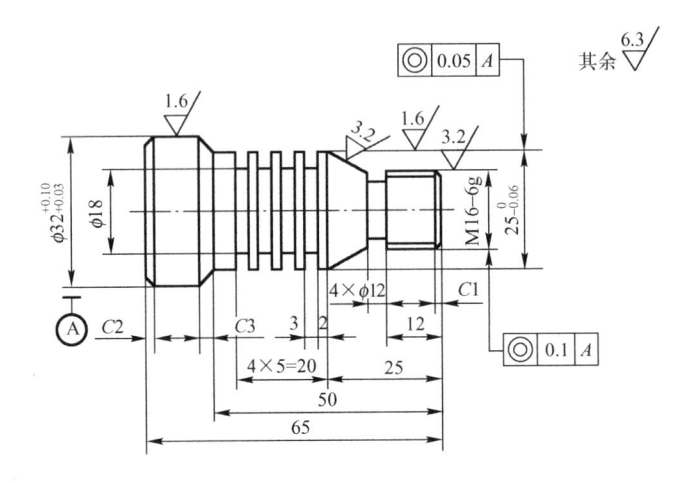

图 6-8 子程序零件类加工训练零件图

任务 6-2 用户宏指令零件的数控加工

任务目标

(1) 掌握用户宏指令零件的工艺编制。
(2) 掌握调头零件的工艺装夹。
(3) 掌握用户宏指令零件的程序编程及应用。

任务引领

(1) 在数控车床上完成如图 6-9 所示的椭圆宏程序零件的加工。按图样要求制定正确的工艺方案，选择合理的刀具和切削工艺参数，编制数控加工程序，达到图纸的要求。

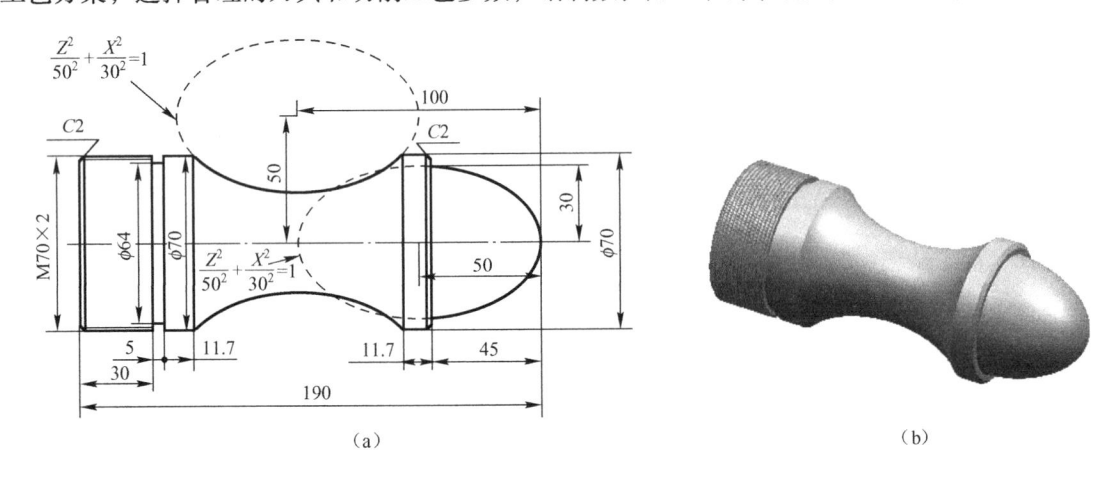

图 6-9 椭圆宏程序零件加工

（2）在数控车床上完成如图 6-10 所示的双曲线宏程序零件的加工。按图样要求制定正确的工艺方案，选择合理的刀具和切削工艺参数，编制数控加工程序，达到图纸的要求。

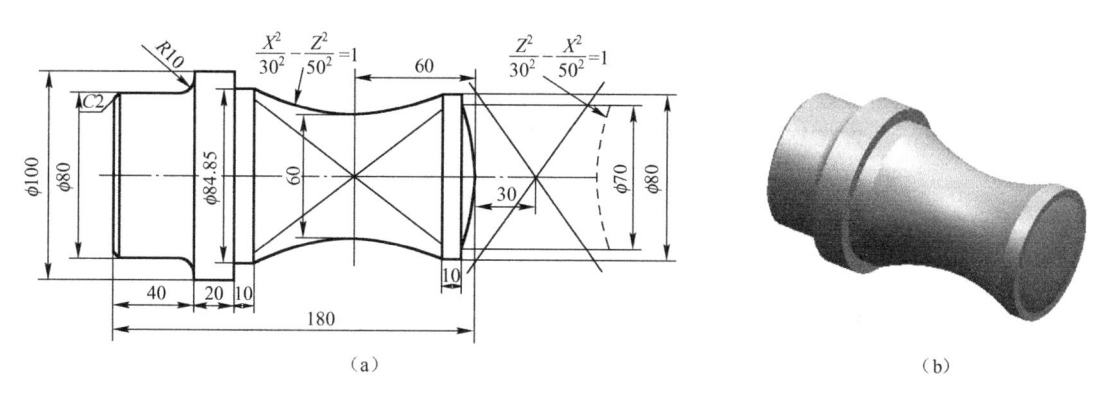

图 6-10 双曲线宏程序零件加工

（3）在数控车床上完成如图 6-11 所示的抛物线宏程序零件的加工。按图样要求制定正确的工艺方案，选择合理的刀具和切削工艺参数，编制数控加工程序，达到图纸的要求。

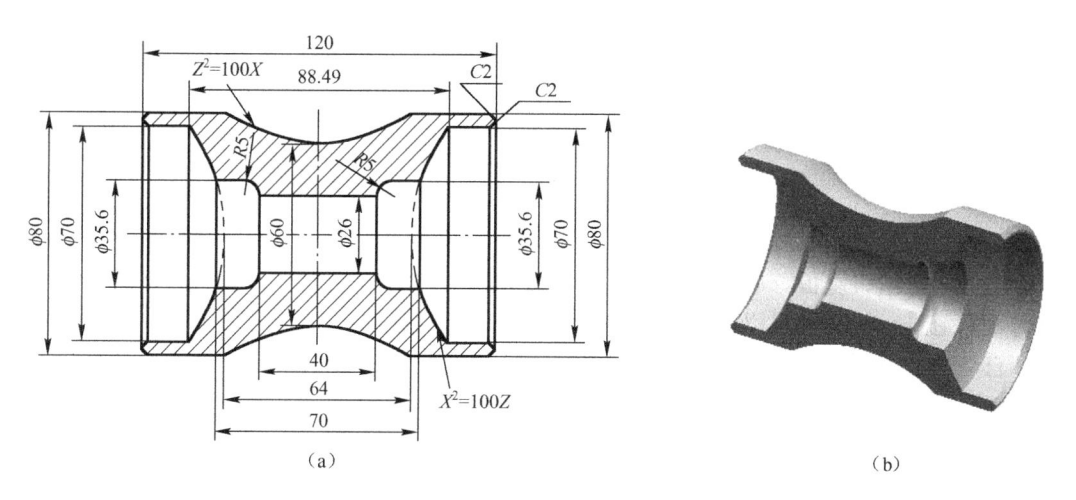

图 6-11 抛物线宏程序零件加工

相关知识

6.2.1 用户宏程序

"宏程序"一般是指含有变量的程序，宏程序由宏程序体和程序中调用宏程序的指令即宏指令构成，主要应用于抛物线、椭圆、双曲线等各种数控系统没有插补指令的轮廓曲线编程，如图 6-12 所示。它类似于子程序，虽然子程序对编制相同加工操作的程序非常有用，但用户宏程序由于允许使用变量、算术和逻辑运算及条件转移，使得编制相同加工操作的程序更方便，更容易，可将相同加工操作编为通用程序，这就使得编制加工操作的程序更方便、更容易，可以大大地简化程序，是提高数控车床性能的一种特殊功能，扩展了数控车床的应用范围。

1. 编程特点

（1）在宏程序中可以使用变量，进行变量的算术运算、逻辑运算和函数的混合运算，还可以使用循环语句、分支语句和子程序调用语句。

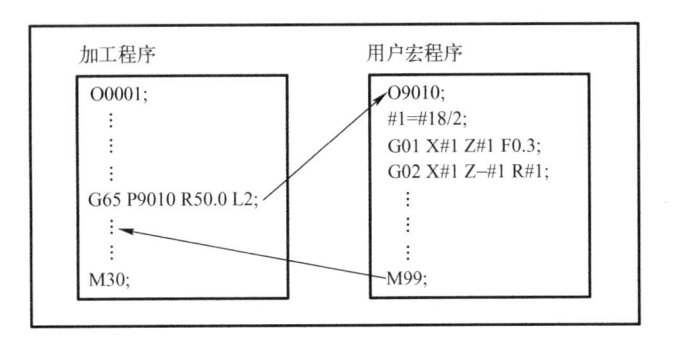

```
加工程序                     用户宏程序
O0001;                      O9010;
  ⋮                          #1=#18/2;
  ⋮                          G01 X#1 Z#1 F0.3;
                             G02 X#1 Z-#1 R#1;
G65 P9010 R50.0 L2;           ⋮
  ⋮                           ⋮
M30;                         M99;
```

图 6-12　用户宏程序

（2）宏程序能依据变量，用事先指定的变量代替直接给出的数值，在调用宏程序或宏程序本身执行时，得到计算好的变量值。

（3）宏程序通用性强、灵活方便，一个宏程序可以描述一种曲线，曲线的各种参数用变量表示。

2. 编程原理

宏指令编程是指用户用变量作为数据进行编程，变量在编程中充当"媒介"作用，在后续程序中可以重新再赋值，原来内容被新的赋值所取代，利用系统对变量值进行计算和可以重新赋值的特性，使变量随程序的循环自动增加并计算，实现加工过程的自动循环，使之自动计算出整个曲线无数个密集坐标值，从而用很短的直线或圆弧线逼近理想的轮廓曲线。

3. 编程步骤

（1）首先将变量赋初值，也就是将变量初始化。

（2）编制加工程序，若程序较复杂，用的变量多，可设子程序以简化主程序。

（3）修改赋值变量，重新计算变量值。

（4）语句判断是否加工完毕，若否，则返回继续执行加工程序；若是，则程序结束。具体流程如图 6-13 所示。

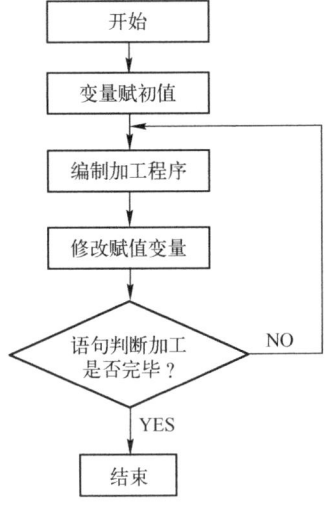

图 6-13　宏程序编制流程图

6.2.2　变量

普通加工程序直接用数值指定 G 代码和移动距离，如 G100 和 X100.0。使用用户宏程序时，数值可以直接指定或用变量指定。当用变量时，变量值可用程序或用 MDI 面板上的操作改变。

1. 变量的表示

计算机允许使用变量名，用户宏程序不行，变量需用变量符号#和后面的变量号指定。表达式可以用于指定变量号，此时表达式必须封闭在括号中。

例如：#1； #[#1 + #2 - 12]；

2. 变量的类型

变量根据变量号可以分成四种类型，如表6-5所示。

表6-5 变量的类型

变量号	变量类型	功　　能
#0	空变量	该变量总是空，没有值能赋给该变量
#1～#33	局部变量	局部变量只能用在宏程序中存储数据，如运算结果。当断电时，局部变量被初始化为空。调用宏程序时，自变量对局部变量赋值
#100～#199 #500～#999	公共变量	公共变量在不同的宏程序中的意义相同。当断电时，变量#100～#199 初始化为空，变量#500～#999 的数据保存，即使断电也不丢失
#1000	系统变量	系统变量用于读和写CNC运行时的各种数据，如刀具的当前位置和补偿值

1) 局部变量（内部变量）

在一个复合语句内部定义的变量是内部变量，它只在本复合语句范围内有效，也就是说只有在本复合语句内才能使用它们，在此以外是不能使用这些变量的。

2) 公共变量（全局变量）

一个程序文件中可以包含一个或若干个循环语句，在一个循环语句中内定义的变量是局部变量，而在循环语句之外定义的变量称为外部变量，外部变量是全局变量。全局变量可以为该文件中其他变量所公用。

3) 系统变量

系统变量用于读和写NC内部数据，是固定用途的变量，其值取决于系统的状态。系统变量是自动控制和加工程序开发的基础。例如，刀具偏置值和当前位置数据。但是某些系统变量只能读而不能写，主要包括如表6-6所示的各种类型。

表6-6 系统变量

变量号码	用　　途	变量号码	用　　途
#1000～#1035	接口信号DI	#3007	镜像
#1100～#1135	接口信号DO	#4001～#7018	G代码
#2000～#2999	刀具补偿量	#4107～#4120	D，E，F，H，M，S，T等
#3000，#3006	P/S报警，信息	#5001～#5006	各轴程序段终点位置
#3001，#3002	时钟	#5021～#5026	各轴现时位置
#3003，#3004	单步，连续控制	#5221～#5315	工件偏置量

例如，#5221值为X轴G54工件原点偏置值输入时必须输入小数点，小数点省略时单位为μm。

3. 变量的引用

为在程序中使用变量值，指定后跟变量号的地址。当用表达式指定变量时，要把表达式放在括号中。

例如（1）：G01X[#1 + #2]F#3；被引用变量的值根据地址的最小设定单位自动地输入。

例如（2）：当执行"G00X#1；"时以 1/1000mm 的单位执行时，CNC 把 12.3456 赋值给变量#1，实际指令值为 G00X12.346；。改变引用的变量值的符号要把负号放在#的前面。

例如（3）：G00X - #1；当引用未定义的变量时变量及地址字都被忽略。

4. 变量值的显示

在 FANUC 系统中，当变量值是空白时，变量是空；符号 ******** 表示溢出（当变量的绝对值大于 99999999 时）或下溢出（当变量的绝对值小于 0.0000001 时），具体显示如图 6-14 所示。

```
VARTABLE                            O1234 N12345
  NO.      DATA         NO.      DATA
  100     123.456       108
  101       0.000       109
  102                   110
  103     ********      111
  104                   112
  105                   113
  106                   114
  107                   115

ACTUAL POSITION (RELATIVE)
    X      0.000        Y       0.000
    Z      0.000        B       0.000

MEM **** *** ***        18:42:15

[ MACRO ] [ MENU ] [ OPR ] [      ] [(OPRT)]
```

图 6-14 变量值的显示

6.2.3 算术和逻辑运算

用户宏程序中的变量可以进行算术和逻辑运算，如表 6-7 所示，列出的运算即可在变量中执行。运算符右边的表达式可包含常量和由函数或运算符组成的变量（表达式中的变量#j 和 #k 可以用常数赋值）；左边的变量也可以用表达式赋值。

表 6-7 算术和逻辑运算

功 能	格 式	备 注	功 能	格 式	备 注
定义	#i = #j		平方根	#i = SQRT[#j];	
			绝对值	#i = ABS[#j];	
加法	#i = #j + #k;		舍入	#i = ROUN[#j];	
减法	#i = #j - #k;		上取整	#i = FIX[#j];	
乘法	#i = #j * #k;		下取整	#i = FUP[#j];	
除法	#i = #j#k;		自然对数	#i = LN[#j];	
			指数函数	#i = EXP[#j];	
正弦	#i = SIN[#j];	角度以度指定。90°30′表示为 90.5°	或	#i = #j OR #k;	逻辑运算一位一位地按二进制数执行
反正弦	#i = ASIN[#j];		异或	#i = #j XOR #k;	
余弦	#i = COS[#j];		与	#i = #j AND #k;	
反余弦	#i = ACOS[#j];				
正切	#i = TAN[#j];		从 BCD 转为 BIN	#i = BIN[#j];	用于与 PMC 的信号交换
反正切	#i = ATAN[#j];/[#k];		从 BIN 转为 BCD	#i = BCD[#j];	

6.2.4 用户宏程序语句

1. 转移和循环

在程序中使用 GOTO 语句和 IF 语句可以改变控制的流向。有下面三种格式可以实现转移和循环操作。

$$\text{转移和循环} \begin{cases} \text{GOTO 语句（无条件转移）} \\ \text{IF 语句（条件转移：IF…THEN…）} \\ \text{WHILE 语句（当…时循环）} \end{cases}$$

2. 无条件转移（GOTO 语句）

GOTO 语句转移到标有顺序号 n 的程序段。当指定 1～99999 以外的顺序号时，出现 P/S 报警，可用表达式指定顺序号。

其语句格式为：

GOTO n；　　　　n 顺序号(1～99999)

3. 条件转移（IF 语句）

条件转移语句中，IF 之后指定条件表达式，可有下面两种表达方式。

（1）IF[＜条件表达式＞]GOTO n。例如：

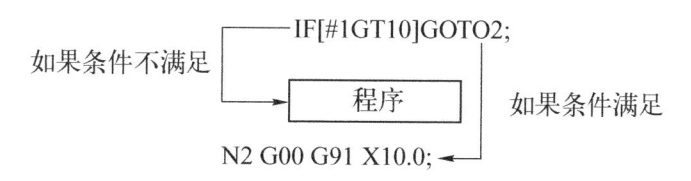

```
            IF[#1GT10]GOTO2;
如果条件不满足 ┌─────────┐ 如果条件满足
           │   程序   │
           └─────────┘
           N2 G00 G91 X10.0;
```

（2）IF[＜条件表达式＞]THEN。
例如：如果#1 和#2 的值相同，0 赋给#3。

　　IF [#1EQ#2] THEN#3 = 0；

4. 循环（WHILE 语句）

用 WHILE 引导的循环语句，在其后指定一个条件表达式，当指定条件满足时，执行从 DO 到 END 之间的程序，否则转到 END 后的程序段。一般格式如图 6-15 所示。

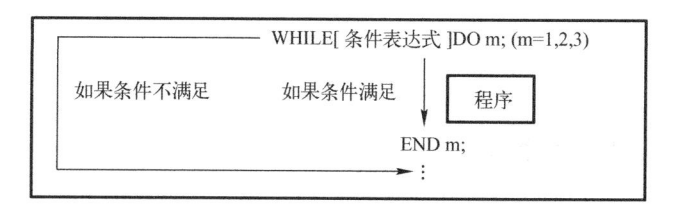

```
           ┌── WHILE[ 条件表达式 ]DO m; (m=1,2,3)
如果条件不满足    如果条件满足  ┌─────┐
                          │ 程序 │
                          └─────┘
                       END m;
                         :
```

图 6-15　WHILE 引导的循环语句示意图

当指定的条件满足时，执行 WHILE 从 DO 到 END 之间的程序。否则，转而执行 END 之后的程序段。这种指令格式适用于 IF 语句，DO 后的号和 END 后的号是指定程序执行范围的标号，值为 1、2、3，若用 1、2、3 以外的值会产生 P/S 报警。在 DO – END 循环中的标号 (1 ～ 3) 可根据需要多次使用，又称为嵌套，如图 6-16 所示，但是当程序有交叉重复循环 (DO 范围的重叠) 时会出现 P/S 报警。

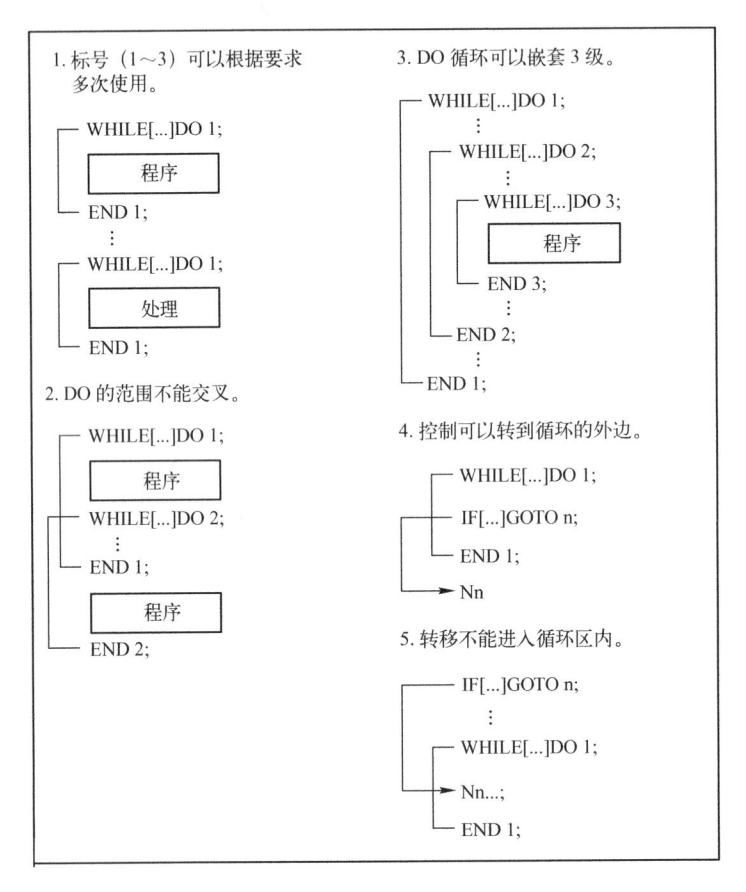

图 6-16 循环语句嵌套

下面以编写计算数值 1 ～ 10 的总和的程序为例，来说明循环语句的应用。

例如，　　O0001
　　　　　　#1 = 0；
　　　　　　#2 = 1；
　　　　　　WHILE [#2 LE 10] DO 1；
　　　　　　#1 = #1 + #2；
　　　　　　#2 = #2 + 1；
　　　　　　END 1；
　　　　　　M30；

6.2.5　用户宏程序的调用

宏程序可以用非模态调用（G65）、模态调用（G66、G67）、G 代码和 M 代码来调用，下面就重点介绍一下非模态调用（G65）、模态调用（G66、G67）的使用。首先我们应知道宏程

序的调用（G65）不同于子程序调用（M98），如下所述。

（1）用 G65 可以指定自变量数据传送到宏程序，而 M98 没有该功能。

（2）当 M98 程序段包含另一个 NC 指令（如 G01 X100.0 M98Pp）时，在指令执行之后调用子程序。相反，G65 则无条件地调用宏程序。

（3）M98 程序段包含另一个 NC 指令（如 G01 X100.0 M98Pp）时，在单程序段方式中，数控车床停止。相反，使用 G65 数控车床时不停止。

（4）用 G65 改变局部变量的级别；用 M98 不改变局部变量的级别。

1. 非模态调用（G65）

在使用非模态代码（G65）时，地址 P 指定的用户宏程序被调用。数据（自变量）能传递到用户宏程序体中。其一般格式流程如图 6-17 所示。

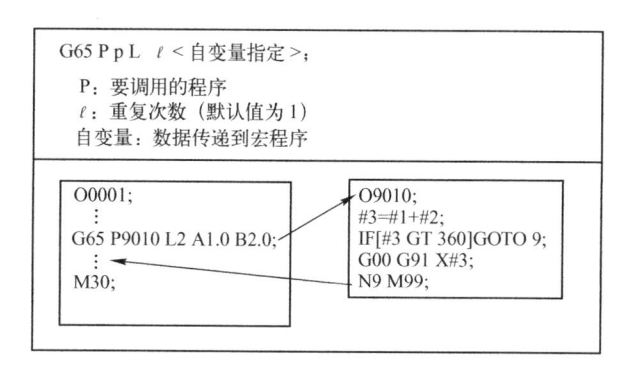

```
G65 P p L l <自变量指定>;
    P：要调用的程序
    l：重复次数（默认值为1）
    自变量：数据传递到宏程序
```

```
O0001;                      O9010;
...                         #3=#1+#2;
G65 P9010 L2 A1.0 B2.0;     IF[#3 GT 360]GOTO 9;
...                         G00 G91 X#3;
M30;                        N9 M99;
```

图 6-17　非模态调用（G65）

当使用 G65 指令要求重复时，在地址 L 后指定从 1～9999 的重复次数。省略 L 值时，认为 L 等于 1。使用自变量指定，其值被赋值到相应的局部变量。自变量可用两种形式来指定，自变量指定 I 使用除了 G、L、O、N 和 P 以外的字母，每个字母指定一次。自变量指定 II 使用 A、B、C 和 Ii、Ji 和 Ki（i 为 1～10），根据使用的字母自动地决定自变量指定的类型。

自变量指定 I 的类型如表 6-8 所示。

表 6-8　自变量指定 I 的类型

地址	变量号	地址	变量号	地址	变量号
A	#1	I	#4	T	#20
B	#2	J	#5	U	#21
C	#3	K	#6	V	#22
D	#7	M	#13	W	#23
E	#8	Q	#17	X	#24
F	#9	R	#18	Y	#25
H	#11	S	#19	Z	#26

自变量指定 II 使用 A、B 和 C 各 1 次，I、J、K 各 10 次，自变量指定用于传递诸如三维坐标值的变量，如表 6-9 所示。

表6-9 自变量指定Ⅱ的类型

地 址	变 量 号	地 址	变 量 号	地 址	变 量 号
A	#1	K3	#12	J7	#23
B	#2	I4	#13	K7	#24
C	#3	J4	#14	I8	#25
I1	#4	K4	#15	J8	#26
J1	#5	I5	#16	K8	#27
K1	#6	J5	#17	I9	#28
I2	#7	K5	#18	J9	#29
J2	#8	I6	#19	K9	#30
K2	#9	J6	#20	I10	#31
I3	#10	K6	#21	J10	#32
J3	#11	I7	#22	K10	#33

【实例6-1】 如图6-18所示为一钻孔循环实例。首先将刀具沿X和Z轴移动到钻孔循环起始点。

调用格式:

$$G65\ P9100\ \begin{Bmatrix}Z\_\\W\_\end{Bmatrix}\ K\_\ F\_\ ;$$

其中　Z后面的数字——孔深（绝对值）；
　　　W后面的数字——孔深（增量值）；
　　　K后面的数字——每次循环的切削量；
　　　F后面的数字——切削进给速度。

调用宏程序的主程序：

O0002
G50 X100.0 Z200.0；
G00 X0 Z102.0 S1000 M03；
G65 P9100 Z50.0 K20.0 F0.3；
G00 X100.0 Z200.0 M05；
M30；

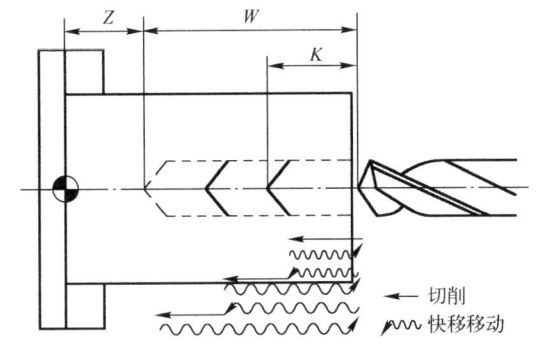

图6-18 钻孔循环实例

宏程序（被调用的程序）：

O9100
#1 = 0；　　　　　　　　　当前孔深清零
#2 = 0；　　　　　　　　　上次孔深清零
IF [#23 NE#0] GOTO1；　　如果为增量编程程序跳转到N1
IF [#26 EQ#0] GOTO8；　　如果既没有指定Z也没有指定W，则出现错误
#23 = #5002 - #26；　　　 计算孔深
N1 · #1 = #1 + #6；　　　 计算当前孔深
IF [#1] [- #23] GOTO2；　检测加工的孔是否太深
#1 = #23；　　　　　　　　控制在当前孔深
N2 G00 W - #2；　　　　　以切削进给速度将刀具移至上次孔深
G01 W - [#1 - #2] F#9；　 钻孔

```
G00W#1;                  将刀具移至钻孔起始点
IF [#1GGE#23] G0T09;     检查钻孔是否结束
#2=#1;                   存储当前孔深
G0T01;
N9M99;
N8#3000=1;               不是Z或U指令
```

2. 模态调用（G66）

一旦发出 G66 则指定模态调用，即指定沿移动轴移动的程序段后调用宏程序，一般格式流程图如图 6-19 所示。G67 指令是取消模态调用。

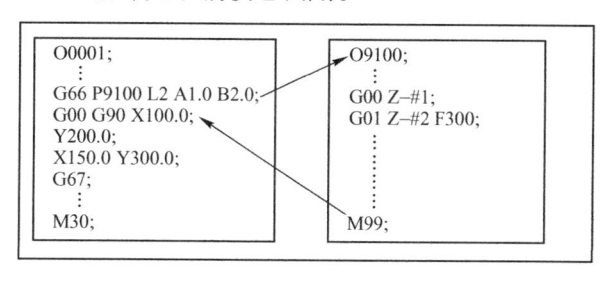

```
O0001;                          O9100;
⋮                              ⋮
G66 P9100 L2 A1.0 B2.0;        G00 Z-#1;
G00 G90 X100.0;                G01 Z-#2 F300;
Y200.0;                        ⋮
X150.0 Y300.0;                 M99;
G67;
⋮
M30;
```

图 6-19 模态调用（G66）

在 G66 之后，用地址 P 指定模态调用的程序号。当要求重复时，地址 L 后指定从 1～9999 的重复次数；与非模态调用（G65）相同，自变量指定的数据传递到宏程序体中。指定 G67 代码时，其后面的程序段不再执行模态宏程序调用。在非模态调用（G65）和模态调用（G66）中可以嵌套 4 级，但不包括子程序调用（M98）。

【**实例 6-2**】 如图 6-20 所示，模态调用（G66）程序用于在指定位置切槽。

调用格式：

G66 P9110 U__ F__;

其中 U 后面的数字——槽深（增量值）；

F 后面的数字——槽加工的进给速度。

调用宏程序的主程序：

```
O0003
G50 X100.0 Z200.0;
S1000 M03;
G66 P9110 U5.0 F0.5;
Z50.0;
Z30.0;
G67;
G00 X00.0 Z200.0 M05;
M30;
```

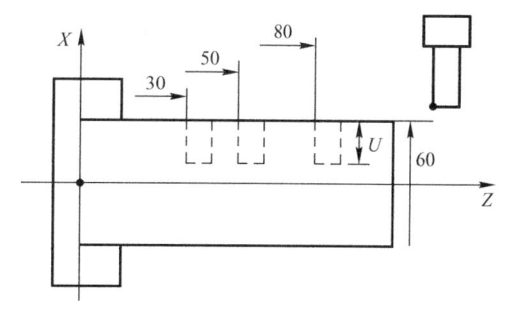

图 6-20 模态调用（G66）程序

宏程序（被调用的程序）：

```
O9110
G01U-=#21F#9;            加工
G00U#21;                 撤回刀具
M99;
```

6.2.6 椭圆类零件的宏程序编制

利用 FANUC 数控车床车削加工如图 6-21 所示的带有椭圆、双曲线过渡的零件，使用变量（或参数）编制此类零件的宏程序。

假设椭圆 $\frac{Z^2}{50^2}+\frac{X^2}{30^2}=1$ 和 $\frac{X^2}{50^2}+\frac{Z^2}{30^2}=1$ 的中心为 X、Z 轴的坐标原点，长半轴为 $a=50$，短半轴为 $b=30$。

1. 工艺分析

车削椭圆的回转零件时，一般采用直线逼近（也叫拟合）法，即在 Z 向（或 X 向）分段，以 $0.2 \sim 0.05$mm 为一个步距，并把 Z（或 X）作为自变量，X（或 Z）作为 Z（或 X）的函数。为了适应不同的椭圆（即不同的长短轴）、不同的起始点和不同的步距，我们可以编制一个只用变量不用具体数据的宏程序，然后在主程序中调用出该宏程序的用户宏指令段内，为上述变量赋值。这样，对于不同的椭圆、不同的起始点和不同的步距，不必更改程序，而只要修改主程序中用户宏指令段内的赋值数据就可以了。

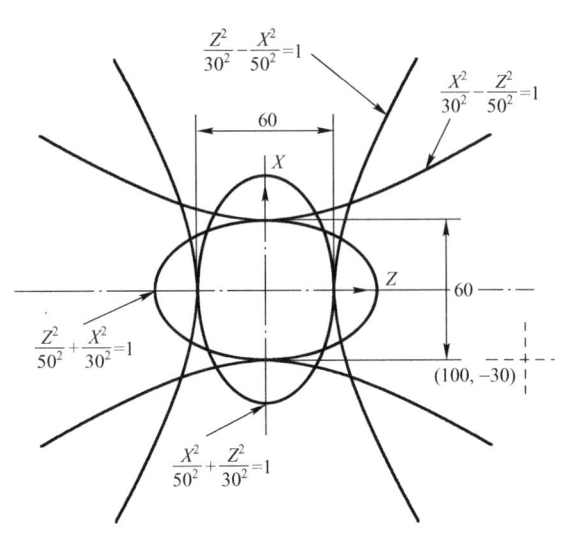

图 6-21　椭圆和双曲线示意图

2. 编程计算

1) 椭圆 $\frac{Z^2}{50^2}+\frac{X^2}{30^2}=1$ 的编程

以该曲线一般方程 $\frac{Z^2}{b^2}+\frac{X^2}{a^2}=1$ 为例：

凸椭圆在第一、二象限内可转换为：$X = a/b * \mathrm{SQRT}[b*b-Z*Z]$；

凹椭圆在第三、四象限内可转换为：$X = -a/b * \mathrm{SQRT}[b*b-Z*Z]$。

用变量来表达上式为：#1 = a/b * SQRT[b*b-#2*#2] 或 #1 = -a/b * SQRT[b*b-#2*#2]；X 变量为#1、Z 变量为#2。直线插补指令为

G01 X[2.0*#1] Z[#2] F0.2;

2) 椭圆 $\frac{X^2}{50^2}+\frac{Z^2}{30^2}=1$ 的编程

以该曲线的一般方程 $\frac{X^2}{b^2}+\frac{Z^2}{a^2}=1$ 为例介绍。

右侧半椭圆在第一、四象限内可转换为：$Z = a/b * \mathrm{SQRT}[b*b-X*X]$；

左侧半椭圆在第二、三象限内可转换为：$Z = -a/b * \mathrm{SQRT}[b*b-X*X]$。

用变量来表达上式为：#2 = a/b * SQRT[b*b-#1*#1] 或 #2 = -a/b * SQRT[b*b-#1*#1]；X 变量为#1、Z 变量为#2。直线插补指令为

G01 X[2.0*#1] Z[#2] F0.2;

3) 椭圆中心点不在工件坐标系原点的编程

如图 4-1 所示，工件坐标系选择在椭圆 $\frac{Z^2}{50^2} + \frac{X^2}{30^2} = 1$ 右侧（100，-30）位置时，椭圆中心点在工件坐标系下的坐标变为（-100，30）。则该椭圆 X 变量为#3、Z 变量为#4，在椭圆上拟合点的坐标为：

凸（一、二象限）椭圆为：#3 = 2.0 * #1 + 60.0；#4 = #2 - 100.0；
凹（三、四象限）椭圆为：#3 = 2.0 * #1 + 60.0；#4 = #2 - 100.0。
直线插补指令为

　　G01 X[#3] Z[#4] F0.2；

同理，椭圆 $\frac{X^2}{50^2} + \frac{Z^2}{30^2} = 1$ 的工作坐标系原点也为右侧点（-100，30）。则该椭圆 X 变量为#3、Z 变量为#4，在椭圆上拟合点的坐标为：

凸（一、二象限）椭圆为：#3 = 2.0 * #1 + 60.0；#4 = #2 - 100.0；
凹（三、四象限）椭圆为：#3 = 2.0 * #1 + 60.0；#4 = #2 - 100.0。
直线插补指令为

　　G01 X[#3] Z[#4] F0.2；

6.2.7 双曲线类零件的宏程序编制

图 6-21 中，双曲线 $\frac{Z^2}{30^2} - \frac{X^2}{50^2} = 1$ 和 $\frac{X^2}{30^2} - \frac{Z^2}{50^2} = 1$ 的中心为 X、Z 轴的坐标原点，其实半轴为 $a = 30$，虚半轴为 $b = 50$。

1. 工艺分析

车削双曲线的回转零件时，一般先把工件坐标原点偏置（G52 指令）到双曲线对称中心上，也可以直接利用工件坐标系，下面我们以一个工件坐标系为基准进行分析编程。我们采用直线逼近（也叫拟合）法，即在 X 向（或 Z 向）分段，以 0.2～0.05mm 为一个步距，并把 X（或 Z）作为自变量，Z（X 或）作为 X（或 Z）的函数。为了适应不同的双曲线（即不同的实半轴和虚半轴）、不同的起始点、终点和不同的步距，我们可以编制一个只用变量不用具体数据的宏程序，然后在主程序中调用出该宏程序的用户宏指令段内，为上述变量赋值就可以了。

2. 编程计算

1) 双曲线 $\frac{Z^2}{30^2} - \frac{X^2}{50^2} = 1$ 的编程

以该曲线一般方程 $\frac{Z^2}{a^2} - \frac{X^2}{b^2} = 1$ 为例：

右侧双曲线在第一、四象限内可转换为：$Z = a/b * SQRT[b*b + X*X]$；
左侧双曲线在第二、三象限内可转换为：$Z = -a/b * SQRT[b*b + X*X]$；
用变量来表达上式为：#2 = a/b * SQRT[b*b + #1*#1] 或 #2 = -a/b * SQRT[b*b + #1*#1]；X 变量为#1、Z 变量为#2。直线插补指令为

　　G01 X[2.0 * #1] Z[#2] F0.2；

2) 双曲线 $\dfrac{X^2}{30^2} - \dfrac{Z^2}{50^2} = 1$ 的编程

以该曲线一般方程 $\dfrac{X^2}{a^2} - \dfrac{Z^2}{b^2} = 1$ 为例：

Z 轴上面双曲线在第一、二象限内可转换为：$X = a/b * \text{SQRT}[b*b + Z*Z]$；

Z 轴下面双曲线在第三、四象限内可转换为：$X = -a/b * \text{SQRT}[b*b + Z*Z]$。

用变量来表达上式为：#1 = $a/b *$ SQRT$[b*b + $#2$*$#2$]$ 或 #1 = $-a/b *$ SQRT$[b*b + $#2$*$#2$]$；X 变量为#1、Z 变量为#2。直线插补指令为

G01X[2.0*#1]Z[#2]F0.2；

3) 双曲线对称中心点不在工件坐标系原点的编程

如图 6-21 所示，如果工件坐标系选择在双曲线 $\dfrac{Z^2}{30^2} - \dfrac{X^2}{50^2} = 1$ 右侧（100，-30）位置时，那么该双曲线的对称中心点在工件坐标系下的坐标变为（-100，30）。则该双曲线 X 变量为#3、Z 变量为#4，在双曲线上拟合点的坐标为：

右侧（一、四象限）双曲线为：#3 = 2.0*#1 + 60.0；#4 = #2 - 100.0；

左侧（二、三象限）双曲线为：#3 = 2.0*#1 + 60.0；#4 = #2 - 100.0；

直线插补指令为

G01X[#3]Z[#4]F0.2；

同理，图 6-21 中双曲线 $\dfrac{X^2}{30^2} - \dfrac{Z^2}{50^2} = 1$ 的工件坐标系也为右侧点（-100，30）位置。则该椭圆 X 变量为#3、Z 变量为#4 在双曲线上拟合点的坐标为：

凹（一、二象限）双曲线为：#3 = 2.0*#1 + 60.0；#4 = #2 - 100.0；

凸（三、四象限）双曲线为：#3 = 2.0*#1 + 60.0；#4 = #2 - 100.0；

直线插补指令为

G01X[#3]Z[#4]F0.2；

6.2.8 抛物线类零件的宏程序编制

利用 FANUC 数控车床车削加工如图 6-22 所示的带有抛物线过渡的零件，使用变量（或参数）编制此类零件的宏程序。

1. 工艺分析

车削图 6-22 中抛物线形状的回转零件时，假设工件坐标原点在抛物线顶点上，采用直线逼近（也叫拟合）法，即在 X（或 Z）向分段，以 0.2～0.01mm 为一个步距，并把 X（或 Z）作为自变量，Z（或 X）作为 X（或 Z）的函数。为了适应不同的抛物线曲线（即不同的对称轴和不同的焦点）、不同的起始点、终点及不同的步距，我们可以编制一个只用变量不用具体数据的宏程

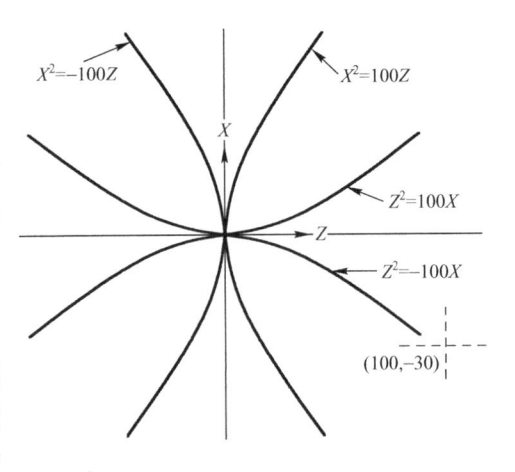

图 6-22 抛物线及公式示意图

序,然后在主程序中调出该宏程序的用户宏指令为上述变量赋值就可以了。

2. 编程计算

抛物线的一般方程:$X^2 = \pm 2PZ$ 或 $Z^2 = \pm 2PX$。如图6-22所示,抛物线轮廓曲线根据其开口方向有四种常见形式:$Z^2 = 100X$;$Z^2 = -100X$;$X^2 = 100Z$;$X^2 = -100Z$。

1)抛物线 $Z^2 = 100X$ 和 $Z^2 = -100X$ 的编程

以该曲线一般方程 $Z^2 = \pm 2PX$ 为例:以 Z 为自变量,设为#2;X 为因变量,设为#1。

凹抛物线 $Z^2 = 100X$ 在第一、二象限内,可转换为:$X = Z*Z/2P$;

凸抛物线 $Z^2 = -100X$ 在第三、四象限内,可转换为:$X = -Z*Z/2P$;

用变量来表达上式为:#1 = #2 * #2/2P 或#1 = - #2 * #2/2P;

直线插补指令为

G01X[2.0 * #1]Z[#2]F0.2;

2)抛物线 $X^2 = 100Z$ 和 $X^2 = -100Z$ 的编程

以该曲线一般方程 $X^2 = \pm 2PZ$ 为例:以 X 为自变量,设为#1;Z 为因变量,设为#2。

抛物线 $X^2 = 100Z$ 在第一、四象限内,可转换为:$Z = X*X/2P$;

抛物线 $X^2 = -100Z$ 在第二、三象限内,可转换为:$Z = -X*X/2P$;

用变量来表达上式为:#2 = #1 * #1/2P 或#2 = - #1 * #1/2P;

直线插补指令为

G01X[2.0 * #1]Z[#2]F0.2;

3)抛物线顶点不在工件坐标系原点的编程

如果工件坐标系选择在抛物线 $Z^2 = 100X$ 和 $Z^2 = -100X$ 右侧(100,-30)位置时,那么该抛物线顶点在工件坐标系下的坐标变为(-100,30)。则该抛物线 X 变量为#3、Z 变量为#4 在抛物线上拟合点的坐标为:

凹抛物线 $Z^2 = 100X$ 在第一、二象限为:#3 = 2.0 * #1 + 60.0;#4 = #2 - 100.0;

凸抛物线 $Z^2 = -100X$ 在第三、四象限为:#3 = 2.0 * #1 + 60.0;#4 = #2 - 100.0;

直线插补指令为

G01X[#3]Z[#4]F0.2;

同理,抛物线 $X^2 = 100Z$ 和 $X^2 = -100Z$ 的工作坐标系原点也为右侧点(-100,30)。则该抛物线 X 变量为#3、Z 变量为#4 在抛物线上拟合点的坐标为:

$X^2 = 100Z$(一、四象限)抛物线为:#3 = 2.0 * #1 + 60.0;#4 = #2 - 100.0;

$X^2 = -100Z$(二、三象限)抛物线为:#3 = 2.0 * #1 + 60.0;#4 = #2 - 100.0;

直线插补指令为

G01X[#3]Z[#4]F0.2;

任务实施

实训15 椭圆宏程序零件的车削加工

1. 零件图分析

在数控车床上加工一个如图6-23所示的椭圆宏程序零件,该零件轮廓由两个椭圆构成,加工该零件选择毛坯尺寸为 $\phi75mm \times 200mm$。以工件右端面与轴心线的交点为工件坐标系原点，换刀点设置在工件坐标系 $X100$、$Z100$ 处。右侧椭圆的终点 A 在工件坐标系下坐标为 $(X58.4, Z-45.0)$，中间椭圆的终点 B 在工件坐标系下坐标为 $(X70.0, Z-143.3)$。

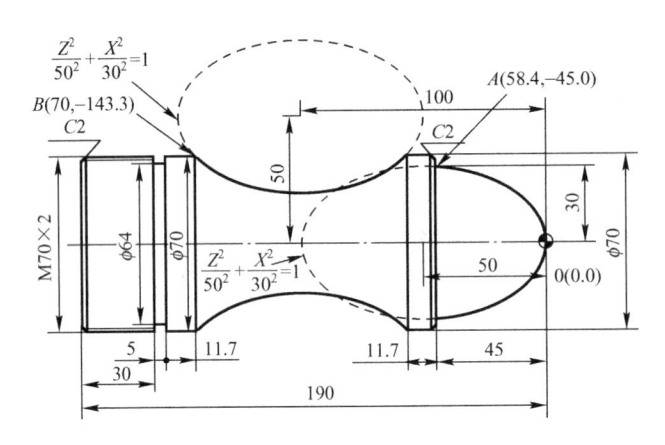

图 6-23 椭圆宏程序加工实例

2. 确定工件的装夹方式

用三爪自定心卡盘夹持毛坯外圆，一次装夹依次完成工件左端 M70 外圆、$\phi70mm$ 外圆、槽和 M70 螺纹的粗精加工。左端车削完毕后调头装夹 $\phi70mm$ 外圆，粗、精车削右端所有外圆。

3. 确定数控加工刀具及加工工序

根据加工要求，选用三把刀具，T01 为 93° 机夹外圆车刀；T02 为切断刀，刀刃宽为 5mm；T03 为标准 60° 螺纹车刀。同时把刀具在各工位自动换刀刀架上安装好，且都对好刀，把它们的刀偏值输入相应的刀具参数中。该零件的数控加工工序卡如表 6-10 所示。

表 6-10 数控加工工序卡

零件名称	轴	数 量			
工序	名称	工艺要求		工作者	日期
1	下料	$\phi75mm \times 200mm$ 棒料 50 根			
2	热处理	调质处理 HB 220～250			
		工步	工步内容	刀具号	
3	数控车（左端）	1	车端面	T01	
		2	车削 M70 的外圆	T01	
		3	切削 $\phi64mm$ 的退刀槽	T02	
		4	车螺纹 M70×2 达零件图尺寸	T03	
4	数控车（右端）	1	车端面保证总长 190mm	T01	
		2	粗车右端带椭圆的外轮廓	T01	
		3	精车右端带椭圆的外轮廓	T01	
5	检验				
	材料	45#钢		备注：	
	规格数量				

4. 选择切削用量

选择合理的切削用量，如表6-11所示为数控加工刀具卡。

表6-11 数控加工刀具卡

刀具号	刀具规格名称	数量	加工内容	刀尖半径（mm）	主轴转速（r/min）	进给速度（mm/r）	备注
T01	93°机夹外圆偏刀	1	车端面及粗、精车轮廓	0.2	800	0.2	
T02	切槽刀	1	切削退刀槽	0.1	500	0.08	
T03	60°螺纹车刀	1	车螺纹 M70×2		500	2	

5. 编写加工程序

编写加工程序，如表6-12，表6-13所示。

表6-12 椭圆宏程序零件左端加工程序

程　序	注　释
O0151	程序号
G54 G40 G90 G99 G97；	工件坐标系设定
T0101；	调用1号刀，1号刀补
M3 S800；	主轴正转
G00 X69.74 Z2.0 M08；	快速点定位，打开切削液
G01 Z-35.0 F0.2；	加工 M70 螺纹外圆
X70.0；	退刀
W-12.0；	车 φ70mm 外圆柱面
X75.0 M09；	退刀，关切削液
G00 Z100.0 T0100；	回换刀点换刀，取消1号刀补
T0202；	调用2号刀，2号刀补
M3 S500；	主轴正转
G00 Z-35.0 M08；	快速点定位
G01 X64.0 F0.08；	切削 φ64mm 退刀槽
X75.0 M09；	退刀，关切削液
G00 Z100.0 T0200；	回换刀点换刀，取消2号刀补
T0303；	调用3号刀，3号刀补
G00 X72.0 Z2.0；	快速点定位
G92 X69.0 Z-32.0 F2.0；	切削 M70 螺纹
X68.5；	车螺纹循环，第1刀
X68.0；	车螺纹循环，第2刀
X67.6；	车螺纹循环，第3刀
X67.4；	车螺纹循环，第4刀
G00 X100.0；	
Z100.0 T0300；	回换刀点换刀，取消3号刀补
M30；	程序结束

表6-13 椭圆宏程序零件右端加工程序

程　序	注　释
O0115	程序号
G54 G40 G90 G99 G97；	
T0101；	
M3 S800；	
G00 X80.0 Z2.0 M08；	
G73 U20.0 W2.0 R10；	粗加工循环
G73 P1 Q2 U0.5 W0 F0.3；	

续表

程　序	注　释
N1 G42 G00 X0 Z1.0 S1500; #1 = 50.0; N10#2 = -3.0/5.0 * SQRT［50.0 * 50.0 - #1 * #1］; #3 = 2.0 * #2; #1 = #1 - 0.1; G01 X［#3］Z［#4］; #4 = #1 - 0.1; IF［#4GE - 45.0］GOTO10; G01 X66.0; X70.0 Z - 47.0; #5 = 43.3; N20#6 = -3.0/5.0 * SQRT［50.0 * 50.0 - #5 * #5］; #7 = 2.0 * #6 - 100.0; #8 = #5 - 100.0; G01X［#7］Z［#8］; #5 = #5 - 0.1; IF［#8GE - 143.3］GOTO20; G01 W - 11.7; N2 G00 X75.0; G70 P1 Q2; G40 G00 X100.0 M09; Z100.0; M30;	精加工第一段程序 椭圆 Z 向起始点坐标（相对于椭圆中心） 椭圆 X 向起始点坐标（相对于椭圆中心） 椭圆 X 变量（相对于工件坐标系） 椭圆 Z 变量（相对于工件坐标系） 直线插补拟合 椭圆 Z 向步距增量 条件判断，如椭圆 Z 变量大于或等于椭圆 Z 向终点，直接跳转 N10 椭圆 Z 向起始点坐标（相对于椭圆中心） 椭圆 X 向起始点坐标（相对于椭圆中心） 椭圆 X 变量（相对于工件坐标系） 椭圆 Z 变量（相对于工件坐标系） 直线插补拟合 椭圆 Z 向步距增量 条件判断，如椭圆 Z 变量大于或等于椭圆 Z 向终点，直接跳转 N20 精加工循环 程序结束

6. 进行数控模拟加工

在数控车床上模拟并加工图 6-9 所示的零件的加工路线轨迹。该零件数控仿真加工效果如图 6-24 所示。

（1）电源接通前后的检查。

（2）手动返回参考点。

（3）安装工件和工艺装夹。

（4）工具、量具、刃具选择与刀具安装。

（5）建立工件坐标系。

（6）创建和编辑程序。

（7）数控车床的空运行。

（8）图形模拟。

（9）自动加工。

（10）加工结束，清理数控车床。

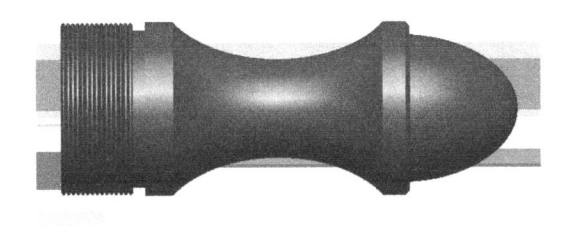

图 6-24　椭圆宏程序数控仿真加工效果图

7. 填写实训报告

按附录 F 的格式填写实训报告。

思考题 15

（1）宏程序和子程序的区别在哪里？

（2）宏程序中变量的类型有哪些？

项目 6　综合零件的数控车削加工

（3）用数控车床完成如图 6-25 所示的零件的加工，毛坯尺寸为 $\phi50\text{mm}\times200\text{mm}$，材料为铝合金。按图样要求完成零件节点、基点计算，设定工件坐标系，编制该零件的数控加工刀具、加工工序卡和加工程序，并在数控车床上模拟加工路线轨迹。

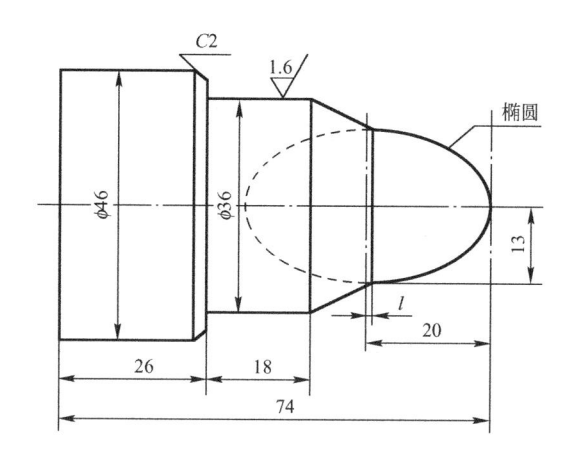

图 6-25　椭圆宏程序零件加工训练零件图

任务实施

实训 16　双曲线宏程序零件的车削加工

1. 零件图分析

在数控车床上加工一个如图 6-26 所示的双曲线宏程序零件，该零件轮廓由两个双曲线构成，加工该零件选择毛坯尺寸为 $\phi110\text{mm}\times190\text{mm}$。以工件右端面与轴心线的交点为工件坐标系原点，换刀点设置在工件坐标系 X100、Z100 处。右侧双曲线的终点 A 在工件坐标系下坐标为 (X70.0，Z-6.6)，中间双曲线的终点 B 在工件坐标系下坐标为 (X84.85，Z-110.0)。

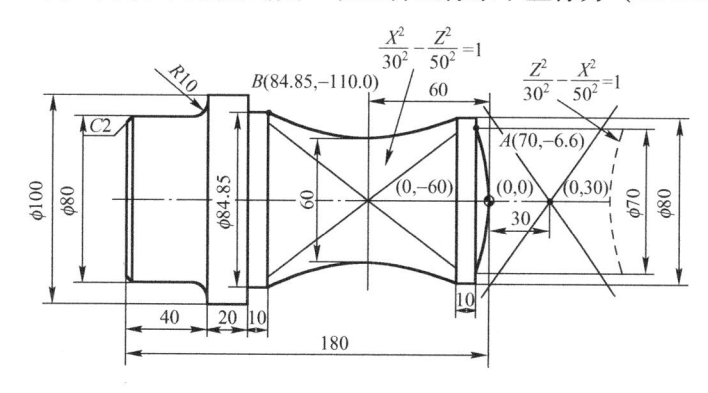

图 6-26　双曲线宏程序加工实例

2. 确定工件的装夹方式

用三爪自定心卡盘夹持毛坯外圆，一次装夹依次完成工件左端 $\phi80\text{mm}$ 外圆、$\phi100\text{mm}$ 外圆、$R10\text{mm}$ 圆弧及倒角的粗精加工。左端车削完毕后调头装夹 $\phi80\text{mm}$ 外圆，粗、精车削右端所有外圆。

3. 确定数控加工刀具及加工工序

根据加工要求，选用一把刀具，93°机夹外圆车刀。同时把刀具在各工位自动换刀刀架上安装好，且都对好刀，把它们的刀偏值输入相应的刀具参数中。该零件的数控加工工序卡如表6-14所示。

表6-14 数控加工工序卡

零件名称	轴	数 量			
工序	名称	工艺要求		工作者	日期
1	下料	ϕ110mm×190mm 棒料 50 根			
2	热处理	调质处理 HB 220～250			
3	数控车（左端）	工步	工步内容	刀具号	
		1	车端面	T01	
		2	粗车左端外轮廓	T01	
		3	精车左端外轮廓	T01	
4	数控车（右端）	1	车端面保证总长180mm	T01	
		2	粗车右端带椭圆的外轮廓	T01	
		3	精车右端带椭圆的外轮廓	T01	
5	检验				
材料		45#钢		备注：	
规格数量					

4. 选择切削用量

选择合理的切削用量，如表6-15所示为数控加工刀具卡。

表6-15 数控加工刀具卡

刀具号	刀具规格名称	数量	加工内容	刀尖半径(mm)	主轴转速(r/min)	进给速度(mm/r)	备注
T01	93°机夹外圆偏刀	1	车端面及粗车轮廓	0.2	800	0.2	
			精车轮廓	0.2	1500	0.1	

5. 编写加工程序

编写加工程序，如表6-16～表6-18所示。

表6-16 双曲线宏程序零件左端加工程序

程 序	注 释
O0152 G54 G40 G90 G99 G97; T0101; M3S800; G00 X120.0 Z2.0 M08; G71 U3.R1.0; G71 P1 Q 2 U0.5 W0 F0.3; N1 G42 G00 X72.0 S1500;	程序号 工件坐标系设定 调用1号刀，1号刀补 主轴正转 快速点定位，打开切削液 调用外圆粗车循环

续表

程　序	注　释
G01 X80.0 Z-2.0 F0.1; Z-30.0; G02 X110.0 Z-40.0 R10.0; G01 W-10.0; N2 X110.0; G70 P1 Q2; G40 G00 Z100.0 T0100 M09; M30;	 精车循环 回换刀点换刀，取消1号刀补 程序结束

表6-17　双曲线宏程序零件右端加工主程序

主　程　序	注　释
O0153 G54 G40 G90 G99 G97; T0101; M3 S800; G00 X100.0 Z2.0 M08; #100 = 50.0; N2 M98 P0002; N3 #100 = #100 - 5.0; IF#100GE0.5GOTO2; N5 G00 X10.0; G42 G00 Z2.0; #100 = 0; M98 P0002; G40 G00 Z100.0 M09; M30;	 设置全局变量#100为粗加工偏置总余量=50.0mm 调用宏程序 O0002 粗加工循环每次下刀深度为5.0mm 精加工余量为0.5mm 精加工程序开始，余量为0mm 调用宏程序 O0002 程序结束

表6-18　双曲线宏程序零件右端加工子程序

子　程　序	注　释
O0002 #1 = 0; N10#2 = -3.0/5.0*SQRT[50.0*50.0+#1*#1]; #3 = 2.0*#1+0+#100; #4 = #2+30.0; G01 X[#3] Z[#4] F0.1; #1 = #1+0.1; IF[#1LE35.0]GOTO10; G01 X[80.0+#100]; #5 = 44.1; N20#6 = 3.0/5.0*SQRT[50.0*50.0+#5*#5]; #7 = 2.0*#6+0+#100; #8 = #5-60.0; G01 X[#7] Z[#8] F0.2; #5 = #5-0.1; IF[#8GE-110.0]GOTO20; G01 W-10.0; U10.0; G00 Z2.0; M99;	 双曲线X起始值为0（相对于双曲线对称中心） 双曲线变量Z，第二象限（相对于双曲线对称中心） 双曲线X变量（相对于工件坐标系）+#100粗加工偏置量 双曲线Z变量（相对于工件坐标系） 直线插补拟合 X方向每次走刀步距 条件判断，如果X变量值小于或等于35.0，直接跳转至N10句开始执行 双曲线Z起始值（相对于双曲线对称中心） 双曲线变量X（相对于双曲线对称中心） 双曲线X变量（相对于工件坐标系）+#100粗加工偏置量 双曲线Z变量（相对于工件坐标系） 直线插补拟合 Z方向每次走刀步距 条件判断，如果Z变量值大于或等于-110.0，直接跳转至N20句开始执行 Z向相对位移 X向相对位移 子程序结束，返回

6. 数控车削加工

在数控车床上模拟并加工图 6-25 中的零件的加工路线轨迹。该零件数控仿真加工效果如图 6-27 所示。

（1）电源接通前后的检查。
（2）手动返回参考点。
（3）安装工件和工艺装夹。
（4）工具、量具、刃具选择与刀具安装。
（5）建立工件坐标系。
（6）创建和编辑程序。
（7）数控车床的空运行。
（8）图形模拟。
（9）自动加工。
（10）加工结束，清理数控车床。

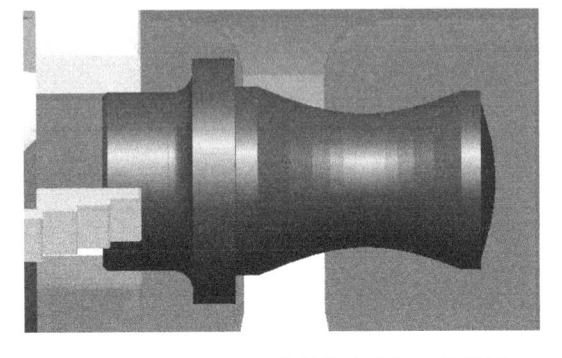

图 6-27 双曲线宏程序数控仿真加工效果图

7. 填写实训报告

按附录 F 的格式填写实训报告。

任务实施

实训 17 抛物线宏程序零件的车削加工

1. 零件图分析

在数控车床上加工一个如图 6-28 所示的抛物线宏程序零件，该零件轮廓由两条抛物线构成，加工该零件选择毛坯尺寸为 $\phi 90mm \times 130mm$。以工件右端面与轴心线的交点为工件坐标系原点，换刀点设置在工件坐标系 X100、Z100 处。右侧抛物线的终点 A 在工件坐标系下坐标为（X70.0，Z-15.756），中间抛物线的终点 B 在工件坐标系下坐标为（X80，Z-91.623）。

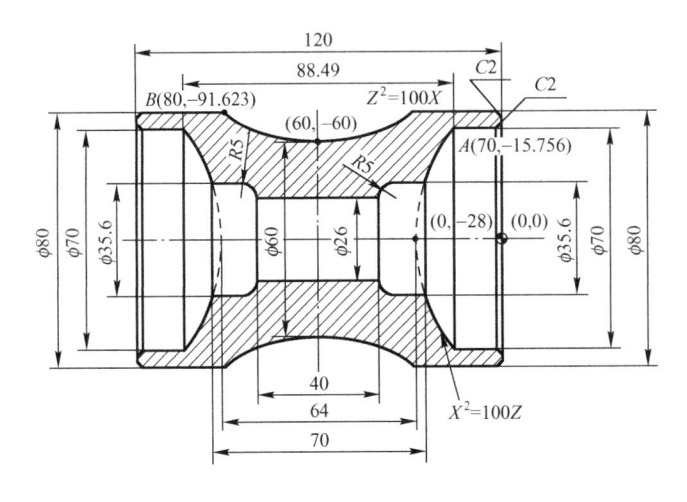

图 6-28 抛物线宏程序加工实例

2. 确定工件的装夹方式

由于此零件为对称图形，本着先内后外的原则，用三爪自定心卡盘夹持毛坯外圆，一次装夹依次完成工件一端外圆和内孔、倒角等所有的轮廓的粗精加工，外圆车削至抛物线终点。一端车削完毕后调头装夹 ϕ80mm 外圆，粗、精车削另一端所有内孔和外圆轮廓。

3. 确定数控加工刀具及加工工序

根据加工要求，选用四把刀具：ϕ3mm 中心钻、ϕ26mm 麻花钻；数控车床刀具有两把，T01 为粗精加工内孔刀，选主偏角 93°内孔车刀。T02 为粗精加工外圆刀，选刀尖角为 35°、主偏角的 93°机夹外圆车刀。同时把刀具在工位自动换刀刀架上安装好，且都对好刀，注意保证全长的尺寸和精度。把它们的刀偏值输入相应的刀具参数中。该零件的数控加工工序卡如表 6-19 所示。

表 6-19 数控加工工序卡

零件名称	轴	数 量		
工序	名称	工艺要求	工作者	日期
1	下料	ϕ90mm×130mm 棒料 50 根		
2	热处理	调质处理 HB 220～250		
3	数控车	ϕ3mm 中心钻定位		
4	数控车	ϕ26mm 麻花钻钻内孔		
5	数控车（左端）	工步	工步内容	刀具号
		1	车端面	T01
		2	粗车内轮廓	T01
		3	精车内轮廓（抛物线）	T01
		4	粗车外轮廓	T02
		5	精车外轮廓（抛物线）	T02
6	数控车（右端）	1	车端面保证总长 120mm	T02
		2	粗车内轮廓	T01
		3	精车内轮廓（抛物线）	T01
5	检验			
材料		45#钢	备注：	
规格数量				

4. 选择切削用量

选择合理的切削用量，如表 6-20 所示为数控加工刀具卡。

表 6-20 数控加工刀具卡

刀具号	刀具规格名称	数量	加工内容	刀尖半径（mm）	主轴转速（r/min）	进给速度（mm/r）	备注
T01	93°内孔车刀	1	粗车内孔	0.2	800	0.25	
			精车内孔	0.2	1200	0.1	
T02	93°机夹外圆偏刀	1	车端面及粗车轮廓	0.2	800	0.25	
			精车轮廓	0.2	1200	0.1	

5. 编写加工程序

编写加工程序，如表6-21～表6-24所示。

表6-21 双曲线宏程序零件右端内孔加工程序

程　序	注　释
O0153	程序号
G54 G40 G90 G99 G97;	工件坐标系设定
T0101;	调用1号刀，1号刀补
M3S800;	主轴正转
G00 X24.0 Z2.0 M08;	快速点定位，打开切削液
G71 U2.5 R0.5;	调用内圆粗车循环
G71 P2 Q3 U-0.5 W0 F0.25;	
N2 X77.0;	
G1 X70.0 Z-2.0;	
Z-15.7;	
X36.0 Z-25.0;	
Z-35.;	
N3 X26.0;	
G41 G00 Z2.0;	加入刀具半径左补偿
X78.0 S1200;	点定位
G01 X70.0 Z-2.0 F0.1;	
#1=35.0;	抛物线X变量加工起点（相对于抛物线顶点）
N1 #2=#1*#1/100;	抛物线Z变量加工起点（相对于抛物线顶点）
#3=2*#1+0;	抛物线X变量加工起点（相对于工件坐标系原点）
#4=#2-28.0;	抛物线Z变量加工起点（相对于工件坐标系原点）
G01 X[#3] Z[#4];	直线插补
#1=#1-0.1;	X变量每次走刀步距
IF[#3GE35.6]GOTO1;	条件判断，当X变量值大于或等于ϕ35.6mm内孔直径时，直接跳转至N1句开始执行
G01 Z-35.0;	
G03 X26.0 Z-40.0 R5.0;	精加工R5.0mm圆弧
G40 G0 1X24.0;	取消刀具半径左补偿
G00 Z100.0 T0100;	回换刀点换刀，取消1号刀补
M30;	程序结束

表6-22 抛物线宏程序零件右端外轮廓加工主程序

主 程 序	注　释
O1153	
G54 G40 G90 G99 G97;	
T0202;	
M03 S800;	
G00 X90.0 Z2.0 M08;	
X72.0 M08;	
G01 X80.0 Z-2.0 F0.25;	
#100=20.0;	设置全局变量#100为粗加工偏置总余量=20.0mm
N2 M98 P0100;	调用宏程序O0100
N3 #100=#100-5.0;	粗加工循环每次下刀深度为5.0mm
IF#100GE0.5GOTO2;	精加工余量为0.5mm
G00 X90.0 Z2.0;	
G42 X72.0;	
G01 X80.0 Z-2.0 F0.1 S1200;	
#100=0;	精加工程序开始，余量为0mm
M98 P0100;	调用宏程序O0100
G40 G00 Z100.0 T0200 M09;	回换刀点换刀，取消2号刀补，切削液停
M30;	程序结束

表 6-23 抛物线宏程序零件右端外轮廓加工子程序

主 程 序	注 释
O0100	
#1 = 31.623;	抛物线 Z 变量加工起点（相对于抛物线顶点）
N10 #2 = #1 * #1/100;	抛物线 X 变量加工起点（相对于抛物线顶点）
#3 = 2 * #2 + 60.0 + #100;	抛物线 X 变量加工起点 + 粗加工偏置（相对于工件坐标系原点）
#4 = #1 − 60.0;	抛物线 Z 变量加工起点（相对于工件坐标系原点）
G01 X[#3] Z[#4] F0.1;	直线插补
#1 = #1 − 0.1;	Z 变量每次走刀步距
IF[#4GE − 91.623]GOTO10;	条件判断，当 Z 变量值大于或等于抛物线终点坐标时，直接跳转至 N10 句开始执行
G01 U10.0;	
G00 Z2.0;	
X80.0;	
M99;	子程序结束，返回

表 6-24 双曲线宏程序零件左端内孔加工程序

程 序	注 释
O2153	程序号
G54 G40 G90 G99 G97;	工件坐标系设定
T0101;	调用 1 号刀，1 号刀补
M3 S800;	主轴正转
G00 X24.0 Z2.0 M08;	快速点定位，打开切削液
G71 U2.5 R0.5;	
G71 P2 Q3 U − 0.5 W0 F0.25;	调用内圆粗车循环
N2 X77.0;	
G1 X70.0 Z − 2.0;	
Z − 15.7;	
X36.0 Z − 25.0;	
Z − 35.;	
N3 X26.0;	
C41 G00 Z2.0;	加入刀具半径左补偿
X78.0 S1200;	点定位
G01 X70.0 Z − 2.0 F0.1;	
#1 = 35.0;	抛物线 X 变量加工起点（相对于抛物线顶点）
N1 #2 = #1 * #1/100;	抛物线 Z 变量加工起点（相对于抛物线顶点）
#3 = 2 * #1 + 0;	抛物线 X 变量加工起点（相对于工件坐标系原点）
#4 = #2 − 28.0;	抛物线 Z 变量加工起点（相对于工件坐标系原点）
G01 X[#3] Z[#4];	直线插补
#1 = #1 − 0.1;	X 变量每次走刀步距
IF[#3GE35.6]GOTO1;	条件判断，当 X 变量值大于或等于 ϕ35.6mm 内孔直径时，直接跳转至 N1 句开始执行
G01 Z − 35.0;	
G03 X26.0 Z − 40.0 R5.0;	精加工 R5.0mm 圆弧
G40 G0 1X24.0;	取消刀具半径左补偿
G00 Z100.0 T0100;	回换刀点换刀，取消 1 号刀补
M30;	程序结束

6. 数控车削加工

在数控车床上模拟并加工图 6-28 所示的零件的加工路线轨迹。该零件数控仿真加工效果如图 6-29 所示。

（1）电源接通前后的检查。

（2）手动返回参考点。

（3）安装工件和工艺装夹。

（4）工具、量具、刃具选择与刀具安装。

（5）建立工件坐标系。

（6）创建和编辑程序。

（7）数控车床的空运行。

（8）图形模拟。

（9）自动加工。

（10）加工结束，清理数控车床。

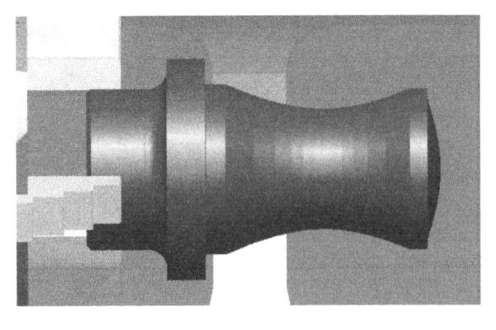

图 6-29　抛物线宏程序数控仿真加工效果图

7. 填写实训报告

按附录 F 的格式填写实训报告。

思考题 16

用数控车床完成如图 6-30 所示的零件的加工，毛坯尺寸为 $\phi 45\text{mm} \times 100\text{mm}$，材料为 45# 钢。按图样要求完成零件节点、基点计算，设定工件坐标系，编制该零件的数控加工刀具卡、加工工序卡和加工程序，并在数控车床上模拟加工路线轨迹。

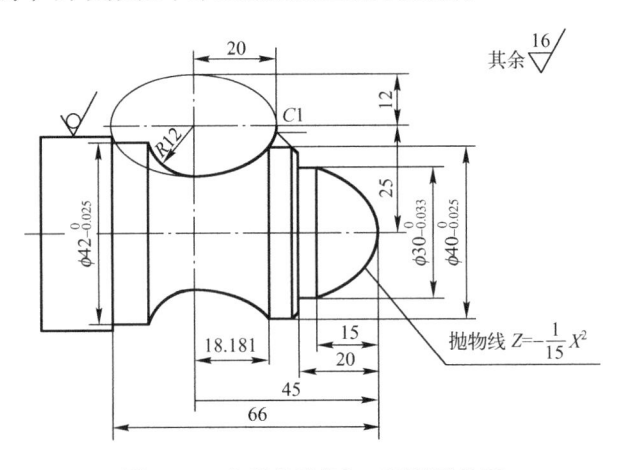

图 6-30　宏程序零件加工训练零件图

任务 6-3　异形轴及配合组件的数控车削加工

任务目标

（1）掌握异形轴及配合零件的工艺编制。

（2）掌握配合零件的工艺装夹。

（3）掌握异形轴及配合零件的程序编程及应用。

任务引领

（1）用数控车床完成图 6-31 所示的零件的加工。按图样要求制定正确的工艺方案，选择合理的刀具和切削工艺参数，编制数控加工程序。

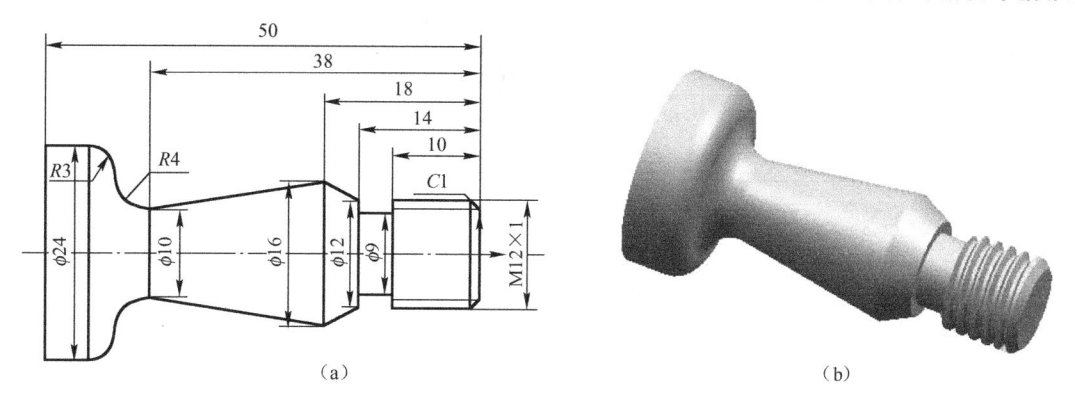

图 6-31 异形轴加工零件图

（2）用数控车床完成如图 6-32 所示的零件的加工。按图样要求完成零件节点、基点计算，设定工件坐标系，制定正确的工艺方案，选择合理的刀具和切削工艺参数，编制数控加工程序，达到表 6-25 的要求。

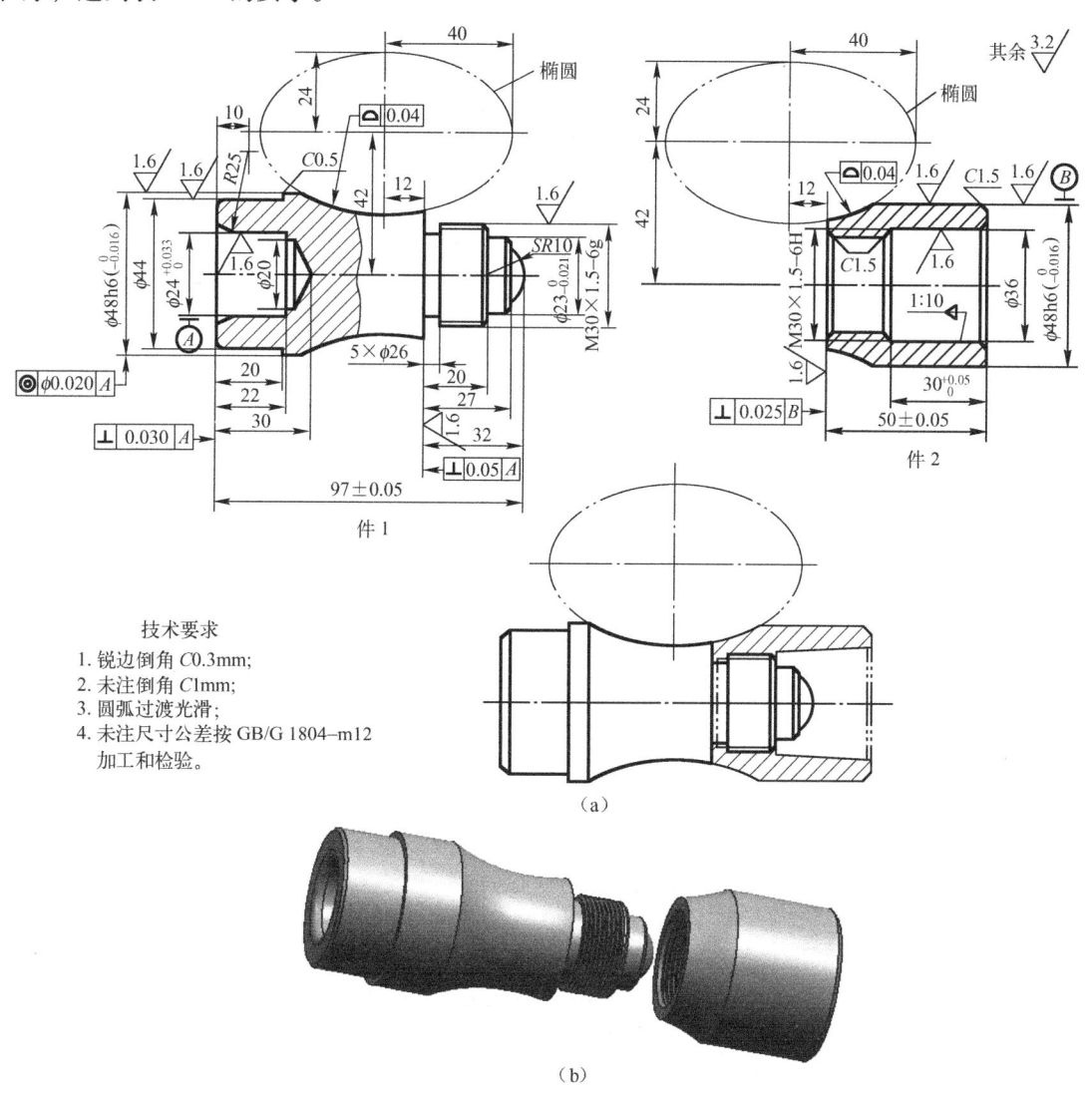

技术要求
1. 锐边倒角 C0.3mm；
2. 未注倒角 C1mm；
3. 圆弧过渡光滑；
4. 未注尺寸公差按 GB/G 1804–m12 加工和检验。

图 6-32 配合零件加工实例

表6-25 零件加工标准

准考证号			操作时间	300min	得分			
试题编号			机床编号		系统类型			
序号	考核项目	考核内容及要求		评分标准	配分	检测结果	扣分	得分	备注
1	工件2	$\phi 48_{-0.016}^{0}$ mm	IT	超差0.01mm扣1分	4				
2			$Ra1.6\mu m$	降一级扣1分	2				
3		M30×1.5-6H		超差不得分	8				
4		锥度1:10	形状	超差不得分	3				
			$Ra1.6\mu m$	降一级扣1分	2				
5		倒角（3处）		错、漏1处扣1分	3				
6		50±0.05mm		每超差0.01mm扣1分	3				
7	工件1	$\phi 48_{-0.016}^{0}$ mm	IT	每超差0.01mm扣1分	4				
8			$Ra1.6\mu m$	降一级扣1分	2				
10		$\phi 44$mm	$Ra1.6\mu m$	降一级扣1分	2				
11		$\phi 24_{0}^{+0.033}$ mm	IT	每超差0.01mm扣1分	4				
12			$Ra1.6\mu m$	降一级扣1分	2				
13		$\phi 23_{-0.021}^{0}$ mm	IT	每超差0.01mm扣1分	4				
14			$Ra1.6\mu m$	降一级扣1分	2				
15		M30×1.5-6g		超差不得分	8				
16		5×$\phi 26$mm 槽	IT	每超差0.01mm扣1分	4				
			$Ra1.6\mu m$	降一级扣1分	3				
17		97±0.05mm		每超差0.01mm扣1分	3				
18		椭圆		超差不得分	10				
19		$R11$mm		超差不得分	4				
20		倒角		错、漏1处扣1分	3				3处
21	配合	螺纹配合		超差不得分	8				
22	安全文明生产	1. 遵守机床安全操作规程并正确使用机床 2. 刀具、工具、量具放置规范 3. 设备保养、场地整洁			3				酌情扣1分
23	工艺分析	1. 工件定位和夹紧合理 2. 加工顺序合理 3. 刀具选择合理 4. 刀具轨迹路线合理			3				每违反一条酌情扣2分
24	程序编制	1. 指令正确，程序完整 2. 运用刀具半径和长度补偿功能 3. 数值计算正确、程序编写表现出一定的技巧，简化计算和加工程序 4. 切削参数、坐标系选择正确、合理			6				每违反一条酌情扣1分
25	其他项目	发生重大事故（人身和设备安全事故等）、严重违反工艺原则和情节严重的野蛮操作等，由裁判长决定取消其实际操作竞赛资格							
记录员			监考人			检验员		考评人	

任务实施

实训 18　异形轴的数控车削加工

1. 零件图分析

在数控车床上加工一个图 6-31 中的轴类零件，该零件由外圆柱面、外圆锥面、圆弧面、螺纹构成，外形较复杂，毛坯尺寸为 φ25mm×65mm，其中 φ25mm 的外径不加工（可用于装夹）。分析该工件的形状，不是很规范的阶梯轴，因此在编写数控加工程序时不能使用复合固定循环指令。

2. 确定工件的装夹方式

由于这个工件是一个实心轴，并且轴的长度不很长，所以采用工件的左端面和 φ25mm 外圆作为定位基准。使用普通三爪卡盘夹紧工件，取工件的右端面中心为工件坐标系的原点，如图 6-33 所示。

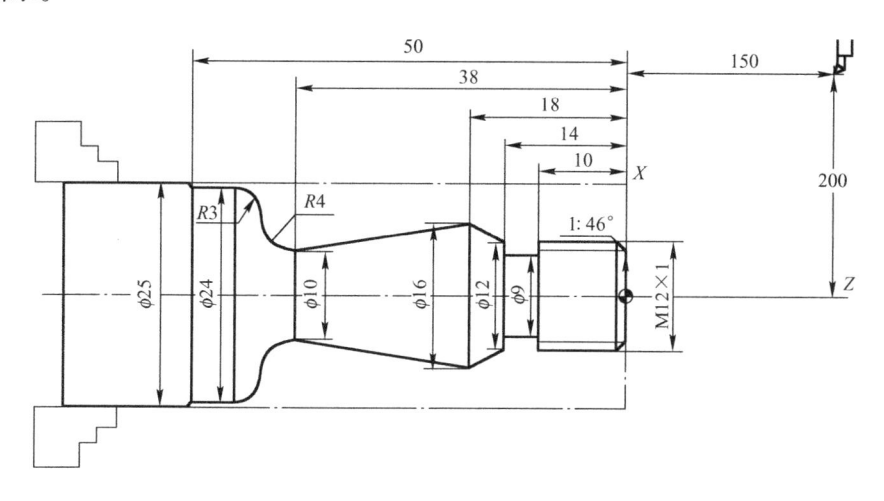

图 6-33　工件装夹及刀具布置示意图

3. 确定数控加工刀具及加工工序

根据零件的加工要求，选用 45°机夹外圆偏刀、93°机夹外圆偏刀、切槽刀、60°螺纹车刀各一把（由于工件的结构简单，对精度的要求不高，故粗车和精车使用一把外圆车刀），刀具编号依次为 01、02、03 和 04。该零件的数控加工工序卡如表 6-26 所示。

表 6-26　数控加工工序卡

零件名称	导　套	数　量		工作者	日期
工　序	名　称	工 艺 要 求			
1	下料	φ25mm×65mm 棒料 8 根			
2	车	车削外圆到 φ25mm			
3	热处理	调质处理 HB 220～250			

续表

零件名称	导套	数量		
4	数控车	工步	工步内容	刀具号
		1	车端面	T01
		2	自右向左粗车外轮廓	T02
		3	自右向左精车外轮廓	T02
		4	切削 ϕ9mm 的退刀槽	T03
		5	车螺纹 M12×1 达零件图尺寸	T04
5	车	切断,并保证总长等于50mm		
6	检验			
材料		45#钢	备注:	
规格数量		ϕ25mm×65mm		

4. 选择切削用量

选择合理的切削用量,如表6-27所示为数控加工刀具卡。

表6-27 数控加工刀具卡

刀具号	刀具规格名称	数量	加工内容	刀尖半径(mm)	主轴转速(r/min)	进给速度(mm/r)	备注
T01	45°机夹外圆偏刀	1	车端面	0.4	500	0.2	
T02	93°机夹外圆偏刀	1	粗、精车轮廓	0.4	700	0.2	
T03	切槽刀	1	切削退刀槽	0.1	500	0.08	
T04	60°螺纹车刀	1	车螺纹 M12×1		500	1.0	

5. 编写加工程序

编写加工程序,如表6-28所示。

表6-28 异形轴数控车削加工程序

主程序	注释
O0004 N001 G50 X200.0 Z150.0 T0101; N002 S500 M03; N003 G00 X30.0 Z0 M08; N004 G01 X-1.0 F0.2; N005 G00 X60.0; N006 X200.0 Z150.0 T0100 M09; N007 T0202; N008 S700 M03; N009 G00 X22.0 Z2.0 M08; M010 M98 P0006; M011 G00 X19.0 Z2.0; N012 M98 P0006; N013 G00 X16.0 Z2.0; N014 M98 P0006; N015 G00 X13.0 Z2.0; N016 M98 P0006;	坐标系设定 车端面 返回起始点 换刀 粗车外轮廓(调用子程序)

续表

主 程 序	注　　释
N017 G00 X12.0 Z2.0	
N018 M98 P0006；	精车外轮廓
N019 G00 X200.0 Z150.0 T0200 M09；	
N020 T0303 S500 M03；	
N021 G00 X25.0 Z－14.0 M08；	
N022 G01 X9.0 F0.08；	
N023 G04 X4.0；	切退刀槽
N024 G00 X200.0；	
N025 Z150.0 T0300 M09；	
N026 T0404；	换刀
N027 G00 X12.0 Z2.0；	
N028 G76 X8.32 Z－11.0 K1.84 D750 F1.0 A60；	车螺纹
N029 G00 X200.0 Z150.0；	
N030 M05；	
N031 M30；	

子 程 序	注　　释
O0006	子程序号
N001 G01 U0. W－16.0 F0.2；	
N002 U4.0 W－4.0；	
N003 U－6.0 W－20.0；	
N004 G02 U8.0 W－4.0 R4.0；	
N005 G03 U6.0 W－3.0 R3.0；	
N006 G01 W－12.0；	
N007 G00 U50.0；	
N008 W55.0；	
N009 M99；	返回主程序

实训 19　配合组件的数控车削加工

1. 零件图分析

在数控车床上加工一个图 6-32 中的配合零件。该零件为配合件，件 1 与件 2 相配，零件材料为 45#钢，件 1 毛坯为：ϕ50mm×100mm，件 2 毛坯为：ϕ50mm×80mm。

2. 确定工件的装夹方式

该配合件中件 1 和件 2 都需要调头加工，二次装夹，为保证配合件加工后椭圆的过渡光滑，需要件 1 与件 2 都加工完毕配合后再进行椭圆的加工。

3. 确定数控加工工序

分析该零件为配合件，件 1 与件 2 相配，零件材料为 45#钢，根据零件的加工要求，选用 T01 号为 93°硬质合金菱形外圆机夹偏刀，用于粗、精车削加工。选择 T02 号刀具为 60°硬质合金机夹螺纹刀，用于外螺纹车削加工。选择 T03 号刀具为硬质合金机夹切断刀，刀片宽度为 5mm，用于切槽、切断车削加工；选择 T04 号刀具为硬质合金机夹内孔车刀，用于内孔车削加工；选择 T05 号刀具为 60°硬质合金机夹螺纹刀，用于内螺纹车削加工。具体数控加工工序卡如表 6-29 所示。

表6-29 数控加工工序卡

工步	工步内容	刀具号	主轴转速（r/min）	进给速度（mm/r）	备注
1	粗车件1左端φ48mm	T01	800	0.3	自动
2	精车件1左端φ48mm	T01	1200	0.15	自动
3	钻孔至φ20mm	中心钻及钻头			手动
4	用G71轮廓循环粗车内孔	T04	900	0.3	自动
5	用G70轮廓循环精车内孔	T04	1300	0.15	自动
6	车端面保证总长97mm	T01			手动
7	用G71轮廓循环粗车件1右端（不包括椭圆）	T01	800	0.3	自动
8	用G70轮廓循环粗车件1右端（不包括椭圆）	T01	1200	0.15	自动
9	车槽φ26mm×5mm	T03	600	0.08	自动
10	用G76螺纹复合循环加工M30×1.5外螺纹	T02	700	1.5	自动
11	用G71粗加工件2左端外形，用G70循环精加工件2左端外形	T01	800、1200	0.3、0.15	自动
12	钻孔至φ27.5mm	中心钻及钻头			手动
13	精车内孔至φ28.05mm	T01	800	0.2	自动
14	用G76螺纹复合循环加工M30×1.5内螺纹	T05	700	1.5	自动
15	调头夹φ48mm，车倒角	T04	1200	0.15	自动
16	用G71循环粗加工件2右端内腔，用G70循环精加工件2右端内腔	T04	800、1200	0.3、0.15	自动
17	组合件1、2后加工椭圆	T01	1200	0.2	自动

4. 合理选择切削用量

选择合理的切削用量，如表6-30所示为数控加工刀具卡。

表6-30 数控加工刀具卡

刀具号	刀具规格名称	数量	加工内容	刀尖半径（mm）	备注
T01	93°硬质合金菱形外圆机夹偏刀	1	车端面、外轮廓	0.3	
T02	60°硬质合金机夹外螺纹刀	1	车外螺纹	0.2	
T03	硬质合金机夹切断刀（宽5mm）	1	切退刀槽、切断	0.3	
T04	硬质合金机夹内孔车刀	1	镗内孔	0.3	
T05	60°硬质合金机夹内螺纹刀	1	车内螺纹	0.2	

5. 编写加工程序

（1）件1左端加工程序，如表6-31所示。

表6-31 件1左端加工程序

程　　序	注　　释
O0001	程序编号O0001
N0005 G54;	设置工件坐标系原点在右端面
N0010 M03;	主轴正转

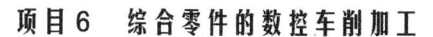

续表

程　序	注　释
N0015 S800;	设定主轴转速为800r/min
N0020 T0101;	换1号刀
N0025 G00 X47.0 Z2.0;	快速走到粗车始点（47.0, 2.0）
N0030 G99 G01 Z-20.0 F0.3;	粗车左端外轮廓
N0035 G00 X52.0;	退刀
N0040 Z2.0;	退刀
N0045 X38.0;	进刀
N0050 G01 X44.0 Z-1.0 F0.15;	精车左端倒角
N0055 Z-20.0;	精车左端外轮廓
N0060 G00 X150.0;	沿X向快速退刀
N0065 Z50.0;	沿Z向快速退刀
N0070 T0100;	取消1号刀补
N0075 T0404;	换4号刀
N0080 G00 X18.0 Z2.0;	快速走到内径粗车循环点（18.0, 2.0）
N0090 G71 U1.0 R0.3;	粗车内轮廓
N0100 G71 P105 Q120 U-0.5 W0.1 S800 F0.3;	
N0105 G01 X14.0871 F0.15 S1300;	
N0110 Z0;	
N0115 G02 X12.0 Z-10.0 R25.0;	
N0120 G01 Z-22.0;	
N0125 G70 P105 Q120;	精车内轮廓
N0130 G00 Z100.0;	沿Z向快速退刀
N0135 X50.0;	沿X向快速退刀
N0140 T0400;	取消4号
N0145 M05;	主轴停转
N0150 M30;	程序结束

（2）件1右端加工程序，如表6-32所示。

表6-32　件1右端加工程序

程　序	注　释
O0002	程序编号O0002
N0005 G54;	设置工件坐标系原点在右端面
N0010 M03;	主轴正转
N0015 S800;	设定主轴转速为800r/min
N0020 T0101;	换1号刀
N0025 G00 X51.0 Z3.0;	快速走到右端面粗车循环始点（51.0, 3.0）
N0027 G99 G94 X0. Z0. F0.2;	端面循环
N0030 G71 U1.5 R0.5;	粗车外轮廓
N0035 G71 P40 Q90 U0.5 W0.1 F0.3;	
N0040 G01 X0 Z0 F0.2 S1200;	
N0045 G03 X17.32 Z-5.0 R10.0 F0.15;	
N0050 G01 X21.0 F0.2;	
N0055 X23.0 Z-6.0;	
N0060 Z-12.0;	
N0065 X28.0;	
N0070 X30.0 Z-13.0 F0.2;	
N0075 Z-32.0;	
N0080 Z-32.0;	
N0085 X38.22;	

续表

程　　序	注　　释
N0090 X48.0 Z−70.46;	
N0095 G70 P40 Q90;	精车外轮廓
N0100 G00 X150.0;	沿 X 向快速退刀
N0105 Z50.0;	沿 Z 向快速退刀
N0110 T0100;	取消 1 号刀补
N0115 T0303 S600;	换 3 号刀（切刀宽 5mm）
N0120 G00 Z−27.0;	槽定位
N0125 G00 X49.0;	槽定位
N0130 G01 X26.0 F0.08;	切槽加工
N0132 G00 X150.0;	沿 X 向快速退刀
N0133 Z50.0;	沿 Z 向快速退刀
N0135 T0300;	取消 3 号刀补
N0140 T0202 S700;	换 2 号刀
N0145 G00 X31.0 Z−11.0;	快速走到螺纹切削循环始点（31.0，−11.0）
N0150 G76 P010060 Q50 R100;	外螺纹切削循环
N0155 G76 X28.05 Z−27.1 P975 Q150 F1.5;	
N0160 G00 X150.0;	沿 X 向快速退刀
N0165 Z50.0;	沿 Z 向快速退刀
N0170 T0200;	取消 2 号刀补
N0175 M05;	主轴停转
N0180 M30;	程序结束

（3）件 2 左端加工程序，如表 6-33 所示。

表 6-33　件 2 左端加工程序

程　　序	注　　释
O0003	程序编号 O0003
N0005 G54;	设置工件坐标系原点在右端面
N0010 M03;	主轴正转
N0015 S800;	设定主轴转速为 800r/min
N0020 T0101;	换 1 号刀
N0025 G00 X51.0 Z2.0;	快速走到右端面粗车循环始点（51.0，2.0）
N0030 G99 G94 X0 Z0 F0.2;	端面循环
N0035 G99 G71 U1.5 R0.5;	粗车外轮廓
N0040 G71 P40 Q55 U0.5 W0.1 F0.3;	
N0045 G01 X38.22 F0.2 S1200;	
N0050 Z0;	
N0050 X48.0 Z−14.46;	
N0055 Z−52.0;	
N0060 G70 P40 Q55;	精车外轮廓
N0065 G00 X150.0;	沿 X 向快速退刀
N0070 Z50.0;	沿 Z 向快速退刀
N0075 T0100;	取消 1 号刀补
N0080 T0404;	换 4 号刀
N0085 G00 X32.0 Z2.0;	进刀
N0090 G01 Z0;	进刀
N0095 X28.05 Z−1.5 F0.2;	精车倒角
N0100 Z−30.0;	精车内孔
N0105 X27.0;	
N0110 G00 Z100.0;	沿 Z 向快速退刀

项目6　综合零件的数控车削加工

续表

程　　序	注　　释
N0115 X50.0;	沿 X 向快速退刀
N0120 T0400;	取消1号刀补
N0125 T0505;	换5号刀
N0130 G00 X27.0 Z2.0;	
N0135 G76 P010060 Q50 R100;	内螺纹切削循环
N0140 G76 X30.0 Z-20.1 P975 Q150 F1.5;	
N0145 G00 Z150.0;	沿 Z 向快速退刀
N0150 X50.0;	沿 X 向快速退刀
N0080 M05;	主轴停转
N0155 M30;	程序结束

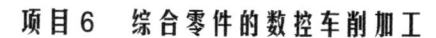

（4）件2右端加工程序，如表6-34所示。

表6-34　件2右端加工程序

程　　序	注　　释
O0004	程序编号 O0004
N0005 G54;	设置工件坐标系原点在右端面
N0010 M03;	主轴正转
N0015 S800;	设定主轴转速为800r/min
N0020 T0404;	换4号刀
N0025 G00 X25.0 Z2.0;	快速走到粗车循环始点（25.0，2.0）
N0030 G99 G71 U1.0 R0.5;	粗车内轮廓
N0035 G71 P40 Q60 U-0.5 W0.1 F0.3;	
N0040 G00 X38.0;	
N0045 Z0;	
N0050 X36.0 Z-1.0 F0.2 S1200;	
N0055 X33.0 Z-30.0;	
N0060 X27.0;	
N0065 G70 P40 Q60;	精车内轮廓
N0075 G00 Z150.0;	沿 Z 向快速退刀
N0080 X50.0;	沿 X 向快速退刀
N0085 T0400;	取消4号刀补
N0090 T0303 S600;	换3号刀
N0095 Z-97.0;	进刀
N0100 X51.0;	进刀
N0105 G01 X0.0 F0.08;	切断
N0110 G00 X150.0;	沿 X 向快速退刀
N0115 Z150.0 T0300;	沿 Z 向快速退刀
N0120 M05;	主轴停转
N0125 M30;	程序结束

（5）椭圆加工主程序（组合件），如表6-35所示。

表6-35　椭圆加工主程序

主程序	注　　释
O0005	程序编号 O0005
N0005 G54;	设置工件坐标系原点位于椭圆垂直轴与主轴回转中心的交点
N0010 G00 X70.0 Z2.0;	定位
N0015 #150=10.0;	设置最大切削余量10mm
N0020 IF [#150 LT 1.0] GOTO40;	毛坯余量小于1mm，则跳转到N40程序段

193

续表

主 程 序	注 释
N0025 M98 P0006；	调用椭圆子程序
N0030 #150 = #150 − 2.0；	每次双边背吃刀量为2mm
N0035 GOTO 20；	跳转到N20程序段
N0040 G00 X70.0 Z2.0；	退刀
N0045 S1200 F0.2；	精车转速设定1300r/min，进给速度0.2mm/r
N0050 #150 = 0；	设置毛坯余量为0mm
N0055 M98 P0006；	调用椭圆子程序
N0060 G00 X150.0；	沿X向快速退刀
N0065 Z50.0；	沿Z向快速退刀
N0070 T0100；	取消1号刀补
N0075 M05；	主轴停转
N0080 M30；	程序结束

（6）椭圆加工子程序（见表6-36）。

表6-36 椭圆加工子程序

子 程 序	注 释
O0006	程序编号O0006
N0005 #101 = 40.0；	设定椭圆长半轴
N0010 #102 = 24.0；	设定椭圆短半轴
N0015 #103 = 26.46；	Z轴起始尺寸
N0020 IF［#103 LT − 26.46］GOTO 50；	判断是否走到Z轴终点，是则跳转到N50程序段
N0025 #104 = SQRT［#101 * #101 − #103 * #103］；	
N0030 #105 = 24.0 * #104/ 40.0；	X轴变量
N0032 #105 = 24.0 − ［#105 − 18.0］；	由于加工椭圆的凹陷部分，X轴变量的转换
N0035 G01 X［2.0 * #105 + #150］Z［#103 − 26.46］；	椭圆插补
N0040 #103 = #103 − 0.5；	Z轴步距为每次进刀0.5mm
N0045 GOTO 20；	跳转到N20程序段
N0050 G00 X70.0 Z2.0；	退刀
N0055 M99；	返回主程序

6. 进行数控模拟加工

在数控车床上模拟并加工图6-32所示的零件的加工路线轨迹。

（1）电源接通前后的检查。

（2）手动返回参考点。

（3）安装工件和工艺装夹。

（4）工具、量具、刀具选择与刀具安装。

（5）建立工件坐标系。

（6）创建和编辑程序。

（7）数控车床的空运行。

（8）图形模拟。

（9）自动加工。

（10）加工结束，清理数控车床。

7. 填写实训报告

按附录F的格式填写实训报告。

思考题 17

（1）车削外圆时，工件表面产生锥度，简述其原因。

（2）工件二次装夹后如何找正？

（3）在数控车床上加工一个如图 6-34 所示的轴类零件，该零件由外圆柱面、圆弧面构成，该零件的最大特点是外圆表面有凹槽，所以选取毛坯为 $\phi30mm \times 75mm$ 的圆棒料，材料为 45#钢；编制该零件的数控加工刀具卡、加工工序卡，根据零件的尺寸可以应用子程序来进行编写，并在数控车床上模拟加工路线轨迹。

（4）用数控车床完成图 6-35 所示的零件的加工。此零件为配合件，件 1 与件 2 相配，零件材料为 45#钢，件 1 毛坯为：$\phi50mm \times 80mm$，件 2 毛坯为：$\phi50mm \times 100mm$，按图样要求完成零件节点、基点计算，设定工件坐标系，制定正确的工艺方案，选择合理的刀具和切削工艺参数，编制数控加工程序。

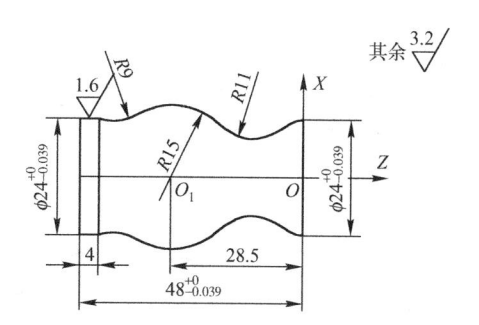

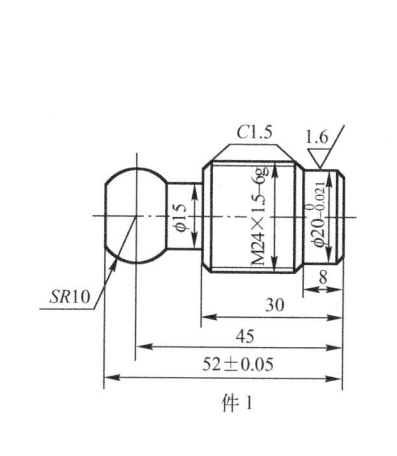

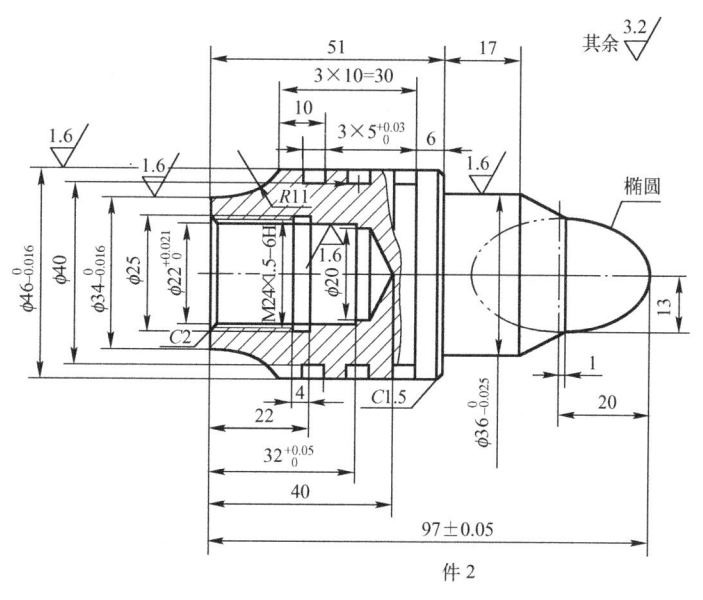

图 6-34　异形零件加工训练零件图

技术要求
1. 锐边倒角 C0.3mm；
2. 未注倒角 C1mm；
3. 圆弧过渡光滑；
4. 未注尺寸公差按 GB/T1804-m 加工和检验。

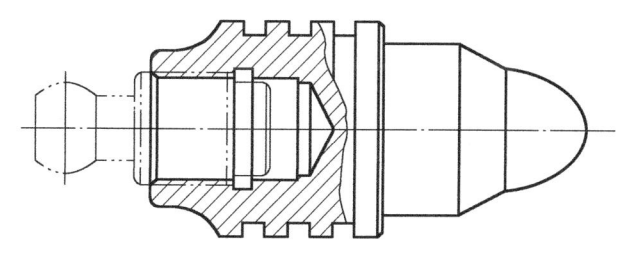

图 6-35　配合组件加工训练零件图

项目 7 特殊零件的创意设计与数控加工

教学导航

学	教学重点	设计美观、便于加工的工艺品,培养创新能力
	教学难点	独立制定加工路线和编制加工程序
	推荐教学方式	采用"教、学、做"相融合的项目式教学法
	建议学时	12 学时
做	学习知识目标	全面掌握复杂零件的数控车削加工工艺方案的实施
	掌握技能目标	能完成创新作品的制作加工
	推荐学习方法	理论、技能与实践合一的小组学做法
	考核与评价	项目成果评定 60%,实训过程评价 30%,团队协作评价 10%

任务7-1 国际象棋在数控车床的加工

任务目标

（1）设计国际象棋的造型。
（2）能独立制定加工路线和编制加工程序。
（3）能完成创新作品的制作加工，掌握其加工方法。

任务引领

通过日常观察，制定如图7-1所示的国际象棋（国王）的数控加工刀具及加工工序卡，并编写加工程序。

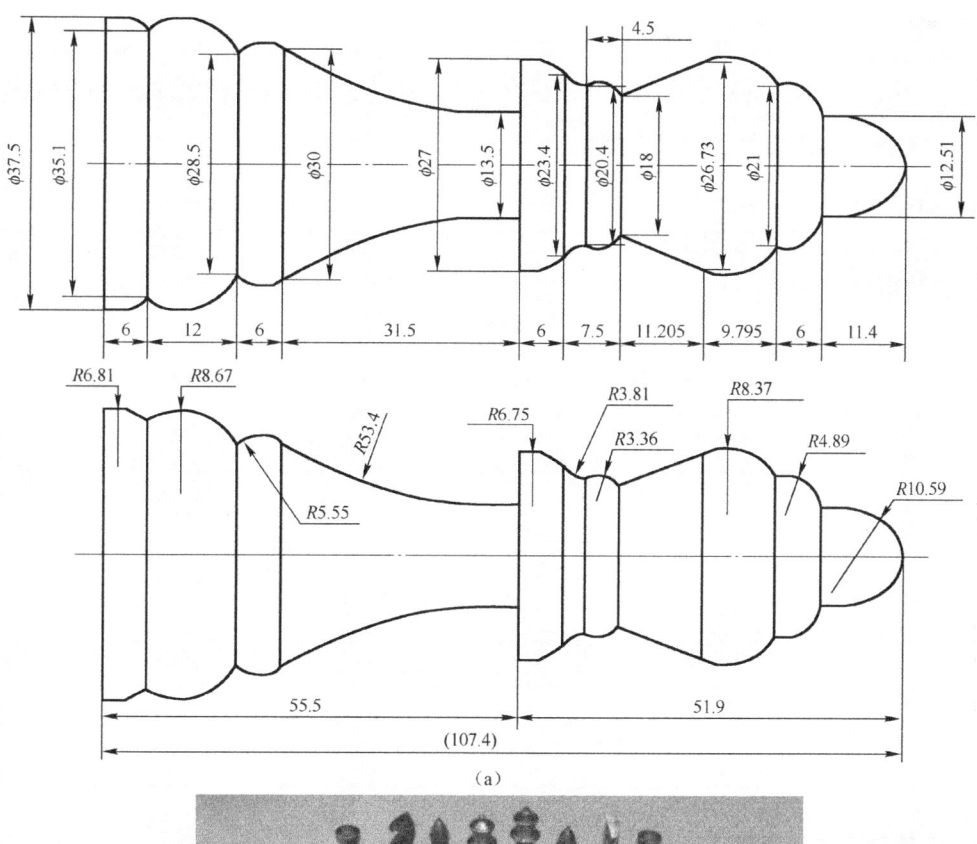

(a)

(b)

图7-1 国际象棋（国王）加工实例

任务实施

实训 20　国王的设计与数控车削加工

1. 零件图分析

如图 7-1 所示为国际象棋中的国王，该零件由外圆柱面、外圆锥面、圆弧面构成，外形较复杂，毛坯尺寸为 $\phi 40mm$ 棒料。分析该工件的形状，它不是很规范的阶梯轴，因此在编写数控加工程序时使用 G73 轮廓复合形状多重粗车固定循环。

2. 确定工件的装夹方式

该零件是一个实心轴，并且轴的长度不很长，所以采用工件的左端面和 $\phi 40mm$ 外圆作为定位基准。使用普通三爪卡盘夹紧工件，取工件的右端面中心为工件坐标系的原点。鉴于该零件不适于调头装夹，所以在一次装夹定位后，采用右偏刀和左偏刀分别加工的方法进行轮廓复合固定循环加工。

3. 确定数控加工刀具及加工工序

根据加工要求，选用三把刀具，T01 号刀为 35°可转位硬质合金外圆菱形右偏刀；T02 号刀为 35°可转位硬质合金外圆菱形左偏刀；T03 号刀为其宽度为 4mm 的切槽刀。该零件的数控加工工序卡如表 7-1 所示。

表 7-1　数控加工工序卡

零件名称	轴	数　量			
工序	名称	工艺要求		工作者	日期
1	下料	$\phi 40mm$ 棒料			
2	热处理	调质处理 HB 220～250			
3	数控车 （左端）	工步	工步内容	刀具号	
		1	至右向左粗车外轮廓	T01	
		2	至右向左精车外轮廓	T01	
		3	至左向右粗车 R53.4mm 外轮廓	T02	
		4	至左向右精车 R53.4mm 外轮廓	T02	
		5	切断，保证总长 107.4mm	T03	
4	检验				
材料		45#钢		备注：	
规格数量					

4. 合理选择切削用量

选择合理的切削用量，如表 7-2 所示为数控加工刀具卡。

表 7-2　数控加工刀具卡

刀具号	刀具规格名称	数量	加工内容	刀尖半径 （mm）	主轴转速 （r/min）	进给速度 （mm/r）	备注
T01	35°可转位硬质合金 外圆菱形右偏刀	1	粗车轮廓	0.2	800	0.2	
			精车轮廓	0.2	1200	0.1	
T02	35°可转位硬质合金 外圆菱形左偏刀	1	粗车轮廓	0.2	800	0.2	
			精车轮廓	0.2	1200	0.1	
T03	切槽刀	1	切削槽	0.1	500	0.1	

5. 编写加工程序

加工程序如表7-3所示。

表7-3　国际象棋（国王）的车削加工程序

程　　序	注　　释
O0019	程序号
G54；	工件坐标系设定
T0101；	换1号刀
M03 S800；	主轴正转，转速800r/min
G00 X45.0 Z2.0；	定位循环起点
G73 U12.0 W1.0 R7.0；	调用G73指令
G73 P10 Q20 U0.1 W0.1 F0.2；	
N10 G00 X0 S1200；	加工轮廓开始
G01 Z0 F0.1；	
G03 X12.51 Z－11.4 R10.59；	加工 R10.59mm圆弧
X21.0 Z－17.4 R4.89；	加工 R4.89mm圆弧
N20 X26.73 Z－27.195 R8.37；	加工 R8.37mm圆弧
G70 P10 Q20；	精车外轮廓
G00 X45.0；	定位
Z－27.195；	定位
G73 U10.0 W1.0 R4.0；	调用G73指令
G73 P30 Q40 U0.1 W0.1 F0.2；	
N30 G00 X27.0 S1200；	加工轮廓开始定位
G01 X26.73 F0.1；	
X18.0 Z－38.4；	加工锥面
G03 X20.4 Z－42.9 R3.36；	加工 R3.36mm圆弧
G02 X23.4 Z－45.9 R3.81；	加工 R3.81mm圆弧
G03 X27.0 Z－51.9 R6.75；	加工 R6.75mm圆弧
N40 G01 X30.0 Z－83.4；	加工锥面
G70 P30 Q40；	精车外轮廓
G00 X45.0 Z－83.4；	定位
G73 U10.0 W1.0 R4.0	调用G73指令
G73 P70 Q80 U0.1 W0.1 F0.2；	
N70 G00 X31.0 S1200；	加工轮廓开始
G01 X30.0 F0.1；	
G03 X28.5 Z－89.4 R5.55；	加工 R5.55mm圆弧
G03 X35.1 Z－101.4 R8.67；	加工 R8.67mm圆弧
G03 X37.5 Z－107.4 R6.81；	加工 R6.81mm圆弧
N80 G01 Z－112.5；	加工 ϕ37.5mm外圆
G70 P70 Q80；	精车外轮廓
G00 X100.0；	回换刀点
Z100.0；	回换刀点
T0202；	换2号刀
G00 X45.0；	定位
Z－83.4；	定位
G73 U10.0 W－1.0 R4.0；	调用G73指令从左向右粗车
G73 P100 Q120 U0.1 W－0.1 F0.2；	
N100 G00 X31.0；	加工轮廓开始
G01 X30.0 F0.1；	
G03 X13.5 Z－51.9 R53.4；	加工 R53.4mm圆弧
G01 X26.0；	
G01 X27.0 Z－50.9 F0.08；	加工G1过渡倒角
N0120 G00 X29.0；	
G70 P100 Q120；	精车外轮廓
G00 X100.0；	回换刀点
Z100.0；	回换刀点
T0303；	换3号刀
G00 X47.0；	定位
G00 Z－106.0；	
G01 Z－110.4；	
G00 X40.0；	
G01 X－0.5 F0.08；	切断
G00 X100.0；	回换刀点
Z100.0；	回换刀点
M30；	程序结束

6. 进行数控模拟加工

在数控车床上模拟并加工图 7-1 所示的零件的加工路线轨迹。

（1）电源接通前后的检查。

（2）手动返回参考点。

（3）安装工件和工艺装夹。

（4）工具、量具、刃具选择与刀具安装。

（5）建立工件坐标系。

（6）创建和编辑程序。

（7）数控车床的空运行。

（8）图形模拟，如图 7-2 所示。

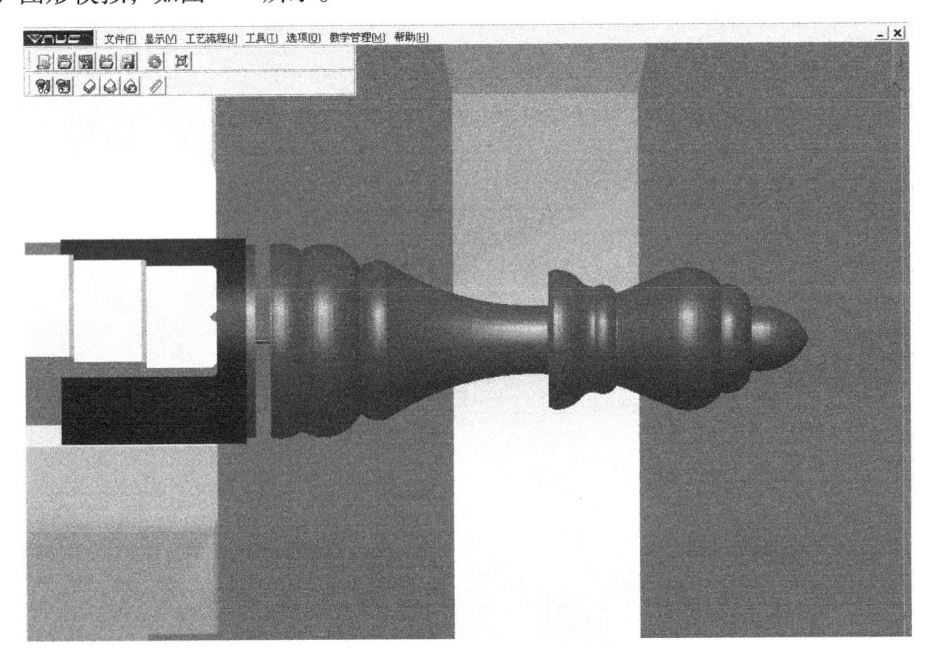

图 7-2　国际象棋（国王）加工效果图

（9）自动加工。

（10）加工结束，清理数控车床。

7. 填写实训报告

按附录 F 的格式填写实训报告。

思考题 18

（1）车削加工如图 7-3 所示的国际象棋（兵），材料为 45#钢。编制该零件的数控加工刀具卡、加工工序卡和加工程序，并在数控车床上模拟与加工。

（2）车削加工如图 7-4 所示的国际象棋（车），材料为 45#钢。编制该零件的数控加工刀具卡、加工工序卡和加工程序，并在数控车床上模拟与加工。

（3）车削加工如图 7-5 所示的国际象棋（象），材料为 45#钢。编制该零件的数控加工刀具卡、加工工序卡和加工程序，并在数控车床上模拟与加工。

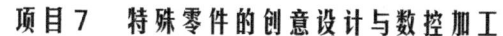

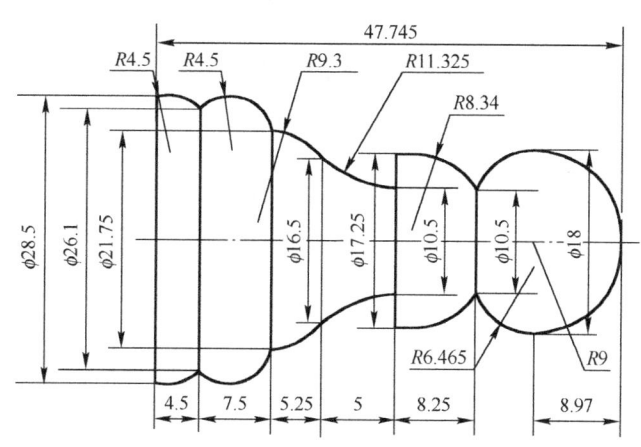

图 7-3 国际象棋（兵）加工训练零件图

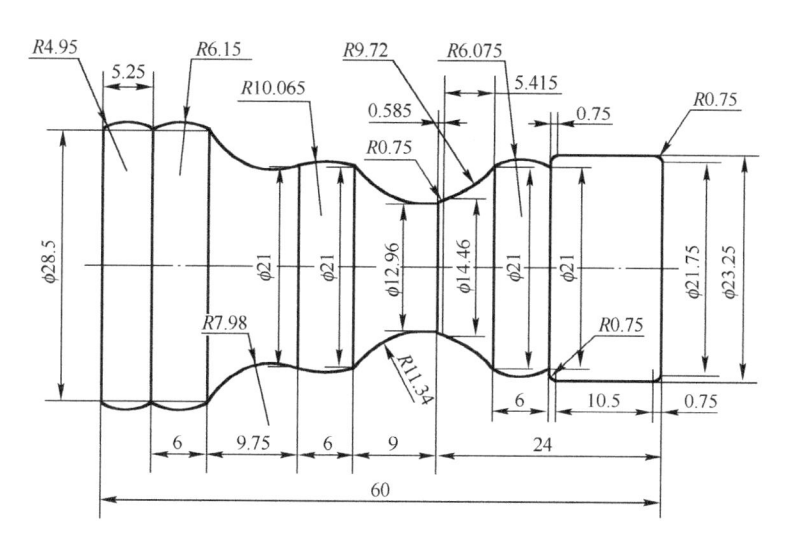

图 7-4 国际象棋（车）加工训练零件图

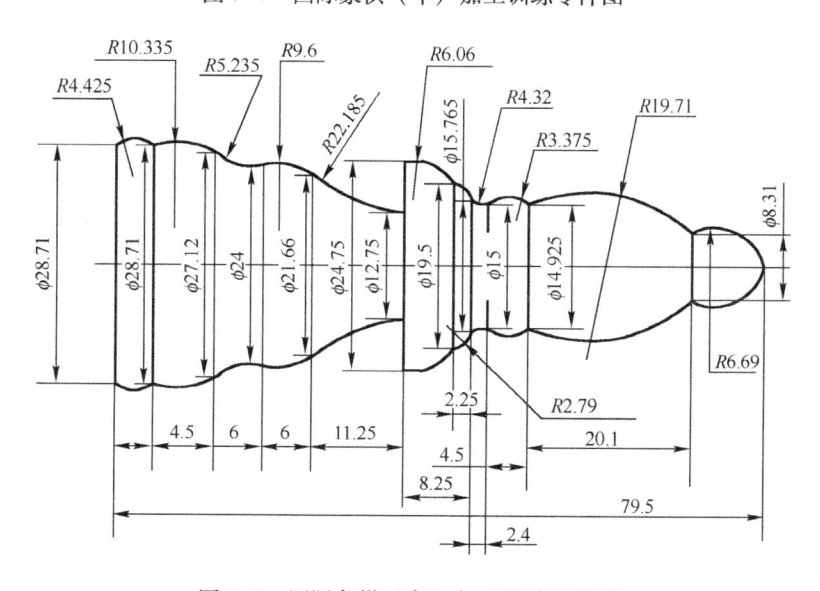

图 7-5 国际象棋（象）加工训练零件图

（4）车削加工如图 7-6 所示的国际象棋（马），材料为 45#钢。编制该零件的数控加工刀具卡、加工工序卡和加工程序，并在数控车床上模拟与加工。

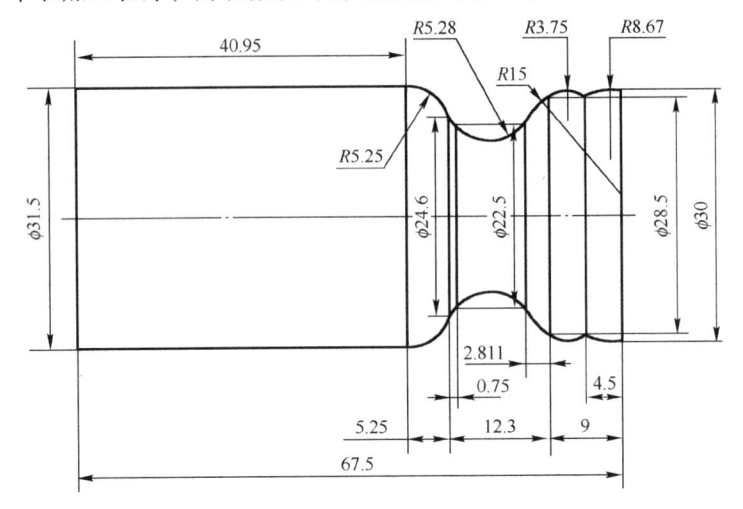

图 7-6　国际象棋（马）加工训练零件图

（5）车削加工如图 7-7 所示的国际象棋（王后），材料为 45#钢。编制该零件的数控加工刀具卡、加工工序卡和加工程序，并在数控车床上模拟与加工。

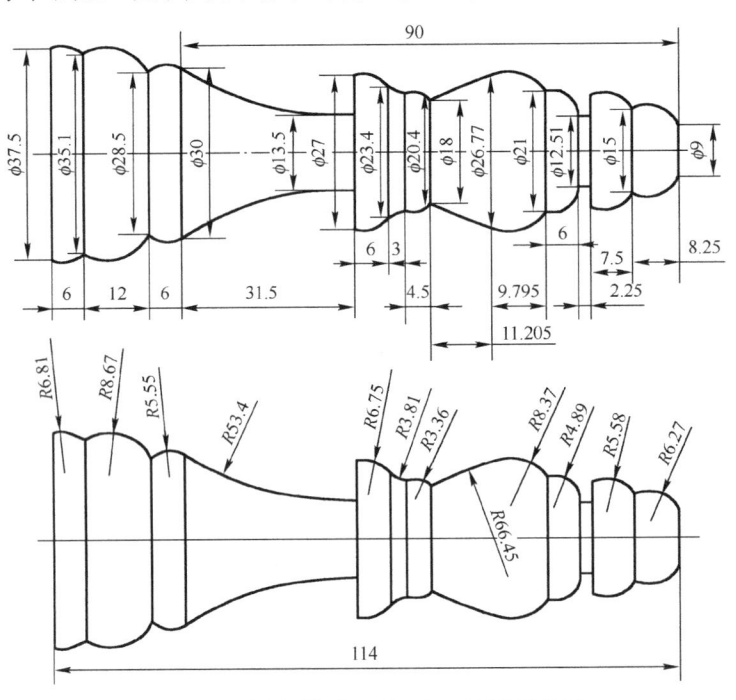

图 7-7　国际象棋（王后）加工训练零件图

任务 7-2　工艺品的数控加工

任务目标

（1）能设计美观、新颖和便于加工的工艺品。
（2）能独立制定加工路线和编制加工程序。

（3）能完成创新作品的制作加工，掌握其加工方法。

任务引领

通过日常观察，自己造型设计如图 7-8 所示的工艺品，制定数控加工刀具卡及加工工序卡，并编写加工程序。

图 7-8　工艺品加工实例

任务实施

实训 21　酒杯的设计与数控车削加工

1. 零件图设计与绘制

如图 7-9 所示为设计与绘制的酒杯零件图，材料为 45#钢，毛坯采用 ϕ40mm 棒料。该零件杯体为薄壁曲面孔，壁厚 1mm，底座为圆形平底结构，加工起来有一定的难度。

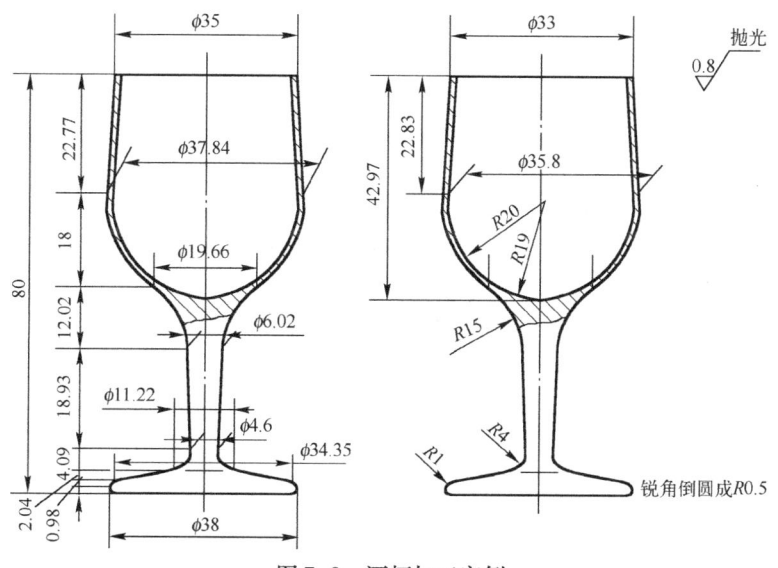

图 7-9　酒杯加工实例

为了避免加工变形和减小振动，采用先将内孔粗、精车好，然后用软填料堵住内孔，增加刚性，再对外部轮廓进行粗、精车。

2. 确定工件的装夹方式

该零件轴向长度不很长，毛坯采用 $\phi40$mm 棒料，所以采用工件的左端面和 $\phi40$mm 外圆作为定位基准。使用普通三爪卡盘夹紧工件，取工件的右端面中心为工件坐标系的原点。

3. 确定数控加工刀具及加工工序

根据零件的加工要求，T01 号刀为 35°可转位硬质合金内孔菱形右偏刀（刀尖角为 55°）；T02 号刀为 35°可转位硬质合金外圆菱形左偏刀（刀尖角为小于 30°）；T03 号刀为宽度为 3mm 的切槽刀，该零件的数控加工工序卡如表 7-4 所示。

表 7-4 数控加工工序卡

零件名称	轴	数量			
工序	名称	工艺要求		工作者	日期
1	下料	$\phi40$mm 棒料			
2	热处理	调质处理 HB 220～250			
3	车	车端面			
4	钻	用 $\phi28$mm 麻花钻钻孔深 43mm，再用 $\phi30$mm 麻花钻扩孔深 42mm			
5	数控车	工步	工步内容	刀具号	
		1	粗车内轮廓	T01	
		2	精车内轮廓	T01	
		3	用软填料堵住内孔，用切槽刀粗切酒杯腰部	T03	
		4	粗车外轮廓	T02	
		5	精车外轮廓	T02	
		6	切断，并保证总长等于 80mm	T03	
6	抛光	砂纸抛光内外孔			
7	检验				
材料		45#钢	备注：		
规格数量		$\phi35$mm×80mm			

4. 合理选择切削用量

选择合理的切削用量，如表 7-5 所示为数控加工刀具卡。

表 7-5 数控加工刀具卡

刀具号	刀具规格名称	数量	加工内容	刀尖半径（mm）	主轴转速（r/min）	进给速度（mm/r）	备注
T01	35°可转位硬质合金内孔菱形右偏刀	1	粗车轮廓	0.2	800	0.2	
			精车轮廓	0.2	1200	0.1	
T02	35°可转位硬质合金外圆菱形左偏刀	1	粗车轮廓	0.2	800	0.2	
			精车轮廓	0.2	1200	0.1	
T03	切槽刀	1	切削槽	0.1	500	0.1	

5. 编写加工程序

加工程序如表7-6所示。

表7-6 酒杯的车削加工程序

程 序	注 释
O0020	程序号
N0010 G54;	工件坐标系设定
N0020 M03 S800 T0101;	主轴正转，转速800r/min，换1号刀
N0030 G00 X27.0 Z3.0;	定位循环起点
N0040 G71 U1.0 R0.5;	调用G71指令
N0050 G71 P0060 Q0100 U-0.2 W0 F0.2;	
N0060 G00 X33.0;	加工轮廓开始
N0070 G01 Z0 F0.1;	
N0080 X35.81 Z22.83;	
N0090 G03 X0 Z-42.97 R19.0;	
N0100 G00 Z3.0;	
N0110 G70 P0060 Q0100;	精车内轮廓
N0120 G00 X150.0 Z200.0;	回换刀点
N0125 M00;	用软填料堵住内孔
N0130 T0303;	换3号刀
N0140 M03 S300 M08;	
N0150 G75 R1.0;	调用G75指令
N0160 G75 X15.0 Z-75.0 P2000 Q2000 F0.08;	
N0170 G00 X150.0 Z200.0;	回换刀点
N0180 T0202 S800;	换2号刀
N0190 G00 X75.0 Z3.0;	
N0200 G73 U12.5 W0 R15.0;	调用G73指令
N0210 G73 P0220 Q0310 U0.2 W0 F0.2;	
N0220 G00 X35.0;	加工轮廓开始
N0230 G01 Z0 F0.1;	
N0240 X37.84 Z-22.77;	
N0250 G03 X19.66 W-18.0 R20.0;	
N0260 G02 X6.02 W-12.07 R15.0;	
N0270 G01 X4.61 W-18.93;	
N0280 G02 X11.22 W-4.09 R4.0;	
N0290 G01 X34.35 W-2.04;	
N0300 G03 X36 W-0.98 R1.0;	
N0310 G01 Z-83.5;	
N0320 G70 P0220 Q0310;	精车外轮廓
N0330 M09;	关切削液
N0340 G00 X150.0 Z200.0;	快速退刀至换刀点
N0350 M00;	程序暂停，测量工件
N0360 M03 S500 T0303;	主轴降速，换切断刀
N0370 G00 X43.0 Z-83.0;	切断刀定位
N0380 M08;	开切削液
N0390 G01 X0 F0.08;	切断工件
N0400 M09;	关切削液
N0410 G00 X150.0 Z200.0;	刀具快速退刀至换刀点
N0420 M30;	程序结束

6. 进行数控模拟加工

在数控车床上模拟并加工图7-9中的零件的加工路线轨迹。

（1）电源接通前后的检查。
（2）手动返回参考点。
（3）安装工件和工艺装夹。
（4）工具、量具、刃具选择与刀具安装。
（5）建立工件坐标系。
（6）创建和编辑程序。
（7）数控车床的空运行。
（8）图形模拟。
（9）自动加工。
（10）加工结束，清理数控车床。

7. 填写实训报告

按附录F的格式填写实训报告。

思考题 19

根据自己的兴趣与爱好，发挥想象，自己创意造型设计工艺制品，制定数控加工刀具卡及加工工序卡，并编写加工程序。

项目 8　数控车床自动编程加工

教学导航

学	教学重点	轴类零件的 CAD 造型和加工轨迹生成
	教学难点	CAXA 数控车自动编程加工参数的设置
	推荐教学方式	采用"教、学、做"相融合的项目式教学法
	建议学时	16 学时
做	学习知识目标	全面掌握 CAXA 数控车自动编程软件的应用
	掌握技能目标	能正确运用 CAXA 数控车软件对轴类零件进行模拟加工
	推荐学习方法	理论、技能与实践合一的小组学做法
	考核与评价	项目成果评定 60%，实训过程评价 30%，团队协作评价 10%

任务 8-1　轴类零件的造型与自动编程加工

任务目标

（1）掌握 CAXA 数控车自动编程软件的 CAD 零件造型。
（2）掌握 CAXA 数控车轴类零件的粗、精加工及参数设置。
（3）掌握 CAXA 数控车轴类零件的切槽、螺纹加工及参数设置。
（4）掌握 CAXA 数控车自动编程软件的后置处理、轨迹生成及模拟仿真加工。

任务引领

制定如图 8-1 所示的轴类零件的数控加工刀具卡及加工工序卡，使用 CAXA 数控车自动编程软件对零件进行造型和生成加工轨迹，并进行模拟加工。

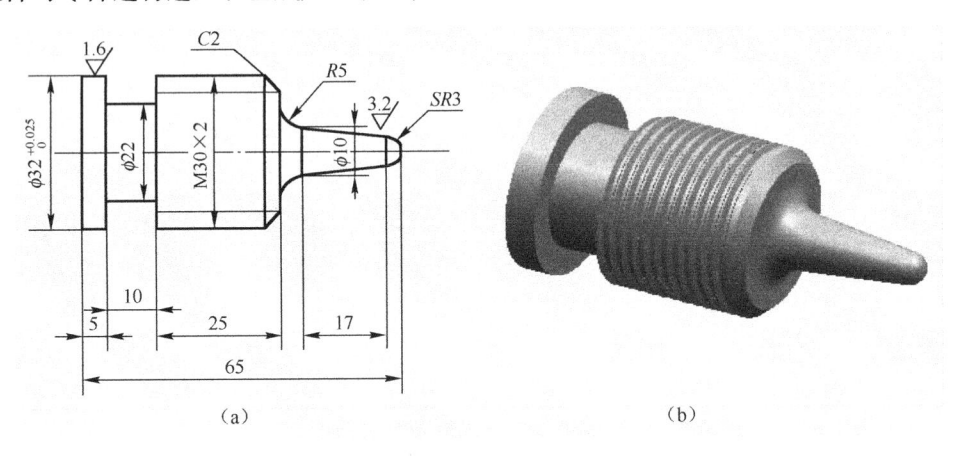

图 8-1　轴类零件的数控车自动编程加工实例

相关知识

8.1.1　常用的自动编程软件

随着计算机技术的发展，计算机辅助设计与制造（CAD/CAM）技术逐渐走向成熟。这些 CAD/CAM 一体化集成形式的软件可以采用人机交互方式，进行零件几何建模（绘图、编辑和修改），对机床与刀具参数进行定义和选择，确定刀具相对于零件的运动方式、切削加工参数，自动生成刀具轨迹和程序代码，最后经过后置处理，按照所使用机床规定的文件格式生成加工程序。通过串行通信的方式，将加工程序传送到数控车床的数控单元，实现对零件的数控加工。下面介绍一下常用的自动编程软件。

1. CAXA 制造工程师

CAXA 制造工程师是由我国北京北航海尔软件有限公司研制开发的全中文、面向数控车床、铣床和加工中心的三维 CAD/CAM 软件。它基于计算机平台，采用原创 Windows 菜单和交互方式,全中文界面,便于轻松地学习和操作。它全面支持图标菜单、工具条、快捷键,用户还可以自由创建符合自己习惯的操作环境。它既具有线框造型、曲面造型和实体造型的设计功能,又具有生成二~五轴的加工代码的数控加工功能,可用于加工具有复杂三维曲面的零件。其特点是易学易用、价格较低,已在国内众多企业和研究院所得到应用。

2. Mastercam

Mastercam 是由美国 CNC Software 公司推出的基于 PC 平台的 CAD/CAM 软件,它具有很强的编程功能,尤其对复杂曲面的加工编程,它可以自动生成加工程序代码,具有独到的优势。由于 Mastercam 主要用于数控加工编程,其零件的设计造型功能不强,但对硬件的要求不高,且操作灵活、易学易用、价格较低,受到众多企业的欢迎。

3. UG Ⅱ CAD/CAM 系统

UG Ⅱ 由美国 UGS 公司开发经销,不仅具有复杂造型和数控加工的功能,还具有管理复杂产品装配,进行多种设计方案的对比分析和优化等功能。该软件具有较好的二次开发环境和数据交换能力,其庞大的模块群为企业提供了从产品设计、产品分析、加工装配、检验,到过程管理、虚拟运作等全系列的技术支持。由于软件运行对计算机的硬件配置有很高要求,其早期版本只能在小型机和工作站上使用。随着计算机配置的不断升级,已开始在计算机上使用。目前该软件在国际 CAD/CAM/CAE 市场上占有较大的份额。

4. Pro/Engineer

Pro/Engineer 是美国 PTC 公司研制和开发的软件,它开创了三维 CAD/CAM 参数化的先河。该软件具有基于特征、全参数、全相关和单一数据库的特点,可用于设计和加工复杂的零件。另外,它还具有零件装配、机构仿真、有限元分析、逆向工程、同步工程等功能。该软件也具有较好的二次开发环境和数据交换能力。

5. CATIA

CATIA 是最早实现曲面造型的软件,它开创了三维设计的新时代,它的出现首次实现了计算机完整描述产品零件的主要信息,使 CAM 技术的开发有了现实的基础。目前 CATIA 系统已发展成从产品设计、产品分析、加工、装配和检验,到过程管理、虚拟等众多功能的大型CAD/CAM/CAE 软件。

6. CIMATRON

CIMATRON 是以色列 Cimatron 公司提供的 CAD/CAM/CAE 软件,是较早在计算机平台上实现三维 CAD/CAM 的全功能系统。它具有三维造型、生成工程图、数控加工编程等功能,具有各种通用和专用的数据接口及产品数据管理等功能。该软件较早在我国得到全面汉化,已积累了一定的应用经验。

8.1.2 CAXA 数控车软件的基本操作

CAXA 数控软件对高职学生来说,上手更为快捷,掌握更为容易。下面以 CAXA 数控车软件为例介绍一下它的功能与使用。

1. 界面与菜单介绍

和其他 Windows 风格的软件一样，CAXA 数控车基本应用界面如图 8-2 所示，各种应用功能通过菜单条和工具条驱动；状态栏指导用户进行操作并提示当前状态和所处位置；绘图区显示各种绘图操作的结果；同时，绘图区和参数栏为用户实现各种功能提供数据的交互。

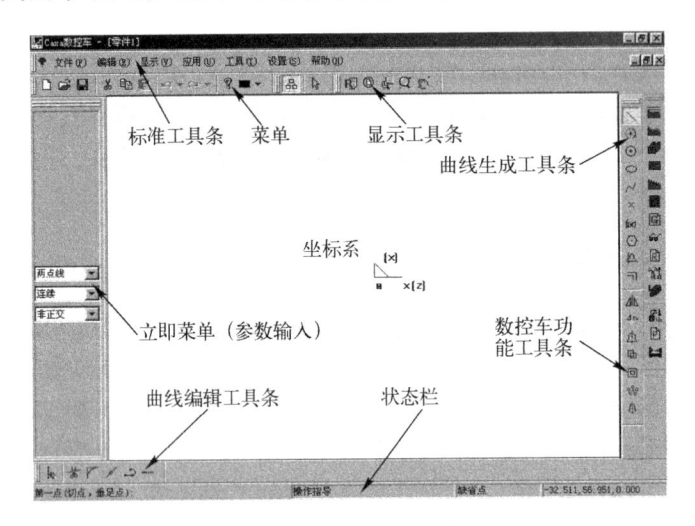

图 8-2　CAXA 数控车基本应用界面

本软件系统可以实现自定义界面布局。工具条中每一个图标都对应一个菜单命令，单击图标和单击菜单命令是一样的。

1）窗口布置

CAXA 数控车工作窗口分为绘图区、菜单区、工具条、参数输入栏（进入相应功能后出现）、状态栏五个部分。

屏幕最大的部分是绘图区，该区用于绘制和修改图形。

菜单位于屏幕的顶部。

工具条分为曲线编辑工具条、曲线生成工具条、数控车功能工具条、标准工具条和显示工具条等。曲线编辑工具条位于绘图区的下方，曲线生成工具条和数控车功能工具条位于屏幕的右侧，标准工具条和显示工具条位于菜单栏的下方。

立即菜单位于屏幕的左边。

状态栏位于屏幕的底部，指导用户进行操作，并提示当前状态及所处位置。

2）主菜单

主菜单包括 CAXA 数控车软件中的所有功能，下面就将菜单项进行分类说明，如表 8-1 所示。

表 8-1　CAXA 数控车软件主菜单说明

菜 单 项	说　　明
文件	对系统文件进行管理，包括新建、打开、关闭、保存、另存为、数据输入、数据输出、退出等
编辑	对已有的图像进行编辑，包括撤销、恢复、剪切、复制、粘贴、删除、元素不可见、元素可见、元素颜色改变、元素层修改等
显示	设置系统的显示，包括显示工具、全屏显示、视角定位等

续表

菜单项	说明
应用	在屏幕上绘制图形和设置刀具路径，包括各种曲线生成、线面编辑、后置处理、轨迹生成、几何变换等功能组
工具	包括坐标系、查询、点工具、矢量工具、选择集拾取工具、轮廓拾取工具等功能组
设置	设置屏幕上图形显示，包括当前颜色、层设置、拾取过滤设置、系统设置、自定义等

3）弹出菜单

CAXA 数控车可通过按空格键弹出的菜单作为当前命令状态下的子命令。在执行不同命令状态下，有不同的子命令组，主要有：点工具组、矢量工具组、选择集拾取工具组、轮廓拾取工具组和岛拾取工具组。如果子命令是用来设置某种子状态的，软件在状态栏中会显示提示命令。表 8-2 中列出了弹出菜单的功能。

表 8-2 CAXA 数控车软件弹出菜单说明

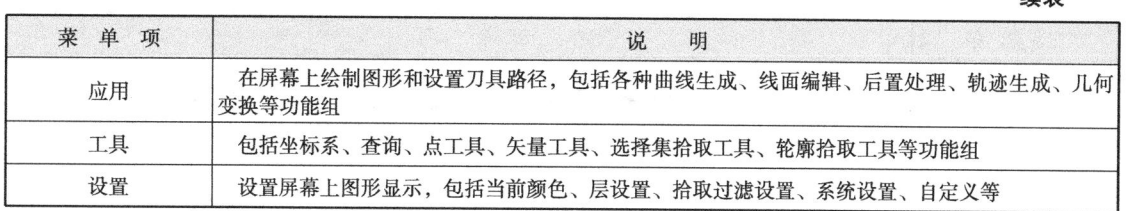

弹出菜单项	说明
点工具	确定当前选取点的方式，包括默认点、屏幕点、端点、中点、圆心、垂足点、切点、最近点、控制点、刀位点和存在点等
矢量工具	确定矢量选取方向，包括直线方向、X 轴正方向、X 轴负方向、Y 轴正方向、Y 轴负方向、Z 轴正方向、Z 轴负方向和端点切矢
选择集拾取工具	确定拾取集合的方式，包括拾取添加、拾取所有、拾取取消、取消尾项和取消所有等
轮廓拾取工具	确定轮廓的拾取方式，包括单个拾取、链拾取和限制链拾取等
岛拾取工具	确定岛的拾取方式，包括单个拾取、链拾取和限制链拾取等

4）工具条

CAXA 数控车提供的工具条有标准工具条、显示工具条、线面编辑工具条和曲线工具条等。工具条中图标的含义如表 8-3 所示。

表 8-3 工具条中图标的含义

工具条	说明
标准工具	标准工具栏：新建、打开、保存、剪切、复制、粘贴、撤销、重新执行、关于
显示工具	显示工具栏：重画、放大、全局观察、平移、远近显示
线面编辑	线面编辑：删除、曲线裁剪、过渡、打断、组合、拉伸

续表

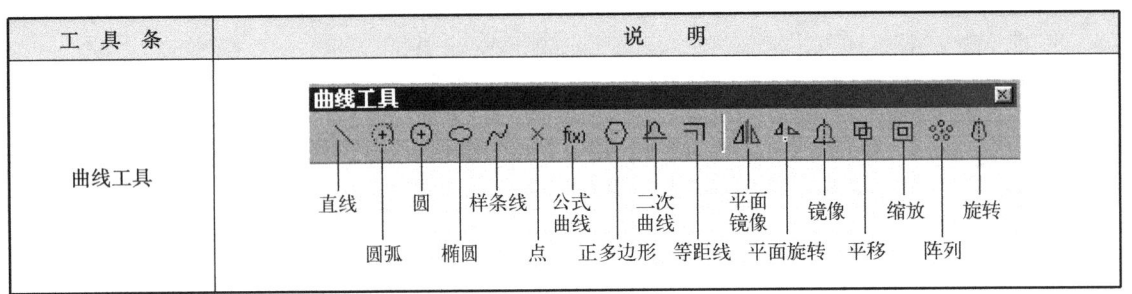

工具条	说　明
曲线工具	曲线工具栏包括：直线、圆弧、圆、椭圆、样条线、点、公式曲线、正多边形、二次曲线、等距线、平面镜像、平面旋转、镜像、平移、缩放、阵列、旋转

5）键盘键与鼠标键

（1）回车键和数值键。CAXA 数控车中，在系统要求输入点时，回车键和数值键可以激活一个坐标输入条，在输入条中可以输入坐标值。如果坐标值以@开始，表示相对于前一个输入点的相对坐标；在某些情况也可以输入字符串。

（2）空格键。弹出点工具菜单。例如，在系统要求输入点时，按空格键可以弹出点工具菜单。

（3）热键。CAXA 数控车 2000 为用户提供热键操作，在 CAXA 数控车中设置了以下几种功能热键，如表 8-4 所示。

表 8-4　CAXA 数控车 2000 热键的含义

热　键	说　明
F5 键	将当前面切换至 XOY 面，同时将显示平面置为 XOY 面，并将图形投影到 XOY 面内进行显示
F6 键	将当前面切换至 YOZ 面，同时将显示平面置为 YOZ 面，并将图形投影到 YOZ 面内进行显示
F7 键	将当前面切换至 XOZ 面，同时将显示平面置为 XOZ 面，并将图形投影到 XOZ 面内进行显示
F8 键	显示轴测图，按轴测方式显示图形
F9 键	切换当前面，将当前面在 XOY、YOZ、ZOX 之间进行切换，但不改变显示平面
方向键（← → ↑ ↓）	显示旋转
Ctrl + 方向键（← → ↑ ↓）	显示平移
Shift + ↑	显示放大
Shift + ↓	显示缩小

2. 系统的基本概念

1）工作坐标系

工作坐标系是用户建立模型时的参考坐标系。系统默认的坐标系叫做"绝对坐标系"，用户定义的坐标系叫做"工作坐标系"。

系统允许同时存在多个坐标系。其中正在使用的坐标系叫做"当前工作坐标系"，其坐标系显示为红色，其他的坐标系显示为白色，用户可以任意设定当前工作坐标系。在实际使用中，为作图方便，用户常常需在特定的坐标系下操作。

2) 当前层

当前层是系统目前使用的图层，生成的图素均属于当前层。当前层名显示在屏幕顶部的状态显示区，当前层的设定在图层管理功能里进行。

以图层对图形进行分层次的管理，是一种重要的图形管理方式。将图形按指定的方式分层归属，并按层给定属性，可以实现复杂图形的分层次处理，需要时又可以组合在一起进行处理。

图层有其状态和属性，每一个图层有一个唯一的图名，图层有其颜色属性，可将图层的颜色指定为当前颜色。图层的状态有可见性和操作锁定设置，通过图层的可见性的设置可以实现整个图层上的图素的不可见（置于"隐藏"状态）；如果图层处于"锁定"状态，则对该图层上的所有图素均不能进行操作，也无法拾取，可用来对图素进行保护。

3) 当前颜色

当前颜色是系统目前使用的颜色，生成的曲线或曲面的颜色取当前颜色。当前颜色显示在屏幕顶部的状态显示区。

当前颜色可设定为当前层的颜色，只须简单地用鼠标左键单击标记有"L"的颜色块即可。对不同的图素选用不同的颜色，也是造型中常用的手法，这样可比较容易看清楚不同图素之间的关系。刀具轨迹的颜色不随当前颜色的改变而改变。

4) 当前文件

当前文件是系统目前使用的图形文件。当前文件名显示在屏幕顶部的状态显示区。

系统初始没有文件名，只在用"打开"文件、"保存"文件等功能进行操作后才赋予了文件名。与其他计算机系统类似，本系统也采用文件形式存储信息，系统生成的图形文件以 .mxe 作为扩展名，这是本系统特定的文件格式。

5) 可见性

对生成的图素指定其是否在屏幕上显示出来，若指定某图素为不可见则会隐藏该图素。

使某些元素在屏幕上不可见，是进行复杂零件造型时常用的手段之一，这样可以使屏幕上可见的图素减少，便于集中注意力于特定图素，比较容易看清楚图素之间的关系，拾取也比较方便，显示速度也加快。不可见的图素只是在屏幕上不出现，如果需要，用"可见"功能使其重新显示在屏幕上。

6) 接口

CAXA 数控车的接口是指与其他 CAD/CAM 文档和规范的衔接能力。CAXA 数控车会将相关数据优化成特有的 MXE 格式的文件。

CAXA 数控车接口能力非常出色，不仅可以直接打开 X_T 和 X_B 格式的文件（PARASOLID 的实体数据文件），而且可以输入 DXF 格式的数据文件、IGS 格式的数据文件、DAT 格式的数据文件为 CAXA 数控车使用，也可以输出 DXF、IGS、X_T、X_B、SAT、WRL、EXB 格式的文件为其他应用软件使用，还可供 Internet 浏览和用于数据传输。

3. 系统的交互方式

1) 立即菜单

立即菜单是 CAXA 数控车提供的独特的交互方式，立即菜单的交互方式大大改善了交互过程,在交互过程中,可以随时修改立即菜单中提供的默认值,并且可以对功能进行选项控制,使操作更加方便。

2)点的输入

在交互过程中,常常会遇到输入精确定位点的情况。这时,系统提供了点工具菜单,可以利用点工具菜单来精确定位一个点。用键盘的空格键激活点工具菜单。点工具菜单如图8-3所示。

屏幕点(S):鼠标在屏幕上的点取的当前平面上的点;

端点(E):曲线的起点终点,取距离拾取点较近点;

中点(M):曲线的弧长平分点;

交点(I):曲线与曲线的交叉点,取距离拾取点较近点;

圆心点(C):圆与弧的中心;

增量点(D):给定点的坐标增量点;

垂足点(P):用于作垂线;

切点(T):用于作切线和切圆弧;

最近点(N):曲线上离输入点距离最近的点;

控制点(K):样条线的型值点、直线的端点和中点、圆弧的起终点和象限点;

刀位点(O):刀具轨迹上的点;

存在点(G):已生成的点;

缺省点(F):对拾取点依次搜索端点、中点、交点和屏幕点。

图8-3 弹出式点工具菜单

各类点均可输入增量点,可用直角坐标系、极坐标系和球坐标系之一输入增量坐标,系统提供立即菜单,切换和输入数值。

在"缺省"点状态下,系统根据鼠标位置自动判断端点、中点、交点和屏幕点。进入系统时系统的点状态为缺省点。

3)拾取工具

在"删除"等需要拾取多个对象时,按空格键可以弹出拾取工具菜单,如图8-4所示。默认状态是"拾取添加",在这种状态下,可以拾取单个对象,也可以用窗口拾取对象。窗口由左向右拉时,窗口要包容整个对象才能拾取到;从右向左拉时,只要拾取对象的一部分在窗口中就可以拾取到。

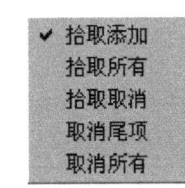

图8-4 拾取工具

8.1.3 CAXA数控车的CAD造型功能

CAXA数控车软件,具有CAD软件的强大绘图功能和完善的外部数据接口,可以绘制任意复杂的二维零件图形,并可对图形进行编辑与修改;可通过DXF、IGES等数据接口与其他系统进行数据交换,下面就介绍一下基本图形的构建。

1. 点

单击曲线生成工具图标,即可激活点生成功能,通过切换立即菜单,可以用下面几种方式生成点,如表8-5所示。

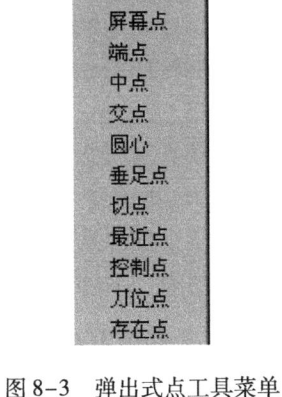

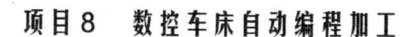

表 8-5 生成点的方式

生成点的方式		立即菜单	说 明
单个点	工具点	单个点 工具点	利用点工具菜单生成单个点,此时不能利用切点和垂足点生成单个点
	曲线投影交点	单个点 曲线投影交	对于两条不相交的空间曲线,如果它们在当前平面的投影有交点,则生成该投影交点,生成的点在被拾取的第一条曲线上
	曲面上投影点	单个点 曲面上投影	对于一个给定位置的点,通过矢量工具菜单给定一个投影方向,可以在曲面上得到一个投影点
	曲线曲面交点	单个点 曲线曲面交 精度 0.0100	可以求一条曲线和一张曲面的交点
批量点	等分点	批量点 等分点 段数 10	在曲线上生成按照弧长等分的点
	等距点	批量点 等距点 点数 4 弧长 10.000	生成曲线上间隔为给定弧长的点
	等角度点	批量点 等角度点 点数 4 角度 15.000	生成圆弧上等圆心角间隔的点

2. 直线

单击曲线生成工具图标或从菜单栏中选择菜单命令"应用"→"曲线生成"→"直线",激活直线生成功能。可切换立即菜单,以不同的方法生成直线,如表 8-6 所示,即为生成直线的各种方法。

表 8-6 生成直线的方法

生成点的方式		立即菜单	实 例	
两点线	非连续方式画线	两点线 单个 非正交		可以利用点工具菜单中切点和垂足点生成切线和垂线
	连续方式画线	两点线 连续 非正交		
平行线	过点	平行线 过点		根据状态栏提示,先选直线再选点 在立即菜单中输入直线与已知直线的距离
	距离	平行线 距离 距离= 20.0000 条数 1		

续表

生成点的方式	立即菜单	实 例	说 明
角度线	角度线 X轴夹角 角度=45.000		作与已知直线或 X 轴 Y 轴成一定角度的直线
曲线切线/法线	切线/法线 切线 长度=100.00		作已知曲线的切线或法线
角等分线	角等分线 份数=2 长度=100.00		作已知角度的任意等分线
水平/铅垂线	水平/铅垂线 水平 长度=100.00		绘制水平、垂直十字线

3. 圆弧

CAXA 数控车软件中，绘制圆弧可以单击曲线生成工具图标，或从菜单栏中选择菜单命令"应用"→"曲线生成"→"圆弧"，激活圆弧生成功能，通过切换立即菜单，可以采用不同方式生成圆弧，如表 8-7 所示，即为生成圆弧的各种方法。

表 8-7　生成圆弧的方法

生成圆弧的方式	立即菜单	实 例	说 明
三点圆弧	三点圆弧		通过给定三点生成一个圆弧
圆心 + 起点 + 圆心角	圆心_起点		通过给定圆心、起点坐标和圆心角生成一个圆弧
圆心 + 半径 + 起始角 + 终止角	圆心_半径 起始角=0.0000 终止角=180.0000		在立即菜单中输入起始角、终止角的角度，然后确定圆心和半径
两点 + 半径	两点_半径		确定两点后，输入一个半径或通过给定圆上一点定义圆弧
起点 + 终点 + 圆心角	起点_终点 圆心角=60.0000		首先在立即菜单中输入圆心角，然后确定起点和终点
起点 + 半径 + 起始角 + 终止角	起点_半径 半径=30.000 起始角=0.0000 终止角=150.000		首先在立即菜单中输入半径、起始角、终止角，然后确定圆弧的起点

4. 圆

在 CAXA 数控车中有三种生成圆的方法，如表 8-8 所示。单击曲线生成工具图标或从菜单栏中选择菜单命令"应用"→"曲线生成"→"圆"，激活圆生成功能，通过切换立即菜单，可采用不同的方式生成圆。

表 8-8　生成圆的方法

生成圆的方式	立即菜单	实例	说明
圆心+半径	圆心_半径		根据状态栏提示先确定圆心，然后输入圆上一点或半径来确定圆
三点	三点		按顺序依次给定三点来定义一个圆
两点+半径	两点_半径		根据状态栏提示先确定前两点，然后输入圆上一点或半径来确定圆

5. 样条曲线

在 CAXA 数控车中生成样条曲线有两种方式：插值方式和逼近方式。

1）插值方式

按顺序输入一系列的点，顺序通过这些点生成一条光滑的 B 样条曲线。单击曲线生成工具图标或从菜单栏中选择菜单命令"应用"→"曲线生成"→"样条"，激活样条生成功能，通过切换立即菜单，可采用不同的方式生成样条曲线。如表 8-9 所示列出了用插值方法生成样条曲线的方法。

表 8-9　插值方式生成样条曲线的方法

生成点的方式		立即菜单	实例	说明
给定切矢	开曲线	插值/给定切矢/开曲线		按点的顺序依次拾取各点，拾取完成后单击鼠标右键结束，然后确定切矢方向
	闭曲线	插值/给定切矢/闭曲线		
缺省切矢	开曲线	插值/缺省切矢/开曲线		按点的顺序依次拾取各点，拾取完成后单击鼠标右键结束
	闭曲线	插值/缺省切矢/闭曲线		

2）逼近方式

依次输入一系列点，根据给定的精度生成拟合这些点的光滑的 B 样条曲线，如图 8-5 所示。

6. 给出公式生成曲线

当需要生成的曲线是用数学公式表示时，可利用"公式曲线"生成功能来得到所需要的曲线。曲线用 B 样条曲线来表示。

图 8-5　用逼近方式生成样条曲线

从菜单栏中选择菜单命令"应用"→"曲线生成"→"公式曲线"或单击曲线生成工具图标 f(x)，弹出"公式曲线"对话框，如图 8-6 所示，按图示设置各项参数，单击"确定"按钮后，生成的公式曲线如图 8-7 所示。

图 8-6　"公式曲线"对话框　　　　图 8-7　生成的公式曲线

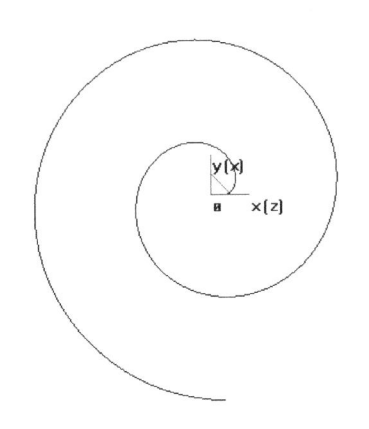

其中"公式曲线"对话框中参数设置如下。

（1）坐标系：指定参数坐标系是直角坐标系或极坐标系。

（2）参数：

精度控制——指定用 B 样条曲线拟合公式曲线所能达到的精确程度。

起始值、终止值——指定参数表达式中 t 的最大值和最小值。

（3）单位：设定三角函数的变量是用角度或弧度表示的。

7. 生成等距曲线

利用等距线功能可以生成给定曲线的等距线。这里的等距是广义的，可以是变化的距离。

8. 曲线几何变换

曲线几何变换包括：镜像、平面镜像、旋转、平面旋转、平移、缩放、阵列等。

9. 曲线编辑

在"图形编辑"模块中，包含有曲线裁剪、曲线过渡和曲线打断、曲线组合、曲线延伸等功能。

1）曲线裁剪

使用曲线做剪刀，裁掉曲线上不需要的部分，即利用一个或多个几何元素（曲线或点，称为剪刀)对给定曲线(称为被裁剪线)进行修整,删除不需要的部分,得到新的曲线。系统提供四种曲线裁剪方式:快速裁剪、线裁剪、点裁剪和修剪,如表 8-10 所示。

表8-10 曲线裁剪的方法

曲线裁剪		立即菜单	说　明
曲线裁剪	快速裁剪	快速裁剪 正常裁剪	系统对曲线修剪具有"指哪裁哪"的快速反应
	线裁剪	线裁剪 正常裁剪	以一条曲线作为剪刀,对其他曲线进行裁剪。 (1) 曲线延伸功能。如果剪刀线和被裁剪线之间没有实际交点,系统在依次自动延长裁剪线和剪刀线后进行求交,在得到的交点处进行裁剪。 (2) 在拾取了剪刀线之后,可拾取多条被裁剪曲线。 (3) 系统还提供"正常方式"和"投影方式"进行裁剪
	点裁剪	点裁剪	利用点作为剪刀,对曲线进行裁剪。 (1) 在拾取了被裁剪曲线之后,利用点工具菜单输入一个剪刀点,系统对曲线在离剪刀点最近处施行裁剪。 (2) 具有曲线延伸功能
	修剪	修剪 投影裁剪	需要拾取一条曲线或多条曲线作为剪刀线,对一系列被裁剪曲线进行裁剪。 (1) 系统将裁剪掉所拾取的曲线段,而保留剪刀线另一侧的曲线段。 (2) 只在有实际交点处进行裁剪。 (3) 剪刀线同时也可作为被裁剪线

2) 曲线过渡

曲线过渡是对指定的两条曲线进行圆弧过渡、尖角过渡或对两条直线进行倒角过渡,如表 8-11 所示。

表8-11 曲线过渡的方式

曲线过渡		立即菜单	说　明
曲线过渡	圆弧过渡	圆弧过渡 半径 1.0000 精度 0.0100 裁剪曲线1 裁剪曲线2	用于在两根曲线之间进行给定半径的圆弧光滑过渡
	尖角过渡	尖角 精度 0.0100	用于在给定的两根曲线之间进行过渡,过渡后在两曲线的交点处呈尖角
	倒角过渡	倒角 角度 45.000 距离 1.0000 裁剪曲线1 裁剪曲线2	用于在给定的两直线之间进行过渡,过渡后在两直线之间倒一条直线

3) 曲线打断

曲线打断是把拾取到的一条曲线在指定点处打断,形成两条曲线。

4) 曲线组合

曲线组合是把拾取到的几条闭合曲线连接成一条曲线。

8.1.4 数控车 CAM 加工的基本概念

CAXA 数控车软件中,实现自动编程的主要过程包括:根据零件图纸,进行几何建模,即用曲线表达工件；根据使用机床的数控系统，设置好机床参数；根据工件形状，选择加工方式，合理选择刀具及设置刀具参数，确定切削用量参数；生成刀位点轨迹并进行模拟检查，生成程序代码，经后置处理传送给数控机床。

在介绍 CAM 功能之前先了解下面几个基本概念。

1. 两轴加工

在 CAXA 数控车加工中，机床坐标系的 Z 轴即是绝对坐标系中的 X 轴，软件中的 Y 轴相当于车床的 X 轴，平面图形均指投影到绝对坐标系的 XOY 面的图形。

2. 轮廓

车削轮廓是一系列首尾相接曲线的集合，分为外轮廓、内轮廓和端面轮廓。

毛坯轮廓是加工前毛坯的表面轮廓。在进行数控编程及交互指定待加工图形时，常常需要用户指定毛坯的轮廓，将该轮廓用来界定被加工的表面或被加工的毛坯本身。如果毛坯轮廓是用来界定被加工表面的，则要求指定的轮廓是闭合的；如果加工的是毛坯轮廓本身，则毛坯轮廓也可以不闭合。

3. 加工余量

车削加工是一个从毛坯开始逐步除去多余的材料（即加工余量），以便得到需要的零件的过程。这种过程往往由粗加工和精加工构成，必要时还需要进行半精加工，即需经过多道工序的加工。在前一道工序中，往往要给下一道工序留下一定的加工余量。

4. 机床的速度参数

数控机床的一些速度参数，包括主轴转速、接近速度、进给速度和退刀速度，如图 8-8 所示（图中 L 为慢速下刀/快速退刀距离）。

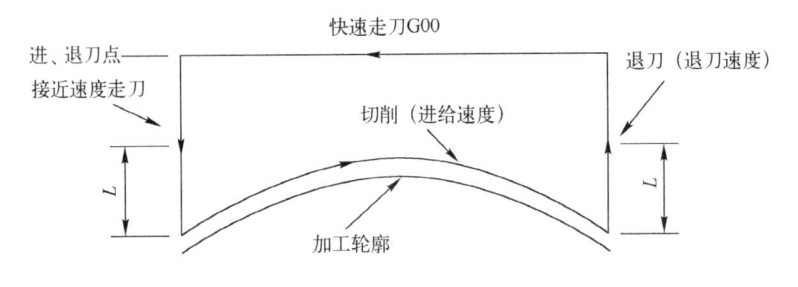

图 8-8　数控车中各种速度示意

主轴转速是切削时机床主轴转动的角速度；进给速度是正常切削时刀具行进的线速度；接近速度为从进刀点到切入工件前刀具行进的线速度，又称进刀速度；退刀速度为刀具离开工件回到退刀位置时刀具行进的线速度。

5. 加工误差

刀具轨迹和实际加工模型的偏差即加工误差。用户可通过控制加工误差来控制加工的精度。在两轴加工中，对于直线和圆弧的加工不存在加工误差。加工误差是指对样条线进行加工时用折线段逼近样条时的误差。

6. 干涉

切削被加工表面时，刀具切到了不应该切的部分，称为出现干涉现象，或者叫做过切。在 CAXA 数控车系统中，干涉分为以下两种：被加工表面中存在刀具切削不到的部分时存在的干涉现象；切削时，刀具与未加工表面存在的干涉现象。

8.1.5 CAXA 数控车的 CAD 加工功能

CAXA-Lathe 有 5 种车削加工方式：轮廓粗车、轮廓精车、车槽、钻中心孔和车螺纹。当在计算机上建立好工件图形，设置好刀具，确定了加工工艺之后，就可以生成刀位轨迹了。

1. 轮廓粗车

轮廓粗车可对工件的外轮廓表面、内轮廓表面和端面进行粗车加工，用来快速清除毛坯的多余部分。做轮廓粗车时要确定被加工轮廓和毛坯轮廓，被加工轮廓就是加工结束后的工件表面轮廓，毛坯轮廓就是加工前毛坯的表面轮廓。被加工轮廓和毛坯轮廓两端点相连，两轮廓共同构成一个封闭的加工区域，在此区域的材料将被加工去除。被加工轮廓和毛坯轮廓不能单独闭合或自相交。

1）操作步骤

在"应用"菜单栏中，选择"数控车"子菜单中的"轮廓粗车"菜单命令，如图 8-9 所示，系统弹出"粗车参数表"对话框，如图 8-10 所示。在该对话框中确定被加工的是外轮廓表面，还是内轮廓表面或端面，接着按加工要求确定其他各项加工参数。

图 8-9　CAXA 数控车菜单　　　　　图 8-10　"粗车参数表"对话框

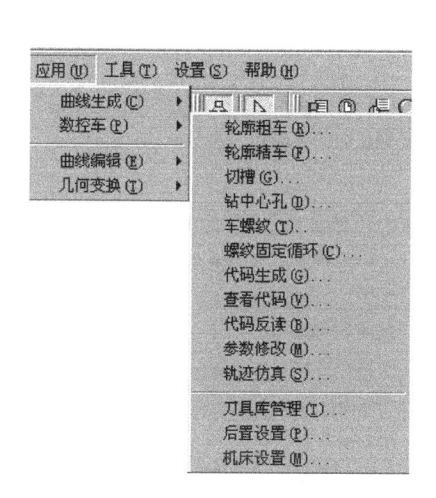

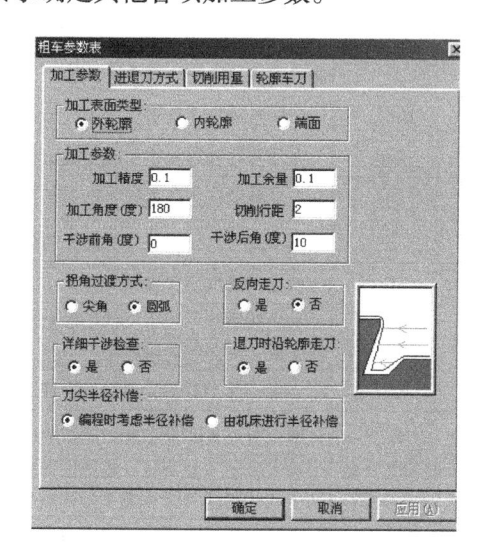

确定参数后拾取被加工的轮廓和毛坯轮廓，此时可使用系统提供的轮廓拾取工具，对于多段曲线组成的轮廓使用"限制链拾取"将极大地方便拾取。采用"链拾取"和"限制链拾取"时的拾取箭头方向与实际的加工方向无关。

轮廓拾取工具提供三种拾取方式：单个拾取、链拾取和限制链拾取。其中："单个拾取"需用户挨个拾取需批量处理的各条曲线，适合于曲线条数不多且不适合于"链拾取"的情形；"链拾取"需用户指定起始曲线及链搜索方向，系统起始曲线及搜索方向自动寻找所有首尾搭接的曲线，适合于需批量处理的曲线数目较大且无两根以上曲线搭接在一起的情形；"限制链拾取"需用户指定起始曲线、搜索方向和限制曲线，系统按起始曲线及搜索方向自动寻找首尾搭接的曲线至指定的限制曲线，适用于避开有两根以上曲线搭接在一起的情形，以正确地拾取所需要的曲线。

在拾取完轮廓后确定进退刀点，指定一点为刀具加工前和加工后所在的位置，单击鼠标右键可忽略该点的输入。完成上述步骤后即可生成加工轨迹。在"数控车"菜单栏中选择"代码生成"菜单命令，拾取刚生成的刀具轨迹，即可生成加工指令。

2）参数说明

（1）加工参数。加工参数主要用于对粗加工中的各种工艺条件和加工方式进行限定，单击对话框中的"加工参数"标签即进入"加工参数"对话框，各加工参数含义如表8-12所示。

表8-12 加工参数说明

内容	选项	说明
加工表面类型	外轮廓	采用外轮廓车刀加工外轮廓，此时默认加工方向角度为180°
	内轮廓	采用内轮廓车刀加工内轮廓，此时默认加工方向角度为180°
	端面	此时默认加工方向应垂直于系统X轴，即加工角度为90°或270°
加工参数	干涉前角	做底切干涉检查时，确定干涉检查的角度，避免加工反锥时出现前刀面与工件干涉
	干涉后角	做底切干涉检查时，确定干涉检查的角度，避免加工正锥时出现刀具底面与工件干涉
	加工角度	刀具切削方向与机床Z轴（软件系统X正方向）正方向的夹角
	切削行距	行间切入深度，两相邻切削行之间的距离
	加工余量	加工结束后，被加工表面没有加工的部分的剩余量（与最终加工结果比较）
	加工精度	用户可按需要来控制加工的精度。对轮廓中的直线和圆弧，机床可以精确地加工；对由样条曲线组成的轮廓，系统将按给定的精度把样条转化成直线段来满足用户所需的加工精度
拐角过渡方式	圆弧	在切削过程遇到拐角时刀具从轮廓的一边到另一边的过程中，以圆弧的方式过渡
	尖角	在切削过程遇到拐角时刀具从轮廓的一边到另一边的过程中，以尖角的方式过渡
反向走刀	否	刀具按默认方向走刀，即刀具从机床Z轴正方向向Z轴负向移动
	是	刀具按与默认方向相反的方向走刀
详细干涉检查	否	假定刀具前后干涉角均为0°，对凹槽部分不做加工，以保证切削轨迹无前角及底切干涉
	是	加工凹槽时，用定义的干涉角度检查加工中是否有刀具前角及底切干涉，并按定义的干涉角度生成无干涉的切削轨迹
退刀时沿轮廓走刀	否	刀位行首末直接进退刀，不加工行与行之间的轮廓
	是	两刀位行之间如果有一段轮廓，在后一刀位行之前、之后增加对行间轮廓的加工
刀尖半径补偿	编程时考虑半径补偿	在生成加工轨迹时，系统根据当前所用刀具的刀尖半径进行补偿计算（按假想刀尖点编程），所生成代码即为已考虑半径补偿的代码
	由机床进行半径补偿	在生成加工轨迹时，假设刀尖半径为0，按轮廓编程，不进行刀尖半径补偿计算。所生成代码在用于实际加工时应根据实际刀尖半径由机床指定补偿值

（2）进退刀方式

单击"粗车参数表"对话框中的"进退刀方式"标签，即进入轮廓粗车"进退刀方式"对话框，如图8-11所示，用于对加工中的进退刀方式进行设定。

① 进刀。

- 进刀方式：每行相对毛坯进刀方式用于指定对毛坯部分进行切削时的进刀方式；每行相对加工表面进刀方式用于指定对加工表面部分进行切削时的进刀方式。

- 与加工表面成定角：指在每一切削行前加入一段与轨迹切削方向成一定角度的进刀段，刀具垂直进刀到该进刀段的起点，再沿该进刀段进刀至切削行。角度定义为该进刀段与轨迹切削方向的夹角，长度定义为该进刀段的长度。
- 垂直：指刀具直接进刀到每一切削行的起始点。
- 矢量：指在每一切削行前加入一段与系统 X 轴（机床 Z 轴）正方向成一定夹角的进刀段，刀具进到该进刀段的起点，再沿该进刀段进刀至切削行。角度定义为矢量（进刀段）与系统 X 轴正方向的夹角，长度定义为矢量（进刀段）的长度。

② 退刀。

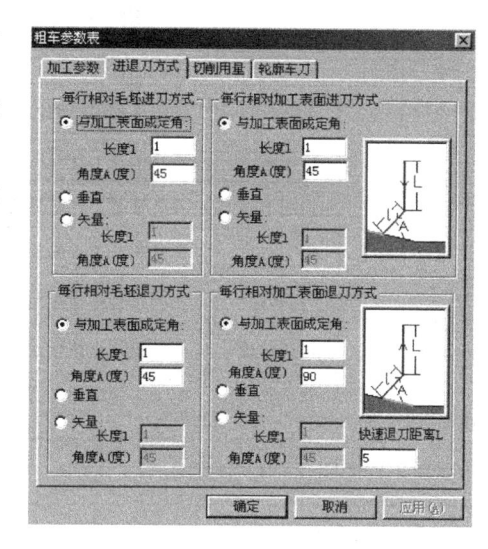

图 8-11 轮廓粗车"进退刀方式"对话框

- 退刀方式：每行相对毛坯退刀方式用于指定对毛坯部分进行切削时的退刀方式；每行相对加工表面退刀方式用于指定对加工表面部分进行切削时的退刀方式。
- 与加工表面成定角：指在每一切削行后加入一段与轨迹切削方向成一定角度的退刀段，刀具先沿该退刀段退刀，再从该退刀段的末点开始垂直退刀。角度定义为该退刀段与轨迹切削方向的夹角，长度定义为该退刀段的长度。
- 垂直：指刀具直接退刀到每一切削行的起始点。
- 矢量：指在每一切削行后加入一段与系统 X 轴（机床 Z 轴）正方向成一定夹角的退刀段，刀具先沿该退刀段退刀，再从该退刀段的末点开始垂直退刀。角度定义为矢量（退刀段）与系统 X 轴正方向的夹角，长度定义为矢量（退刀段）的长度。
- 快速退刀距离：以给定的退刀速度回退的距离（相对值），在此距离上以机床允许的最大进给速度退刀。

（3）切削用量。在每种刀具轨迹生成时，都需要设置一些与切削用量及机床加工相关的参数。单击"切削用量"标签可进入"切削用量"对话框，如图 8-12 所示。具体说明如表 8-13 所示。

（4）轮廓车刀。单击"轮廓车刀"标签可进入"轮廓车刀"对话框，设置加工中所用刀具的参数。

2. 轮廓精车

对工件外轮廓表面、内轮廓表面和端面的精车加工，轮廓精车时要确定被加工轮廓。被加工轮廓就是加工结束后的工件表面轮廓，被加工轮廓不能闭合或自相交。

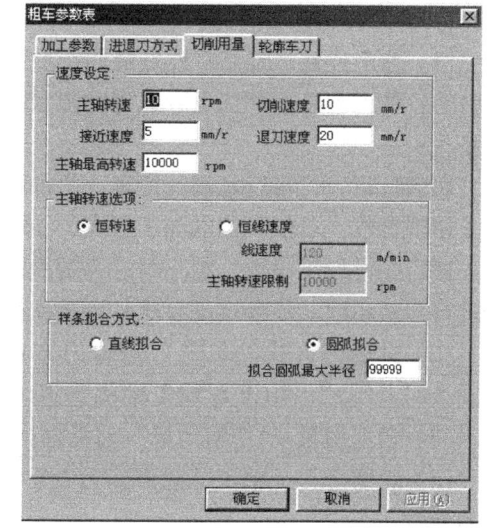

图 8-12 轮廓粗车"切削用量"对话框

表8-13　轮廓粗车切削用量参数说明

内容	选项	说明
速度设定	主轴转速	机床主轴旋转的速度，计量单位是机床默认的单位
	切削速度	刀具切削工件时的进给速度
	接近速度	刀具接近工件时的进给速度
	退刀速度	刀具离开工件的速度
主轴转速选项	恒转速	切削过程中按指定的主轴转速保持主轴转速恒定，直到下一指令改变该转速
	恒线速度	切削过程中按指定的线速度值保持线速度恒定
样条拟合方式	直线拟合	对加工轮廓中的样条线根据给定的加工精度用直线段进行拟合
	圆弧拟合	对加工轮廓中的样条线根据给定的加工精度用圆弧段进行拟合

1）操作步骤

在"应用"菜单栏中，选择"数控车"子菜单中的"轮廓精车"菜单命令，系统弹出轮廓"精车参数表"对话框，如图8-13所示。首先要确定被加工的是外轮廓表面，还是内轮廓表面或端面，接着按加工要求确定其他各加工参数。

确定参数后拾取被加工轮廓，此时可使用系统提供的轮廓拾取工具。

选择完轮廓后确定进、退刀点，指定一点为刀具加工前和加工后所在的位置，单击鼠标右键可忽略该点的输入。完成上述步骤后可生成精车加工轨迹。在"数控车"子菜单中选择"代码生成"菜单命令，拾取刚生成的刀具轨迹，即可生成加工指令。

图8-13　"精车参数表"对话框

2）参数说明

(1) 加工参数。加工参数主要用于对精车加工中的各种工艺条件和加工方式进行限定。各加工参数含义说明如下，与轮廓粗车含义相同的省略。

切削行距：行与行之间的距离。沿加工轮廓走刀一次称为一行。

切削行数：刀位轨迹的加工行数，不包括最后一行的重复次数。

最后一行加工次数：精车时，为提高车削的表面质量，最后一行常常在相同进给量的情况下进行多次切削，该处定义多次切削的次数。

(2) 进退刀方式。单击"进退刀方式"标签即进入轮廓精车"进退刀方式"对话框，如图8-14所示，用于对加工中的进退刀方式进行设定，各参数的含义见轮廓粗车部分。

(3) 切削用量。"切削用量"对话框的说明请参考轮廓粗车中的说明。

(4) 轮廓车刀。单击"轮廓车刀"标签可进入"轮廓车刀"对话框，设置加工中所用刀具的参数。

3. 钻中心孔

CAXA 数控车提供了多种钻孔方式,包括高速啄式深孔钻、左攻丝、精镗孔、钻孔、镗孔、反镗孔等。

车削加工中的钻孔位置只能是工件的旋转中心,最终所有的加工轨迹都在工件的旋转轴上,也就是系统的 X 轴(机床的 Z 轴)上。

1)操作步骤

在"数控车"子菜单中选择"钻中心孔"菜单命令,弹出"钻孔参数表"对话框,如图 8-15 所示。用户可在该对话框中确定各加工参数。

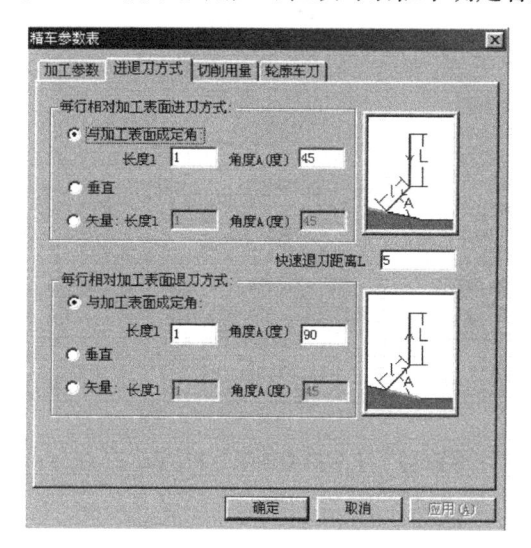

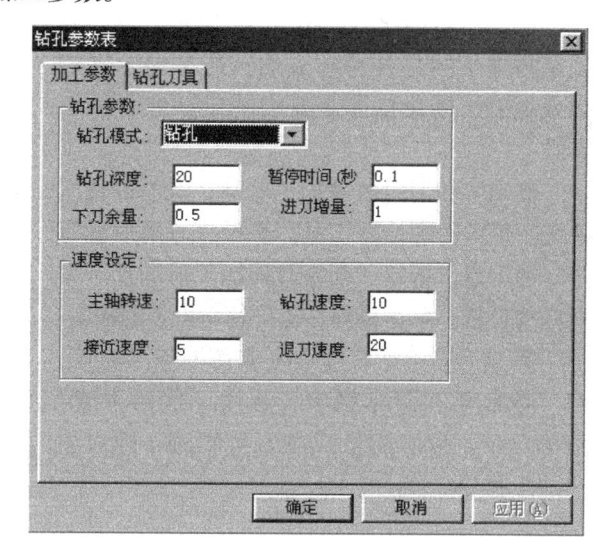

图 8-14　轮廓精车"进退刀方式"对话框　　　图 8-15　"钻孔参数表"对话框

确定各加工参数后,拾取钻孔的起始点,因为轨迹只能在系统的 X 轴上(机床的 Z 轴),所以把输入的点向系统的 X 轴投影,得到的投影点作为钻孔的起始点,拾取完钻孔点之后即生成加工轨迹。

2)参数说明

(1)加工参数。加工参数主要对加工中的各种工艺条件和加工方式进行限定。各加工参数含义说明如表 8-14。

表 8-14　钻孔加工参数说明

内　容	选　项	说　明
加工参数	钻孔深度	要钻孔的深度
	暂停时间	攻丝时刀在工件底部的停留时间
	钻孔模式	钻孔的方式。钻孔模式不同,后置处理中用到机床的固定循环指令不同
	进刀增量	钻深孔时每次进刀量或镗孔时每次侧进量
	下刀余量	当钻下一个孔时,刀具从前一个孔顶端的抬起量
速度设定	接近速度	刀具接近工件时的进给速度
	钻孔速度	钻孔时的进给速度
	主轴转速	机床主轴旋转的速度。计量单位是机床默认的单位
	退刀速度	刀具离开工件的速度

(2) 钻孔刀具。单击"钻孔刀具"标签可进入"钻孔刀具"对话框，设置加工中所用刀具的参数。

4. 切槽

切"槽"功能可以在工件外轮廓表面、内轮廓表面或端面切槽。切槽时要确定被加工轮廓，被加工轮廓就是加工结束后的工件表面轮廓，被加工轮廓不能闭合或自相交。

1）操作步骤

在"应用"菜单栏中选择"数控车"子菜单中的"切槽"菜单命令，系统弹出"切槽参数表"对话框，如图 8-16 所示。首先要确定被加工的是外轮廓表面，还是内轮廓表面或端面，接着按加工要求确定其他各加工参数。

确定参数后拾取被加工轮廓，此时可使用系统提供的轮廓拾取工具。选择完轮廓后确定进、退刀点，指定一点为刀具加工前和加工后所在的位置。单击鼠标右键可忽略该点的输入。

完成上述步骤后即可生成切槽加工轨迹。在"数控车"菜单栏中，选择"代码生成"菜单命令，拾取刚生成的刀具轨迹，即可生成加工指令。

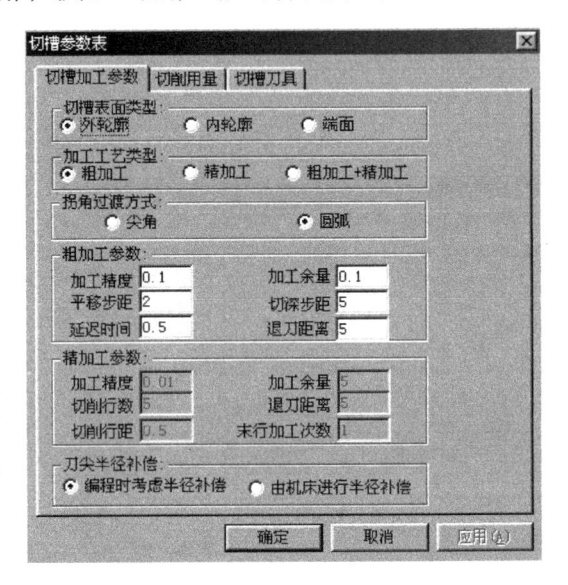

图 8-16 "切槽参数表"对话框

2）参数说明

(1) 加工参数。加工参数主要对切槽加工中各种工艺条件和加工方式进行限定。各加工参数含义说明如表 8-15 所示（与轮廓粗车、轮廓精车含义相同的省略）。

表 8-15 切槽加工参数说明

内　　容	选　　项	说　　明
加工表面类型	外轮廓	外轮廓切槽，或用切槽刀加工外轮廓
	内轮廓	内轮廓切槽，或用切槽刀加工内轮廓
	端面	端面切槽，或用切槽刀加工端面
加工工艺类型	粗加工	对槽只进行粗加工
	精加工	对槽只进行精加工
	粗加工＋精加工	对槽进行粗加工之后接着精加工
粗加工参数	延迟时间	粗车槽时，刀具在槽的底部停留的时间
	切深步距	粗车槽时，刀具每一次纵向切槽的切入量（机床 X 向）
	平移步距	粗车槽时，刀具切到指定的切深平移量后进行下一次切削前的水平平移量（机床 Z 向）
	退刀距离	粗车槽时进行下一行切削前退刀到槽外的距离
	加工余量	粗加工时，被加工表面未加工部分的预留量
精加工参数	退刀距离	精加工中切削完一行之后，进行下一行切削前退刀的距离
	加工余量	精加工时，被加工表面未加工部分的预留量
	末行加工次数	精槽时，为提高加工的表面质量，最后一行常常在相同进给量的情况下进行多次车削，该处定义多次切削的次数

(2) 切削用量。"切削用量"对话框的说明可参考轮廓粗车中的说明。

(3) 切槽刀具。单击"切槽刀具"标签可进入"切槽刀具"对话框，设置加工中所用切槽刀具的参数。

5. 螺纹固定循环

CAXA数控车采用固定循环方式加工螺纹，输出的代码适用于西门子840C/840控制器。

1）操作步骤

在"数控车"子菜单中，选择"螺纹固定循环"菜单命令，然后依次拾取螺纹起点、终点、第一个中间点、第二个中间点。该固定循环功能可以进行两段或三段螺纹连接加工。若只有一段螺纹，则在拾取完终点后单击鼠标右键。若只有两段螺纹，则在拾取完第一个中间点后单击鼠标右键。

拾取完毕，弹出"螺纹参数表"，如图8-17所示，前面拾取的点的坐标也将显示在参数表中，用户可在"螺纹参数表"对话框中确定各加工参数。参数填写完毕，单击"确认"按钮，生成刀具轨迹。该刀具轨迹仅为一个示意性的轨迹，但可用于输出固定循环指令。

在"数控车"子菜单中选择"代码生成"菜单命令，拾取刚生成的刀具轨迹，即可生成螺纹加工固定循环指令。

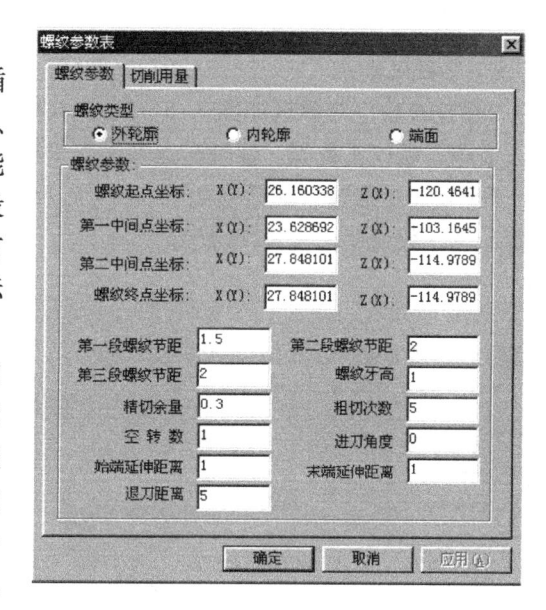

图8-17 "螺纹参数表"对话框

2）参数说明

螺纹固定循环功能仅针对西门子840C/840控制器。详细的参数说明和代码格式说明请参考西门子840C/840控制器的固定循环编程说明书。

螺纹参数表中的螺纹起点、终点、第一中间点、第二中间点坐标及螺纹长度来自于前面的拾取结果。用户可以进一步修改。

粗切次数：螺纹粗切的次数。控制系统自动计算保持固定的切削截面时各次进刀的深度。

进刀角度：刀具可以垂直于切削的方向进刀，也可以沿着侧面进刀。角度无符号输入并且不能超过螺纹角的一半。

空转数：指末行走刀次数，为提高加工质量，最后一个切削行有时需要重复走刀多次，此时需要指定重复走刀次数。粗切完成后进行一次精切后运行指定的空转数。

精切余量：螺纹深度减去精切余量为粗切深度。

始端延伸距离：刀具切入点与螺纹始端的距离。

末端延伸距离：刀具退刀点与螺纹末端的距离。

6. 车螺纹

CAXA数控车的车螺纹功能为非固定循环方式加工螺纹，可对螺纹加工中的各种工艺条件、加工方式进行更为灵活的控制。

1) 操作步骤

在"数控车"子菜单栏中,选择"螺纹固定循环"菜单命令,依次拾取螺纹起点,终点。拾取完毕,弹出"螺纹参数表"对话框。前面拾取的点的坐标也将显示在参数表中。用户可在该参数表对话框中确定各加工参数。参数填写完毕,单击"确认"按钮,即生成螺纹车削刀具轨迹。

在"数控车"子菜单栏中,选择"代码生成"菜单命令,拾取刚生成的刀具轨迹,即可生成螺纹加工指令。

2) 参数说明

"螺纹参数"对话框如图 8-18 所示,主要包含了与螺纹性质相关的参数,如螺纹长度、螺纹节距、螺纹头数等。螺纹起点和终点坐标来自前一步的拾取结果,用户也可以进行修改。

"螺纹加工参数"对话框如图 8-19 所示,用于对螺纹加工中的工艺条件和加工方式进行设置,各参数说明如表 8-16 所示。

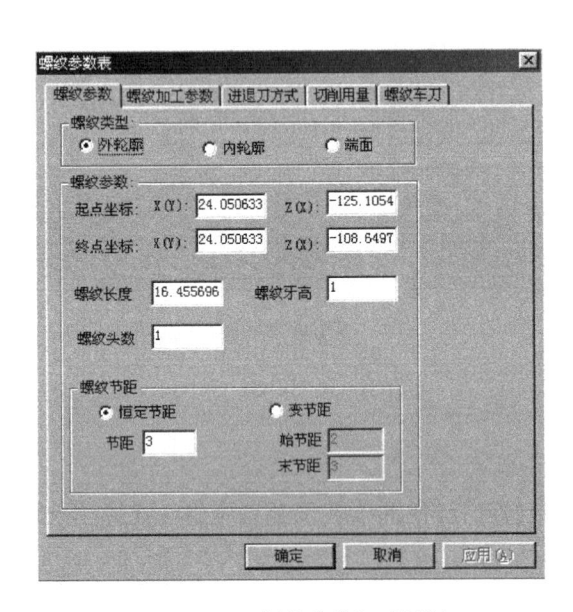

图 8-18 "螺纹参数"对话框

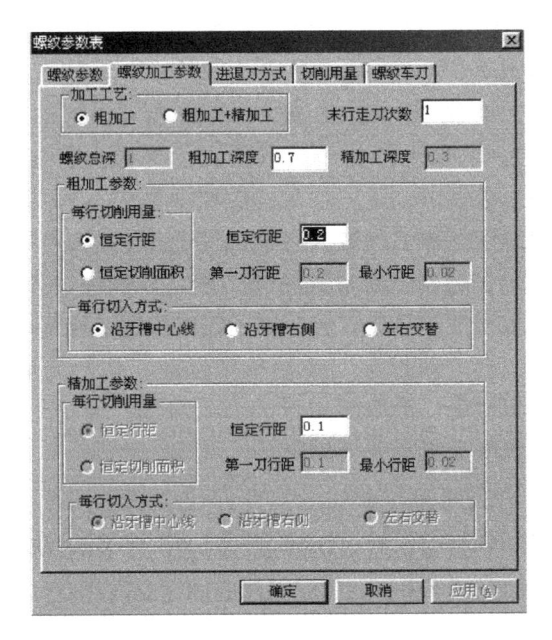

图 8-19 "螺纹加工参数"对话框

表 8-16 螺纹加工参数说明

内容	选项	说明
加工工艺	粗加工	指直接采用粗切方式加工螺纹
	粗加工+精加工	指根据指定的粗加工深度进行粗切后,再采用精切方式(如采用更小的行距)切除剩余余量(精加工深度)
	精加工深度	螺纹精加工的切深量
	粗加工深度	螺纹粗加工的切深量
每行切削用量	恒定行距	每一切削行的间距保持恒定
	恒定切削面积	为保证每次切削的切削面积恒定,各次切削深度将逐步减小,直至等于最小行距。此时用户需指定第一刀行距及最小行距
	末行走刀次数	为提高加工质量,最后一个切削行时需要重复走刀多次,此时需要指定重复走刀次数
	每行切入方式	指刀具在螺纹始端切入时的切入方式。刀具在螺纹末端的退出方式与切入方式相同

7. 机床设置与后置处理

1）机床设置

机床设置就是针对不同的机床、不同的数控系统，设置特定的数控代码、数控程序格式及参数，并生成配置文件。生成数控程序时，系统根据该配置文件的定义，生成用户所需要的特定代码格式的加工指令。

机床设置给用户提供了一种灵活方便的设置系统配置的方法。通过设置系统配置参数，后置处理所生成的数控程序可以直接输入数控机床或加工中心进行加工，而无须进行修改。如果已有的机床类型中没有所需的机床，可增加新的机床类型以满足使用需求，并可对新增的机床进行设置。在"数控车"子菜单中选择"机床设置"菜单命令，系统弹出如图 8-20 所示的"机床类型设置"对话框。

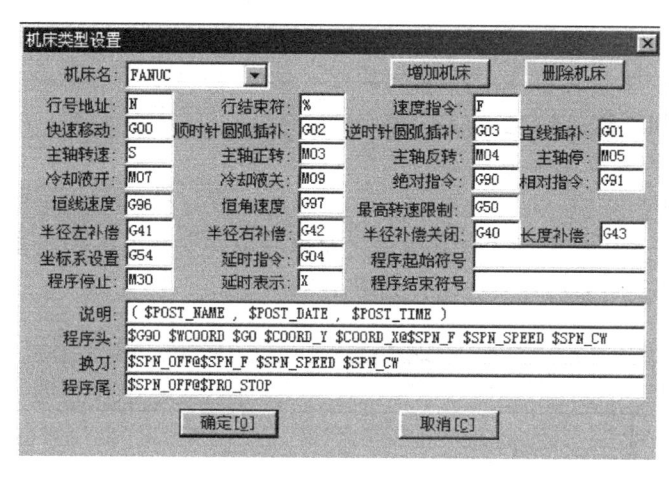

图 8-20 "机床类型设置"对话框

（1）机床参数设置。可在"机床名"下拉列表中用鼠标选取，也可以选择已存在的机床，或单击"增加机床"按钮增加系统中没有的机床；也可通过"删除机床"按钮删除当前机床。

通过该对话框可以对机床的各种指令地址，根据所用数控系统的代码规则进行设置。

机床配置参数中的"说明"、"程序头"、"换刀"和"程序尾"，必须按照使用数控系统的编程规则（参照所用机床的编程手册），利用宏指令格式书写，否则，生成的数控加工程序可能无法使用。

（2）常用的宏指令。CAXA 软件的程序格式，以字符串、宏指令@字符串和宏指令的方式进行设置，其中宏指令格式为 $ +宏指令串，详见表 8-17。

表 8-17 系统提供的宏指令串

内 容	宏指令串	内 容	宏指令串
当前后置文件名	POST__NAME	冷却液开	COOL__ON
当前日期	POST__DATE	冷却液关	COOL__OFF
当前时间	POST__TIME	程序停	PRO__STOP
当前 X 坐标值	COORD__Y	左补偿	DCMP__LEF
当前 Z 坐标值	COORD__X	右补偿	DCMP__RGT
当前程序号	POST__CODE	补偿关闭	DCMP__OFF
行号指令	LINE__NO__ADD	"@"符号	换行标志，若是字符串则输出@本身
行结束符	BLOCK__END	"$"符号	输出空格

2）后置处理

后置处理就是针对特定的机床，结合已经设置好的机床配置，对后置输出的数控程序的格式，如程序段行号、程序大小、数据格式、编程方式、圆弧控制方式等进行设置。在"数控车"子菜单中，选择"后置设置"菜单命令，系统弹出"后置处理设置"对话框，如图8-21所示，用户可按自己的需要更改已有机床的后置设置。

8. 代码生成

1）生成代码

生成代码就是按照当前机床类型的配置要求，把已经生成的加工轨迹转化生成 G 代码数据文件，即 CNC 数控程序。生成代码的操作步骤如下。

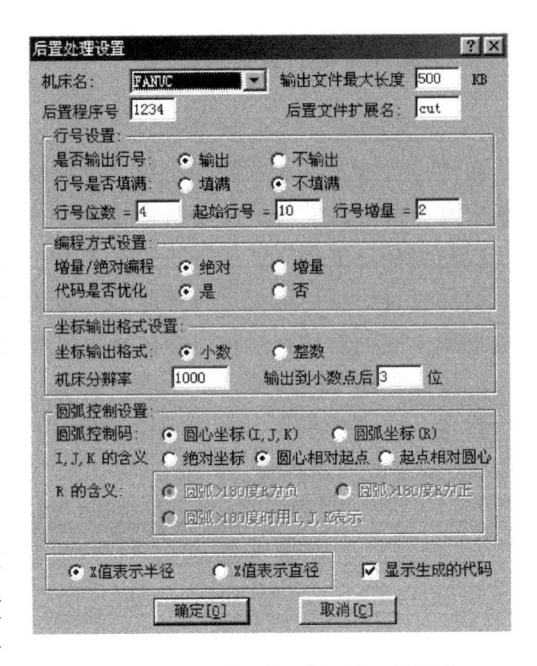

图 8-21 "后置处理设置"对话框

在"数控车"子菜单中选择"代码生成"菜单命令，则弹出一个需要用户输入文件名的对话框，要求用户填写后置程序文件名，如图 8-22 所示。

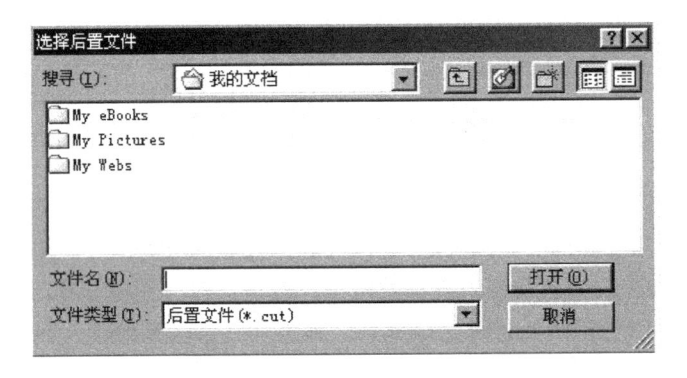

图 8-22 输入文件名

输入文件名后单击"保存"按钮，系统提示拾取加工轨迹。当拾取到加工轨迹后，该加工轨迹变为被拾取颜色。右击结束拾取，系统即生成数控程序。拾取时，使用系统提供的拾取工具，可以同时拾取多个加工轨迹，被拾取轨迹的代码将保存在一个文件当中，生成的先后顺序与拾取的先后顺序相同。

2）查看代码

查看代码就是查看、编辑已生成代码的内容。在"数控车"子菜单中选择"查看代码"菜单命令，则弹出一个要用户选择数控程序的对话框。选择一个程序后，系统即用 Windows 提供的"记事本"显示代码的内容，当代码文件较大时，则要用"写字板"打开，用户可在其中对代码进行修改。

3）参数修改

对生成的轨迹不满意时，可以用参数修改功能对轨迹的各种参数进行修改，以生成新的加工轨迹。在"数控车"子菜单中选择"参数修改"菜单命令,则提示用户拾取要进行参数修改的加工轨迹,拾取轨迹后将弹出该轨迹的参数表供用户修改。参数修改完毕,单击"确定"按钮,即依据新的参数重新生成该轨迹。

4) 轨迹仿真

轨迹仿真即对已有的加工轨迹进行加工过程模拟,以检查加工轨迹的正确性。对系统生成的加工轨迹,仿真时用生成轨迹时的加工参数,即轨迹中记录的参数;对从外部反读进来的刀位轨迹,仿真时用系统当前的加工参数。

轨迹仿真分为动态仿真和静态仿真。动态仿真是指模拟动态的切削过程,不保留刀具在每一个切削位置的图像。静态仿真是指仿真过程中保留刀具在每一个切削位置的图像,直至仿真结束。仿真时可指定仿真的步长,用来控制仿真的速度。当步长设为 0 时,步长值在仿真中无效;当步长大于 0 时,所设的步长即为仿真中每一个切削位置之间的间隔距离。

轨迹仿真操作步骤:在"数控车"子菜单中选择"轨迹仿真"菜单命令,同时可指定仿真的步长。拾取要仿真的加工轨迹,此时可使用系统提供的选择拾取工具。在结束拾取前仍可修改仿真的类型或仿真的步长。右击结束拾取,系统即开始仿真,仿真过程中可按键盘左上角的 Esc 键终止仿真。

5) 代码反读(校核 G 代码)

代码反读就是把生成的 G 代码文件反读进来,生成刀具轨迹,以检查生成的 G 代码的正确性。如果反读的刀位文件中包含圆弧插补,用户应指定相应的圆弧插补格式,否则可能得到错误的结果。若后置文件中的坐标输出格式为整数,且机床分辨率不为 1 时,反读的结果是不对的,即系统不能读取坐标格式为整数且分辨率为非 1 的情况。

在"数控车"子菜单中选择"代码反读"菜单命令,则弹出一个供用户选取数控程序的对话框,系统要求用户选择要校对的 G 代码程序。选择要校对的数控程序后,系统根据程序 G 代码立即生成刀具轨迹。

刀位校核只用来对 G 代码的正确性进行检验。由于精度等方面的原因,用户应避免将反读出的刀位重新输出,因为系统无法保证其精度。

校对刀具轨迹时,如果存在圆弧插补,则系统要求选择圆心的坐标编程方式,其含义可参考后置设置中的说明。用户应正确选择对应的形式(圆心坐标编程方式),否则会导致错误。

9. 刀具的管理功能

CAXA 数控车提供轮廓车刀、切槽刀具、螺纹车刀和钻孔刀具 4 种类型的管理功能。刀具库管理功能用于定义、确定刀具的有关数据,以便于用户从刀具库中获取刀具信息和对工具库进行维护。

1) 操作方法

在主菜单"应用"中,选择"数控车"子菜单的"刀具库管理"菜单命令,系统弹出"刀具库管理"对话框,如图 8-23 所示。用户可按自己的需要添加新的刀具,进行已有刀具参数的修改,更换当前使用的刀具等操作。

刀具库中的各种刀具只是同一类刀具的抽象描述,并非符合国标或其他标准。所以刀具库只列出了对轨迹生成有影响的部分参数,其他与具体加工工艺相关的刀具参数并未列出。例如,将各种外轮廓、内轮廓、端面粗/精车刀均归为轮廓车刀,对轨迹生成没有影响。其他补充信息可在"备注"栏中输入。

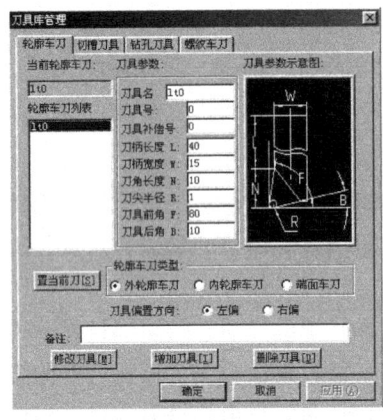

（a）轮廓车刀 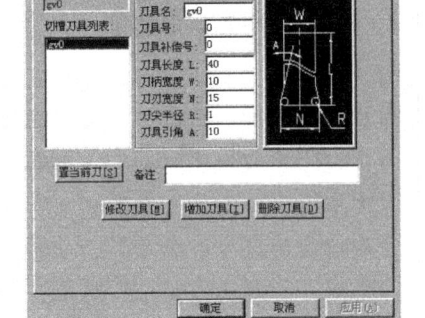　　　　　　　　　（b）切槽刀具

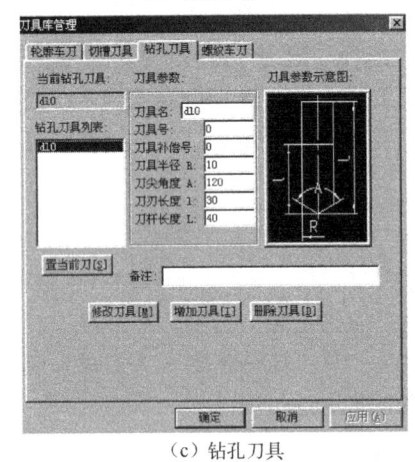

（c）钻孔刀具 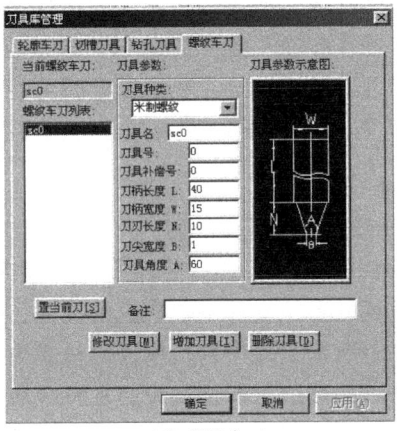　　　　　　　　　（d）螺纹车刀

图 8-23　刀具管理窗口

2）刀具参数说明

（1）共有参数。轮廓车刀、切槽刀具、钻孔刀具和螺纹车刀的参数，包括共有参数和自身（由自身几何形状定义的参数）参数两部分。共有参数有：

① 刀具名：刀具的名称，用于刀具标识和列表，刀具名是唯一的。

② 刀具号：刀具的系列号，用于后置处理的自动换刀指令，刀具号是唯一的。

③ 刀具补偿号：刀具补偿值的序列号，其值对应于机床的刀具偏置表。

④ 刀柄长度：刀具可夹持段的长度（钻孔刀具无此项）。

⑤ 刀柄宽度：刀具可夹持段的宽度（钻孔刀具无此项）。

⑥ 当前轮廓车刀（切槽刀具、钻孔刀具、螺纹车刀）：显示当前使用刀具的刀具名，即在加工中要使用的刀具。在加工轨迹生成时，要使用当前刀具的刀具参数。

⑦ 轮廓（切槽刀具、钻孔刀具、螺纹车刀）列表：显示刀具库中所有同类型刀具的名称，可通过鼠标或键盘的上、下键选择不同的刀具名。刀具参数表中将显示所选刀具的参数。双击所选的刀具可将其置为当前刀具。

（2）轮廓车刀几何参数。

① 刀角长度：刀具可切削段的长度。

② 刀尖半径：刀尖部分用于切削的圆弧的半径。

③ 刀具前角：刀具前刃与工件旋转轴的夹角。

（3）切槽刀具几何参数。

① 刀刃宽度：刀具切削刃的宽度。

② 刀尖半径：刀具切削刃两端圆弧的半径。

③ 刀具引角：刀具切削段两侧边与垂直于切削方向的夹角。

（4）钻孔刀具几何参数。

① 刀尖角度：钻头前段尖部的角度。

② 刀刃长度：刀具可用于切削部分的长度。

③ 刀杆长度：刀尖到刀柄之间的距离。刀杆长度应大于刀刃有效长度。

（5）螺纹车刀几何参数。

① 刀刃长度：刀具切削刃顶部的长度。

② 刀具角度：刀具切削段两侧边与垂直于切削方向的夹角，该角度决定了车削出螺纹的螺纹角的大小。

③ 刀尖宽度：螺纹齿底宽度。对于三角螺纹车刀，刀尖宽度等于0。

任务实施

实训22　轴的自动编程加工

1. 零件图分析

图8-1为典型车削零件，包括粗车外轮廓、精车外轮廓、切槽和车螺纹等工序。

2. 确定工件的装夹方式

由于该零件是一个实心轴，并且轴的长度不很长，所以采用工件的左端面和φ32mm外圆作为定位基准。在车削时，利用三爪卡盘夹零件。

3. 确定数控加工工序

该零件的加工工序卡如表8-18所示，其中第4道工序由数控车完成，并要注意尺寸的一致性。

表8-18　数控加工工序卡

零件名称	轴	数　　量		10		
工序	名称	工艺要求			工作者	日期
1	下料	φ35mm×80mm 棒料10根				
2	车	车削外圆到φ34mm				
3	热处理	调质处理 HB 220～250				
4	数控车	工步	工步内容		刀具号	
		1	自右向左粗车外轮廓		T01	
		2	自右向左精车外轮廓		T02	
		3	切槽		T03	
		4	车螺纹 M30×2 达零件图尺寸		T04	
5	车	切断，并保证总长等于65mm				
6	检验					
材料		45#钢		备注：		
规格数量		φ35mm×80mm				

4. 合理选择切削用量

选择合理的切削用量，如表8-19所示为数控加工刀具卡。

表8-19 数控加工刀具卡

刀具号	刀具规格名称	数量	加工内容	刀尖半径（mm）	主轴转速（r/min）	进给速度（mm/r）	备 注
T01	93°机夹外圆偏刀	1	粗车外轮廓	0.4	800	0.2	
T02	93°机夹外圆偏刀	1	精车轮廓	0.2	1200	0.1	
T03	切槽刀	1	切槽		500	0.08	
T04	60°普通螺纹车刀	1	车螺纹 M30×2		400	2	

5. 编制加工程序

（1）首先用 CAXA 数控车绘制车削加工零件轮廓图形，将坐标系原点选在零件的左端面中心，如图8-24所示。

（2）粗车和精车外轮廓。本工序中的粗车和精车外轮廓的加工操作步骤与实训22相同，故省略此加工过程。

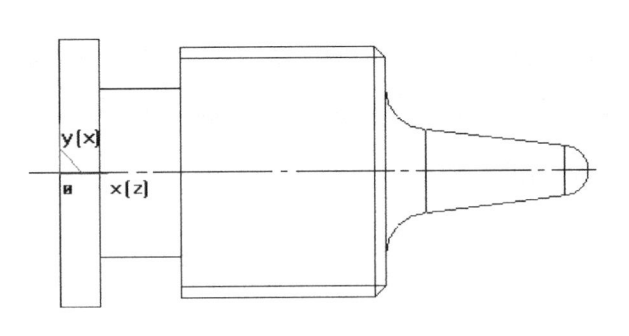

图8-24 轴的外轮廓图

（3）切外槽。在 CAXA 数控车窗口"应用"菜单中，选择"数控车"子菜单中的"切槽"菜单命令，弹出"切槽参数表"对话框，输入切槽参数，如表8-20～表8-22所示。

表8-20 切槽加工（切槽加工参数）设定

内　　容	参　　数	对　话　框
加工表面类型	外轮廓	
加工工艺类型	粗加工+精加工	
拐角过渡方式	尖角	
粗加工参数 加工精度	0.1mm	
加工余量	0.1mm	
平移步距	2.5mm	
切深步距	2mm	
延迟时间	0.5s	
退刀距离	5mm	
精加工参数 加工精度	0.01mm	
加工余量	0mm	
末次加工次数	1	
切削行数	1	
退刀距离	5mm	
切削行距	0.5mm	
刀尖半径补偿	编程时考虑半径补偿	

234

表 8-21 切槽加工（切削用量）设定

内　容	参　数	对　话　框
主轴转速	500r/min	
接近速度	0.5mm/r	
退刀速度	5mm/r	
进刀量	0.08mm/r	
主轴最高转速	10000r/min	
主轴转速选项	恒转速	
样条拟合方式	圆弧拟合	

表 8-22 切槽加工（切槽刀具）设定

内　容	参　数	对　话　框
刀具名	切槽刀	
刀具号	3	
刀具补偿号	3	
刀具长度	40mm	
刀柄宽度	3mm	
刀刃宽度	3mm	
刀尖半径	0.2mm	
刀具引角	10°	

选择完各参数后，单击"确定"按钮，按提示拾取加工表面轮廓，并输入进、退刀点，生成刀具轨迹，结果如图 8-25 所示。

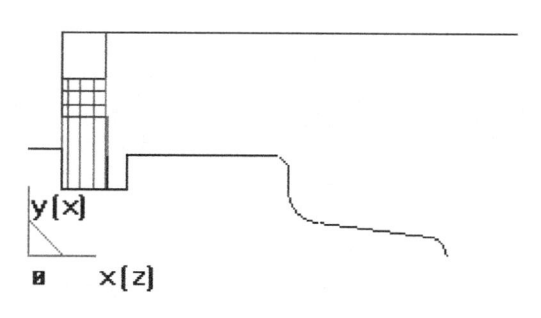

图 8-25 轴的切槽刀具轨迹

（4）车螺纹。在 CAXA 数控车的"应用"菜单中选择"数控车"子菜单中的"车螺纹"菜单命令，在图上拾取螺纹起点和终点，系统弹出"螺纹参数表"对话框，设定螺纹参数，如表 8-23～表 8-27 所示。

表 8-23　螺纹加工（螺纹参数）设定

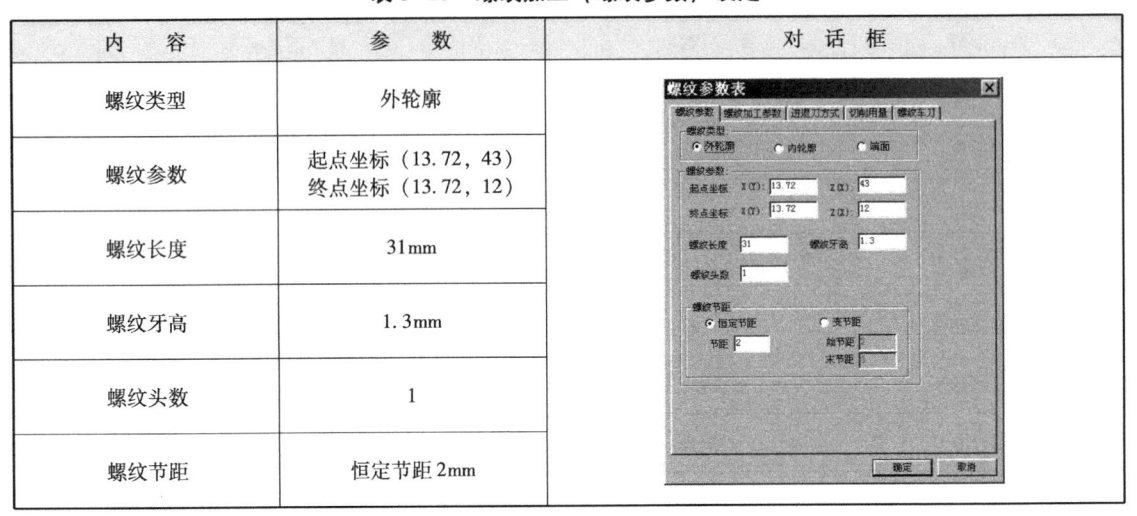

内　容	参　数	对　话　框
螺纹类型	外轮廓	
螺纹参数	起点坐标（13.72，43） 终点坐标（13.72，12）	
螺纹长度	31mm	
螺纹牙高	1.3mm	
螺纹头数	1	
螺纹节距	恒定节距2mm	

表 8-24　螺纹加工（螺纹加工参数）设定

内　容	参　数	对　话　框
加工工艺	粗加工+精加工	
末行走刀次数	1	
粗加工深度	1mm	
精加工深度	0.3mm	
粗加工参数	恒定切削面积	
每行切入方式（粗加工）	沿牙槽中心线	
精加工参数	恒定行距	
每行切入方式（精加工）	沿牙槽中心线	

表 8-25　螺纹加工（进退刀方式）参数设定

内　容	参　数	对　话　框
粗加工进刀方式	垂直	
粗加工退刀方式	垂直	
快速退刀距离	5mm	
精加工进刀方式	垂直	
精加工退刀方式	垂直	

表8-26 螺纹加工（切削用量）参数设定

内　容	参　数	对　话　框
接近速度	0.5mm/r	
退刀速度	5mm/r	
进刀量	2mm/r	
主轴转速选项	恒转速	

表8-27 螺纹加工（螺纹车刀）设定

内　容	参　数	对　话　框
刀具名	60°普通螺纹车刀	
刀具号	4	
刀具补偿号	4	
刀柄长度	50mm	
刀柄宽度	20mm	
刀刃长度	15mm	
刀尖宽度	0mm	
刀具角度	60°	

选择完各参数后，单击"确定"按钮，按提示输入进、退刀点，生成刀具轨迹，如图8-26所示。

（5）生成加工程序。在生成加工程序之前，要先进行FANUC系统的机床设置和后置处理设置，如图8-27所示。在"应用"菜单中，选择"数控车"子菜单中的"代码生成"菜单命令，弹出"选择后置文件"对话框，确定文件位置，如图8-28所示。

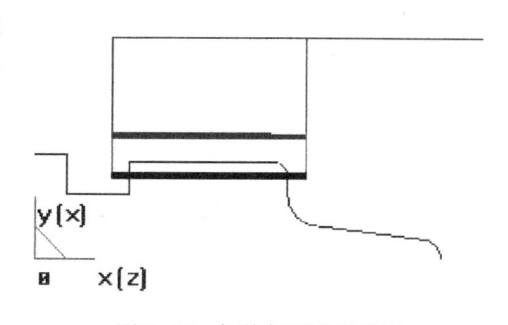

图8-26 螺纹加工刀具轨迹

按粗加工、精加工、槽及螺纹过程依次拾取刀具轨迹，产生加工程序（略）。

（6）代码修改。针对特定的机床，结合已经设置好的机床配置，对后置输出的数控程序进行必要的修改。

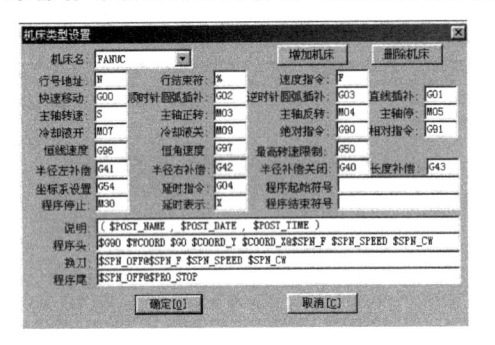

图 8-27 FANUC 系统的机床设置

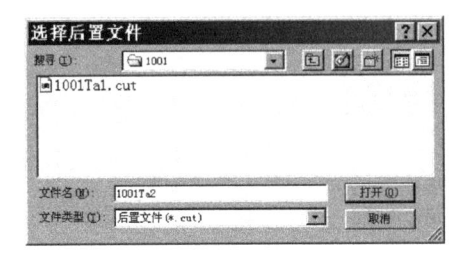

图 8-28 选择后置文件

6. 填写实训报告

按附录 F 的格式填写实训报告。

思考题 20

（1）数控车自动编程软件中使用的切削用量和工艺卡中的切削用量是否一致？
（2）加工材料对切削参数有何影响？
（3）制定如图 8-29 所示的车削零件的数控加工刀具卡及加工工序卡，使用 CAXA 数控车自动编程软件对零件进行造型和生成加工轨迹，并进行模拟加工。

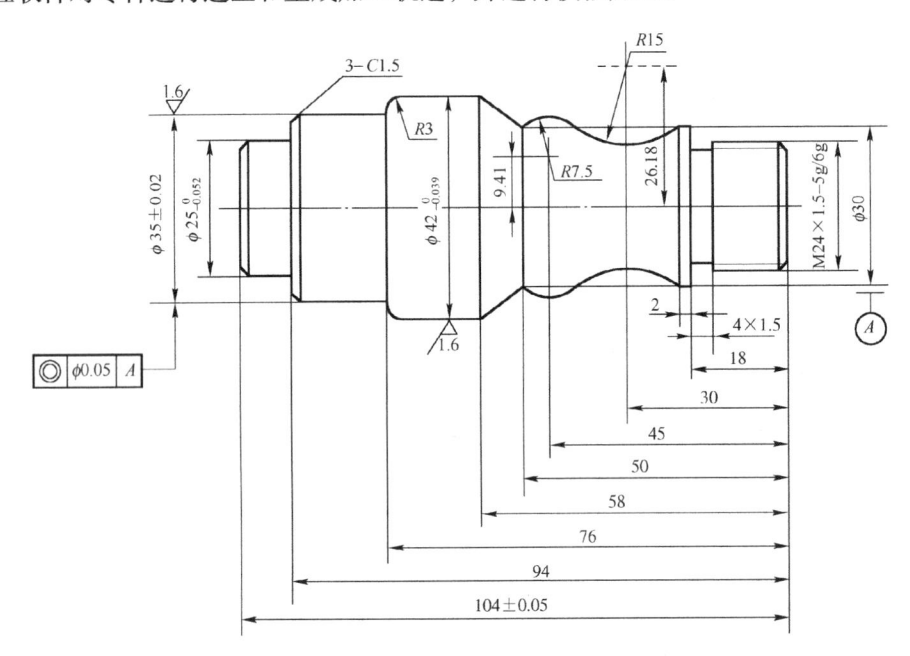

图 8-29 轴类零件的造型与自动编程加工训练零件图

任务 8-2　轴套类零件的造型与自动编程加工

任务目标

（1）掌握 CAXA 数控车自动编程软件的 CAD 零件造型。

(2) 掌握 CAXA 数控车轴套类零件的粗、精加工及参数设置。

(3) 掌握 CAXA 数控车轴套类零件的切槽、螺纹加工及参数设置。

(4) 掌握 CAXA 数控车自动编程软件的后置处理、轨迹生成及模拟仿真加工。

任务引领

制定如图 8-30 所示的螺母套零件的数控加工刀具卡及加工工序卡，使用 CAXA 数控车自动编程软件对零件进行造型和生成加工轨迹，并进行模拟加工。

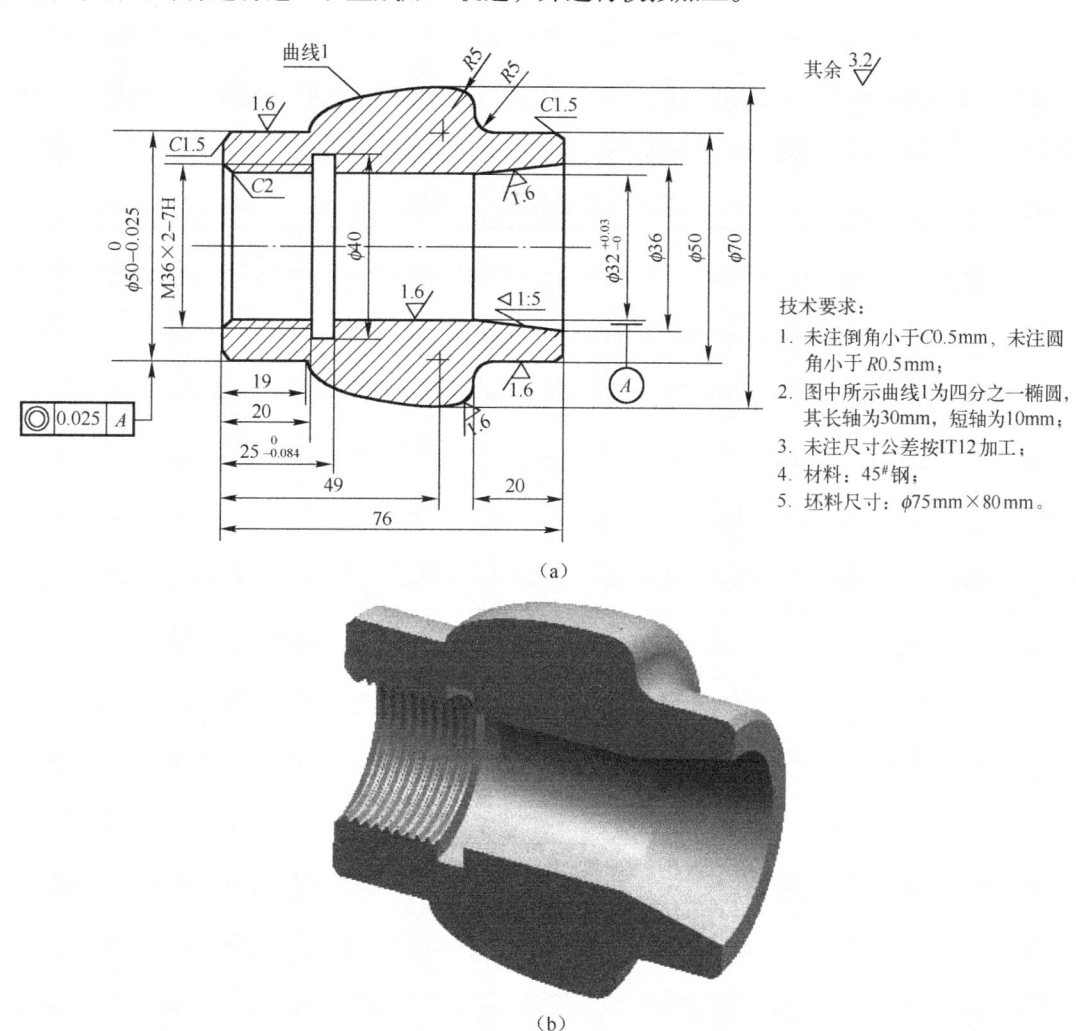

(a)

(b)

图 8-30 螺母套零件加工实例

任务实施

实训 23 螺母套的自动编程加工

1. 分析加工图纸和工艺单

零件为"螺母套"图形，需要进行外轮廓和内轮廓的加工，加工表面粗糙度为 $1.6\mu m$，需进行粗、精加工；其余不加工表面粗糙度为 3.2μm，零件见图 8-30。

2. 加工路线和装夹方法的确定

分析该零件，毛坯尺寸为 φ75mm×80mm，而零件的最终长度为 76mm，所以需要二次装夹，首先以工件的左端定位，三爪卡盘夹持毛坯粗、精车削零件的右边和带锥面的内孔（注意画右半边毛坯轮廓时，要沿过 R5 与曲线 1 的切点的切线方向向左外延，保证零件的加工表面质量）。然后再以工件的右端面定位调头装夹，打表保证二次装夹的同轴度要求，为保证已加工表面粗糙度要求可加铜皮保护，粗、精车削零件的左边和内孔槽及螺纹，同时注意毛坯在最高点的外延。

该零件的数控加工工序卡如表 8-28 所示，数控加工刀具卡如表 8-29 所示，其中第 4 道工序由数控车完成，并要注意尺寸的一致性。

表 8-28 数据加工（工序卡）

零件名称	螺母套	数量	10		
工序	名称	工艺要求		工作者	日期
1	下料	φ75mm×80mm 棒料 10 根			
2	车	车削外圆到 φ74mm，孔至 φ28mm			
3	热处理	调质处理 HB 220～250			
4	数控车	工步	工步内容	刀具号	
		1	平端面	T01	
		2	钻中心孔	T02	
		3	钻孔	T03	
		4	以工件的左端定位，粗车右半边外轮廓	T04	
		5	以工件的左端定位，精车右半边外轮廓	T04	
		6	粗车 φ32mm 的内孔	T05	
		7	精车 φ32mm 的内孔	T05	
		8	调头找正，以工件的右端面定位，车另一端面，保证总长 76mm	T04	
		9	以工件的右端定位，粗车左半边外轮廓	T04	
		10	以工件的右端定位，精车左半边外轮廓	T04	
		11	车宽 5mm 内孔槽	T06	
		12	φ34.4mm 孔边倒角 C2mm	T07	
		13	车内孔螺纹	T07	
5	检验				
材料		45#钢	备注：		
规格数量		φ75mm×80mm			

表 8-29 数控加工刀具卡

刀具号	刀具规格名称	数量	加工内容	刀尖半径 (mm)	主轴转速 (r/min)	进给速度 (mm/r)	备注
T01	45°硬质合金机夹车刀	1	平端面	0.5	400		
T02	φ4mm 中心钻	1	钻中心孔		950		

项目8 数控车床自动编程加工

续表

刀具号	刀具规格名称	数量	加工内容	刀尖半径	主轴转速（r/min）	进给速度（mm/r）	备注
T03	φ20mm 钻头	1	钻孔		300		
T04	93°机夹外圆偏刀	1	粗、精车外轮廓	0.2	700//1200	0.2//0.1	
T05	93°机夹内圆偏刀	1	粗、精车内轮廓	0.2	700//1200	0.2//0.1	
T06	机夹内槽车刀	1	切内槽	0.1	600	0.08	
T07	60°内孔螺纹车刀	1	车内螺纹 M36×2	0.1	400	2	

3. 编制加工程序

（1）用 CAXA 数控车绘制车削加工零件轮廓图形，首先以工件的左端定位，三爪卡盘夹持毛坯粗、精车削零件的右边和带锥面的内孔（注意画右半边毛坯轮廓时，要沿过 R5 与曲线 1 的切点的切线方向向左外延，将坐标系原点选在零件的端面中心，如图 8-31 所示。画出毛坯轮廓、零件实体和切断位置，并且要把两处倒角 C1.5mm 画出。

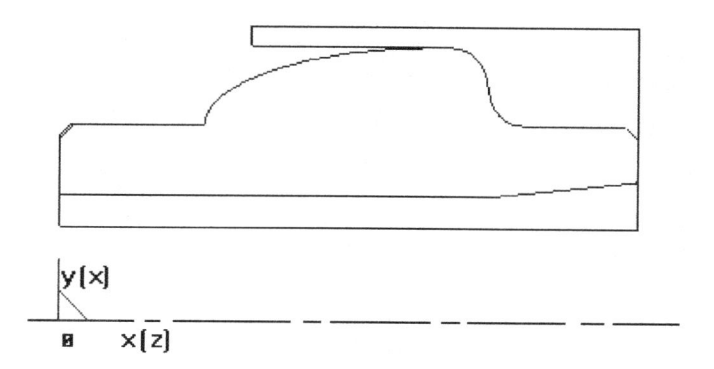

图 8-31 螺母套轮廓图

（2）粗车右边外轮廓。在 CAXA 数控车的"应用"菜单中，选择"数控车"子菜单中的"轮廓粗车"菜单命令，弹出"粗车参数表"对话框，具体粗车加工参数设置如表 8-30～表 8-33 所示。

表 8-30 粗车加工（加工参数）设定

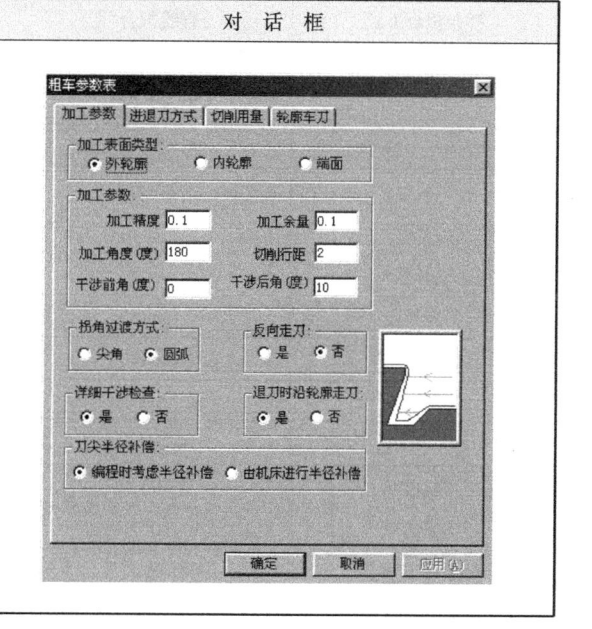

内　容	参　数	对　话　框
加工表面类型	外轮廓	
加工精度	0.1mm	
加工余量	0.1mm	
加工角度	180°	
切削行距	2mm	
干涉前角	0°	
干涉后角	10°	
拐角过渡方式	圆弧	
反向走刀	否	
详细干涉检查	是	
退刀时沿轮廓走刀	是	
刀尖半径补偿	编程时考虑半径补偿	

241

表8-31　粗车加工（进退刀方式）设定

内　容	参　数	对　话　框
每行相对毛坯进刀方式	与加工表面成定角，$L = 1\text{mm}$，角度 $A = 45°$	
每行相对加工表面进刀方式	与加工表面成定角，$L = 1\text{mm}$，角度 $A = 45°$	
每行相对毛坯退刀方式	与加工表面成定角，$L = 1\text{mm}$，角度 $A = 45°$	
每行相对加工表面退刀方式	与加工表面成定角，$L = 1\text{mm}$，角度 $A = 90°$	
快速退刀距离	$L = 10\text{mm}$	

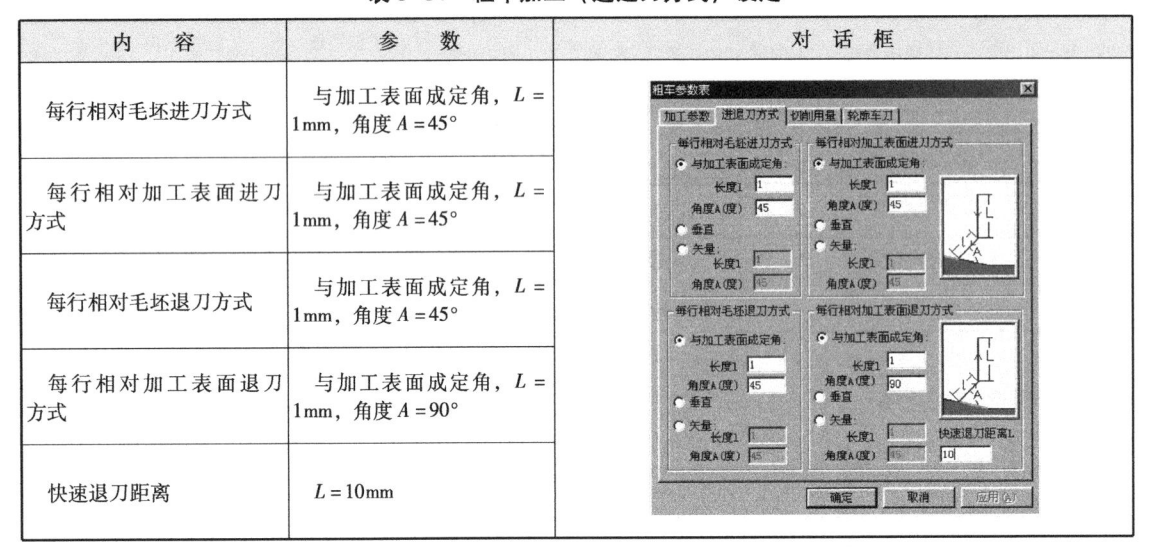

表8-32　粗车加工（切削用量）设定

内　容	参　数	对　话　框
主轴转速	700r/min	
接近速度	0.5mm/r	
退刀速度	5mm/r	
切削速度	0.2mm/r	
主轴最高转速	10000r/min	
主轴转速选项	恒转速	
样条拟合方式	直线拟合	

表8-33　粗车加工（轮廓车刀）设定

内　容	参　数	对　话　框
刀具名	粗车刀	
刀具号	4	
刀具补偿号	4	
刀柄长度	40mm	
刀柄宽度	15mm	
刀角长度	10mm	
刀尖半径	0.2mm	
刀具前角	80°	
刀具后角	10°	
轮廓车刀类型	外轮廓车刀	
刀具偏置方向	左偏	

选择完各参数后，单击"确定"按钮，按提示拾取加工表面轮廓、零件毛坯轮廓，输入进、退刀点，生成刀具轨迹，如图 8-32 所示。

（3）精车外轮廓。在 CAXA 数控车的"应用"菜单中，选择"数控车"子菜单中的"轮廓精车"菜单命令，弹出"精车参数表"对话框，具体精车加工参数设置如表 8-34 ～ 表 8-37 所示。

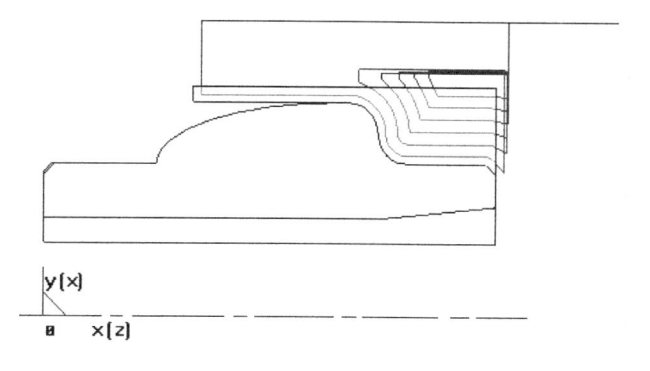

图 8-32 螺母套的粗车刀具轨迹

表 8-34 精车加工（加工参数）设定

内 容	参 数	对 话 框
加工表面类型	外轮廓	
加工精度	0.01mm	
加工余量	0mm	
切削行数	1	
切削行距	0.5mm	
干涉前角	0°	
干涉后角	10°	
拐角过渡方式	圆弧	
反向走刀	否	
详细干涉检查	是	
刀尖半径补偿	编程时考虑半径补偿	

表 8-35 精车加工（进退刀方式）设定

内 容	参 数	对 话 框
每行相对加工表面进刀方式	与加工表面成定角，$L=1$mm，角度 $A=45°$	
每行相对加工表面退刀方式	与加工表面成定角，$L=1$mm，角度 $A=45°$	

表 8-36　精车加工（切削用量）设定

内　容	参　数	对　话　框
进退刀时快速走刀	1200r/min	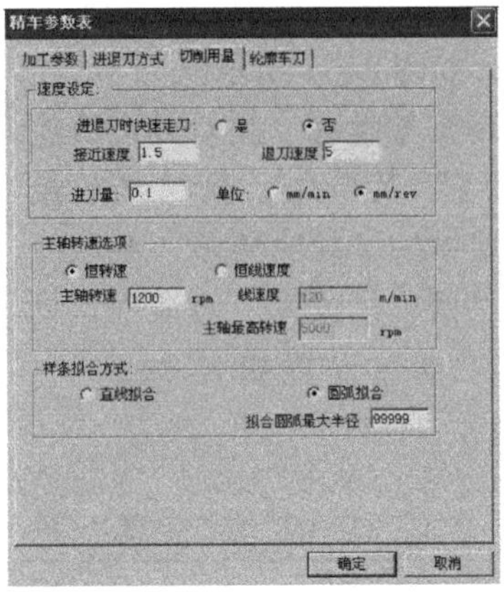
接近速度	1.5mm/r	
退刀速度	5mm/r	
进刀量	0.1mm/r	
主轴转速	1200r/min	
主轴转速选项	恒转速	
样条拟合方式	圆弧拟合	

表 8-37　精车加工（轮廓车刀）设定

内　容	参　数	对　话　框
刀具名	lt4	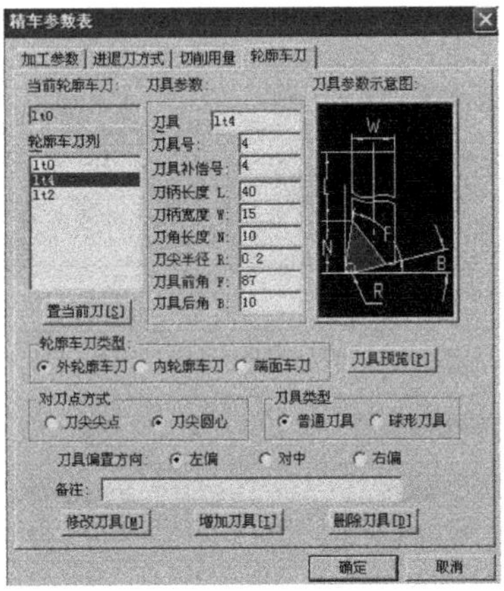
刀具号	4	
刀具补偿号	4	
刀柄长度	40mm	
刀柄宽度	15mm	
刀角长度	10mm	
刀尖半径	0.2mm	
刀具前角	87°	
刀具后角	10°	
轮廓车刀类型	外轮廓车刀	
刀具偏置方向	左偏	

选择完各参数后，单击"确定"按钮，按提示拾取加工表面轮廓、零件毛坯轮廓，输入进、退刀点，生成刀具轨迹，如图 8-33 所示。

（4）粗车螺母套内孔。以上已经把外轮廓加工完毕，现在需要粗、精加工内轮廓，并保证孔的表面粗糙度为 1.6μm，如图 8-34 所示。

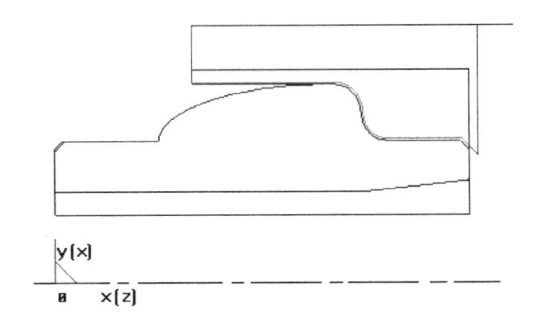

图 8-33　螺母套的精车刀具轨迹 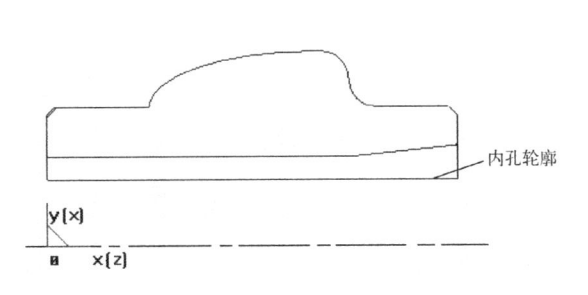　　　　图 8-34　套类零件中孔的轮廓图

项目 8　数控车床自动编程加工

在 CAXA 数控车的"应用"菜单中，再次选择"数控车"子菜单中的"轮廓粗车"菜单命令，弹出"粗车参数表"对话框，具体粗车加工参数设置如表 8-38～表 8-41 所示。

表 8-38　粗车加工（加工参数）设定

内　容	参　数	对　话　框
加工表面类型	内轮廓	
加工精度	0.1mm	
加工余量	0.3mm	
加工角度	180°	
切削行距	1mm	
干涉前角	0°	
干涉后角	20°	
拐角过渡方式	尖角	
反向走刀	否	
详细干涉检查	是	
退刀时沿轮廓走刀	是	
刀尖半径补偿	编程时考虑半径补偿	

表 8-39　粗车加工（进退刀方式）设定

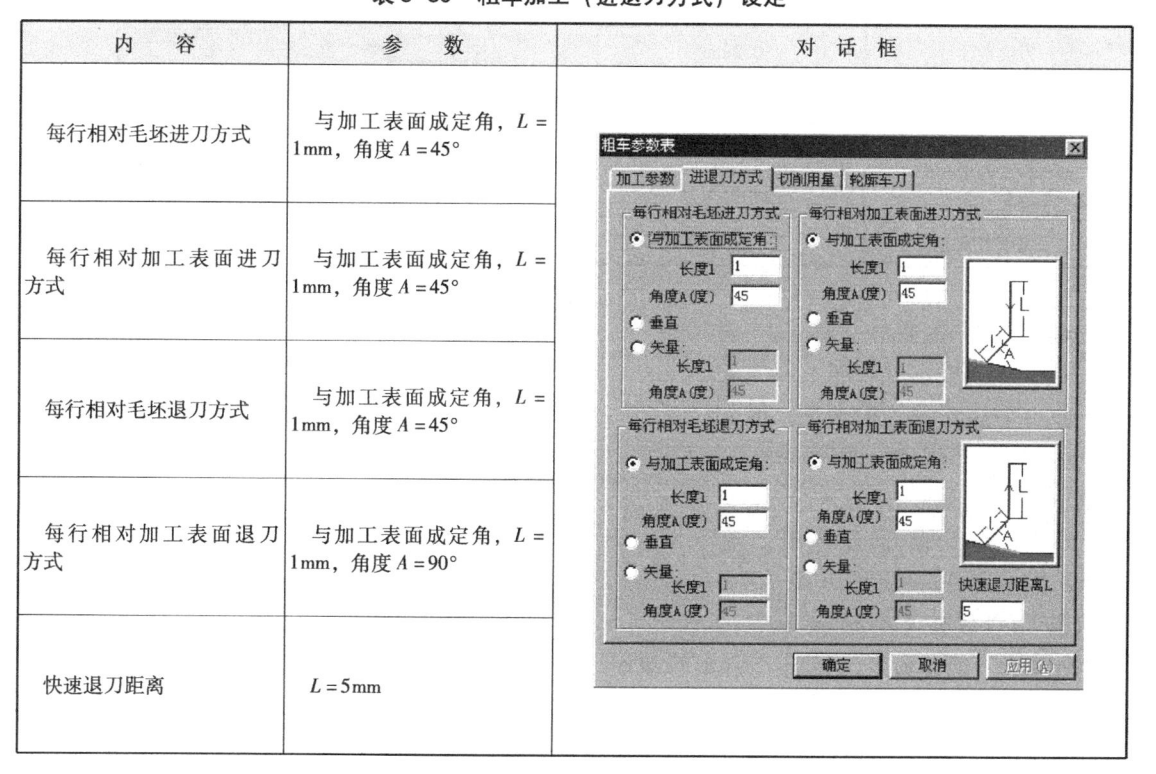

内　容	参　数	对　话　框
每行相对毛坯进刀方式	与加工表面成定角，$L=1$mm，角度 $A=45°$	
每行相对加工表面进刀方式	与加工表面成定角，$L=1$mm，角度 $A=45°$	
每行相对毛坯退刀方式	与加工表面成定角，$L=1$mm，角度 $A=45°$	
每行相对加工表面退刀方式	与加工表面成定角，$L=1$mm，角度 $A=90°$	
快速退刀距离	$L=5$mm	

245

表8-40 粗车加工（切削用量）设定

内　容	参　数	对　话　框
进退刀时快速走刀	700r/min	
接近速度	0.5mm/r	
退刀速度	5mm/r	
进刀量	0.2mm/r	
主轴转速	700r/min	
主轴转速选项	恒线速	
样条拟合方式	圆弧拟合	

表8-41 粗车加工（轮廓车刀）设定

内　容	参　数	对　话　框
刀具名	镗孔刀	
刀具号	5	
刀具补偿号	5	
刀柄长度	200mm	
刀柄宽度	15mm	
刀角长度	10mm	
刀尖半径	0.2mm	
刀具前角	80°	
刀具后角	20°	
轮廓车刀类型	内轮廓车刀	
刀具偏置方向	左偏	

选择完各参数后，单击"确定"按钮，按提示拾取加工表面轮廓、零件毛坯轮廓，输入进、退刀点，生成刀具轨迹，如图8-35所示。

（5）精车螺母套内孔。在CAXA数控车的"应用"菜单中，再次选择"数控车"子菜单中的

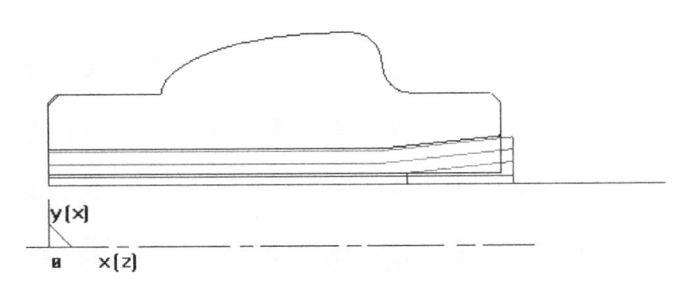

图8-35 螺母套类零件的孔粗车刀具轨迹

"轮廓精车"菜单命令，弹出"精车参数表"对话框，具体精车加工参数设置如表8-42～表8-45所示。

项目8 数控车床自动编程加工

表8-42 精车加工（加工参数）设定

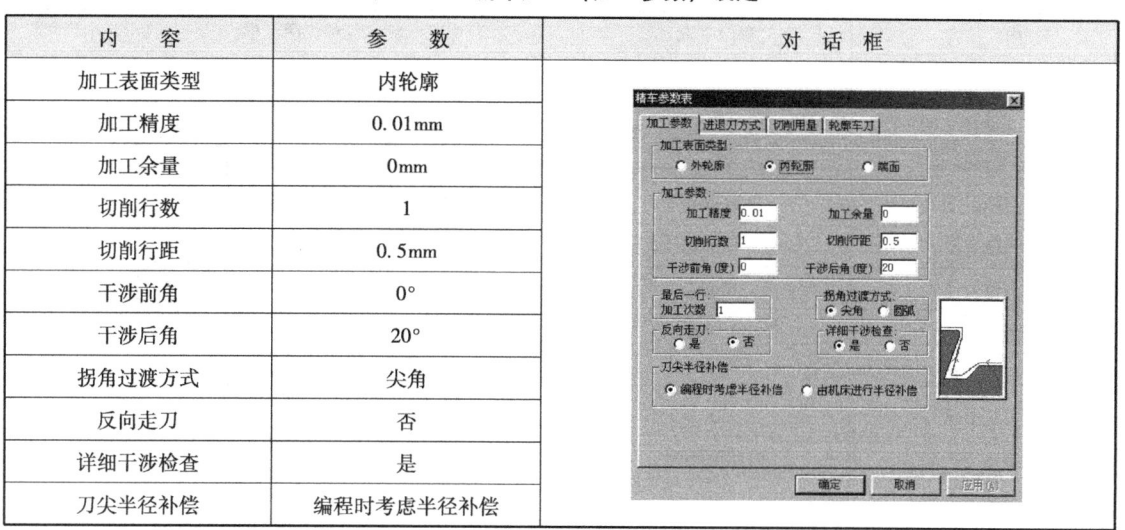

内　容	参　数	对　话　框
加工表面类型	内轮廓	
加工精度	0.01mm	
加工余量	0mm	
切削行数	1	
切削行距	0.5mm	
干涉前角	0°	
干涉后角	20°	
拐角过渡方式	尖角	
反向走刀	否	
详细干涉检查	是	
刀尖半径补偿	编程时考虑半径补偿	

表8-43 精车加工（进退刀方式）设定

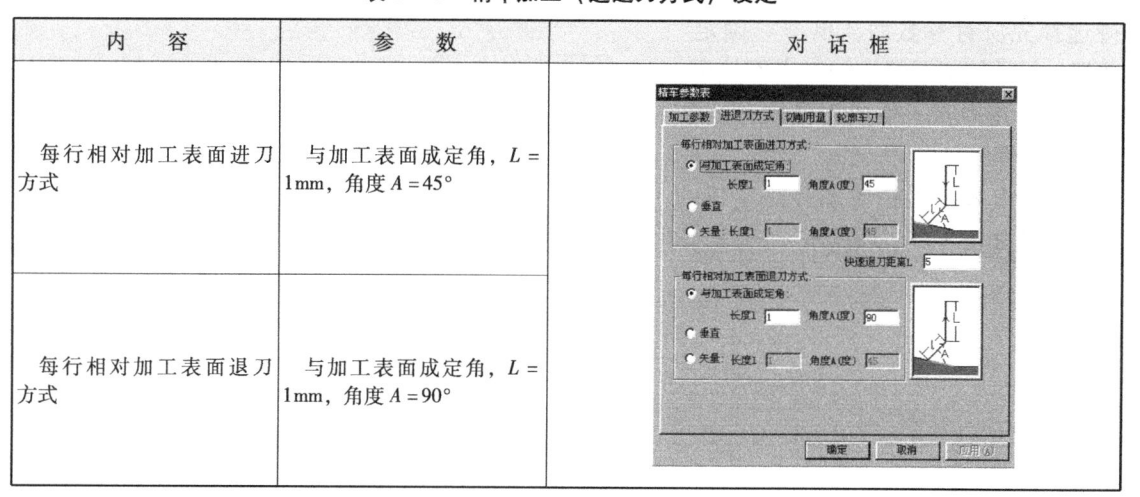

内　容	参　数	对　话　框
每行相对加工表面进刀方式	与加工表面成定角，$L=1$mm，角度$A=45°$	
每行相对加工表面退刀方式	与加工表面成定角，$L=1$mm，角度$A=90°$	

表8-44 精车加工（切削用量）设定

内　容	参　数	对　话　框
进退刀时快速走刀	1200r/min	
接近速度	0.5mm/r	
退刀速度	5mm/r	
进刀量	0.1mm/r	
主轴转速	1200r/min	
主轴转速选项	恒转速	
样条拟合方式	圆弧拟合	

表8-45　精车加工（轮廓车刀）设定

内　　容	参　　数	对　话　框
刀具名	镗孔刀	
刀具号	5	
刀具补偿号	5	
刀柄长度	200mm	
刀柄宽度	15mm	
刀角长度	10mm	
刀尖半径	0.2mm	
刀具前角	80°	
刀具后角	20°	
轮廓车刀类型	内轮廓车刀	
刀具偏置方向	左偏	

其他参数与孔的粗车加工相同，待选择完所有参数后，单击"确定"按钮，按系统提示拾取加工表面轮廓，输入进、退刀点，生成刀具轨迹，如图8-36所示。

螺母套零件右边轮廓最终生成的加工轨迹如图8-37所示。

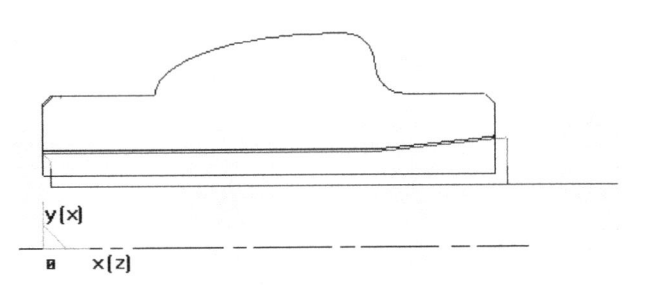

图8-36　螺母套零件的孔精车刀具轨迹

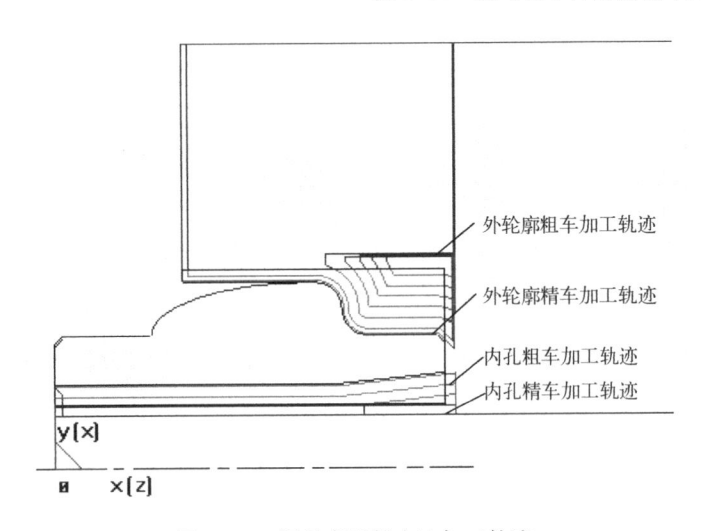

图8-37　螺母套零件右边加工轨迹

（6）加工螺母套左边。把零件图形沿Y轴进行镜像，同时用偏移指令移动图形选择工件坐标系原点。按照螺母套右边加工方法进行螺母套左边加工，轨迹如图8-38所示。

（7）生成加工程序。在生成加工程序之前，要先进行FANUC系统的机床类型设置和后置处理设置，如图8-39所示。在"应用"菜单中，选择"数控车"子菜单中的"代码生成"菜单命令，弹出"选择后置文件"对话框（见图8-28），确定文件位置。

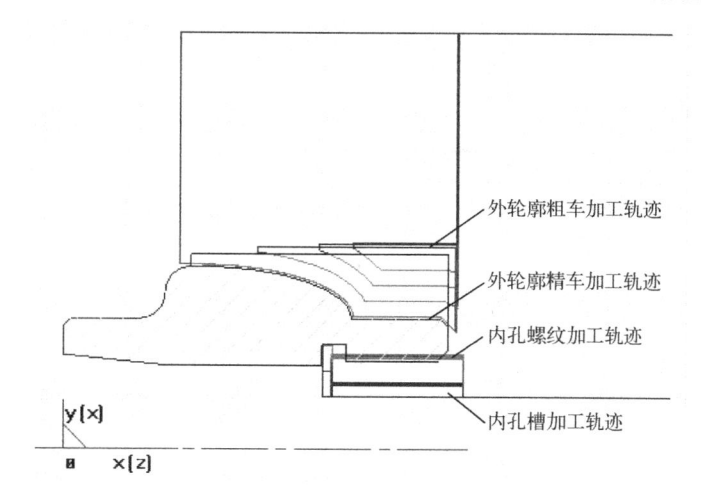

图 8-38 螺母套左边加工轨迹

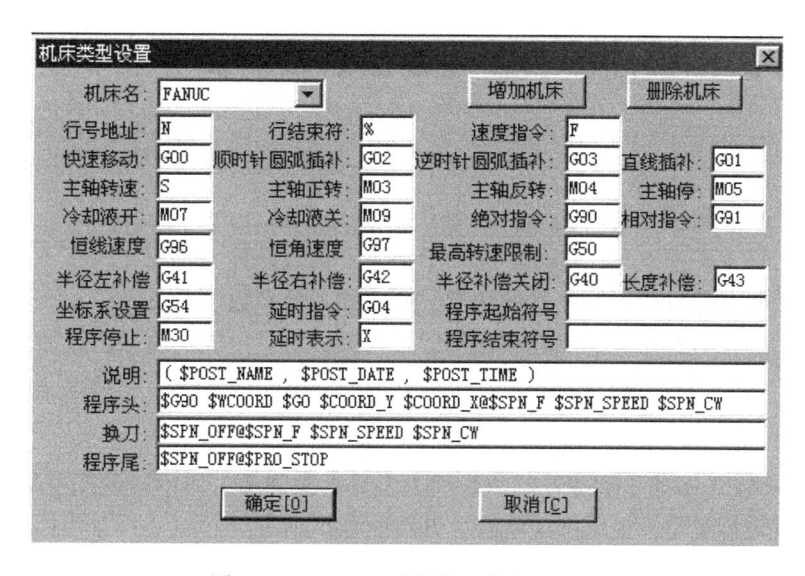

图 8-39 FANUC 系统的机床类型设置

按粗加工、精加工过程依次拾取刀具轨迹,产生加工程序(略)。

(8)代码修改。针对特定的机床,结合已经设置好的机床配置,对后置输出的数控程序进行必要的修改。

4. 填写实训报告

按附录 F 的格式填写实训报告。

思考题 21

(1)使用数控车自动编程软件进行后置处理时应注意些什么?
(2)刀具角度选择时应如何避免与工件发生干涉?
(3)制定如图 8-40 所示的零件的数控加工刀具卡及加工工序卡,使用 CAXA 数控车自动编程软件对零件进行造型和生成加工轨迹,并进行模拟加工。

图 8-40 轴套类零件的造型与自动编程加工训练零件图

任务 8-3　异形零件的造型与自动编程加工

任务目标

（1）掌握 CAXA 数控车自动编程软件的 CAD 零件造型。
（2）掌握 CAXA 数控车异形零件的粗、精加工及参数设置。
（3）掌握 CAXA 数控车异形零件的切槽、螺纹加工及参数设置。
（4）掌握 CAXA 数控车自动编程软件的后置处理、轨迹生成及模拟仿真加工。

任务引领

制定如图 8-41 所示的手柄零件的数控加工刀具卡及加工工序卡，使用 CAXA 数控车自动编程软件对零件进行造型和生成加工轨迹，并进行模拟加工。

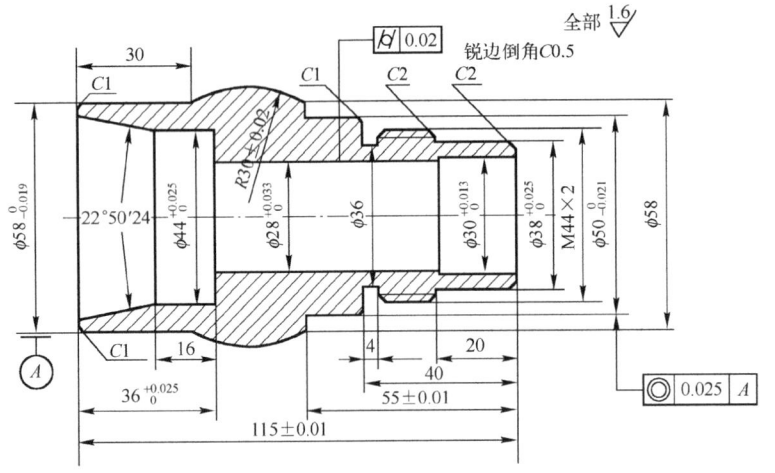

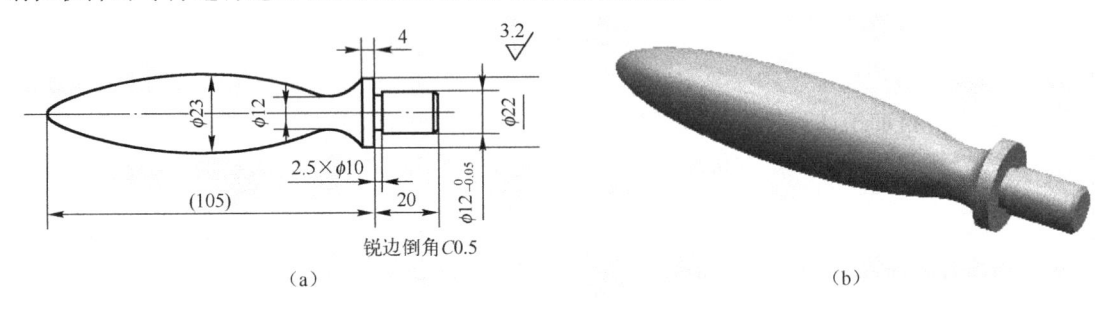

图 8-41　手柄零件图加工实例

任务实施

实训 24　手柄的自动编程加工

1. 分析加工图纸和工艺

手柄零件图形和前面的零件相比稍为复杂一些，因为它增加了圆弧曲面，要用到圆弧拟合。全部表面粗糙度为 3.2μm，尺寸 φ12mm 的公差为 -0.05，它是全零件要求最高的尺寸，没有形位公差要求。

2. 加工路线和装夹方法的确定

装夹方法的确定：加工一个"套"，单边沿轴线开一窄槽，夹持 φ12mm 圆柱，再进行圆弧的加工，如图 8-42 所示。

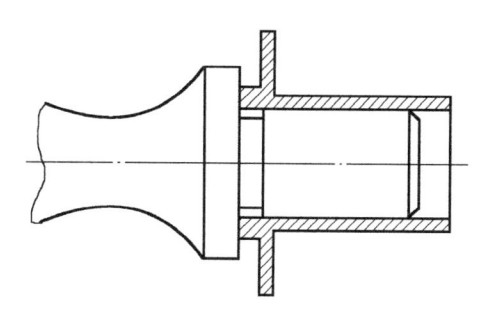

图 8-42 手柄装夹方法

该零件的数控加工工序卡如表 8-46 所示，数控加工刀具卡如表 8-47 所示，其中第 3 道工序由数控车完成，并要注意尺寸的一致性。

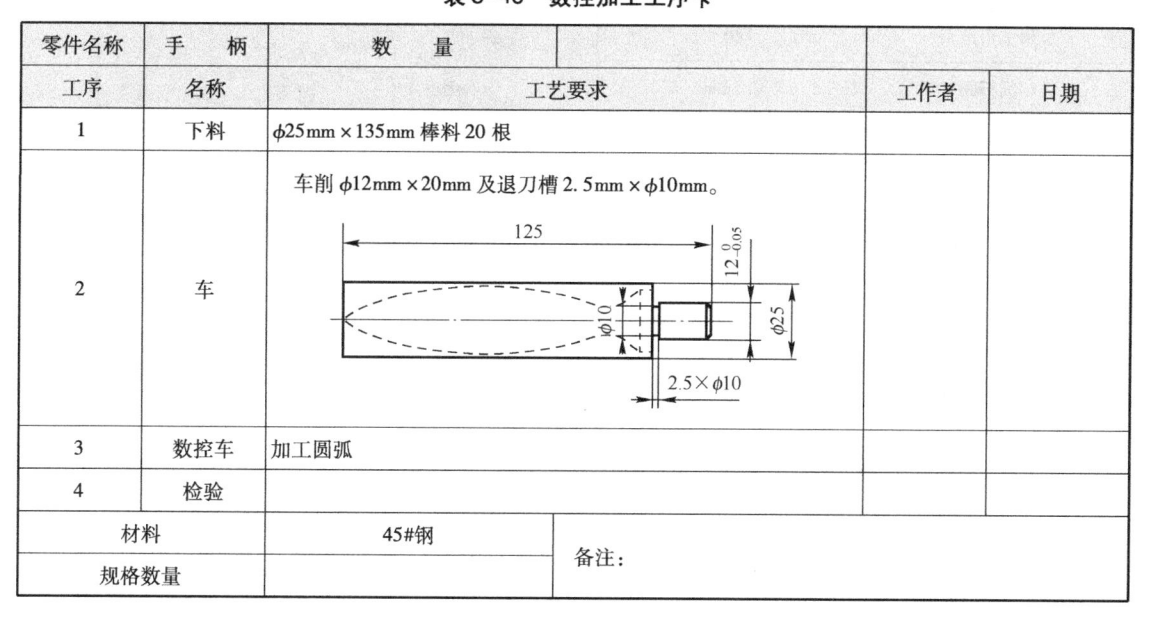

表 8-46 数控加工工序卡

零件名称	手　　柄	数　　量			
工序	名称	工艺要求		工作者	日期
1	下料	φ25mm×135mm 棒料 20 根			
2	车	车削 φ12mm×20mm 及退刀槽 2.5mm×φ10mm。			
3	数控车	加工圆弧			
4	检验				
材料		45#钢	备注：		
规格数量					

表 8-47 数控加工刀具卡

刀具号	刀具规格名称	数量	加工内容	刀尖半径(mm)	主轴转速(r/min)	进给速度(mm/r)	备注
T02	90°机夹外圆偏刀	1	粗车零件右半边	0.1	300	0.08	
T03	切槽刀	1	粗车零件左半边	0.2	300	0.08	
T04	60°硬质合金螺纹刀	1	精车外形	0.1	300	0.08	

3. 编制加工程序

（1）绘图。将零件车削加工图形绘制在 CAXA 数控车工作区中，将坐标系原点选在零件的端头位置，如图 8-43 所示。

（2）粗车外圆右半边。在 CAXA 数控车的"应用"菜单中，选择"数控车"子菜单中的"轮廓粗车"菜单命令，然后系统弹出"粗车参数表"对话框，具体粗加工参数设置如表 8-48～表 8-51 所示。

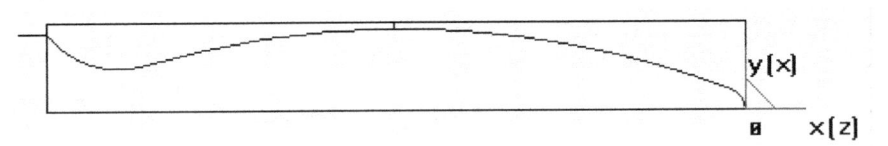

图 8-43 手柄轮廓图

表 8-48 粗车加工（加工参数）设定

内　容	参　数	对　话　框
加工表面类型	外轮廓	
加工精度	0.1mm	
加工余量	0.3mm	
加工角度	180°	
切削行距	0.5mm	
干涉前角	0°	
干涉后角	20°	
拐角过渡方式	尖角	
反向走刀	否	
详细干涉检查	是	
退刀时沿轮廓走刀	是	
刀尖半径补偿	编程时考虑半径补偿	

表 8-49 粗车加工（进退刀方式）设定

内　容	参　数	对　话　框
每行相对毛坯进刀方式	与加工表面成定角，$L=1\text{mm}$，角度 $A=45°$	
每行相对加工表面进刀方式	与加工表面成定角，$L=1\text{mm}$，角度 $A=45°$	
每行相对毛坯退刀方式	与加工表面成定角，$L=1\text{mm}$，角度 $A=45°$	
每行相对加工表面退刀方式	与加工表面成定角，$L=1\text{mm}$，角度 $A=90°$	
快速退刀距离	$L=10\text{mm}$	

项目8 数控车床自动编程加工

表8-50 粗车加工（切削用量）设定

内　容	参　数	对　话　框
主轴转速	300r/min	
接近速度	0.5mm/r	
退刀速度	5mm/r	
切削速度	0.08mm/r	
主轴转速选项	恒转速	
样条拟合方式	直线拟合	

表8-51 粗车加工（轮廓车刀）设定

内　容	参　数	对　话　框
刀具名	粗车刀	
刀具号	2	
刀具补偿号	2	
刀柄长度	40mm	
刀柄宽度	15mm	
刀角长度	10mm	
刀尖半径	0.1mm	
刀具前角	80°	
刀具后角	20°	
轮廓车刀类型	外轮廓车刀	
刀具偏置方向	左偏	

选择完各参数后，单击"确定"按钮，按提示拾取加工表面轮廓、零件毛坯轮廓，输入进、退刀点，生成刀具轨迹，如图8-44所示。

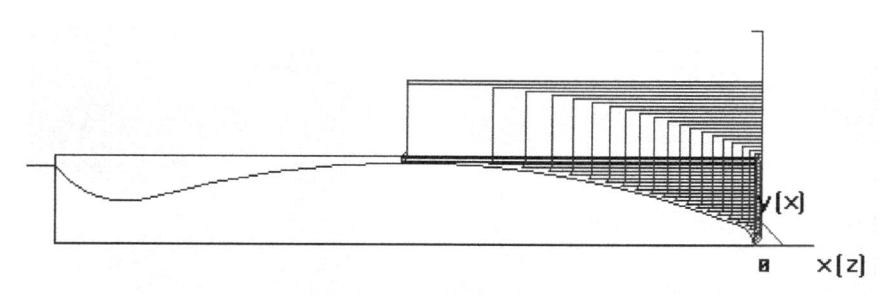

图8-44 手柄（右半边）粗车刀具轨迹

(3) 粗车零件左半边。在CAXA数控车的"应用"菜单中,选择"数控车"子菜单中的"切槽"菜单命令,弹出"切槽参数表"对话框,具体加工参数设置如表8-52～表8-54所示。

表8-52　粗车(左半边切槽)(切槽加工参数)设定

内　容	参　数	对　话　框
加工余量	0.5mm	
加工工艺类型	粗加工	
拐角过渡方式	尖角	
加工精度	0.01mm	
加工余量	0.3mm	
平移步距	1.5mm	
切深步距	5mm	
延迟时间	0.5s	
退刀距离	10mm	
刀尖半径补偿	编程时考虑半径补偿	

表8-53　粗车(左半边切槽)(切削用量)设定

内　容	参　数	对　话　框
主轴转速	300r/min	
接近速度	0.5mm/r	
退刀速度	5mm/r	
切削速度	0.08mm/r	
主轴转速选项	恒转速	
样条拟合方式	圆弧拟合	

表8-54　粗车(左半边切槽)(切槽工具)设定

内　容	参　数	对　话　框
刀具名	切槽刀	
刀具号	3	
刀具补偿号	3	
刀具长度	40mm	
刀柄宽度	2mm	
刀刃宽度	2mm	
刀尖半径	0.2mm	
刀具引角	1°	

项目 8　数控车床自动编程加工

选择完各参数后，单击"确定"按钮，按提示拾取加工表面轮廓、零件毛坯轮廓，输入进、退刀点，生成刀具轨迹，如图 8-45 所示。

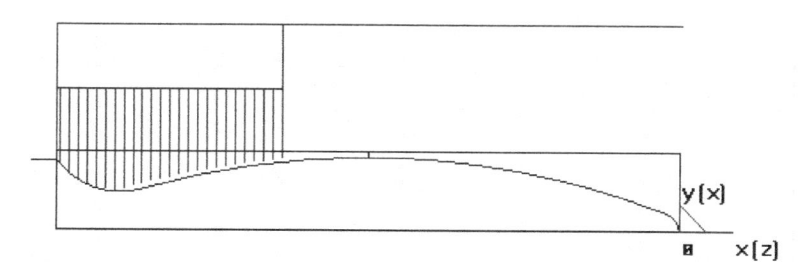

图 8-45　手柄（左半边）粗车刀具轨迹

（4）精车外轮廓。采用 60°硬质合金螺纹刀完成加工任务。在 CAXA 数控车的"应用"菜单中，选择"数控车"子菜单中的"切槽"菜单命令，系统会弹出"切槽参数表"对话框，其参数选择如图 8-46～图 8-48 所示。

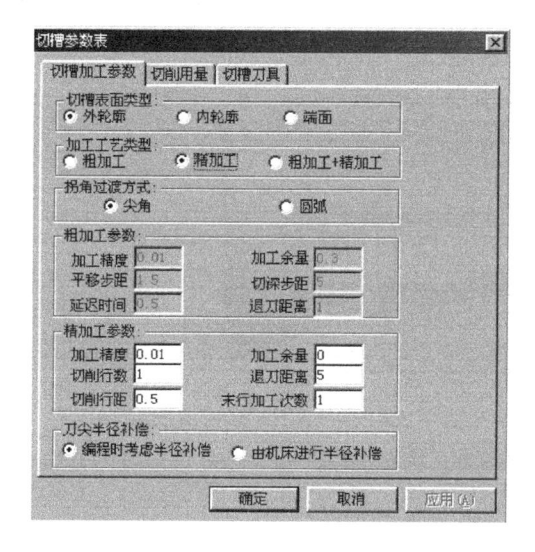

图 8-46　手柄精车（切槽）切削加工参数设定 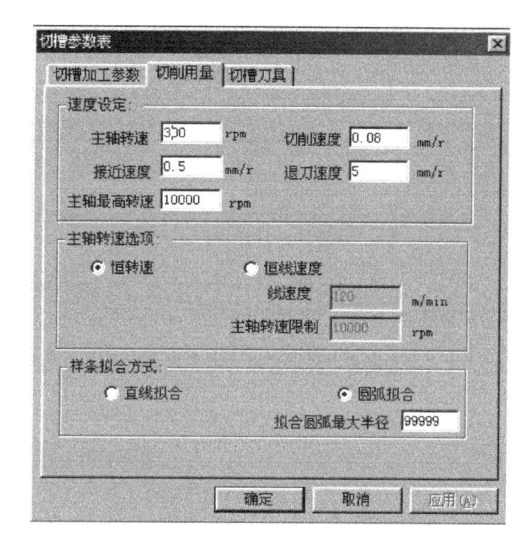　　图 8-47　手柄精车（切槽）切削用量设定

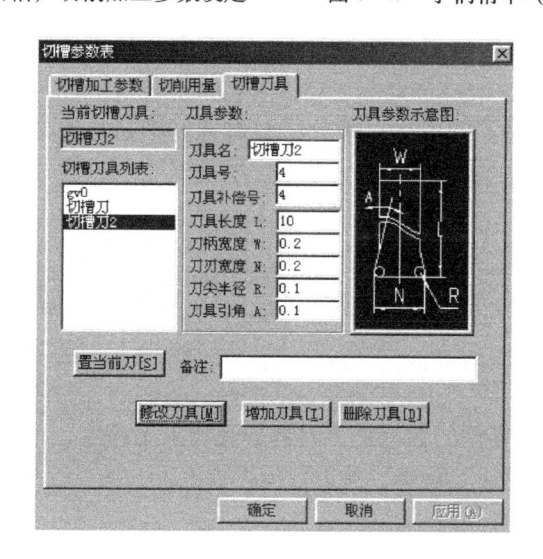

图 8-48　手柄精车（切槽）刀具设定

选择完各参数后，单击"确定"按钮，按提示拾取加工表面轮廓、零件毛坯轮廓，输入进退刀点，生成刀具轨迹，如图8-49所示。

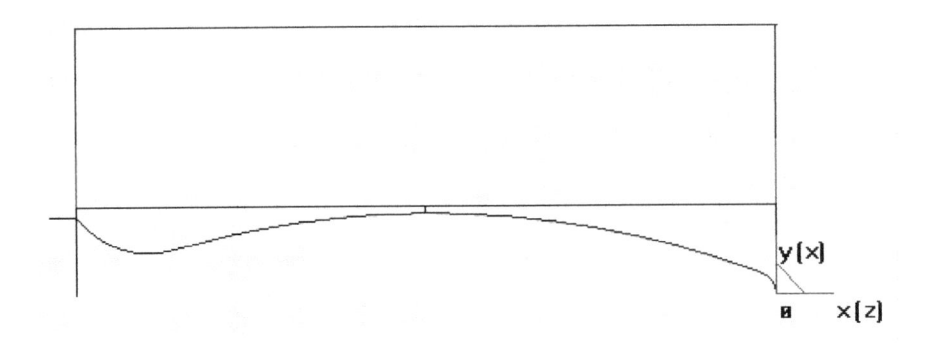

图8-49 手柄精车刀具轨迹

（5）在CAXA数控车的"应用"菜单中，选择"数控车"子菜单中的"轨迹仿真"菜单命令，依次选取粗加工、精加工的刀具轨迹进行仿真加工，如图8-50所示。

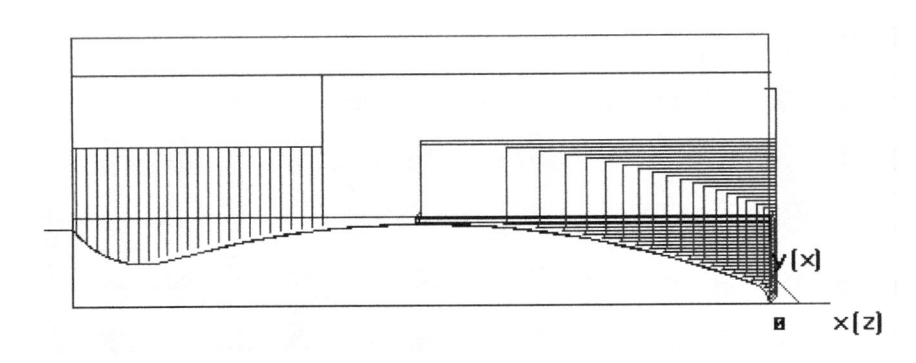

图8-50 手柄的仿真加工轨迹

（6）产生加工程序。在生成加工程序之前，要先进行FANUC系统的机床设置和后置处理设置，在"应用"菜单中，选择"数控车"子菜单中的"代码生成"菜单命令，弹出"选择后置文件"对话框，确定文件位置和按粗加工、精加工、切槽过程依次拾取刀具轨迹产生加工程序（略）。

（7）代码修改。针对特定的机床，结合已经设置好的机床配置，对后置输出的数控程序的进行必要的修改。

4. 填写实训报告

按附录F的格式填字实训报告。

思考题22

制定如图8-51所示的零件的数控加工刀具卡及加工工序卡，使用CAXA数控车自动编程软件对零件进行造型和生成加工轨迹，并进行模拟加工。

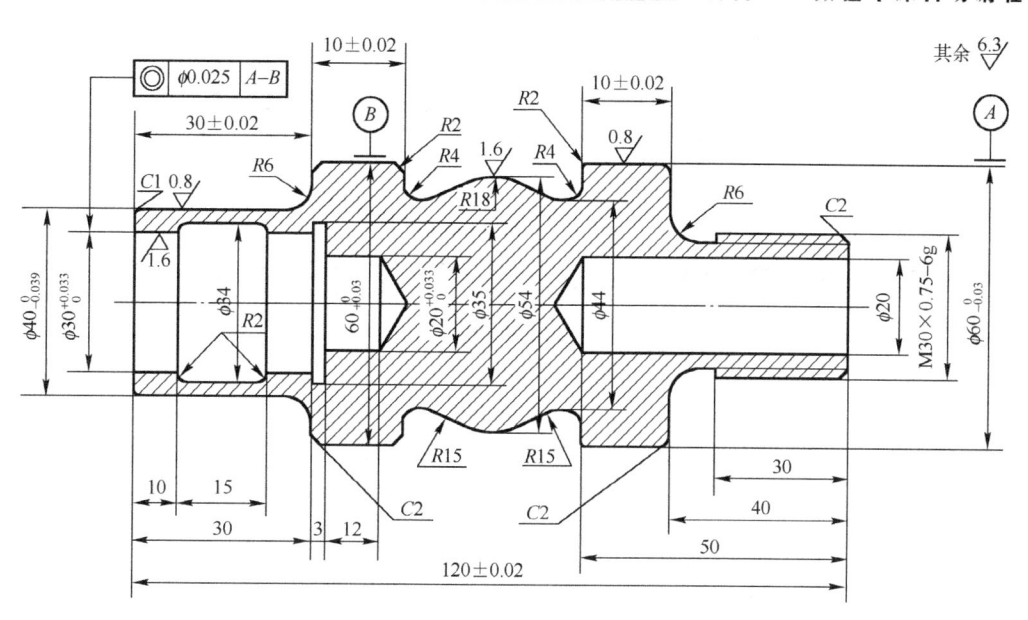

图 8-51 异形类零件的造型与自动编程加工训练零件图

附录 A　数控车削工艺员模拟理论考试题

A.1　国家职业培训统一考试数控工艺员理论考试试卷（1）（数控车）

注 意 事 项

1. 在试卷的标封处填写您的姓名、准考证号和培训单位。
2. 请仔细阅读题目，按要求答题；保持卷面整洁，不要在标封区内填写无关内容。
3. 考试时间为 90 分钟。

题号	一	二	总分	评卷人
分数				

得分	评卷人

一、单项选择题（选择正确的答案填入括号内）（满分 25 分，每题 0.5 分）

1. 车床的主运动是指（　　）。
   A. 车床进给箱的运动　　　　B. 车床尾架的运动
   C. 车床主轴的转动　　　　　D. 车床电动机的转动
2. 车床主运动的单位为（　　）。
   A. mm/r　　　B. m/r　　　C. mm/min　　　D. r/min
3. 车刀的前刀面是指（　　）。
   A. 加工时，刀片与工件相对的表面
   B. 加工时，切屑经过的刀片表面
   C. 刀片与已加工表面相对的表面
   D. 刀片上不与切屑接触的表面
4. 车刀的主偏角是指（　　）。
   A. 前刀面与加工基面之间的夹角
   B. 后刀面与切削平面之间的夹角
   C. 主切削平面与假定进给运动方向之间的夹角
   D. 主切削刃与基面之间的夹角
5. 车刀的刃倾角是指（　　）。
   A. 前刀面与加工基面之间的夹角
   B. 后刀面与切削平面之间的夹角

C. 切削平面与假定进给运动方向之间的夹角
D. 主切削刃与基面之间的夹角

6. 以下材料中可以用于车刀刀片的是（　　）。
   A. 高速钢　　　B. 普通碳素钢　C. 铸铁　　　　D. 球墨铸铁

7. 车刀前角主要影响（　　）。
   A. 切屑变形和切削力的大小　　　B. 刀具磨损程度的大小
   C. 切削时切屑的流向　　　　　　D. 刀具的散热

8. 在数控车床中，加工外圆时通常采用（　　）。
   A. 镗刀　　　　　　　　　　　　B. 机夹可转位车刀
   C. 钻头　　　　　　　　　　　　D. 立铣刀

9. 数控车床中使用电动机的数目一般为（　　）。
   A. 一台　　　B. 两台　　　C. 四台　　　　D. 根据机床的结构而定

10. 数控车床通常是由（　　）等几大部分组成的。
    A. 电动机、床头箱、溜板箱、尾架、床身
    B. 机床主机、床头箱、溜板箱、尾架，床身
    C. 机床主机、控制系统、驱动系统、辅助装置
    D. 机床主机、控制系统、尾架、床身、主轴箱

11. 滚珠丝杠副消除轴向间隙的目的主要是（　　）。
    A. 提高反向传动精度　　　　　B. 减小摩擦力矩
    C. 提高使用寿命　　　　　　　D. 增大驱动力矩

12. 数控车床的主运动一般采用（　　）的方式变速。
    A. 齿轮传动　　B. 皮带传动　　C. 变频　　　D. 改变电动机磁极对数

13. 数控车床刀架的位置布置形式有（　　）两大类。
    A. 前置式和后置式　　　　　　B. 排式和转塔式
    C. 筒式和管式　　　　　　　　D. 蜗轮蜗杆式和齿轮式

14. 数控车床加工的主要几何要素为（　　）。
    A. 斜线和直线　　　　　　　　B. 斜线和圆弧
    C. 直线和圆弧　　　　　　　　D. 圆弧和曲线

15. 用三个支撑点对工件的平面进行定位，能消除其（　　）的自由度。
    A. 一个平动和两个转动　　　　B. 三个转动
    C. 一个转动和两个平动　　　　D. 三个平动

16. 用两个支承点对工件的平面进行定位，能消除其（　　）的自由度。
    A. 一个平动和两个转动板　　　B. 两个转动板
    C. 一个转动和两个平动　　　　D. 两个平动

17. 数控车削加工内孔的深度受到（　　）等两个因素的限制。
    A. 车床床身长度和导轨长度
    B. 车床床身长度和内孔刀（镗孔）安装距离
    C. 车床的有效长度和内孔刀（镗孔）的有效长度
    D. 车床床身长度和内孔刀（镗孔）长度

18. 在数控车床上加工内孔（镗孔）时，应采用（　　）。
    A. 斜线退刀方式　　　　　　　B. 径向—轴向退刀方式

C. 轴向—径向退刀方式　　　D. 各种方法都可以

19. 换刀点是（　　）。
   A. 一个固定的点，不随工件坐标系的位置改变而改变
   B. 一个固定的点，但根据工件坐标系的位置改变而改变
   C. 一个随程序变化而改变的点
   D. 一个随加工过程改变的点

20. 在数控车床上使用"试切法"进行对刀时，可以采用保留（　　）的方法。
   A. 普通车刀　　B. 钻头　　C. 立铣刀　　D. 基准刀

21. 数控车床采用（　　）。
   A. 笛卡儿左手坐标系　　　B. 笛卡儿右手坐标系
   C. 极坐标系　　　　　　　D. 球面坐标系

22. 数控车床一般采用机夹刀具，与普通刀具相比机夹刀具有很多特点，但（　　）不是机夹刀具的特点。
   A. 刀片和刀具几何参数和切削参数的规范化、典型化
   B. 刀具要经常进行重新刃磨
   C. 刀片及刀柄高度的通用化、规则化、系列化
   D. 刀片或刀具的耐用度及其经济寿命指标的合理化

23. G50 指令是（　　），有时也可使用 G54 指令。
   A. 建立程序文件格式　　　B. 建立机床坐标系
   C. 确定工件的编程尺寸　　D. 建立工件坐标系

24. 有些数控系统分别采用（　　）和（　　）来表示绝对尺寸编程和增量尺寸编程。
   A. XYZ，ABC　　B. XYZ，IJK　　C. XYZ，UVW　　D. ABC，UVW

25. G96 指令用于（　　）。
   A. 设定主轴的转速　　　　B. 设定进给量的数值
   C. 设定恒线速度切削　　　D. 限定主轴的转速

26. 进给率的单位有（　　）和（　　）两种。
   A. mm/min，mm/r　　　　　B. mm/h，m/r
   C. m/min，mm/min　　　　 D. mm/min，mm/min

27. 在数控车削加工时，如果（　　），可以使用固定循环。
   A. 加工余量较大，不能一刀加工完成
   B. 加工余量不大
   C. 加工比较麻烦
   D. 加工程序比较复杂

28. 在数控车削加工时，如果（　　），可以使用子程序。
   A. 程序比较复杂　　　　　B. 加工余量较大
   C. 若干加工要素完全相同　D. 加工余量较大，不能一刀完成

29. 在数控车床上加工轴类零件时，应遵循（　　）的原则。
   A. 先精后粗　　　　　　　B. 先平面后一般
   C. 先粗后精　　　　　　　D. 无所谓

30. "CAXA 数控车 2000"软件的工作窗口可分为（　　）等区域。
   A. 绘图区、菜单区、工具条　　B. 绘图区、命令区、指令区

C. 命令区、工具条、菜单区　　D. 绘图区、打印区、命令区

31. 决定某种定位方法属于几点定位，主要根据（　　）。
   A. 有几个支撑点与工件接触　　B. 机床需要消除几个自由度
   C. 工件被消除了几个自由度　　D. 夹具采用几个定位元件

32. 在"CAXA 数控车 2000"软件中，可以采用（　　）等方法画出已知直线的平行线。
   A. 已知直线＋直线外的另一条直线　B. 已知直线＋直线外一点
   C. 已知直线＋直线上一点　　D. 已知直线＋直线外的圆弧线

33. 在"CAXA 数控车 2000"软件中，可以采用（　　）等方法画出圆弧。
   A. 圆心＋起点　B. 三点圆弧　C. 起点＋半径　D. 起点＋终点

34. 脉冲当量是数控车床数控轴的位移量最小设定单位，脉冲当量的（　　），加工精度越高。
   A. 频率越高　　B. 频率越低　　C. 取值越小　　D. 取值越大

35. G41 指令是指（　　）。
   A. 刀具半径左补偿　　　　B. 刀具半径右补偿
   C. 取消刀具半径补偿　　　D. 不取消刀具半径补偿

36. 数控机床的机床坐标系是由机床的（　　）建立的，（　　）。
   A. 设计者，机床的使用者不能进行修改
   B. 使用者，机床的设计者不能进行修改
   C. 设计者，机床的使用者可以进行修改
   D. 使用者，机床的设计者可以进行修改

37. 车削用量的选择原则是：粗车时，一般（　　），最后确定一个合适的切削速度 v。
   A. 应首先选择尽可能小的背吃刀量 a_p，其次选择较小的进给量 f
   B. 应首先选择尽可能小的背吃刀量 a_p，其次选择较大的进给量 f
   C. 应首先选择尽可能大的背吃刀量 a_p，其次选择较小的进给量 f
   D. 应首先选择尽可能大的背吃刀量 a_p，其次选择较大的进给量 f

38. 在数控车床中，卡盘的夹紧方式有（　　）三种。
   A. 弹簧、手动、气动　　　B. 手动、气动、液压
   C. 手动、气动、压板　　　D. 液压、压板、气动

39. 下列叙述中，（　　）是数控车床进给传动装置的优点之一。
   A. 低负荷　　B. 低摩擦阻力　C. 低传动比　　D. 低零漂

40. 在数控车削加工中，如果工件为回转体，并且需要进行二次装夹，应采用（　　）装夹。
   A. 三爪硬爪卡盘　　　　B. 四爪硬爪卡盘
   C. 三爪软爪卡盘　　　　D. 四爪软爪卡盘

41. 制定加工方案的一般原则为先粗后精、先近后远、先内后外，（　　），走刀路线最短及特殊情况特殊处理。
   A. 将复杂轮廓简化成简单轮廓　B. 程序段最少
   C. 将手工编程改成自动编程　　D. 将空间曲线转化为平面曲线

42. 当粗车悬伸较长的轴类零件时，如果切削余量较大，可以采用（　　）方式进行加工，以防止工件产生较大的变形。
   A. 大进给量　　B. 高转速　　C. 循环除去余量　　D. 以上都可以

43. 用数控车床进行螺纹加工时，需要在主轴上安装（　　）。
   A. 测速发电机　　　　　　B. 脉冲编码器

C. 电流传感器　　　　　　　　D. 电压反馈装置

44. "N0100 G91 G01 X100.05 Y54.05 F100.0;"，该程序段采用（　　）方式编程，以（　　）方式移动。

　　A. 绝对值、快速进给　　　　B. 增量值、直线插补
　　C. 绝对值、圆弧插补　　　　D. 绝对值、直线插补

45. 数控机床的操作，一般有 JOG（点动）模式、自动（AUTO）模式、手动数据输入（MDI）模式，在运行已经调试好的程序时，通常采用（　　）。

　　A. JOG（点动）模式　　　　B. 自动（AUTO）模式
　　C. 手动数据输入（MDI）模式　D. 单段运行模式

46. 在使用 G00 指令时，应注意（　　）。

　　A. 在程序中设置刀具移动速度
　　B. 刀具的实际移动路线不一定是一条直线
　　C. 移动的速度应比较慢
　　D. 一定有两个坐标轴同时移动

47. 在车削加工时，加工圆弧的圆心角一般应小于（　　），否则会出现干涉。

　　A. 45°　　　B. 90°　　　C. 135°　　　D. 180°

48. 数控车床所使用的硬质合金刀片按照国际标准分为三大类，分别适用于加工以下材质的工件：（　　）、（　　）和（　　）。

　　A. P：不锈钢　　G：高速钢　　T：钢
　　B. P：钢　　　　G：高速钢　　K：铸铁
　　C. P：钢　　　　M：不锈钢　　K：铸铁
　　D. P：钢　　　　M：不锈钢　　G：高速钢

49. 在配置 FANUC 系统的数控车床中，与主轴转动有关的指令有（　　）、（　　）、（　　）和（　　）等。

　　A. M01、M02、S、G00　　　　B. G96、G97、G00、G50
　　C. G96、G97、G50、S　　　　D. G96、G97、G00、S

50. 机床切削精度检查，实质上是对机床几何精度和（　　）在切削加工条件下的一项综合检查。

　　A. 运动精度　　B. 主轴精度　　C. 刀具精度　　D. 定位精度

得分	评卷人

二、手工编程题（满分 15 分）

1. 用内/外径粗车固定循环（按 FANUC 数控系统）编制图 A-1 所示零件的加工程序。要求循环起始点在（X6，Z5）处，切削深度为 1.5mm，X 方向精加工余量为 0.3mm（半径值），Z 方向精加工余量为 0.3mm，采用直径编程，其中点画线部分为工件毛坯孔（已加工）。仔细阅读零件的加工程序（见表 A-1），在画线部分填空补齐程序、在括号内填写程序注释。（本题共 5 分，每空 1 分）

附录 A

表 A-1 加工程序

程　序	注　释
O0001	程序号
N010 G54 G00 X80 Z60;	确定其坐标系，到程序起点或换刀点位置
N020 S400 M03 T0101;	换1号刀，主轴以400r/min 正转
N030 X6 Z5;	到循环起点位置
N040 G71 P50 Q160 U＿W0.3 D＿F100;	内径粗切循环加工
N050 G00 X44;	精加工轮廓开始，到φ44mm 外圆处
N060 G01 W－25 F80;	精加工 φ44mm 外圆
N070 U－10 W－10;	加工外圆锥
N080 W－10;	
N090＿U－14 W－7 R7;	
N100 G01 W－10;	加工 φ20mm 外圆
N110 G02 U－10 W－5 R5;	
N120 G01 Z－80;	
N130 U－4 W－2;	（　　　　　　　）
N140 PG70 P50 Q130;	
N150 G00 Z60;	（　　　　　　　）
N160 X80 T0100 M05;	回程序起点或换刀点位置
N170 M30;	主轴停、主程序结束并复位

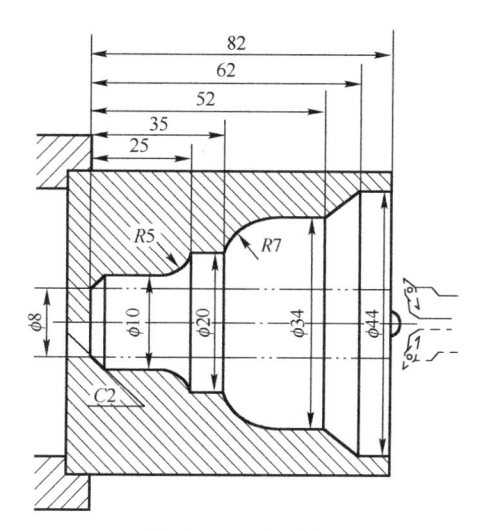

图 A-1　第1题图

2. 加工工件如图 A-2 所示，零件毛坯直径为 φ35mm，长度尺寸有足够余量，若不使用固定循环指令，采用直径编程，部分加工程序已给出，如表 A-2 所示。请仔细阅读零件的加工程序，并在画线部分填空补齐程序或在括号内填写程序注释。

表 A-2 加工程序

程　序	注　释
N0010 G54 S500 M03;	（　　　　　　　）
N0020 M08 T0101;	打开切削液，选择1号刀具（加工外圆用的刀具）
N0030 G00 X33 Z2;	快进至（33，2）点，准备粗车
N0040 G01 Z－70 F150;	粗加工，直径为 φ（　　　　）
N0050 G00 X35 Z2;	退刀
N0060 X32 Z2;	进刀至（32，2）点，准备精车 φ32mm 外圆
N0070 G01 X＿Z＿F50;	精车整个零件的 φ32mm 外圆至尺寸
N0080 G00 X35 Z2;	退刀
N0090 X30;	进刀至（30，2）点，准备精车 φ30mm 外圆

263

续表

程　　序	注　　释
N0100 G01 X__Z__F50;	精车 φ30mm 外圆至尺寸
N0110 X33;	(_____)
N0120 G00 Z2;	退刀
N0130 X25;	进刀至（25，2）点，准备粗车圆锥面
N0140 G01 X25 Z－20 F80;	粗车圆锥面，至小头直径为 φ25mm
N0150 X26 Z－25;	粗车 R5mm 圆弧（车为斜面）
N0160 X30 Z－27;	(_____)
N0170 G00 Z2;	退刀至（____，____）点
N0180 X20;	进刀至（20，2）点，准备第二次粗车圆锥面
N0190 G01 X20 Z－20 F80;	第二次粗车圆锥面，至小头直径为 φ20mm
N0200 G00 X25 Z2;	Z 向退刀
N0210 X15;	进刀至（25，2）点，准备第三次粗车圆锥面
N0220 G01 Z－20 F80;	第三次粗车圆锥面，至大头直径为 φ15mm
N0230 G__X20 Z－22.5 R2.5;	粗车 R5mm 圆弧，加工成圆弧面
N0240 G00 Z2;	退刀
…………	(_____)

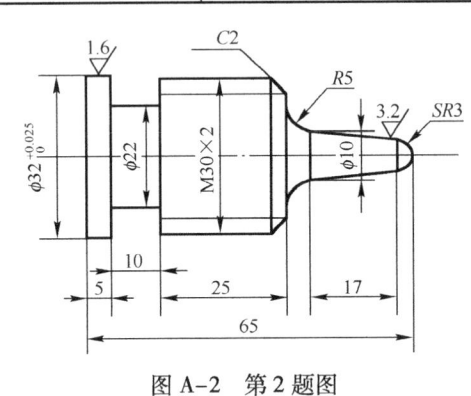

图 A-2　第 2 题图

A.2　国家职业培训统一考试数控工艺员理论考试试卷（2）（数控车）

注 意 事 项

1. 在试卷的标封处填写您的姓名、准考证号和培训单位。
2. 请仔细阅读题目，按要求答题；保持卷面整洁，不要在标封区内填写无关内容。
3. 考试时间为 90 分钟。

题号	一	二	总分	评卷人
分数				

得分	评卷人

一、选择题（选择正确的答案填入括号内）（满分 25 分，每题 0.5 分）

1. 下列关于三视图投影规则的表述中，不正确的是（　　）。

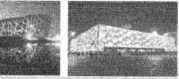

A. 主视图和俯视图：长对正　　　　B. 主视图和右视图：高平齐
   C. 俯视图和右视图：宽相等　　　　D. 主视图和俯视图：宽相等
2. 零件的机械加工精度主要包括（　　）。
   A. 机床精度，几何形状精度、相对位置精度
   B. 尺寸精度、几何形状精度、相对位置精度
   C. 尺寸精度、定位精度、相对位置精度
   D. 尺寸精度、几何形状精度、装夹精度
3. 闭环进给伺服系统与半闭环进给伺服系统的主要区别在于（　　）。
   A. 位置控制器　　　　　　　　　　B. 控制对象
   C. 伺服单元　　　　　　　　　　　D. 检测单元
4. 下列叙述中，除（　　）外，均适用数控车床进行加工。
   A. 轮廓形状复杂的轴类零件　　　　B. 精度要求高的盘套类零件
   C. 各种螺旋回转类零件　　　　　　D. 多孔系的箱体类零件
5. 使用快速定位指令G00时，刀具整个运动轨迹（　　），因此，要注意防止刀具和工件及夹具发生干涉现象。
   A. 与坐标轴方向一致　　　　　　　B. 不一定是直线
   C. 按编程时给定的速度运动　　　　D. 一定是直线
6. 滚珠丝杠副消除轴向间隙的目的是（　　）。
   A. 提高使用寿命　　　　　　　　　B. 减小摩擦力矩
   C. 增大驱动力矩　　　　　　　　　D. 提高反向传动精度
7. 数控车床一般采用机夹刀具，与普通刀具相比机夹刀具有很多特点，但（　　）不是机夹刀具的特点。
   A. 刀具要经常进行重新刃磨
   B. 刀片和刀具几何参数和切削参数的规范化、典型化
   C. 刀片及刀柄高度的通用化、规则化、系列化
   D. 刀片或刀具的耐用度及其经济寿命指标的合理化
8. 利用CAXA数控车软件进行轮廓精加工编程时，若选取的车刀（　　）越小，则软件中的刀具前角越大。
   A. 前角　　　　B. 后角　　　　C. 主偏角　　　　D. 副偏角
9. 造成刀具磨损的主要原因是（　　）。
   A. 吃刀量的大小　　　　　　　　　B. 进给量的大小
   C. 切削时的高温　　　　　　　　　D. 切削速度的大小
10. 制订加工方案的一般原则为先粗后精、先近后远、先内后外，程序段最少，（　　）及特殊情况特殊处理。
    A. 将复杂轮廓简化成简单轮廓　　　B. 走刀路线最短
    C. 将手工编程改成自动编程　　　　D. 将空间曲线转化为平面曲线
11. 如图A-3所示，表示刀架位置与圆弧顺逆方向的关系，根据图中的标注，下列描述不正确的是（　　）。
    A. 图（a）表示刀架在数控车床外侧　　B. 图（b）表示刀架在数控车床内侧
    C. 刀架位置不同，顺逆方向相反　　　　D. 以上说法均不正确

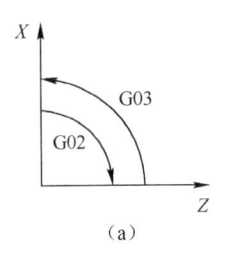

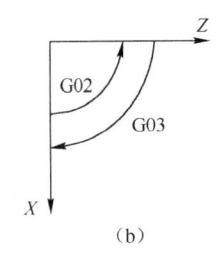

图 A-3 圆弧的顺逆方向与方刀架位置关系

12. 影响数控车削加工精度的因素很多，要提高加工工件的质量，有很多措施，但（　　）不能提高加工精度。
   A. 控制刀尖中心高误差　　　　B. 正确选择车刀类型
   C. 将绝对编程改变为增量编程　D. 减小刀尖圆弧半径对加工的影响

13. 下列叙述中，（　　）是数控编程的基本步骤之一。
   A. 零件图设计　　　　　　B. 确定机床坐标系
   C. 传输零件加工程序　　　D. 分析图样、确定加工工艺过程

14. 衡量刀具磨钝的标准是指（　　）。
   A. 前刀面磨损带中间部分平均磨损量允许达到的最大值
   B. 后刀面磨损带中间部分平均磨损量允许达到的最大值
   C. 刀尖磨损量允许达到的最大值
   D. 主切削刃平均磨损量允许达到的最大值

15. 车削用量的选择原则是：粗车时，一般（　　），最后确定一个合适的切削速度 v。
   A. 应首先选择尽可能大的背吃刀量 a_p，其次选择较大的进给量 f
   B. 应首先选择尽可能小的背吃刀量 a_p，其次选择较大的进给量 f
   C. 应首先选择尽可能大的背吃刀量 a_p，其次选择较小的进给量 f
   D. 应首先选择尽可能小的背吃刀量 a_p，其次选择较小的进给量 f

16. 切屑是切削层金属经过切削过程的一系列复杂变形过程而形成的。根据切削层金属的变形特点和变形程度不同，切屑可分为 4 类，如图 A-4 所示的切屑从左至右分别表示：（　　）。
   A. 带状切屑、崩碎切屑、粒状切屑、节状切屑
   B. 节状切屑、带状切屑、粒状切屑、崩碎切屑
   C. 节状切屑、带状切屑、崩碎切屑、粒状切屑
   D. 带状切屑、节状切屑、粒状切屑、崩碎切屑

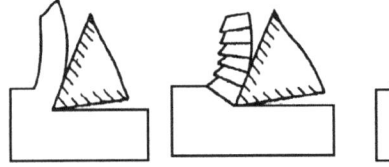

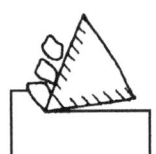

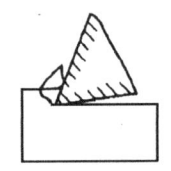

图 A-4 圆弧插补

17. 在高温下，刀具切削部分必须具有足够的硬度，这种在高温下仍具有硬度的性质称为（　　）。
   A. 刚性　　　B. 强度　　　C. 红硬性　　　D. 耐冲击性

18. 测量反馈装置的作用是为了（　　）。
   A. 提高数控车床的安全性
   B. 提高数控车床的使用寿命
   C. 提高数控车床的定位精度、加工精度
   D. 提高数控车床的灵活性
19. 在数控车床的伺服电动机中，只能用于开环控制系统中的是（　　）。
   A. 步进电动机　　　　　　　　B. 交流伺服电动机
   C. 直流伺服电动机　　　　　　D. 全数字交流伺服电动机
20. 在如图 A-5 所示的孔系加工中，对加工路线描述不正确的是（　　）。
   A. 图（a）满足加工路线最短的原则
   B. 图（b）满足加工精度最高的原则
   C. 图（a）易引入反向间隙误差
   D. 图（b）引入反向间隙误差大

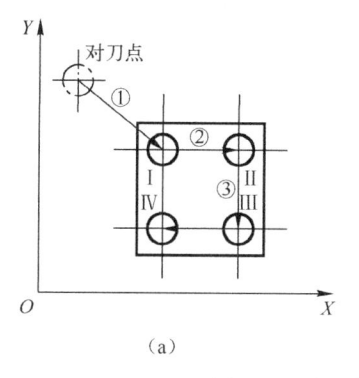

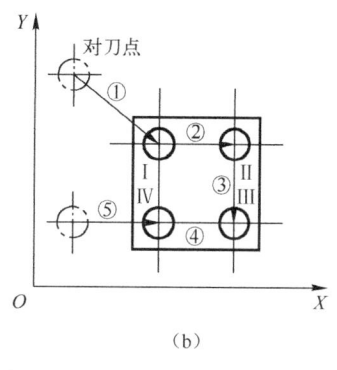

图 A-5　孔系加工路线方案比较

21. 具有刀具半径补偿功能的数控系统，可以利用刀具半径补偿功能，简化编程计算；刀具半径补偿分为建立、执行和取消 3 个步骤，但只有在（　　）指令下，才能实现刀具半径补偿的建立和取消。
   A. G00 或 G01　　B. G41　　　　C. G42　　　　D. G40
22. 数控系统中 PLC 控制程序实现机床的（　　）。
   A. 位置控制　　B. I/O 逻辑控制　　D. 速度控制　　C. 插补控制
23. 提高开环控制数控车床位置精度的主要做法是（　　）。
   A. 减少步进电动机的步距角　　　B. 提高丝杠螺母副的传动精度
   C. 进行传动间隙和螺距误差补偿　　D. 包括 A，B，C
24. 麻花钻有 2 条主切削刃、2 条副切削刃和（　　）横刃。
   A. 2 条　　　　B. 1 条　　　　C. 3 条　　　　D. 没有横刃
25. 下列叙述中，（　　）是数控车床进给传动装置的优点之一。
   A. 低传动比　　B. 低负荷　　　C. 低摩擦阻力　　D. 低零漂
26. 在下列代码中，属于非模态代码的是（　　）。
   A. M03　　　　B. F120　　　　C. S300　　　　D. G04
27. 步进电动机转子的转角（或位移）与输入的电脉冲数成正比，速度与（　　）成正比，而运动方向是由步进电动机的各相通电顺序来决定的，并且保持电动机各相通电状态就能使电动机自锁。

267

A. 电脉冲数　　B. 电脉冲频率　　C. 电脉冲宽度　　D. 电脉冲周期

28. 可以完成几何造型（建模）、刀位轨迹计算及生成、后置处理、程序输出功能的编程方法，被称为（　　）。

　　A. 批处理方式自动编程　　　　　　B. 手工编程
　　C. APT 语言自动编程　　　　　　　D. 图形交互式自动编程

29. 用数控车床进行螺纹加工时，必须在主轴上安装（　　）。

　　A. 加速度传感器　B. 脉冲编码器　　C. 测速发电机　　D. 电流传感器

30. 机械加工工艺系统是由机床、刀具、夹具和（　　）构成的。

　　A. 工件　　　　B. 进给机构　　　C. 量具　　　　D. 检测机构

31. 计算外圆车削切削速度时，应该计算（　　）表面的线速度。

　　A. 已加工表面　B. 待加工　　　C. 最大轮廓表面　D. 最小轮廓表面

32. 在现代数控系统中都有子程序功能，并且子程序（　　）嵌套。

　　A. 可以无限层　B. 不能　　　　C. 只能布一层　　D. 可以有限层

33. 脉冲当量是数控车床运动轴移动的最小位移单位，脉冲当量的取值越大，（　　）。

　　A. 运动越平稳　　　　　　　　　　B. 零件的加工精度越低
　　C. 零件的加工精度越高　　　　　　D. 控侧方法越简单

34. 与普通车床相比，数控车床的机械结构具有许多特点：但下列叙述中，（　　）不属于数控车床的结构特点。

　　A. 进给系统刚度提高　　　　　　　B. 有些机床采用了电主轴
　　C. 热稳定性好、抗震性好　　　　　D. 编程方便

35. 淬火后高温回火的热处理工艺称为调质处理。其目的是使工件获得一定的（　　），并具有较好的塑性和韧性。

　　A. 强度和硬度　B. 弹性　　　　C. 稳定性　　　　D. 刚性

36. 铰孔时对孔的（　　）纠正能力较差。

　　A. 尺寸精度　　B. 形状精度　　C. 位置精度　　　D. 表面粗糙度

37. 用百分表检查偏心距时，如图 A-6 所示，百分表上指示出的（　　）就等于偏心距。

　　A. 最大值与最小值之差　　　　　　B. 最大值与最小值之差的一半
　　C. 最大值与最小值之差的两倍　　　D. 最大值与最小值之和的一半

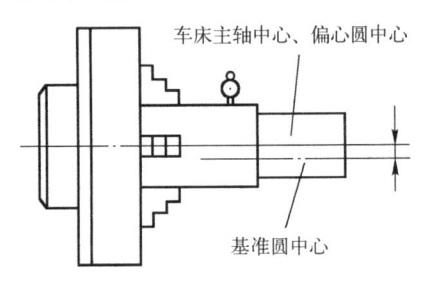

图 A-6　用百分表检查偏心距

38. 数控机床的操作，一般有 JOG（点动）模式、自动（AUTO）模式、手动数据输入（MDI）模式，在输入与修改刀具参数时，通常采用（　　）。

　　A. JOG（点动）模式　　　　　　　B. 手动数据输入（MDI）模式
　　C. 自动（AUTO）模式　　　　　　D. 单段运行模式

39. 机床的（　　）检查，实质上是对机床几何精度和定位精度在切削加工条件下的一项

综合检查。

A. 综合精度　　B. 主轴精度　　C. 刀具精度　　D. 切削精度

40. 下列叙述中，不属于确定夹紧力方向应遵循的原则是（　　）。
    A. 夹紧力作用方向应不破坏工件定位的正确性
    B. 夹紧力方向应使所需夹紧力尽可能小
    C. 夹紧力方向应使工件变形尽可能小
    D. 夹紧力方向应尽量水平

41. 数控系统的报警大体可以分为操作报警、程序错误报警、驱动报警及系统错误报警，某个程序在运行过程中出现"Z轴过载"，这属于（　　）。
    A. 驱动报警　　　　　　　　B. 操作报警
    C. 程序错误报警　　　　　　D. 系统错误报警

42. 某数控机床具备刀具半径补偿功能，若按零件轮廓进行编程和加工，当刀具半径尺寸发生变化或更换不同直径的刀具时，需要进行（　　）工作。
    A. 重新编写程序　　　　　　B. 修改刀具偏置表数据
    C. 调整工件坐标原点　　　　D. 上述方法均无法解决

43. 有关切削用量对切削力的影响，下列叙述不正确的是（　　）。
    A. 切削深度 a_p 和进给速度 f 增加时，切削力增大
    B. 切削塑性金属时，切削力一般随着切削速度的提高而减小
    C. 切削脆性金属时，切削速度对切削力没有显著的影响
    D. 切削力的大小不受被加工材料的影响

44. 开放式数控系统已成为数控技术发展的潮流，以下叙述不属于开放式数控系统特征的是（　　）。
    A. 与工业 PC 软硬件平台兼容　　B. 具有可扩展性
    C. 机箱敞开式，便于维修　　　　D. 便于二次开发

45. 滚珠丝杠螺母副轴向间隙的调整方法一般有垫片调整式、螺纹调整式和（　　）。
    A. 轴向压簧式　　B. 周向弹簧式　　C. 预加载荷式　　D. 齿差调整式

46. 标准公差分 20 级，其中等级最高的是（　　）。
    A. IT01　　　　B. IT0　　　　C. IT1　　　　D. IT18

47. 如图 A-7 所示，以外圆柱面为定位基准面，采用窄 V 形块对零件进行定位，该定位方式所限制的自由度是（　　）。
    A. X、Y 方向的移动　　　　B. Y、Z 方向的移动
    C. X、Z 方向的移动　　　　D. Z 方向的移动和转动

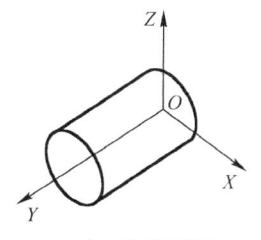

（a）工件定位基面 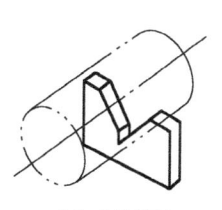　　　　（b）定位简图

图 A-7　定位方式简图

48. 切断刀主切削刃（　　），切削时容易产生振动。

A. 太厚　　　B. 太锋利　　　C. 太窄　　　D. 太宽

49. 粗车细长轴外圆时，刀尖的安装位置应（　　）。

A. 比轴中心稍高一些　　　B. 比轴中心略低一些

C. 与轴中心线等高　　　　D. 与轴中心线高度无关

50. 按假想刀尖进行编程时，当车刀沿（　　）走刀时，刀尖圆弧半径会产生加工误差，造成过切或欠切现象。

A. 轴线方向　　B. 断面　　C. 斜面及圆弧　　D. 径向

得分	评卷人

二、手工编程（15 分）

1. 某数控车床配置 FANUC 数控系统，用外径粗加工复合循环加工一典型零件如图 A-8 所示，工件坐标系设置在右端面，循环起始点在 A（100，3），切削深度为 3.0mm，X 方向精加工余量为 0.6mm（直径值），Z 方向精加工余量为 0.3mm。零件的部分形状已给出，其中点画线为工件毛坯。请仔细阅读如表 A-3 所示的程序，完成下列内容。

（1）根据程序中的尺寸数据，画出该零件的几何图形并标注尺寸，画出零件的工件坐标系。（本题共 6 分）

（2）填空：

执行该程序，粗加工时的主轴转速为_____，进给速度为_____；精加工时的主轴转速为_____，进给速度为_____；G70 语句的含义：_____。（3 分）

表 A-3　加工程序

程　　序	注　　释
O5101	程序号
N010 G00 G54 X120 Z60；	选定坐标系 G54，到起刀点位置
N020 S500 M03；	主轴以 500r/mm 正转
N030 G00 X100 Z3；	刀具到循环起点位置
N040 G71 P50 Q140 U0.6 W0.3 D3.0 F400；	
N050 G00 X18 S800；	
N060 G01 X30 Z-3 F200；	
N070 Z-12；	
N080 G02 X36 Z-15 R3；	
N090 G01 X44；	
N100 G03 X54 Z-20 R5；	
N110 G01 W-10；	
N120 G02 X70 Z-38 R8；	
N130 G01 W-12；	
N140 X90 W-10；	
N150 G70 P50 Q140；	
N160 G00 X120 Z60；	回起刀点
N170 M05；	主轴停
N180 M30；	程序结束并复位

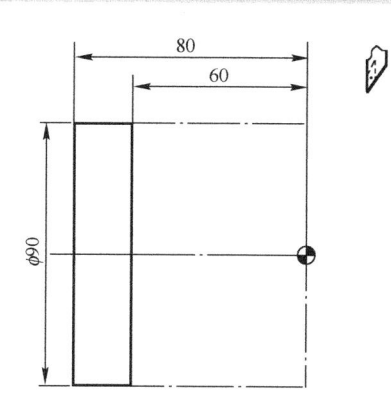

图 A-8　第 1 题图

2. 如图 A-9 所示，零件的粗加工已完成，对其进行精加工时，刀具号及切削用量见表 A-4，换刀点位置为（*X*200、*Z*350）采用 FANUC 编程格式。精加工程序已经编好，见表 A-5，请仔细阅读程序，并完成下列内容。

（1）程序中有两处严重错误，将其找出并改正在右边的注释栏中；
（2）补齐程序中画横线处的有关数据；
（3）在括号中填写该段程序（代码）的注释。（本题共 6 分）

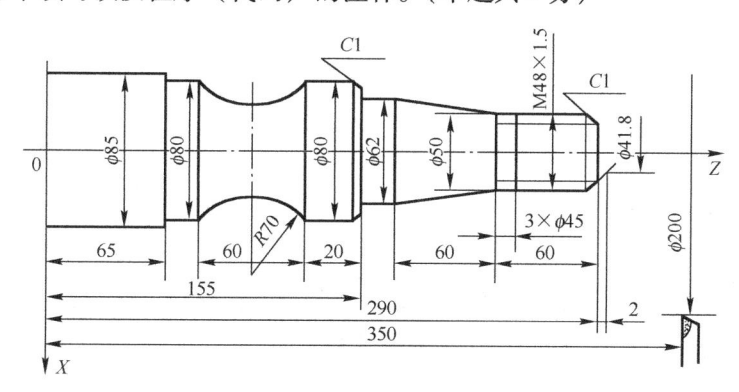

图 A-9　典型车削加工零件

表 A-4　刀具及切削用量表

刀 具 号	刀 具 规 格	加 工 内 容	主轴转速 S（r/min）	进给速度 F（mm/r）
1	93°精车刀	外轮廓精加工	800	0.12
2	3mm 切槽刀	切退刀槽	320	0.10
3	螺纹车刀	螺纹加工	200	1.5

表 A-5　精加工程序

程　　序	注　　释
O0002	程序号
N10 G00 G54 X200.0 Z350.0;	建立工件坐标系
N20 S800 M03 T0101;	主轴正转，转速 800r/min
N30 G00 X41.8 Z292.0 M08;	快进，切削液开
N40 G01 X47.8 Z289.0 F0.12;	
N50 W__;	
N60 X50.0;	

续表

程　　序	注　　释
N70 X62.0 W−60.0;	
N80 Z155.0;	
N90 X78.0;	
N100 X80.0 W−1.0;	
N110 W−19.0;	
N120 G03 W−60.0 I63.246 K__;	
N130 G01 Z65.0;	
N140 X90.0;	
N150 G00 X200.0 Z350.0 M05 T0100 M09;	
N160 T0202;	
N170 S320 M05;	
N180 G00 X51.0 Z230.0 M08;	
N190 G01 X45.0 F0.10;	
N200 G04 X2.0;	(_____)
N210 G00 X51.0;	
N220 X200.0 Z350.0 M05 T0200 M09;	
N230 T0303;	
N240 S200 M03;	
N250 G00 X62.0 Z296.0 M08;	
N260 G92 X47.2 Z231.5 F1.5;	(_____)
N270 X46.6;	
N280 X46.2;	
N290 X46.04;	
N300 G00 X200.0 Z350.0 T3000 M09;	返回起点，取消刀具补偿，同时切削液关
N310 M05;	主轴停止
N320 M30;	程序结束

A.3　国家职业培训统一考试数控工艺员理论考试试卷（3）（数控车）

注 意 事 项

1. 在试卷的标封处填写您的姓名、准考证号和培训单位。
2. 请仔细阅读题目，按要求答题；保持卷面整洁，不要在标封区内填写无关内容。
3. 考试时间为90分钟。

题号	一	二	三	四	五	总分	评卷人
分数							

得分	评卷人

一、单项选择题（第1～40题。选择正确的答案，将相应的字母填入题内的括号中。每题0.5分，满分20分）

1. 主轴转速 n（r/min）与切削速度 v（m/min）的关系表达式为（　　）。

A. $n = \pi v D/1000$ B. $n = 1000/\pi v D$
C. $v = \pi n D/1000$ D. $v = 1000/\pi n D$

2. 测量误差按其性质可分为随机误差、系统误差和粗大误差。在数控加工过程中，对零件的几何尺寸进行测量时，因千分尺的零位不准确而引起的测量误差，属于（   ）。

   A. 随机误差   B. 系统误差
   C. 粗大误差   D. 三种误差的综合反映

3. 闭环进给伺服系统与开环进给伺服系统主要区别在于（   ）。

   A. 是否安装位置检测装置   B. 是否采用交流伺服电动机
   C. 是否具备刀具补偿功能   D. 是否采用不同的数控系统

4. 在设计与制造刀具时，需确定刀具角度值的大小。在刀具标注角度坐标系中，在基面中测量的角度有（   ）。

   A. 前角、后角和刃倾角   B. 主偏角、副偏角和刃倾角
   C. 前角、后角和刀尖角   D. 主偏角、副偏角和刀尖角

5. 由于工件材料、切削条件不同，切屑变形的程度也不同，由此产生的切屑种类也不一样。若切削条件为（   ），则产生的切屑为带状切屑。

   A. 工件材料又脆又硬，且进给量较大
   B. 塑性材料、前角较小（或为负前角）、切削速度较低、进给量较大
   C. 塑性材料、前角较大、切削速度较高、进给量较小
   D. 塑性材料、切削速度较低、进给量（切削厚度）较大

6. 刀具材料的硬度必须高于工件的硬度，一般应在 HRC60 以上，下列几种常用刀具材料的硬度从低到高排列顺序正确的是（   ）。

   A. 工具钢、硬质合金、陶瓷、立方氮化硼（CBN）
   B. 工具钢、硬质合金、立方氮化硼（CBN）、陶瓷
   C. 硬质合金、工具钢、陶瓷、立方氮化硼（CBN）
   D. 陶瓷、立方氮化硼（CBN）、工具钢、硬质合金

7. 如图 A-10 所示，以工件的内孔为定位面，采取长销小平面组合的定位元件，该定位方式所限制的自由度是（   ）。

   A. X、Y、Z 方向的移动和绕 X、Y、Z 轴的转动
   B. X、Z 方向的移动和绕 X、Y、Z 轴的转动
   C. X、Y、Z 方向的移动和绕 X、Z 轴的转动
   D. X、Z 方向的移动和绕 X、Z 轴的转动

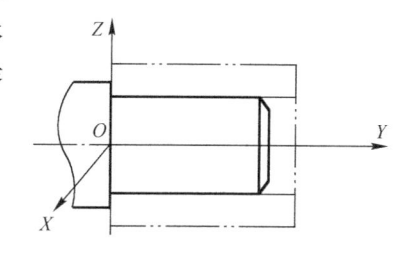

图 A-10 定位方式简图

8. 金属的切削过程实际上是切屑形成的过程。切削塑性金属时，在一定的切削条件下，刀具切削刃附近前刀面上黏结形成积屑瘤。在精加工时应采取措施避免积屑瘤的产生，下列叙述中，（   ）不属于防止积屑瘤产生的有效措施。

   A. 采取低速（2～5m/min）或高速（>75m/min）切削
   B. 减少进给量，增大刀具前角
   C. 合理使用切削液，适当降低材料塑性
   D. 选用高硬度材料的刀具，改善主偏角

9. 如图 A-11 所示为尺寸链简图，从图中可以判断（   ）。

   A. B_0 为封闭环，B_1、B_2、B_3 为组成环；B_1、B_2 为增环，B_3 为减环

B. B_0 为封闭环，B_1、B_2、B_3 为组成环；B_1、B_2 为减环，B_3 为增环

C. B_0 为组成环，B_1、B_2、B_3 为封闭环；B_1、B_2 为增环，B_3 为减环

D. B_0 为组成环，B_1、B_2、B_3 为封闭环；B_1、B_2 为减环，B_3 为增环

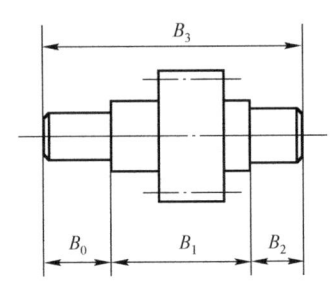

图 A–11　尺寸链

10. 程序结束并且光标返回程序头的代码是（　　）。

　　A. M00　　　　　B. M02　　　　　C. M30　　　　　D. M03

11. 有些零件需要在不同的位置上重复加工同样的轮廓形状，编程时应采用（　　）功能。

　　A. 比例缩放加工　　B. 子程序调用　　C. 旋转　　D. 镜像加工

12. 影响数控车削加工精度的因素很多，要提高工件的加工质量，有很多措施，但（　　）不能提高加工精度。

　　A. 控制刀尖中心高误差　　　　　B. 正确选择车刀类型

　　C. 减小刀尖圆弧半径对加工的影响　　D. 将绝对编程改变为增量编程

13. 为了保证滚珠丝杠反向传动精度，要特别减少丝杠安装部分和驱动部分的间隙，消除间隙的方法除了少数用微量过盈滚珠的单螺母消除间隙外，常用的双螺母消除轴向间隙的结构形式有（　　）方式。

　　① 垫片预紧　　② 螺纹预紧　　③ 齿差预紧　　④ 弹簧预紧　　⑤ 楔形预紧

　　A. ①②③　　B. ②③④　　C. ②③④⑤　　D. ①②③④⑤

14. 在车削过程中，刀具克服材料的变形抗力，克服与工件及切屑的摩擦力产生切削力，切削合力按照空间直角坐标系可分解为三个互相垂直的切削分力，通常用于计算刀具强度，设计机床零件，确定机床功率的参数是（　　）。

　　A. 主切削力 F_c　　B. 切深抗力 F_p　　C. 进给抗力 F_f　　D. 合力 F_r

15. 刀具几何参数的选择是否合理，对刀具的使用寿命、加工质量、生产效率和加工成本有重要影响，下列关于对刀具前角的选择不正确的叙述是（　　）。

　　A. 增大前角，可以减少切削变形，从而减少切削力、切削热和切削功率，提高刀具的使用寿命

　　B. 减小前角，可以抑制积屑瘤的产生，减少振动，改善加工质量

　　C. 增大前角会削弱切削刃强度和散热情况，过大加大前角，可能导致切削刃处出现弯曲应力，造成崩刃

　　D. 增大前角有利有弊，在一定条件下应存在一个合理值

16. 选择精基准时，应重点考虑如何减少工件的定位误差，保证加工精度，并使夹具结构简单，工件装夹方便，但（　　）不属于选择精基准的原则。

　　A."基准统一"原则　　　　　　B."互为基准"原则

C. "自为基准"原则　　　　　　　D. "余量均匀分配"原则

17. 具有刀具半径补偿功能的数控系统，可以利用刀具半径补偿功能，简化编程计算；刀具半径补偿分为建立、执行和取消 3 个步骤，对于大多数数控系统，只有在（　　）移动指令下，才能实现刀具半径补偿的建立和取消。

　　A. G40、G41 和 G42　　　　　　B. G43、G44 和 G80
　　C. G43、G44 和 G49　　　　　　D. G00 或 G01

18. 既要保证零件的加工质量，又要使加工成本最低，是选择加工方法的基本原则，为此必须熟悉各种加工方法所能达到的经济精度及表面粗糙度。通常情况下，精车外圆时能够获得的加工经济精度和表面粗糙度分别是（　　）。

　　A. IT5～6、Ra0.16～0.63μm　　B. IT5～7、Ra0.16～1.25μm
　　C. IT7～8、Ra1.25～5μm　　　　D. IT10～12、Ra2.5～10μm

19. 对指令 G96 S180 正确的解释是（　　）。

　　A. 恒线速度切削，线速度为 180m/min
　　B. 恒线速度切削，线速度为 180mm/min
　　C. 恒转速控制，主轴转速为 180r/min
　　D. 恒线速度切削，线速度为 180mm/r

20. 圆弧加工指令 G02/03 中 I、J、K 指令的数值用于指定（　　）。

　　A. 圆弧终点坐标　　　　　　　　B. 圆弧起点坐标
　　C. 圆心的位置　　　　　　　　　D. 圆弧起点到圆弧圆心的矢量坐标

21. 使用 CAXA 数控车 2000 自动编程软件时，若进行零件的外轮廓精加工，要求生成的刀具轨迹为零件轮廓的等距线，正确的参数设置是（　　）。

　　A. 刀尖半径补偿一栏选中"由机床进行半径补偿"、对刀点一栏选中"刀尖圆心"
　　B. 刀尖半径补偿一栏选中"由机床进行半径补偿"、对刀点一栏选中"刀尖尖点"
　　C. 刀尖半径补偿一栏选中"编程时考虑半径补偿"、对刀点一栏选中"刀尖尖点"
　　D. 刀尖半径补偿一栏选中"编程时考虑半径补偿"、对刀点一栏选中"刀尖圆心"

22. 试切对刀法如图 A-12 所示，由图可以看出（　　）。

　　A. 图（a）完成 Z 向对刀　　　　B. 图（a）完成 X 向对刀，图（b）完成 Z 向对刀
　　C. 图（b）完成 X 向对刀　　　　D. 图（a）完成 Z 向对刀，图（b）完成 X 向对刀

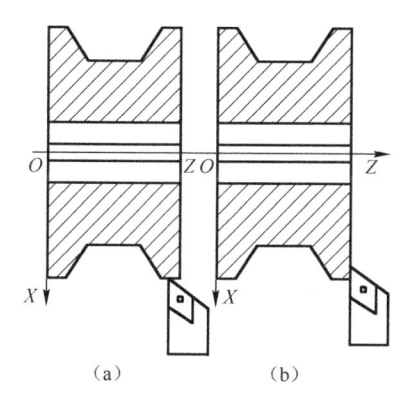

图 A-12　试切对刀法

23. 机床的切削精度检查，实质上是对机床（　　）在切削加工条件下的一项综合检查。

A. 综合精度　　　　　　　　　　B. 主轴精度

C. 几何精度和定位精度　　　　　D. 刀具精度

24. (　　) 是数控车床运动轴移动的最小位移单位,其值取得越小,零件的加工精度越高。

A. 伺服电压　　　　　　　　　　B. 脉冲当量

C. 编码器的分辨率　　　　　　　D. 数控轴的数量

25. 切削时的切削热大部分由 (　　) 传散出去。

A. 刀具　　　　B. 工件　　　　C. 切屑　　　　D. 空气

26. 数控系统的报警大体可以分为操作报警、程序错误报警、驱动报警及系统错误报警,某个程序在运行过程中出现"圆弧端点错误",这属于 (　　)。

A. 程序错误报警　B. 操作报警　　C. 驱动报警　　D. 系统错误报警

27. 数控编程时,应首先设定 (　　)。

A. 机床原点　　B. 固定参考点　C. 机床坐标系　D. 工件坐标系

28. 在选择车削加工刀具时,若用一把刀既能加工轮廓、又能加工端面,则车刀的 (　　) 应大于 90°。

A. 前角　　　　B. 后角　　　　C. 主偏角　　　D. 副偏角

29. 编排数控车床加工工序时,为了提高精度,可采用 (　　)。

A. 精密专用夹具　　　　　　　　B. 一次装夹多工序集中

C. 流水线作业法　　　　　　　　D. 工序分散加工法

30. 根据工件的加工要求,可允许进行 (　　)。

A. 欠定位　　　B. 过定位　　　C. 不完全定位　D. 重复定位

31. 关于数控车床日常维护的概念,(　　) 观点是不正确的。

A. 若数控系统较长时间闲置不用,那么就不用维护

B. 应尽量少开数控柜和强电柜的门

C. 经常监视数控系统用的电网电压

D. 定时清理数控装置的散热通风系统

32. HRC 表示 (　　)。

A. 布氏硬度　　B. 硬度　　　　C. 维氏硬度　　D. 洛氏硬度

33. 程序输出格式,是以字符串、宏指令@字符串和宏指令的方式进行设置。其中系统提供的宏指令串"当前 X 坐标"、"左补偿"、"输出空格"分别是 (　　)。

A. "COORD_ X"、"DCMP_ LFF" 和 "$"

B. "COORD_Y"、"DCMP_LFT" 和 "$"

C. "COORD_X"、"DCMP_LFT" 和 "@"

D. "COORD_Y"、"DCMP_RGT" 和 "@"

34. 采用固定循环编程,可以 (　　)。

A. 加快切削速度,提高加工质量

B. 缩短程序段的长度,减少程序所占内存

C. 减少换刀次数,提高切削速度

D. 减少吃刀深度,保证加工质量

35. 在 FANUC 数控系统中,粗车固定循环指令 G73 适用于 (　　)。

A. 单一形状的毛坯

B. 锥形端面粗车

C. 直端面粗车

D. 毛坯轮廓形状与零件轮廓形状基本接近时的加工

36. 下列关于对于程序叙述不正确的是（　　　）。

　　A. 子程序的调用格式与数控系统无关

　　B. FANUC 数控系统的子程序返回指令是 M98

　　C. 子程序的嵌套是有限次的

　　D. 子程序可以返回到调用语句的下一句，也可以返回到其他位置

37. 制定加工方案的一般原则为先粗后精、先近后远、先内后外，程序段最少，（　　　）及特殊情况特殊处理。

　　A. 走刀路线最短　　　　　　　　B. 按刀位点编程

　　C. 尽量提高加工精度　　　　　　D. 切向切入、切向切出

38. 夹紧力的方向应尽量垂直于主要定位基准面，同时应尽量与（　　　）方向一致。

　　A. 退刀　　　B. 振动　　　C. 换刀　　　D. 切削

39. 10d7 中的字母 d 表示（　　　）。

　　A. 公差配合代号　B. 孔基本偏差代号　C. 公差等级数字　D. 轴基本偏差代号

40. 当编制用户宏程序时，经常用到转移和循环语句。下列程序段中，属于无条件转移的语句是（　　　）。

　　A. IF［#1 GT 10］GOTO 2　　　　B. GOTO #10

　　C. WHILE［#2 LE 10］DO1　　　　D. IF［#1 EQ #2］THEN #3

得分	评卷人

二、填空题（第 41～45 题。将正确结果填入横线上，每题 1.0 分，满分 5 分）

41. "G71 P04 Q15 U2.0 W1.0 D3.0 F0.3 S500;"该固定循环的粗加工吃刀深度的是_____。

42. 切削用量中，对刀具耐用度影响最大的因素是_____。

43. 在高温下，刀具切削部分必须具有足够的硬度，这种在高温下仍具有硬度的性质称为_____。

44. 在编写圆弧插补程序时，若用半径 R 指定圆心位置，不能描述_____。

45. 在主轴正常运转条件下，若使切削进给暂停 800ms 实现无进给光整加工，正确的编程语句为：_____。

得分	评卷人

三、判断题（第 46～55 题。将判断结果填入括号中，正确的填"√"，错误的填"×"。每小题 0.5 分，满分 5 分）

46. 对于同一 G 代码而言，不同的数控系统所代表的含义不完全一样；但对于同一功能指令（如公制/英制尺寸转换，直线/旋转进给转换等），则与数控系统无关。（　　　）

47. 使用快速定位指令 G00 时，刀具运动轨迹可能是折线，因此，要注意防止出现刀具与工件干涉现象。（   ）

48. 数控车床适宜加工轮廓形状特别复杂或难于控制尺寸的回转体零件、箱体类零件、精度要求高的回转体类零件、特殊的螺旋类零件等。（   ）

49. 夹具的制造误差通常应是工件在该工序中允许误差的 1/3～1/5。（   ）

50. 程序 G33 X35.2 Z-22 F1.5 为单一螺纹加工指令，执行过程中进给速度为 1.5mm/min。（   ）

51. 加工偏心工件时，应保证偏心的中心与机床主轴的回转中心重合。（   ）

52. CIMS 是指计算机集成制造系统，FMS 是指柔性制造系统。（   ）

53. 程序校验与首件试切的作用是检查机床是否正常，以保证加工的顺利进行。（   ）

54. 进给速度由 F 指令决定，其单位为旋转进给率（mm/r）。（   ）

55. 可以完成几何造型（建模）、刀位轨迹计算及生成、后置处理、程序输出功能的编程方法，被称为交互式自动编程。（   ）

得分	评卷人

四、综合题（第 56～65 题，每题 0.5 分，满分 10 分）

加工如图 A-13 所示的零件。请仔细阅读图纸及技术要求，依据相关信息，完成第 56～65 题。

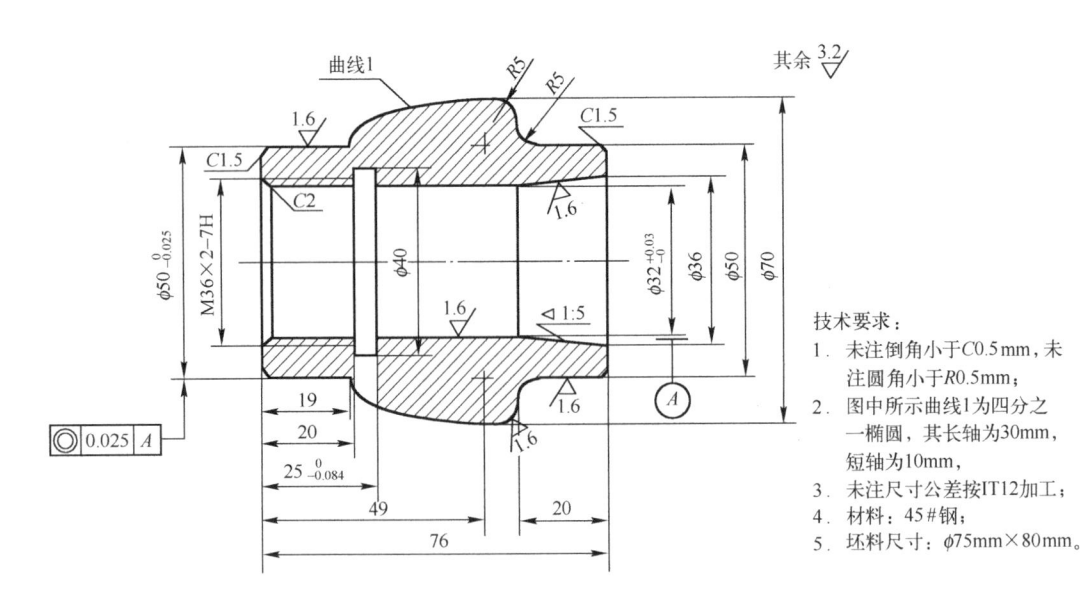

图 A-13　螺母套

56. 该零件对表面粗糙度的要求较高，$\sqrt{1.6}$ 的含义是（   ）。
   A. 用任意方法获得的表面粗糙度，Ra 的上限值为 $1.6\mu m$
   B. 用去除材料方法获得的表面粗糙度，Ra 的上限值为 $1.6\mu m$
   C. 用不去除方法获得的表面粗糙度，Ra 的下限值为 $1.6\mu m$

D. 用去除材料方法获得的表面粗糙度，Ra 的下限值为 $1.6\mu m$

57. 对零件图中形位公差描述正确的是（　　）。
    A. $\phi 50_{-0.025}^{0}$ 要求位置度公差 B. $\phi 50_{-0.025}^{0}$ 要求圆度公差
    C. $\phi 50_{-0.025}^{0}$ 要求圆柱度公差 D. $\phi 50_{-0.025}^{0}$ 要求同轴度公差

58. 根据零件的几何特征和技术要求，完成该零件加工最少应选择（　　）。
    A. 4 把　　　　　B. 5 把　　　　　C. 6 把　　　　　D. 7 把

59. 加工 $\phi 32_{0}^{+0.03}$ 内孔时，合理的工序是（　　）。
    A. 钻—扩—铰　　　　　　　　　　B. 粗镗—半精镗—精镗
    C. 钻—粗镗—精镗　　　　　　　　D. 钻—粗镗—铰

60. 要使加工精度满足技术要求，应选择刀尖圆弧半径为（　　）mm 的外轮廓车刀。
    A. $R0.4$　　　　B. $R0.8$　　　　C. $R1.0$　　　　D. $R1.2$

61. 当工件坐标系的原定设置在零件的左端面与回转轴的中心线交点处时，若采用直径编程，外轮廓 $R5$mm 凸圆弧的两端点坐标分别是（　　）。
    A. $X60$、$Z54$ 和 $X70$、$Z49$　　　　B. $X70$、$Z-20$ 和 $X60$、$Z-25$
    C. $X60$、$Z20$ 和 $X70$、$Z49$　　　　D. $X60$、$Z56$ 和 $X70$、$Z51$

62. 按照技术要求，对材料进行热处理，正确的描述是（　　）。
    A. 调质处理是将淬火与低温回火（150～250°C）相结合的热处理，一般作为最终热处理
    B. 调质处理是将淬火与中温回火（350～500°C）相结合的热处理，一般作为最终热处理
    C. 调质处理是将淬火与高温回火（500～650°C）相结合的热处理，一般作为最终热处理
    D. 调质处理是将淬火与高温回火（500～800°C）相结合的热处理，一般作为最终热处理

63. 对该零件进行装夹定位时，（　　）。
    A. 如考虑充分，只需采用一次装卡，即可完成该零件的全部加工工序
    B. 须采用二次装卡，并用百分表进行找正，才能满足技术要求，保证加工精度
    C. 需设计专用夹具，才能满足装夹要求
    D. 由于零件毛坯的限制，必须采用心轴进行装卡，才能满足加工要求

64. 对该零件进行外轮廓加工编程时，应采取的措施是（　　）。
    A. 由于该零件轮廓含有非圆曲线，应采用宏程序进行编程或利用自动编程软件进行编程
    B. 非圆曲线需要计算基点坐标，其他曲线需要计算节点坐标
    C. 在编程前除了进行工艺分析外，还必须用计算机进行数学处理，以保证轮廓精度
    D. 对非圆曲线进行数学处理时，应计算基点坐标，否则无法编程

65. 若采用 CAXA 数控车 2000 软件对该零件进行外轮廓精加工编程，在要求相同的加工精度时（　　）。
    A. 选择直线拟合方式，程序段最少
    B. 选择圆弧拟合方式，程序段最少
    C. 程序段的多少与拟合方式无关，无须选择拟合方式
    D. 软件会根据图形特征，自动选择拟合方式，给编程带来极大方便

279

五、编程题（满分5分）

如图 A-14 所示的零件，其粗加工已完成，对其进行精加工时，工件坐标系设在工件右侧，换刀点位置为（X100、Z100），采用 FANUC 编程格式。精加工程序已经编好见表 A-6，请仔细阅读程序，并完成下列内容。

（1）补齐程序中画横线处的有关数据；
（2）根据程序中的数据，在注释栏中填入被加工圆弧的半径值；
（3）找出程序中错误数据的语句并改正。

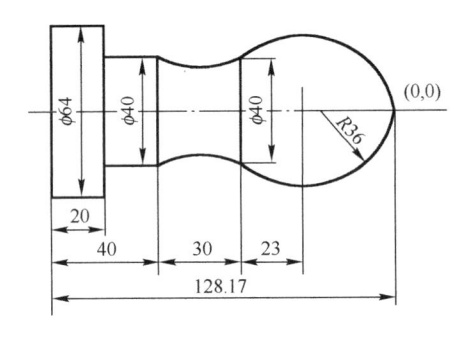

图 A-14 典型车削加工零件

表 A-6 精加工程序

程　　序	注　　释
O0002	程序号
……	
N310 G54 G00 X100. Z100.0;	建立工件坐标系
N320 S900 M03 T0101 M08;	主轴正转，转速 900r/min
N330 G00 Z3.0;	
N340 X0;	
N350 G01 Z0;	
N360 G03 X40 Z __ I-7.693 K __;	
N370 G02 Z __ I25.981 K-15;	被加工圆弧的圆弧半径是 R __ mm
N380 G01 Z40;	
N390 X65;	
N400 G00 X100;	
N410 Z100 T0100 M09;	
N420 M05;	主轴停止
N430 M30;	程序结束

附录 B 数控车削工艺员模拟上机考试题

B.1 国家职业培训统一考试数控工艺员上机考试试卷（1）（数控车）

注 意 事 项

1. 请在试卷的标封处填写您的姓名、准考证号和培训单位。考试时间共 90 分钟。
2. 特别提醒考生上机时随时保存文件，并请仔细阅读题目的要求，按要求保存并提交规定格式的文件。

题号	一	二	总分	评卷人
分数				

一、(15 分) 如图 B-1 所示为典型车削零件一。毛坯外径尺寸为 $\phi45mm$。工件坐标系原点设置在零件的左端面回转中心处，换刀点在 X60（半径尺寸）、Z150 的位置。使用 CAXA 数控车软件的加工功能，完成零件的几何造型和外轮廓粗加工、精加工，具体要求如下。

(1) 把所生成的几何造型及加工轨迹，以准考证号加 Ta 作为文件名，保存为 .mxe 格式文件；

(2) 通过机床参数设置和后置处理（按照本单位数控车床的指令格式，用宏指令编写程序头、换刀和程序尾）生成加工程序，并将后置文件以准考证号加 Ta 作为文件名，保存为 .cut、.nc 或 .mpf 等格式文件；

(3) 把选择的主要参数填入表 B-1 和表 B-2。

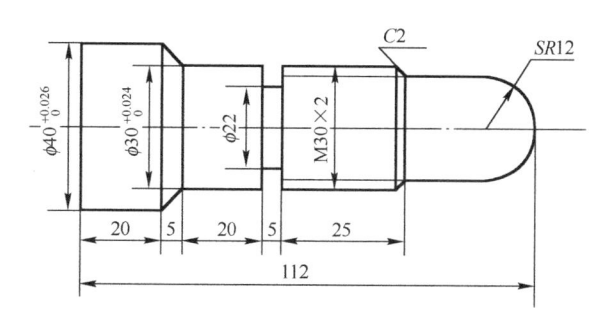

图 B-1 典型车削零件一

表 B-1 轮廓粗加工主要参数

刀尖半径 R		加工余量	
刀具前角 F		切削行距	

续表

刀具后角 B		干涉前角	
轮廓车刀类型		干涉后角	
对刀点方式		拐角过渡方式	
刀具类型		反向走刀	
刀具偏置方向		详细干涉检查	
进/退刀方式		退刀时是否沿轮廓走刀	
加工方式		刀尖半径补偿	

表 B-2 轮廓精加工参数

刀尖半径 R		加工余量	
刀具前角 F		切削行距	
刀具后角 B		干涉前角	
轮廓车刀类型		干涉后角	
对刀点方式		拐角过渡方式	
刀具类型		反向走刀	
刀具偏置方向		详细干涉检查	
进/退刀方式		刀尖半径补偿	

二、（15 分）如图 B-2 所示为典型车削零件二。按图纸要求，使用 CAXA 数控车软件完成零件的几何造型、外槽和螺纹的加工，具体要求如下。

（1）把所生成的几何造型及加工轨迹，以准考证号加 Tb 作为文件名，保存为 .mxe 格式文件；

（2）通过机床参数设置和后置处理生成加工程序，并将后置文件以准考证号加 Tb 作为文件名，保存为 .cut、.nc 或 .mpf 等格式文件；

（3）把选择的主要参数填入表 B-3。

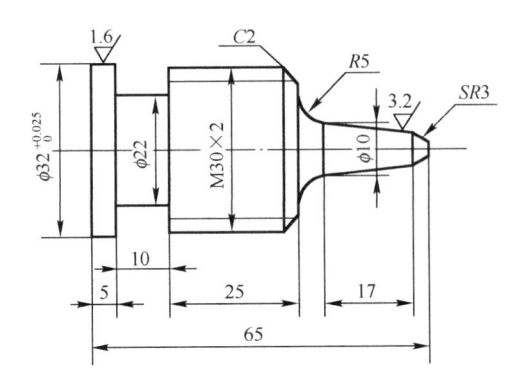

图 B-2 典型车削零件二

表 B-3　螺纹加工参数

刀具参数			螺纹参数			
刀具种类			螺纹类型		○外轮廓　○内轮廓　○端面	
刀具名			螺纹参数	起点坐标	X (Y)	
刀具号					Z (X)	
刀具补偿号				终点坐标	X (Y)	
刀柄长度 L					Z (X)	
刀柄宽度 W				螺纹长度		
刀刃长度 N				螺纹牙高		
刀尖宽度 B				螺纹头数		
刀具角度 A					○恒螺距	
进退刀方式				螺纹节距	○变螺距	始节距
粗加工进刀方式	○垂直					末节距
	○矢量		螺纹加工参数			
粗加工退刀方式	○垂直		加工工艺类型		○粗加工　○精加工　○粗加工+精加工	
	○矢量		末行走刀次数			
精加工进刀方式	○垂直		螺纹总深			
	○矢量		粗加工深度			
精加工退刀方式	○垂直		精加工深度			
	○矢量		粗加工参数	每行切削用量	○恒定行距	
切削用量					○恒定切削面积	第一刀行距
速度设定	进退刀时是否快速					最小行距
	接近速度			每行切入方式		
	退刀速度		精加工参数	每行切削用量	○恒定行距	
	进刀量 F				○恒定切削面积	第一刀行距
主轴转速	恒转速					最小行距
	恒线速度			每行切入方式	○沿牙槽中心线　○沿牙槽右侧	
	最高转速				○左右交替	
样条拟合方式							

B.2　国家职业培训统一考试数控工艺员上机考试试卷（2）（数控车）

注 意 事 项

1. 请在试卷的标封处填写您的姓名、准考证号和培训单位。考试时间共 90 分钟。
2. 特别提醒考生上机时随时保存文件，并请仔细阅读题目的要求，按要求保存并提交规定格式的文件。

题号	一	二	总分	评卷人
分数				

数控车床操作与加工项目式教程

一、（15分）如图 B-3 所示为典型车削零件三。毛坯外径尺寸为 $\phi65mm$。工件坐标系原点设置在零件的左端面回转中心处，换刀点在 X60（半径尺寸）、Z150 的位置。使用 CAXA 数控车软件的加工功能，完成零件的几何造型和外轮廓粗、精加工，具体要求如下。

（1）把所生成的几何造型及加工轨迹，以准考证号加 Ta 作为文件名，保存为 .mxe 格式文件；

（2）通过机床参数设置和后置处理（按照本单位数控车床的指令格式，用宏指令编写程序头、换刀和程序尾）生成加工程序，并将后置文件以准考证号加 Ta 作为文件名，保存为 .cut、.nc 或 .mpf 等格式文件；

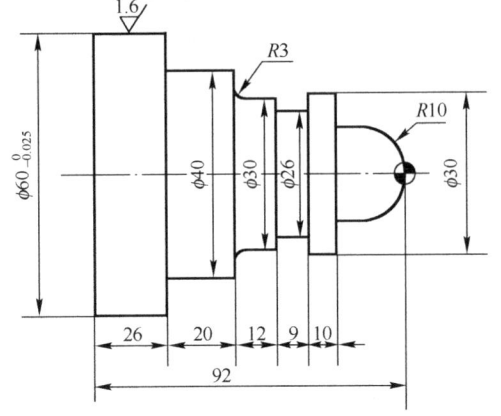

图 B-3 典型零件三

（3）把选择的主要参数填入表 B-4 和表 B-5。

表 B-4 轮廓粗加工主要参数

刀尖半径 R		加工余量	
刀具前角 F		切削行距	
刀具后角 B		干涉前角	
轮廓车刀类型		干涉后角	
对刀点方式		拐角过渡方式	
刀具类型		反向走刀	
刀具偏置方向		详细干涉检查	
进/退刀方式		退刀时是否沿轮廓走刀	
加工方式		刀尖半径补偿	

表 B-5 轮廓精加工参数

刀尖半径 R		加工余量	
刀具前角 F		切削行距	
刀具后角 B		干涉前角	
轮廓车刀类型		干涉后角	
对刀点方式		拐角过渡方式	
刀具类型		反向走刀	
刀具偏置方向		详细干涉检查	
进/退刀方式		刀尖半径补偿	

二、（15分）如图 B-4 所示为典型车削零件四。按图纸要求，使用 CAXA 数控车软件完成零件的几何造型、外槽和螺纹的加工，具体要求如下。

（1）把所生成的几何造型及加工轨迹，以准考证号加 Tb 作为文件名，保存为 .mxe 格式文件；

（2）通过机床参数设置和后置处理生成加工程序，并将后置文件以准考证号加 Tb 作为文件名，保存为 .cut、.nc 或 .mpf 等格式文件；

（3）把选择的主要参数填入表 B-5。

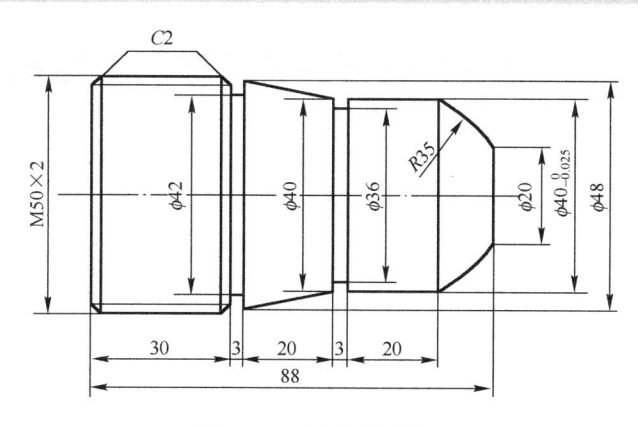

图 B-4　典型车削零件四

表 B-5　螺纹加工参数

<table>
<tr><th colspan="3">刀 具 参 数</th><th colspan="4">螺 纹 参 数</th></tr>
<tr><td colspan="2">刀具种类</td><td></td><td colspan="2">螺纹类型</td><td colspan="2">○外轮廓　○内轮廓　○端面</td></tr>
<tr><td colspan="2">刀具名</td><td></td><td rowspan="8">螺纹参数</td><td rowspan="2">起点坐标</td><td>X（Y）</td><td></td></tr>
<tr><td colspan="2">刀具号</td><td></td><td>Z（X）</td><td></td></tr>
<tr><td colspan="2">刀具补偿号</td><td></td><td rowspan="2">终点坐标</td><td>X（Y）</td><td></td></tr>
<tr><td colspan="2">刀柄长度 L</td><td></td><td>Z（X）</td><td></td></tr>
<tr><td colspan="2">刀柄宽度 W</td><td></td><td colspan="2">螺纹长度</td><td></td></tr>
<tr><td colspan="2">刀刃长度 N</td><td></td><td colspan="2">螺纹牙高</td><td></td></tr>
<tr><td colspan="2">刀尖宽度 B</td><td></td><td colspan="2">螺纹头数</td><td></td></tr>
<tr><td colspan="2">刀具角度 A</td><td></td><td rowspan="3">螺纹节距</td><td colspan="2">○恒螺距</td></tr>
<tr><td colspan="3">进退刀方式</td><td rowspan="2">○变螺距</td><td>始节距</td><td></td></tr>
<tr><td rowspan="2">粗加工进刀方式</td><td>○垂直</td><td></td><td>末节距</td><td></td></tr>
<tr><td>○矢量</td><td></td><td colspan="4">螺纹加工参数</td></tr>
<tr><td rowspan="2">粗加工退刀方式</td><td>○垂直</td><td></td><td colspan="2">加工工艺类型</td><td colspan="2">○粗加工　○精加工　○粗加工＋精加工</td></tr>
<tr><td>○矢量</td><td></td><td colspan="2">末行走刀次数</td><td colspan="2"></td></tr>
<tr><td rowspan="2">精加工进刀方式</td><td>○垂直</td><td></td><td colspan="2">螺纹总深</td><td colspan="2"></td></tr>
<tr><td>○矢量</td><td></td><td colspan="2">粗加工深度</td><td colspan="2"></td></tr>
<tr><td rowspan="2">精加工退刀方式</td><td>○垂直</td><td></td><td colspan="2">精加工深度</td><td colspan="2"></td></tr>
<tr><td>○矢量</td><td></td><td rowspan="3">粗加工参数</td><td rowspan="2">每行切削用量</td><td colspan="2">○恒定行距</td></tr>
<tr><td colspan="3">切 削 用 量</td><td>○恒定切削面积</td><td>第一刀行距</td></tr>
<tr><td rowspan="4">速度设定</td><td>进退刀时是否快速</td><td></td><td colspan="2">最小行距</td></tr>
<tr><td>接近速度</td><td></td><td colspan="2">每行切入方式</td><td colspan="2"></td></tr>
<tr><td>退刀速度</td><td></td><td rowspan="3">精加工参数</td><td rowspan="2">每行切削用量</td><td colspan="2">○恒定行距</td></tr>
<tr><td>进刀量 F</td><td></td><td>○恒定切削面积</td><td>第一刀行距</td></tr>
<tr><td rowspan="3">主轴转速</td><td>恒转速</td><td></td><td colspan="2">最小行距</td></tr>
<tr><td>恒线速度</td><td></td><td colspan="2" rowspan="2">每行切入方式</td><td colspan="2" rowspan="2">○沿牙槽中心线　○沿牙槽右侧
○左右交替</td></tr>
<tr><td>最高转速</td><td></td></tr>
<tr><td colspan="2">样条拟合方式</td><td></td><td colspan="4"></td></tr>
</table>

B.3 国家职业培训统一考试数控工艺员上机考试试卷（3）（数控车）

注意事项

1. 请在试卷的标封处填写您的姓名、准考证号和培训单位。考试时间共90分钟。
2. 特别提醒考生上机时随时保存文件，并请仔细阅读题目的要求，按要求保存并提交规定格式的文件。

题号	一	二	总分	评卷人
分数				

一、(15分) 加工如图B-5所示的零件。根据图纸尺寸及技术要求，完成下列内容：

（1）完成零件的车削加工造型（建模）；（4分）
（2）对该零件进行加工工艺分析，填写数控加工工序卡到表B-6；（2分）
（3）根据工序卡中的加工顺序，进行零件的轮廓粗加工、精加工、切槽加工和螺纹加工，生成加工轨迹；（7分）
（4）进行机床参数设置和后置处理，生成NC加工程序；（2分）
（5）将造型、加工轨迹和NC加工程序文件，以准考证号加Ta1作为文件名，保存到指定服务器上。（若不保存，本大题不得分）

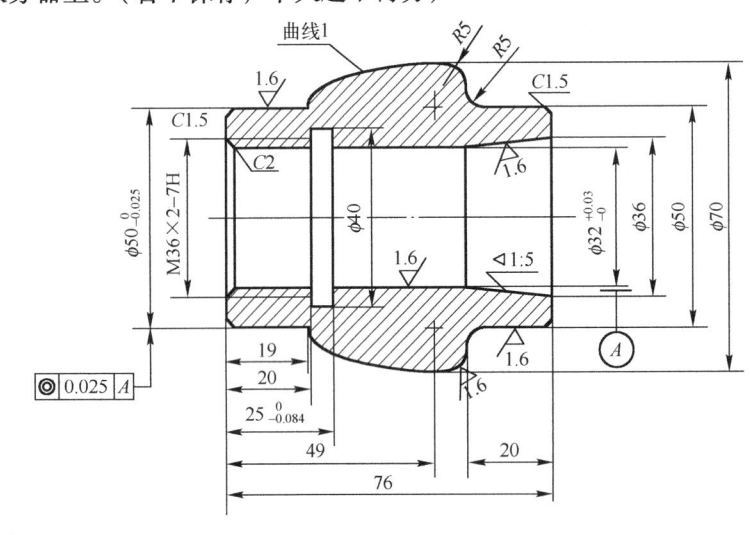

技术要求：
1. 未注倒角小于C0.5mm，未注圆角小于R0.5mm；
2. 图中所示曲线1为四分之一椭圆，其长半轴为30mm，短半轴为10mm；
3. 未注尺寸公差按IT12加工；
4. 材料：45#钢；
5. 坯料尺寸：φ75mm×80mm。

图 B-5　螺母套

表 B-6　数控加工工序卡

工步	工步内容	刀具号	刀具规格	刀尖半径(mm)	主轴转速(r/min)	进给速度(mm/r)	吃刀量(mm)	备注

续表

工 步	工 步 内 容	刀具号	刀具规格	刀尖半径（mm）	主轴转速（r/min）	进给速度（mm/r）	吃刀量（mm）	备注

二、(15 分) 加工如图 B-6 所示的零件。根据图纸尺寸及技术要求，完成下列内容：

(1) 完成零件的车削加工造型（建模）；(4 分)

(2) 对该零件进行加工工艺分析，填写数控加工工序卡到表 B-7；(2 分)

(3) 根据工序卡中的加工顺序，进行零件的轮廓粗加工、精加工、切槽加工和螺纹加工，生成加工轨迹；(7 分)

(4) 进行机床参数设置和后置处理，生成 NC 加工程序；(2 分)

(5) 将造型、加工轨迹和 NC 加工程序文件，以准考证号加 Ta2 作为文件名，保存到指定服务器上。(若不保存，本大题不得分)

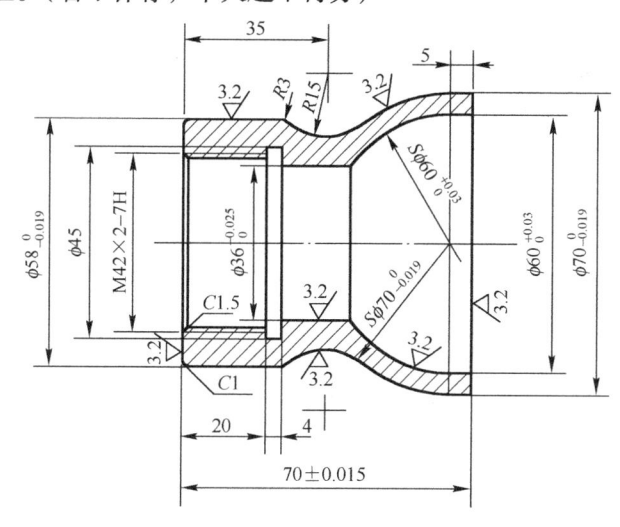

图 B-6 球头套

表 B-7 数控加工工序卡

工 步	工 步 内 容	刀具号	刀具规格	刀尖半径（mm）	主轴转速（r/min）	进给速度（mm/r）	吃刀量（mm）	备注

B.4 国家职业培训统一考试数控工艺员上机考试试卷（4）（数控车）

注意事项

1. 请在试卷的标封处填写您的姓名、准考证号和培训单位。考试时间共90分钟。
2. 特别提醒考生上机时随时保存文件，并请仔细阅读题目的要求，按要求保存并提交规定格式的文件。

题号	一	二	总分	评卷人
分数				

一、（15分）加工如图 B-7 所示的零件。根据图纸尺寸及技术要求，完成下列内容：

（1）完成零件的车削加工造型（建模）；（4分）

（2）对该零件进行加工工艺分析，填写数控加工工序卡到表 B-8；（2分）

（3）根据工序卡中的加工顺序，进行零件的轮廓粗加工、精加工、切槽加工和螺纹加工，生成加工轨迹；（7分）

（4）进行机床参数设置和后置处理，生成 NC 加工程序；（2分）

（5）将造型、加工轨迹和 NC 加工程序文件，以准考证号加 Ta1 作为文件名，保存到指定服务器上。（若不保存，本大题不得分）

技术要求：
1. 未注倒角小于 $C0.5$ mm，未注圆角小于 $R0.5$ mm；
2. 未注尺寸公差按IT12加工；
3. 材料：45#钢；
4. 坯料尺寸：$\phi50$mm$\times120$mm。

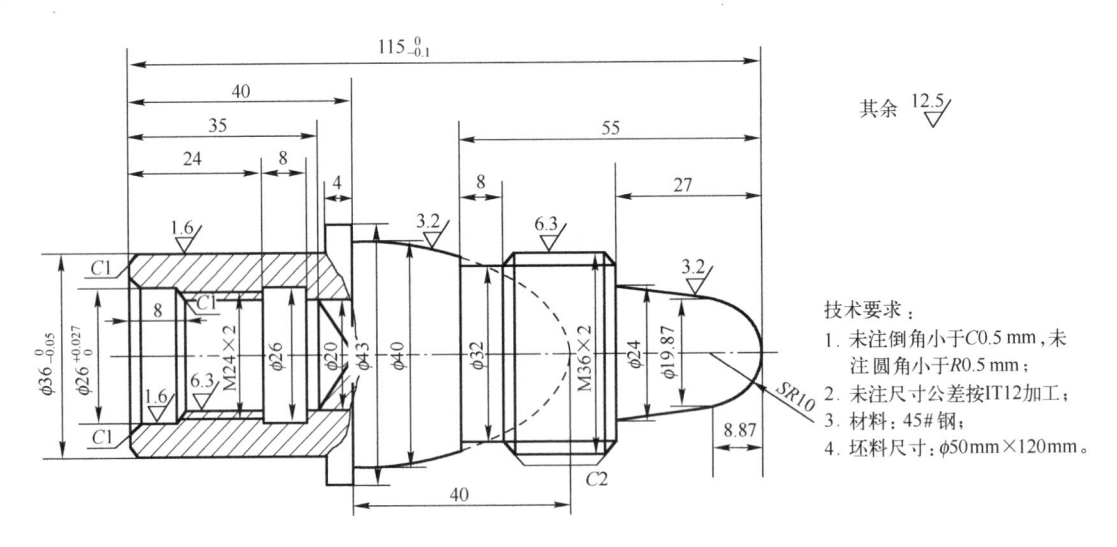

图 B-7 加工零件

表 B-8 数控加工工序卡

工 步	工步内容	刀具号	刀具规格	刀尖半径（mm）	主轴转速（r/min）	进给速度（mm/r）	吃刀量（mm）	备注

续表

工 步	工 步 内 容	刀具号	刀具规格	刀尖半径（mm）	主轴转速（r/min）	进给速度（mm/r）	吃刀量（mm）	备注

二、(15 分) 加工如图 B-8 所示的零件。根据图纸尺寸及技术要求，完成下列内容：

(1) 完成零件的车削加工造型（建模）；(4 分)

(2) 对该零件进行加工工艺分析，填写数控加工工序卡到表 B-9；(2 分)

(3) 根据工序卡中的加工顺序，进行零件的轮廓粗加工、精加工、切槽加工和螺纹加工，生成加工轨迹；(7 分)

(4) 进行机床参数设置和后置处理，生成 NC 加工程序；(2 分)

(5) 将造型、加工轨迹和 NC 加工程序文件，以准考证号加 Ta2 作为文件名，保存到指定服务器上。（若不保存，本大题不得分）

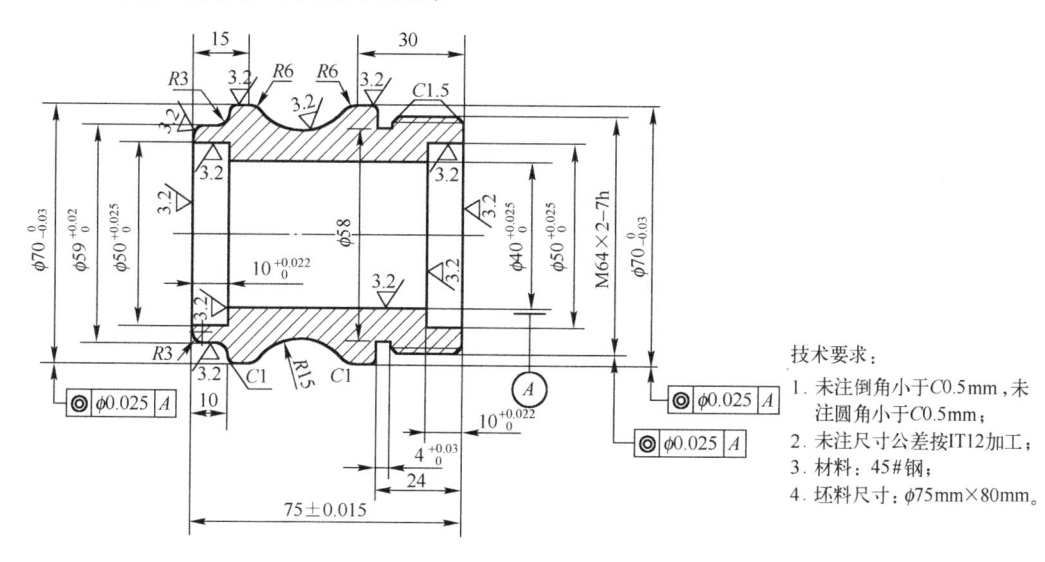

图 B-8　加工零件

技术要求：
1. 未注倒角小于C0.5mm，未注圆角小于C0.5mm；
2. 未注尺寸公差按IT12加工；
3. 材料：45#钢；
4. 坯料尺寸：ϕ75mm×80mm。

表 B-9　数控加工工序卡

工 步	工 步 内 容	刀具号	刀具规格	刀尖半径（mm）	主轴转速（r/min）	进给速度（mm/r）	吃刀量（mm）	备注

B.5 国家职业培训统一考试数控工艺员上机考试试卷（5）（数控车）

注 意 事 项

1. 请在试卷的标封处填写您的姓名、准考证号和培训单位。考试时间共90分钟。
2. 特别提醒考生上机时随时保存文件，并请仔细阅读题目的要求，按要求保存并提交规定格式的文件。

题号	一	二	总分	评卷人
分数				

一、（15分）加工如图B-9所示的零件。根据图纸尺寸及技术要求，完成下列内容：

（1）完成零件的车削加工造型（建模）；（4分）

（2）对该零件进行加工工艺分析，填写数控加工工序卡到表B-10；（2分）

（3）根据工序卡中的加工顺序，进行零件的轮廓粗加工、精加工、切槽加工和螺纹加工，生成加工轨迹；（7分）

（4）进行机床参数设置和后置处理，生成NC加工程序；（2分）

（5）将造型、加工轨迹和NC加工程序文件，以准考证号加Ta1作为文件名，保存到指定服务器上。（若不保存，本大题不得分）

技术要求：
1. 未注倒角小于C0.5mm，未注圆角小于R0.5mm；
2. 未注尺寸公差按IT12加工；
3. 材料：45#钢；
4. 坯料尺寸：$\phi70mm \times 120mm$。

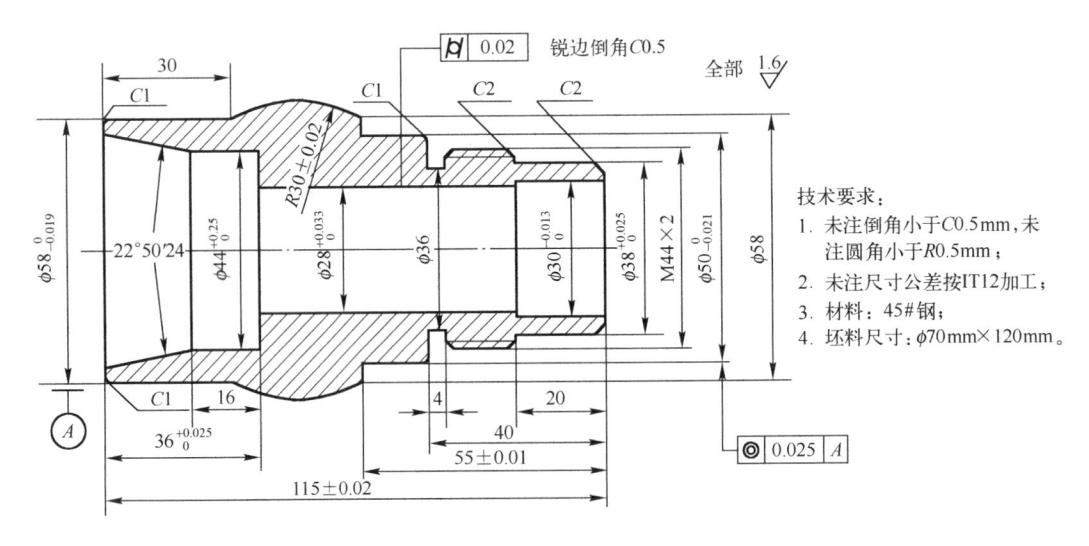

图 B-9 加工零件

表 B-10 数控加工工序卡

工步	工步内容	刀具号	刀具规格	刀尖半径（mm）	主轴转速（r/min）	进给速度（mm/r）	吃刀量（mm）	备注

续表

工 步	工 步 内 容	刀具号	刀具规格	刀尖半径（mm）	主轴转速（r/min）	进给速度（mm/r）	吃刀量（mm）	备注

二、（15分）加工如图 B-10 所示的零件。根据图纸尺寸及技术要求，完成下列内容：

（1）完成零件的车削加工造型（建模）；（4分）

（2）对该零件进行加工工艺分析，填写数控加工工序卡到表 B-11；（2分）

（3）根据工序卡中的加工顺序，进行零件的轮廓粗加工、精加工、切槽加工和螺纹加工，生成加工轨迹；（7分）

（4）进行机床参数设置和后置处理，生成 NC 加工程序；（2分）

（5）将造型、加工轨迹和 NC 加工程序文件，以准考证号加 Ta2 作为文件名，保存到指定服务器上。（若不保存，本大题不得分）

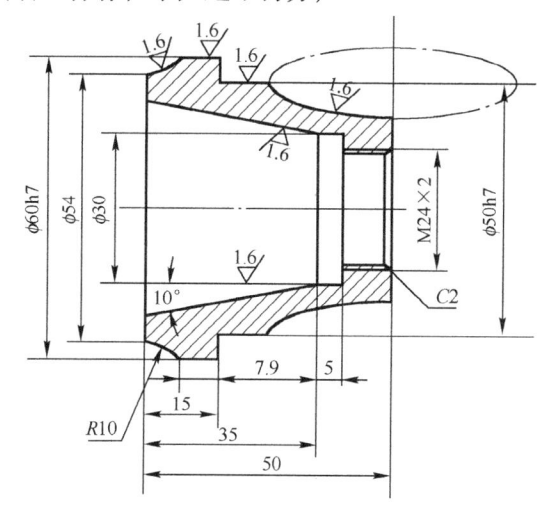

技术要求：
1. 未注倒角小于C0.5mm，未注圆角小于R0.5mm；
2. 未注尺寸公差按IT12加工；
3. 材料：45#钢；
4. 坯料尺寸：ϕ65mm×55mm；
5. 椭圆长半轴25mm、短半轴7mm。

图 B-10 加工零件

表 B-11 数控加工工序卡

工 步	工 步 内 容	刀具号	刀具规格	刀尖半径（mm）	主轴转速（r/min）	进给速度（mm/r）	吃刀量（mm）	备注

291

附录 C 数控车削工艺员模拟实操考试题

C.1 数控工艺员实操考试试题（1）（数控车）

一、考试内容

每位考生在规定的时间内，按如图 C-1 所示的要求完成工件的加工。

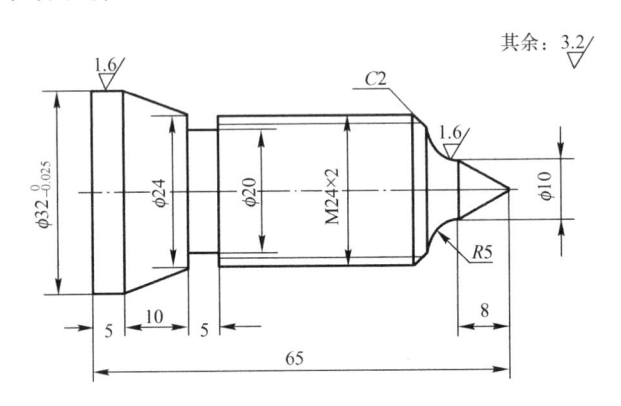

图 C-1 实操考试零件图

二、具体要求

（1）工件材料：YL12 或 45#钢。
（2）考试时间：每个考生实操考试时间为 120 分钟。
（3）考场设施：数控车床及所需的刀具、量具、原材料等由考点准备。
（4）考评人员：每台设备配备两名考评教师，负责实操成绩的评定。
（5）各考点可根据考生人数、设备情况，在试题公布后组织考试，最终实操考试的截止日期为理论考试结束一周内。

三、实操考试评分标准

考生应在规定时间内（120 分钟），完成全部加工操作。然后在加工零件上粘贴带有考生姓名和准考证号（并在准考证号后加"T"）的标志，由考试点保存备查。主考老师根据评分表，对考生的实际操技能进行评分，同时填写评分表。把如表 C-1 所示的评分表，连同理论考卷、上机评分表，一起寄回主考单位。

表 C-1 评分表

考生姓名：_____ 准考证号：_____ 考试地点：_____

类　别	考评内容	配　分	考生得分
工艺处理	刀具的合理选择、安装和调整	3	
	工件的装夹和定位	2	
	刀具对刀操作	2	
	加工顺序与工艺路线	2	
加工操作过程	操作机床	3	
	工具、量具的正确使用	2	
	安全生产与文明操作	2	
	加工时间	2	
零件质量	加工型面的几何精度	4	
	螺纹加工	4	
	表面质量	4	
考生总分及完成时间			

备注：（1）考试时间为120分钟。考生超时时间在20分钟之内，可以酌情扣分；超时超过20分钟而未完成全部加工，该考生成绩为不及格。

（2）加工操作期间，如发生影响安全的违规、违章操作，该考生成绩为不及格。

考评教师签名：_____
_____年_____月_____日

C.2　数控工艺员实操考试试题（2）（数控车）

一、考试内容

每位考生在规定的时间内，按如图 C-2 所示的要求完成工件的加工。

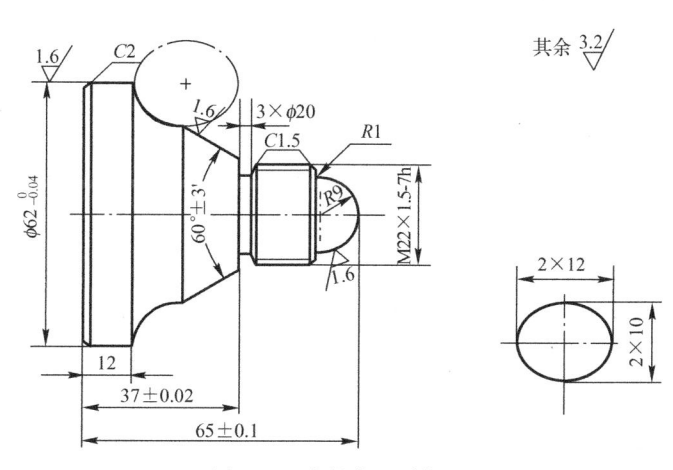

图 C-2　实操考试零件图

二、具体要求

（1）工件材料：YL12 或 45#钢。
（2）考试时间：每个考生实操考试时间为 120 分钟。
（3）考场设施：数控车床及所需的刀具、量具、原材料等由考点准备。
（4）考评人员：每个考场配备两名考评教师，负责监考和实操成绩的评定。
（5）各考点可根据考生人数、设备情况，在试题公布后组织考试，最终实操考试的截止日期为理论考试结束一周内。

三、实操考试评分标准

考生应在规定时间内（120 分钟），完成全部加工操作。然后在加工零件上粘贴带有考生姓名和准考证号（在准考证号后加"T"）的标志，由考试点保存备查。主考老师根据评分表，对考生的实际操作技能进行评分，同时填写评分表。把如表 C-2 所示的评分表，连同理论考卷、上机评分表一起寄回主考单位。

表 C-2　评分表

考生姓名：_____　准考证号：_____　考试地点：_____

类　　别	考评内容	配　　分	考生得分
工艺处理	刀具的合理选择、安装和调整	2	
	工件的装夹和定位	2	
	加工顺序与工艺路线	2	
加工操作过程	机床的正确使用	2	
	工具、量具的正确使用	2	
	安全生产与文明操作	2	
零件质量	轮廓成形	5	
	螺纹加工	3	
	外槽加工	2	
	尺寸精度	5	
	表面粗糙度	3	
考生总分及完成时间			

备注：
（1）考试时间为 120 分钟。考生超时在 20 分钟之内，可以酌情扣分；超时 20 分钟仍未完成全部加工内容，该考生成绩为不及格。
（2）加工过程中，若出现违规操作或因操作不当引起重大设备事故，该考生成绩为不及格。

考评教师签名：_____
_____年_____月_____日

C.3 数控工艺员实操考试试题（3）（数控车）

一、考试内容

每位考生在规定的时间内，按如图 C-3 所示的要求完成工件的加工。

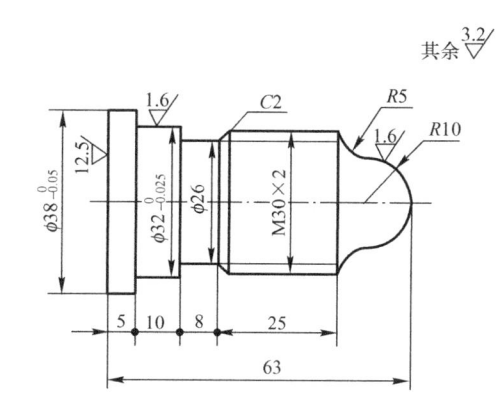

技术要求：
1. 未注倒角小于C0.5mm，未注圆角小于R0.5mm；
2. 未注尺寸公差按IT12加工。

图 C-3 实操考试零件图

二、具体要求

（1）工件材料：YL12 或 45#钢。
（2）考试时间：每个考生实操考试时间为 120 分钟。
（3）考场设施：数控车床及所需的刀具、量具、原材料等由考点准备。
（4）考评人员：每个考场配备两名考评教师，负责监考和实操成绩的评定。
（5）各考点可根据考生人数、设备情况，在试题公布后组织考试，最终实操考试的截止日期为理论考试结束一周内。

三、实操考试评分标准

考生应在规定时间内（120 分钟），完成全部加工操作。然后在加工零件上粘贴带有考生姓名和准考证号（在准考证号后加"T"）的标志，由考试点保存备查。主考老师根据评分表，对考生的实际操作技能进行评分，同时填写评分表。把如表 C-3 所示的评分表，连同理论考卷、上机评分表一起寄回主考单位。

表 C-3 评分表

考生姓名：_____ 准考证号：_____ 考试地点：_____

类　别	考评内容	配　分	考生得分
工艺处理	刀具的合理选择、安装和调整	3	
	工件的装夹和定位	2	
	刀具对刀操作	2	
	加工顺序与工艺路线	2	
加工操作过程	操作机床	3	
	工具、量具的正确使用	2	
	安全生产与文明操作	2	
	加工时间	2	
零件质量	加工型面的几何精度	4	
	螺纹加工	4	
	表面质量	4	
考生总分及完成时间			

备注：
（1）考试时间为 120 分钟。考生超时在 20 分钟之内，可以酌情扣分；超时 20 分钟仍未完成全部加工内容，该考生成绩为不及格。
（2）加工过程中，若出现违规操作或因操作不当引起重大设备事故，该考生成绩为不及格。

考评教师签名：_____
_____年_____月_____日

C.4　数控工艺员实操考试试题（4）（数控车）

一、考试内容

每位考生在规定的时间内，按如图 C-4 所示的要求完成工件的加工。

二、具体要求

（1）工件材料：ϕ45mm LY12。
（2）考试时间：每个考生实操考试时间为 120 分钟。
（3）考场设施：数控车床及所需的刀具、量具、原材料等由考点准备。
（4）考评人员：每个考场配备 2 名考评教师，负责监考和实操成绩的评定。
（5）各考点可根据考生人数、设备情况，在试题公布后组织考试，最终实操考试的截止日期为理论考试结束一周内。

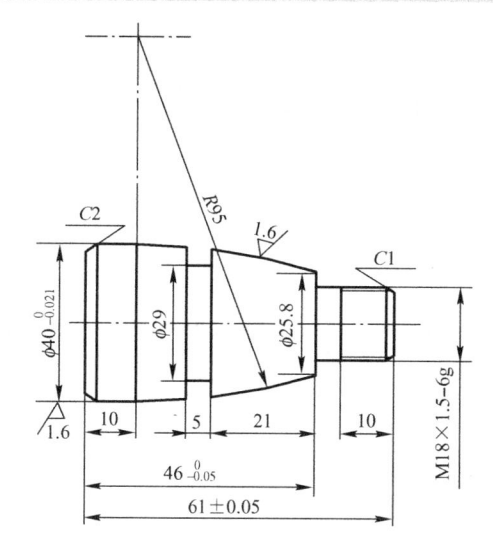

图 C-4　实操考试零件图

三、实操考试评分标准

考生应在规定时间内（120 分钟），完成全部加工操作。然后在加工零件上粘贴带有考生姓名和准考证号（在准考证号后加"T"）的标志，由考试点保存备查。主考老师根据评分表，对考生的实际操作技能进行评分，同时填写评分表。把如表 C-4 所示的评分表，连同理论考卷、上机评分表一起寄回主考单位。

表 C-4　评分表

考生姓名：＿＿＿＿＿＿　准考证号：＿＿＿＿＿＿　考试地点：＿＿＿＿＿＿

类　别	考评内容	配　分	考生得分
工艺处理	刀具的合理选择、安装和调整	3	
	工件的装夹和定位	2	
	刀具对刀操作	2	
	加工顺序与工艺路线	2	
加工操作过程	操作机床	3	
	工具、量具的正确使用	2	
	安全生产与文明操作	2	
	加工时间	2	
零件质量	加工型面的几何精度	4	
	螺纹加工	4	
	表面质量	4	
考生总分及完成时间			

备注：

（1）考试时间为 120 分钟。考生超时在 20 分钟之内，可以酌情扣分；超时 20 分钟仍未完成全部加工内容，该考生成绩为不及格。

（2）加工过程中，若出现违规操作或因操作不当引起重大设备事故，该考生成绩为不及格。

考评教师签名：＿＿＿＿＿＿＿

＿＿＿＿年＿＿＿月＿＿＿日

附录D 全国数控车削中高级理论试题库及模拟考试题

D.1 国家职业培训统一考试数控车床中级工理论考试题库

一、判断题（每小题1分，共40分）

1. 圆度公差是控制圆柱体横截面形状误差的指标。（　　）
2. 为了减小工件变形，薄壁工件不能用轴向夹紧的方法。（　　）
3. 工艺规程制定得是否合理，直接影响工件的质量、劳动生产率及经济效益。（　　）
4. 粗基准因精度要求不变，所以可重复使用。（　　）
5. 调质一般安排在粗加工之后，半精加工之前进行。（　　）
6. G指令是使控制器和机床按工艺要求顺序动作的编程代码；M指令是使控制器进行辅助加工的编程代码。（　　）
7. 车床低速开动时，可测量工件。（　　）
8. 工厂机床动力配线一般为三相四线制，其中线电压为220V，相电压为380V。（　　）
9. 车床粗加工时，产生热量大，应选择以冷却为主的乳化液以减少刀具磨损。（　　）
10. 在多轴自动车床中其第二主参数表示最大工件长度。（　　）
11. 永久性全失能伤害是指伤害及中毒者全部或某些器官部分功能不可逆的丧失的伤害。（　　）
12. 当工序能力指数在 $1.33 \geqslant CP > 1$ 之间时，就表示生产处于控制状态。（　　）
13. 当给定双向公差，质量数据分布中心和公差中心（M）一致时，应计算工序能力指数CP。（　　）
14. 热处理必须加热和冷却，它是一种物理变化过程。（　　）
15. 普通钢件加热温度过高，会出现晶粒长大，钢件变脆的现象。（　　）
16. 同一机床中，所使用的刀杆厚度应相同。（　　）
17. 在某些情况下，螺纹车刀的刀尖可适当高于零件中心。（　　）
18. 辅助性工艺指令在程序中是可有可无的。（　　）
19. 机床分辨率越高，机床加工精度越高。（　　）
20. 对刀点与换刀点为同一概念。（　　）
21. 点位控制的数控机床，刀具相对零件的运动路线是无关紧要的。（　　）
22. 积屑瘤不改变刀刃形状，但直接影响加工精度。（　　）
23. 杠杆式百分表的测杆轴线与被测表面的角度可任意选择。（　　）
24. 通常在蜗轮蜗杆传动中，蜗轮是主动件。（　　）
25. 当三相负载做星形连接时，必须接中线。（　　）

26. 钢的晶粒因过热而粗化时，就有变脆的倾向。（   ）
27. 如 φ25mm ± 0.12mm 工件，它的公差为 0.10mm。（   ）
28. 公差等级的选择原则是：在满足使用性能要求的前提下，选用较低的公差等级。（   ）
29. 位置公差是指关联实际要素的位置对基准所允许的变动全量。（   ）
30. 车刀出现卷刃和崩刃属于正常磨损。（   ）
31. 在恒转速条件下车端面时，切削速度是变化的。（   ）
32. 静电对数控机床是有害的。（   ）
33. 机构就是具有相对运动构件的组合。（   ）
34. 螺纹传动不但传动平稳，而且能传递较大的动力。（   ）
35. 对于转塔式数控车床，选刀和换刀是同时进行的。（   ）
36. 金刚石刀具可用于有色金属的精加工。（   ）
37. 同一加工程序中，可允许绝对值方式和增量方式组合运用。（   ）
38. 粗基准只能使用一次。（   ）
39. 辅助支承不起消除自由度的作用，主要用来承受工件重力、夹紧刀或切削刀。（   ）
40. 某一零件的实际偏差越大，其加工误差也越大。（   ）

二、单项选择题（每小题 1 分，共 40 分）

1. 灰铸铁 HT200 其牌号数字 200 表示该号灰铸铁的（   ）最低值（MPa）。
   A. 抗拉强度　　　　B. 屈服强度　　　　C. 疲劳强度　　　　D. 抗弯强度
2. 车床的主运动是（   ）。
   A. 工件的旋转运动　　　　B. 刀具横向进给　　　　C. 刀具的纵向进给
3. 工件加工所测量的尺寸与规定不一致时其差值就是（   ）。
   A. 尺寸公差　　　　B. 尺寸偏差　　　　C. 尺寸误差
4. 在数控程序中，G00 指令命令刀具快速到位，但是在应用时（   ）。
   A. 必须有地址指令　　　　B. 不需要地址指令　　　　C. 地址指令可有可无
5. 在车床上加工轴类零件，用三爪卡盘安装工件，它的定位是（   ）。
   A. 六点定位　　　　B. 五点定位　　　　C. 四点定位
   D. 七点定位　　　　E. 三点定位
6. 车削精加工时，最好不选用（   ）。
   A. 低浓度乳化液　　　　B. 高浓度乳化液　　　　C. 切削油
7. 下列代号中（   ）代表自动车床，（   ）代表半自动车床。
   A. ZC　　　B. CB　　　C. BZC　　　D. CZ　　　E. ZDC
8. 单轴转塔自动车床的辅助运动是由（   ）控制的。
   A. 连杆机构　　　　B. 凸轮机构　　　　C. 液压油缸　　　　D. 伺服电动机
9. 一般情况下，淬火介质要用普通水，若误用油，就会有（   ）的缺陷产生。
   A. 严重变形　　　　B. 硬度过高　　　　C. 硬度不足
10. （   ）是安全电压。
    A. 对地电压在 250V 以上　　　　B. 对地电压为 250V　　　　C. 对地电压在 40V 以下
11. 表示数据集中位置的特征是（   ）。

A. R　　　　　　　　B. S　　　　　　　　　C. X 非

12. 推动 PDCA 循环的关键在于（　　）阶段。
    A. P　　　　　　　　B. C　　　　　　　　　C. A

13. 人们习惯称的"黄油"是指（　　）。
    A. 钠基润滑脂　　B. 铝基润滑脂　　C. 钙基润滑脂　　D. 烃基润滑脂

14. 对于复杂系数 10F 以上的设备，使用（　　）小时后应进行一保，使用（　　）小时后进行二保。
    A. 200～300　　B. 500～600　　C. 1000～1200　　D. 2500～3500
    E. 5000～6000

15. 直方图出现瘦型是因为（　　）。
    A. 工序能力不足　　B. 工序能力过剩　　C. 分布中心偏离公差中心

16. 热处理后进行机加工的钢中最佳硬度值在（　　）范围。
    A. HRC55　　B. HRC40　　C. HRC24　　D. HRC10

17. 一般固态金属都是（　　）。
    A. 晶体　　　　　　B. 晶格　　　　　　C. 晶粒

18. 材料热处理的淬火代号是（　　）。
    A. T　　　　B. C　　　　C. Z　　　　D. S

19. 麻花钻头的锥角为（　　）。
    A. 135°　　　　B. 118°　　　　C. 150°

20. 在技术测量中常用的单位是微米（μm），$1\mu m = 1 \times 10^{-6}m = $（　　）mm。
    A. 0.1　　　　B. 0.01　　　　C. 0.001

21. 有一工件标注为 ϕ10cd7，其中 cd7 表示（　　）。
    A. 轴公差代号　　B. 孔公差代号　　C. 配合公差代号

22. 可能有间隙可能有过盈的配合称为（　　）配合。
    A. 过盈　　　　B. 间隙　　　　C. 过渡

23. 车刀伸出的合理长度一般为刀杆厚度为（　　）。
    A. 15～3 倍　　B. 1～1.5 倍　　C. 1～0.5 倍

24. 车端面时，当刀尖中心低于工件中心时，易产生（　　）。
    A. 表面粗糙度太高　　B. 端面出现凹面　　C. 中心处有凸面

25. 精度等级为 G 级的可转位刀片，其精度等级为（　　）。
    A. 精密级　　　　B. 中等级　　　　C. 普通级

26. 表示固定循环功能的代码有（　　）。
    A. G80　　B. G83　　C. G94　　D. G02

27. 静平衡的实质是（　　）。
    A. 力矩平衡　　　B. 力平衡　　　C. 质量平衡

28. 被测要素遵守（　　）原则时，其实际状态遵守的理想界限为最大实体边界。
    A. 独立　　　　B. 包容　　　　C. 最大实体

29. 内径百分表是一种（　　）。
    A. 间接测量法　　B. 直接测量法　　C. 比较测量法

30. V 带型号中（　　）型传动功率最大，（　　）型传递功率最小。
    A. O　　　　B. A　　　　C. B　　　　D. F

31. 齿轮传动功率比较高，一般圆柱齿轮传动效率可达（　　）%。
    A. 50　　　　　　B. 90　　　　　　C. 98

32. 有一个20Ω的电阻，在30mm内消耗的电能为1kW·h，则通过电阻的电流为（　　）A。
    A. 20　　　　　B. 18　　　　　C. 36　　　　　D. 10

33. 某一正弦交流电压的周期是0.01s，则其频率为（　　）。
    A. 60Hz　　　　　B. 50Hz　　　　　C. 100Hz

34. 在交流输配电系统中，向远距离输送一定的电功率都采用（　　）输电方法。
    A. 高压电　　　　B. 低压电　　　　C. 中等电压电

35. 用电流表测量电流时，应将电流表与被测电路连接成（　　）方式。
    A. 串联　　　　　B. 并联　　　　　C. 串联或并联

36. 现代数控机床的进给工作电动机一般都采用（　　）。
    A. 异步电动机　　B. 伺服电动机　　C. 步进电动机

37. 用90°角尺测量两平面的垂直度时，只能测出（　　）的垂度。
    A. 线对线　　　　B. 面对面　　　　C. 线对面

38. 含碳量小于0.77%的铁碳合金，在无限缓慢冷却时，奥氏体转变为铁素体的开始温度是（　　）。
    A. Ar1　　　　B. Arcm　　　　C. Ar3　　　　D. A2

39. 车长轴时，出现双曲线误差，其产生原因是（　　）。
    A. 车刀刀尖不规则　B. 机床滑板有间隙　C. 车刀没有对准工件中心

40. 外圆车削中，切削力 P 与各分力 P_x、P_y、P_z 之间的关系是（　　）。
    A. $P = P_x + P_y + P_z$　　B. $P_2 = P_{x2} + P_{y2} + P_{z2}$　　C. $P = \sqrt{P_x} + P_y + P_z$

三、多项选择题（每小题1分，共5分）

1. 自动车床最适合于对（　　）的坯料进行加工。
    A. 棒料类　　　　B. 块料　　　　C. 管料　　　　D. 板料

2. 喷丸是热处理工序之一，它的作用是（　　）。
    A. 降低硬度　　　B. 清理表面　　　C. 强化表面

3. 在车床上加附件和刀具，还能进行（　　）等加工。
    A. 车削　　　　B. 铣削　　　　C. 磨削　　　　D. 拉光　　　　E. 抛光

4. 前角的主要作用是（　　）。
    A. 使刃口锋利　　B. 减少切削变形　C. 减小摩擦力

5. 下列属合金结构牌号有（　　）。
    A. CJ4　　　　B. 40Cr　　　　C. 65Mn　　　　D. 30CrNi3　　　　E. T8A

四、填空题（每空1分，共100分）

1. 编程零点不发生变化是（　　）；以前一点为编程零点是（　　）。
2. 数控信息分为（　　）信息和（　　）信息两大类。
3. 钢中常规元素有（　　）、（　　）、（　　）、（　　）、（　　）等，铸铁也含有这些元素，但其中所含（　　）比钢高得多。

4. 牙掌和牙轮都要进行（　　）、（　　）和（　　）等热处理，但牙掌比牙轮多一道重要的（　　）热处理工序。

5. 燃烧必须有（　　）、（　　）、（　　）同时存在。

6. 造成工序质量波动的原因有以下五个方面：（　　）、（　　）、（　　）、（　　）、（　　）。

7. 使用设备时要做倒"三好四会"，即（用好）、（　　）、（　　）和（　　）、（　　）、（　　）、（　　）。

8. 对设备操作者要求做到"三勤"即（　　）、（　　）、（　　）。

9. 杠杆式卡规、杠杆式千分尺都是利用（　　）和（　　）的放大来提高测量精度的。

10. 加工余量的大小不仅和加工表面在加工前所存在的各种（　　）和（　　）有关，而且与工件在加工过程中（　　）的变更情况有密切的关系。

11. 淬火必须经过（　　）、（　　）过程，不可避免有变形。这种变形是由（　　）引起的。采用（　　）类型材料制造零件，在（　　）中淬火，可减少变形。

12. 气动三大件是（　　）、（　　）、（　　）。

13. 代码解释：M02（　　），M04（　　），M08（　　），M30（　　）。

14. 刀具磨损形式有（　　）磨损、（　　）磨损和（　　）同时磨损。

15. 常用切削液分（　　）和（　　）两大类。

16. 工序能力用符号（　　）表示，工序能力指数用符号（　　）或（　　）表示。

17. 工艺基准一般可分为（　　）基准、（　　）基准和（　　）基准。

18. 钻头切削部分的六个基本角度，分别是（　　）、（　　）、（　　）、（　　）、（　　）、（　　）。

19. 无断屑槽刀片，装在刀杆上形成（　　）前角和（　　）刃倾角。

20. 任何提高劳动生产率的措施，都必须以保证（　　）和产品（　　）为前提。

21. 在横向车削时（如车端面、切断、切槽），车刀相对于工件走出的是一条（　　）线。

22. 常用的标准圆锥有两种，它们是（　　）和（　　）。

23. 长度尺寸超过直径（　　）倍以上的旋转零件，叫做轴类零件。

24. 测量中，（　　）出现粗大误差，若发现粗大误差，应设法从测量结果中加以（　　）。

25. "进给保持"键在加工（　　）时无效。

26. 为了从零件上切下一层切屑，必须具备两种运动，即工件的（　　）运动和刀具的（　　）运动。

27. 使用硬质合金刀具时，必须有（　　）冷却液或（　　）冷却液。

28. 麻花钻的两条切削刃应该（　　），横刃斜角为（　　）。

29. 手用丝锥一般由（　　）个组成一套。

30. 被加工钢材的导热性（　　），由切屑带走的热量就（　　），而刀具上积聚的热量就（　　）。

31. 不锈钢按其化学成分可分为（　　）和（　　）两类。

32. 用百分表校正时，表针的（　　）不宜过大，否则会因影响（　　）而降低校正精度。

33. 车刀按用途分，可分为（　　）、（　　）和（　　）等。

34. 刀具材料一般分为（　　）和（　　）两大类。
35. 刀具磨损的类型有（　　）、（　　）、（　　）和（　　）等。
36. 在加工中使用切削液，其作用是（　　）和（　　）。
37. 锥度1:4常用于车床主轴连接及轴头连接，其锥度是（　　）。

五、名词解释题（每题5分，共115分）

1. 设备三级保养
2. 机床型号
3. 自动车床
4. 操作规程
5. 数控加工
6. 准备功能代码
7. 生产性外伤
8. 分层法
9. 渗碳
10. 渗硼
11. 系统误差
12. 积屑瘤
13. 涂层硬质合金
14. 数控机床的系统精度
15. 数控伺服精度
16. 机床精度
17. 地址
18. 二进制
19. 诊断程序
20. 脉冲当量
21. 输入脉冲当量
22. 刀具位置补偿
23. 零点偏置

六、问答题（每题5分，共110分）

1. 车外圆时，工件表面产生椭圆，是由哪些原因造成的？
2. 简述车刀主偏角的作用。
3. 数控车床由哪几部分组成？
4. 润滑油可分为哪几大类？
5. 生产技术操作工人必须做到哪"四过硬"？
6. 布氏硬度和洛氏硬度用什么符号表示？各使用在什么场合？
7. 淬火常见缺陷有哪些？原因是什么？
8. 对刀具材料的基本要求是什么？常用的刀具材料有哪些？

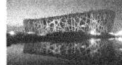

9. 金属材料的力学性能包括哪些？
10. 液压系统中的液压油应满足哪些基本要求？
11. 数理统计方法在质量管理中能解决什么问题？
12. 减少曲轴在车削时变形有哪些方法？
13. 车外圆时，表面粗糙度达不到要求，是由哪些原因造成的？怎样改善？
14. 保证有孔工件的同轴度和垂直度有哪些方法？
15. 可转位车刀的型号在 GB 中用十位代号表示，简述刀杆 PTGNR2020－16Q 代表的意义？
16. 简述对刀点的定义和选择原则。
17. 使用成形刀时，如何减少和防止振动？
18. 钻中心孔时，中心钻折断的原因有哪些？
19. 金属切削油具有哪些作用？
20. 金属切削机床操作工人必须遵守的"五项纪律"是什么？
21. 设备为什么要进行点检？
22. 有一零件图，标明材料：20Cr，表面硬度：HRC55～60，这个零件怎样热处理？

七、综合题（每题 15 分，共 90 分）

1. 一个零件车削前毛坯直径 $D=105\mathrm{mm}$，经车削一次后，工件直径 $d=99\mathrm{mm}$，求切削深度为多少？

2. 某厂建筑型材 QC 小组，统计了某月生产线上的废品，其结果如表 D-1 所示：磕伤 78 件、弯曲 198 件、裂纹 252 件、气泡 30 件、其他 42 件，请画出排列图，并指明主要质量问题是什么？

表 D-1　统计结果

项　　目	频数（件）	累　积　数	累积（%）
裂纹	252	252	42
弯曲	198	450	75
磕伤	78	528	88
气泡	30	558	93
其他	42	600	100
N	600		

3. 在数控车床上车削直径为 $\phi100\mathrm{mm}$ 的轴，选用刀具的允许切削速度为 94.2m/min。求数控车床主轴转速为多少？

4. 说明 M24、M24×1.5 左、G3/8″、T40×12/2－3 的含义？

5. 看懂两视图（图 D-1）后画出第三视图。

6. 如图 D-2（a）所示为零件图，图（b）为该零件的毛坯图，试问车削时应选毛坯的哪个外圆作为粗基准？

图 D-1　第 5 题图　　　　图 D-2　第 6 题图

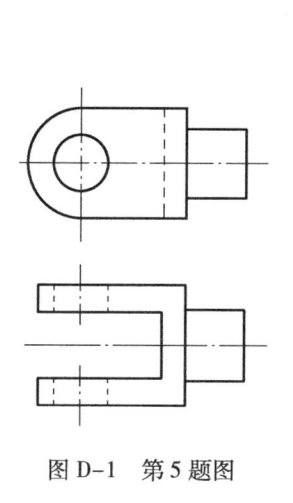

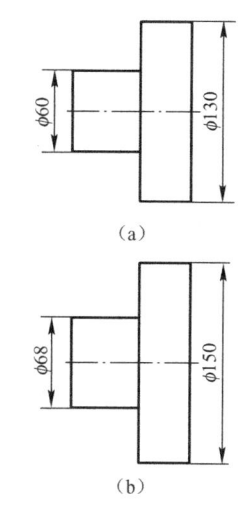

D.2　国家职业培训统一考试数控车床高级工理论考试题库

一、判断题（每小题 1 分，共 40 分）

1. 用左偏刀由工件中心向外走刀车削端面，由于切削力的影响，会使车刀扎入工件而形成凹面。（　　）
2. 螺纹量规的通规用于检验螺纹的中径并兼带控制螺纹底径。（　　）
3. 杠杆式卡规是利用杠杆齿轮传动放大原理制成的量具。（　　）
4. 在装配时零件需要进行修配，此零件具有互换性。（　　）
5. 在夹具中定位的工件，只需把所要限制的自由度都限制住了，就是完全定位。（　　）
6. 辅助支承也能限制工件的自由度。（　　）
7. 由于定位基准和设计基准不重合而产生的加工误差，称为基准的不重合误差。（　　）
8. 刀具半径补偿只能在指定的二维坐标平面内进行。（　　）
9. 单一表面的尺寸精度，是确定最终加工方案的依据，它与该表面的形状精度和表面粗糙度有关。（　　）
10. 固定"换刀点"的实质是"定距换刀"。（　　）
11. 数控车床车削螺纹一定要有超越段和引入段。（　　）
12. 所有的 G 功能代码都是模态指令。（　　）
13. 数控加工程序执行顺序与程序段号无关。（　　）
14. 切削加工时，主运动通常是速度较低，消耗功率较小的运动。（　　）
15. 切屑经过滑移变形发生卷曲的原因，是底层长度大于外层长度。（　　）
16. 车削细长轴时，要使用中心距刀架来增加工件的强度。（　　）
17. 数控系统分辨率越小，不一定机床加工精度就越高。（　　）
18. Z 轴坐标负方向，规定为远离工件的方向。（　　）
19. 加工程序中，每段程序必须有程序段号。（　　）

20. 当刀具执行"G00"指令时，以点位控制方式运动到目标点，其运动轨迹一定为一条直线。（   ）
21. 工件的实体尺寸就是工件的实际尺寸。（   ）
22. G00、G01、G02、G03、G04 等都属于模态码指令。（   ）
23. 当车刀刀夹处于主切削刃最高点时，刃倾角是正值；反之，刃倾角为负值。（   ）
24. 切削中，对切削力影响较小的是前角和主偏角。（   ）
25. 相同精度的孔和外圆比较，加工孔困难些。（   ）
26. 切削过程中，表面质量下降，产生异常振动和响声，说明刀片已严重磨损。（   ）
27. 为保证加工精度，对工件应该进行完全定位。（   ）
28. 工序集中即每一工序中工步数量较少。（   ）
29. 通过修改刀补值，可以调整工件的锥角。（   ）
30. 用划针或百分表对工件进行划正，也是对工件进行定位。（   ）
31. 为了将主轴精确地停在某一固定位置上，以便在该处进行换刀等动作，就要求主轴定向控制。（   ）
32. 滚珠丝杠的传动间隙主要是径向间隙。（   ）
33. 长光栅称为标尺光栅，固定在机床的移动部件上，短光栅称为指示光栅，装在机床的固定部件上，两块光栅互相平行并保持一定的距离。（   ）
34. 脉冲编码器是把机械转角转化为电脉冲的一种常用角位移传感器。（   ）
35. 数控回转工作台不可做任意角度的回转和分度。（   ）
36. 同步齿形带的主传动主要应用在小型数控机床上，可以避免齿轮传动时引起的振动和噪声，但它只能适用于大扭矩特性要求的主轴。（   ）
37. 斜齿圆柱齿轮传动间隙的消除方法主要有垫片调整和偏心套调整。（   ）
38. 贴塑导轨是一种金属对塑料的摩擦形式，属于滑动摩擦导轨。（   ）
39. 伺服系统是指以机械位置或角度作为控制对象的自动控制系统。（   ）
40. 加工中心上使用的刀具应包括通用刀具、通用连接刀柄及大量专用刀柄。（   ）

二、单项选择题（每小题1分，共42分）

1. 单件或数量较少的特形面零件可采用（   ）进行。
   A. 成形刀   B. 双手控制法   C. 靠模法   D. 专用工具   E. 坐标法
2. 使用跟刀架时，必须注意其支承爪与工件的接触压力不宜过大，否则会把工件车成（   ）形。
   A. 圆锥   B. 椭圆   C. 竹节
3. 公差带的位置由（   ）来决定。
   A. 基本偏差   B. 标准公差   C. 根据公差
4. 在两顶尖定位工件，限制（   ）个自由度，属于（   ）定位。
   A. 4   B. 5   C. 6   D. 完全
   E. 部分   F. 重复
5. 圆柱体工件在长V形铁上定位时，限制（   ）个自由度，属于（   ）定位。
   A. 2   B. 4   C. 6   D. 部分
   E. 完全   F. 重复

6. 减少（　　）是缩短机动时间的措施之一。
　　A. 安装车刀时间　　B. 加工余量　　　C. 测量工件时间
7. 杠杆式卡规主要用于高精度零件的（　　）。
　　A. 绝对测量　　　B. 相对测量　　　C. 内孔测量　　　D. 齿形测量
8. 基准不重合误差是由于（　　）而产生的。
　　A. 工件和定位元件的制造误差　　　B. 定位基准和设计基准不重合
　　C. 夹具安装误差　　　　　　　　　D. 加工过程误差
9. 配合公差带的大小取决于（　　）的大小。
　　A. 尺寸公差　　　B. 孔公差　　　　C. 轴公差　　　　D. 配合公差
10. 劳动生产率是用于生产（　　）产品所消耗的劳动时间。
　　A. 单件　　　　　B. 全部　　　　　C. 合格
11. 枪孔钻的排屑方法是（　　）。
　　A. 内排屑　　　　B. 外排屑　　　　C. 喷吸式内排屑
12. M20×2-6H/6g，6H 表示（　　）公差带代号，6g 表示（　　）公差带代号。
　　A. 大径　　　　　B. 小径　　　　　C. 外螺纹　　　　D. 内螺纹
13. 麻花钻主切削刃上各点的前角是（　　）的，外缘处前角（　　）。
　　A. 相同　　　　　B. 不同　　　　　C. 最大　　　　　D. 最小
14. 粗车刀的刃倾角一般取（　　）值，前角和后角都要取（　　）值。
　　A. 正　　　　　　B. 负　　　　　　C. 较大　　　　　D. 较小
15. 钻削较硬工件材料时，应修磨钻头（　　）处的前刀面，以（　　）前角，使钻头（　　）。
　　A. 撞刃　　　B. 外缘　　　C. 增大　　　D. 减小　　　E. 增加强度
16. 编码为 T 的可转位刀片，其刀片形状是（　　）。
　　A. 正五边形　　　B. 正方形　　　　C. 三角形　　　　D. 菱形
17. 编码为 S 的可转位刀片，其刀片形状是（　　）。
　　A. 正五边形　　　B. 正方形　　　　C. 三角形　　　　D. 菱形
18. 米制圆锥的锥度是（　　）。
　　A. 1:18　　　　　B. 1:20　　　　　C. 1:22.5
19. 静平衡的实质是（　　）。
　　A. 力矩平衡　　　B. 力平衡　　　　C. 质量平衡
20. 滚花前，必须把滚花部分的直径车（　　）(0.25~0.5) P (mm)。
　　A. 小于　　　　　B. 大于
21. 车刀伸出的合理长度一般为刀杆厚度的（　　）倍。
　　A. 15~3 倍　　　 B. 1~1.5 倍　　　C. 1~0.5 倍
22. 车端面时，当刀尖中心低于工件中心时，易产生（　　）。
　　A. 表面粗糙度太高　　B. 端面出现凹面　　C. 中心处有凹面
23. 精度等级为 G 级的可转位刀片，其精度等级为（　　）。
　　A. 精密级　　　　B. 中等级　　　　C. 普通级
24. 工件的圆度，在误差中属于（　　）。
　　A. 尺寸误差　　　B. 形状误差　　　C. 位置误差
25. 两直线的垂直度，在误差中属于（　　）。

A. 尺寸误差　　　B. 形状误差　　　C. 位置误差
26. 某一视图中，一标注 ϕ60H7，其表示（　　）。
　　A. 尺寸偏差　　　B. 形状误差　　　C. 位置误差
27. 代码 G17 表示（　　）平面选择。
　　A. YZ　　　　　B. ZX　　　　　C. XY
28. 在加工程序中，各点的位置指令是用从现在位置开始的坐标增量给出时，叫（　　）方式。
　　A. 绝对值　　　B. 增量　　　　C. 公制
29. 主轴转速功能字为（　　）。
　　A. P　　　　　B. X　　　　　C. S
30. 表示刀具径向尺寸右补偿代码是（　　）。
　　A. G40　　　　B. G41　　　　C. G42
31. 顺时针圆弧插补的代码是（　　）。
　　A. G01　　　　B. G02　　　　C. G03
32. 表示固定循环功能的代码有（　　）。
　　A. G80　　　　B. G83　　　　C. G94　　　　D. G02
33. 车床上，刀尖圆弧只有在加工（　　）时才产生加工误差。
　　A. 工件端面　　B. 圆柱　　　　C. 圆弧
34. 数控系统所规定的最小设定单位就是（　　）。
　　A. 数控机床的运动精度　　　　B. 机床的加工精度
　　C. 脉冲当量　　　　　　　　　D. 数控机床的传动精度
35. 步进电动机的转速是否通过改变电动机的（　　）而实现。
　　A. 脉冲频率　　B. 脉冲速度　　C. 通电顺序
36. 目前第四代计算机采用元件为（　　）。
　　A. 电子管　　　B. 晶体管　　　C. 大规模集成电路
37. 数控车床中，转速功能字 S 可指定（　　）
　　A. mm/r　　　　B. r/mm　　　　C. mm/min
38. 数控机床自动选择刀具中任意选择的方法是采用（　　）来选刀换刀。
　　A. 刀具编码　　B. 刀座编码　　C. 计算机跟踪记忆
39. 数控机床加工依赖于各种（　　）。
　　A. 位置数据　　B. 模拟量信息　C. 准备功能　　D. 数字化信息
40. 数控机床的核心是（　　）。
　　A. 伺服系统　　B. 数控系统　　C. 反馈系统　　D. 传动系统
41. 圆弧插补方向（顺时针和逆时针）的规定与（　　）有关。
　　A. X 轴　　　　B. Z 轴　　　　C. 不在圆弧平面内的坐标轴
42. 数控机床与普通机床的主机最大不同是数控机床的主机采用（　　）。
　　A. 数控装置　　B. 滚动导轨　　C. 滚珠丝杠

三、填空题（每小题 2 分，共 100 分）

1. 增加镗孔刀刚性的措施是（　　）。

2. 辅助支承不起任何消除（　　）的使用，工件的定位精度由（　　）支承来保证。

3. 夹紧力的确定包括力的（　　）、（　　）和（　　）。

4. 车床主轴的径向跳动将造成被加工件的（　　）误差，轴向窜动将造成被加工工件端面的（　　）误差。

5. 在车削加工复杂曲面的工件时，常采用（　　）车刀，它是一种（　　）刀具，其刀刃形状是根据工件的轮廓形状设计的。

6. 斜楔夹具的工件原理是利用其（　　）移动时所产生的压力楔紧工件的。

7. 车床本身导轨的直线度和导轨之间的平行度误差将造成被加工件的（　　）误差。

8. 表面粗糙度的测量方位主要有以下两大类：（　　）、（　　）。

9. 切削力的来源主要有两方面：（　　）、（　　）。

10. 检查生产技术准备计划的执行情况，一般可采用（　　）、（　　）、（　　）三种方法。

11. 机械调速是通过改变传动机构的（　　）来实现的。

12. 蜗杆蜗轮传动是由（　　）和（　　）组成的，通常情况下（　　）是被动件，（　　）是主动件。

13. 判断下列代号基本偏差及其正、负值。$\phi25V6$（　　）偏差，（　　）值；$\phi60R6$（　　）偏差，（　　）值；$\phi40F8$（　　）偏差，（　　）值。

14. 车刀前角大小与工件材料的关系是：材料越软，前角越（　　），塑性越好，前角可选择得越（　　）。

15. 切屑按变形程度的不同其形状可分为（　　）、（　　）、（　　）和（　　）四种。

16. 公制圆锥分成（　　）个号码，它的号码指大端直径，其（　　）固定不变。

17. 普通螺纹孔：M24×3，其攻制螺纹前的孔径为ϕ（　　）。

18. 可转位刀片有三种精度等级，它们分别是（　　）、（　　）、（　　）。

19. 1in =（　　）mm。

20. 形位公差包括（　　）公差和（　　）公差。

21. 数控装置基本上可分为（　　）控制和（　　）控制。

22. 破碎的积屑瘤碎片，会部分地黏附在已加工表面上，使其高低不平和（　　）硬度不均。

23. 程序编制中的工艺指令可分为（　　）工艺指令和（　　）工艺指令。

24. 系统误差的特点是误差的（　　）和（　　）有明显的变化规律。

25. 测量环境主要是指测量环境的（　　）、（　　），空气中的（　　）含量和（　　）四个方面。

26. 加工钢件（　　）选用金刚石刀具。

27. 英制螺纹的公称尺寸是内螺纹的（　　）。

28. 管螺纹是一种特殊的英制（　　）。

29. 含铬量大于（　　），含镍量大于（　　）的合金钢称为不锈钢。

30. 不锈钢在高温时仍能保持其（　　）和（　　）。

31. 镗孔的关键技术是（　　）和（　　）。

32. 测量内孔的量具有（　　）、（　　）、（　　）、（　　）、（　　）和（　　）。

33. 莫氏圆锥分成（　　）个号码，其中（　　）号最小。

34. 锥度7:24常用做刀杆的锥体，其锥角α为（　　）。

35. 100 号公制圆锥，它的大端直径为（   ），锥度为（   ）。
36. 3 号莫氏圆锥的锥度为（   ），其大端基准圆直径为 φ（   ）。
37. 数控机床的故障可分为（   ）、（   ）、（   ）、（   ）四大类型。
38. 数控机床出现故障时，现场检查的实施方法可用（   ）、（   ）、（   ）三种方式来进行。
39. SIEMENS802S 系统由（   ）、（   ）、（   ）、（   ）四部分所组成。
40. SIEMENS802S 系统的安装调试过程包括（   ）、（   ）、（   ）、（   ）、（   ）、（   ）。
41. 数控机床的运动性能指标主要包括（   ）、（   ）、（   ）、（   ）、（   ）及（   ）等。
42. 分辨度是指两个相邻的分散细节之间可以（   ）的（   ）。
43. 加工中心是一种备有（   ）并能自动（   ）对工件进行（   ）的数控机床。
44. 滚珠丝杠螺母副是（   ）与（   ）相互转换的新型理想（   ）。
45. 数控机床中常用的回转工作台有（   ）和（   ）。
46. 数控机床对于导轨有更高的要求：如高速进给时（   ），低速进给时（   ），有（   ），能在重载下长期（   ），（   ），精度（   ）等。
47. 自动换刀装置（ATC）的工作质量主要表现为（   ）和（   ）。
48. 检测装置的精度直接影响数控机床的（   ）和（   ）。
49. 使用者对数控机床平时的正确维护保养，及时排除故障和及时修理，是（   ）机床性能的（   ）。
50. 数控机床通电一般采用各部件分别（   ），然后再做各部件全面（   ）。

四、名词解释题（每题 3 分，共 66 分）

1. 车床精度
2. 工艺基准
3. 定位误差
4. 零件加工精度
5. 表面质量
6. 杠杆千分尺
7. 装配基准
8. 重复定位
9. 基准位置误差
10. 误差变快规律
11. ISO 代码
12. 轮廓控制
13. 固定循环
14. 进给保持
15. 对刀点
16. 刀尖
17. 过渡刃

18. 定位精度
19. 分辨能力
20. 暂停
21. EIA 格式代码
22. 刀具半径补偿

五、计算题（每题 8 分，共 32 分）

1. 有一圆锥体，已知大锥直径为 φ70mm，小端直径为 φ60mm，工件长为 $L = 100$ mm，计算其圆锥体锥角和锥度，并制图标注。

2. 某一数控机床的 X 轴、Y 轴滚珠丝杠的螺距为 5mm，步进电动机与滚珠丝杠间的齿轮减速比为 40:50，步进电动机的步距角为 0.36°，其最高转速为 1200r/min，试计算：
   （1）坐标分辨率。
   （2）滚珠丝杠每转步进电动机的脉冲数。
   （3）步进电动机最高转速时的脉冲数。

3. 应用 FANUC 系统宏指令编写如图 D-3 所示零件的精加工程序，工件坐标系位于椭圆曲线与中心线的交点，要求有割断程序。

4. 如图 D-4 所示，应用子程序调用指令编写车削右边台阶所需程序，吃刀量 10mm（直径值）。

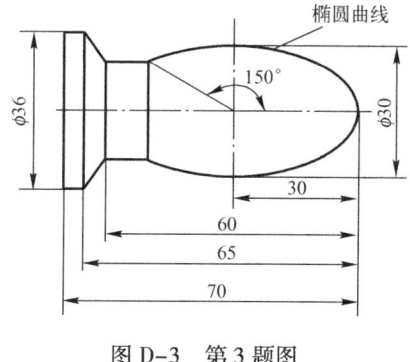

图 D-3　第 3 题图 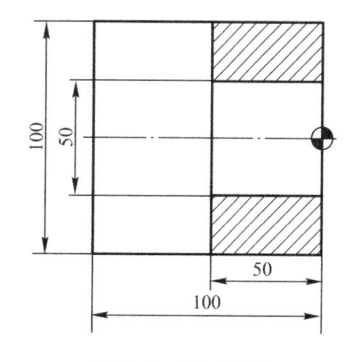　　　　　图 D-4　第 4 题图

六、问答题（每题 4 分，共 120 分）

1. 车削不锈钢工件时，应采取哪些措施？
2. 什么是工艺分析？
3. 什么是基准重合？它有什么优点？
4. 车床精度包括哪些方面？
5. 简述杠杆式卡规的使用方法？
6. 通孔镗刀与盲孔镗刀有什么区别？
7. 车螺纹时，牙形不正确，分析其产生的原因。
8. 简述刃倾角的作用。
9. 车外圆时，工件表面产生锥度，简述其产生原因。

10. 车端面时，端面与中心线不垂直，是由哪些原因造成的？
11. 在车床上钻孔，孔径大于钻头直径，分析是由哪些原因造成的？
12. 简述圆锥面结合的特点。
13. 怎样区别左偏刀和右偏刀？
14. 简述可转位刀片的刀垫的作用。
15. 有一件 45#钢制作的杆状零件，要求 HRC40～44，公差±0.5，留有 1mm 的加工余量，经淬火后，硬度为 HRC57～60，翘曲达 4mm，用什么热处理操作好？
16. 为什么有些钢要加入不同的合金元素？它和热处理有什么关系？
17. 润滑有哪些作用？
18. 简述单轴转塔车床各刀架的运动方向及作用？
19. 如何确定数控车床两轴及其方向？说明原因。
20. 什么是表面粗糙度？它对机器或仪器有什么影响？
21. 钢件热处理有什么重要性？它和机加工有什么关系？
22. 简述数控机床控制系统出现故障时如何进行常规检查。
23. 简述数控系统软件故障形成的原因。
24. 简述数控进给系统软件报警和硬件报警的形式。
25. 简述数控系统在返回参考点时采样接近开关的方式（作图加以说明）。
26. 简述数控机床控制系统故障检查的信号追踪法和系统分析法。
27. 围绕数控机床在运行中常出现的故障来简述日常维护的注意事项。
28. 简述数控机床控制系统因故障类型不同，大体有哪些检查方法。
29. 简述什么是数控机床控制系统的硬件故障和软件故障。
30. 数控机床标准直角坐标系中的坐标轴是如何命名的？

七、综合题（每题 10 分，共 100 分）

1. 已知主、左两视图，画出俯视图。（图 D-5）
2. 已知主、俯两视图画出正确的左视图。（图 D-6）
3. 已知主、左视图，补画俯视图。（图 D-7）

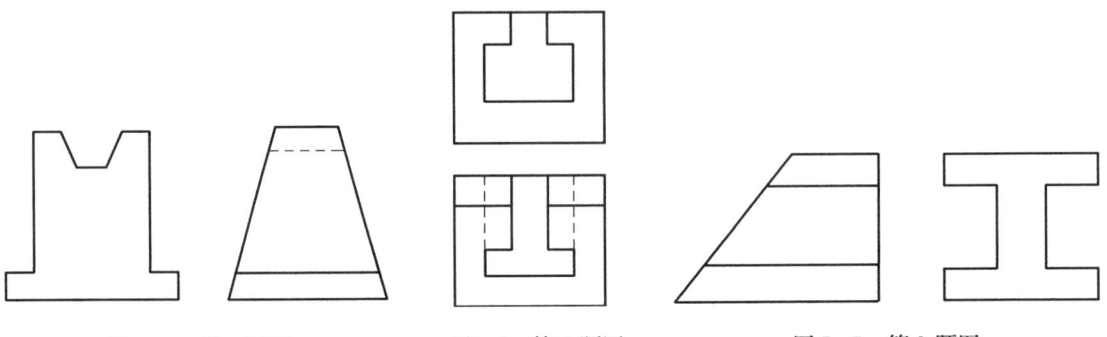

图 D-5　第 1 题图　　　图 D-6　第 2 题图　　　图 D-7　第 3 题图

4. 用三针测量 Tr30×6 梯形螺纹，测得百分尺的读数 $M=30.80$ mm，求被测中径 d_2 等于多少？（提示钢针直径 $d_0=0.518P$）
5. 试述液压仿形车床工作原理及适用场合。

6. 分析数控机床交流主轴控制系统出现主轴电动机不转（或达不到正常转速）和交流输入电路的熔丝烧断的原因。

7. 分析在操作数控系统快速点动时或运行了 G00 指令时，步进电动机堵转（丢步）故障原因和排除方法。

8. 分析数控系统某坐标的重复定位精度不稳定（时大时小）及定位误差较大的故障原因和排除方法。

9. 分析数控系统加工操作启动时，步进电动机不转，但屏幕显示坐标轴的位置在变化，且驱动器上标有 RDY 的绿色灯亮的原因和排除方法。

10. 分析 SIEMENS802S 系统在返回参考点时方向不正确（返回参考点的方向和定义的方向相反），而手动方式下的点动正、负方向均正确的故障原因和排除方法。

D.3 国家职业培训统一考试数控车床中级工理论考试试题（1）

注 意 事 项
1. 在试卷的标封处填写您的姓名、准考证号和培训单位。
2. 请仔细阅读题目，按要求答题；保持卷面整洁，不要在标封区内填写无关内容。
3. 考试时间为 120 分钟。

题号	一	二	三	四	总分	评卷人
分数						

一、选择题（选择正确的答案填入括号内）。（满分 40 分，每题 1 分）

1. 车床的主运动是指（　　）。
   A. 车床进给箱的运动　　　　　　B. 车床尾架的运动
   C. 车床主轴的转动　　　　　　　D. 车床电动机的转动
2. 车床主运动的单位为（　　）。
   A. mm/r　　　　B. m/r　　　　C. mm/min　　　　D. r/min
3. 数控车床采用（　　）。
   A. 笛卡儿左手坐标系　　　　　　B. 笛卡儿右手坐标系
   C. 极坐标系　　　　　　　　　　D. 球面坐标系
4. 数控车床的机床坐标系是由机床的（　　）建立的，（　　）。
   A. 设计者，机床的使用者不能进行修改
   B. 使用者，机床的设计者不能进行修改
   C. 设计者，机床的使用者可以进行修改
   D. 使用者，机床的设计者可以进行修改
5. 数控车床通常是由（　　）等几大部分组成的。
   A. 电动机、床头箱、溜板箱、尾架、床身
   B. 机床主机、床头箱、溜板箱，尾架、床身
   C. 机床主机、控制系统、驱动系统、辅助装置

D. 机床主机，控制系统、尾架、床身、主轴箱
6. 车刀的前刀面是指（　　）。
   A. 加工时，刀片与工件相对的表面
   B. 加工时，切屑经过的刀片表面
   C. 刀片与以加工表面相对的表面
   D. 刀片上不与切屑接触的表面
7. 车刀的主偏角是指（　　）。
   A. 前刀面与加工基面之间的夹角
   B. 后刀面与切削平面之间的夹角
   C. 主切削平面与假定进给运动方向之间的夹角
   D. 主切削刃与基面之间的夹角
8. 车刀前角主要影响（　　）。
   A. 切屑变形和切削力的大小
   B. 刀具磨损程度的大小
   C. 切削时切屑的流向
   D. 刀具的散热
9. 以下材料中可以用于车刀刀片的是（　　）。
   A. 高速钢　　　B. 普通碳素钢　　　C. 铸铁　　　D. 球墨铸铁
10. 数控车床的主运动一般采用（　　）的方式变速。
    A. 齿转传动　　　B. 皮带传动　　　C. 变频　　　D. 增大驱动力矩
11. 数控车床刀架的位置布置形式有（　　）两大类。
    A. 前置式和后置式　　　　　　B. 排式和转塔式
    C. 筒式和管式　　　　　　　　D. 蜗轮蜗杆式和齿轮式
12. 数控车床加工的主要几何要素为（　　）。
    A. 斜线和直线　　　　　　　　B. 斜线和圆弧
    C. 直线和圆弧　　　　　　　　D. 圆弧和曲线
13. 用三个支承点对工件的平面进行定位，能消除其（　　）的自由度。
    A. 一个平动和两个转动　　　　B. 三个转动
    C. 一个转动和两个平动　　　　D. 三个平动
14. 数控车削加工内孔的深度受到（　　）等两个因素的限制。
    A. 车床床身长度和导轨长度
    B. 车床床身长度和内孔刀（镗刀）安装距离
    C. 车床的有效长度和内孔刀（镗刀）的有效长度
    D. 车床床身长度和内孔刀（镗刀）长度
15. 在数控车床上使用"试切法"进行对刀时，可以采用保留（　　）的方法。
    A. 普通车刀　　　B. 钻头　　　C. 立铣刀　　　D. 基准刀
16. 数控车床一般采用机夹刀具，与普通刀具相比机夹刀具有很多特点，但（　　）不是机夹刀具的特点。
    A. 刀片和刀具几何参数和切削参数的规范化、典型化
    B. 刀具要经常进行重新刃磨
    C. 刀片及刀柄高度的通用化、规则化、系列化

D. 刀片或刀具的耐用度及其经济寿命指标的合理化

17. 在数控车床上加工轴类零件时，应遵循（　　）的原则
    A. 先精后粗　　　B. 先平面后一般　　　C. 先粗后精　　　D. 无所谓

18. G50 指令是（　　），有时也可使用 G54 指令。
    A. 建立程序文件格式　　　　　　　B. 建立机床坐标系
    C. 确定工件的编程尺寸　　　　　　D. 建立工件坐标系。

19. 夹紧力的方向应尽量垂直于主要定位基准面，同时应尽量与（　　）方向一致。
    A. 退刀　　　　B. 振动　　　　C. 换刀　　　　D. 切削

20. 有些数控系统分别采用（　　）和（　　）来表示绝对尺寸编程和增量尺寸编程。
    A. XYZ，ABC　　B. XYZ，IJK　　C. XYZ，UVW　　D. ABC，UVW

21. G96 指令用于（　　）。
    A. 设定主轴的转速　　　　　　　B. 设定进给量的数值
    C. 设定恒线速度切削　　　　　　D. 限定主轴的转速

22. 在数控车削加工时，如果（　　），可以使用固定循环。
    A. 加工余量较大，不能一刀加工完成
    B. 加工余量不大
    C. 加工比较麻烦
    D. 加工程序比较复杂

23. G41 指令是指（　　）。
    A. 刀具半径左补偿　　　　　　　B. 刀具半径右补偿
    C. 取消刀具半径补偿　　　　　　D. 不取消刀具半径补偿

24. 在数控车床中，卡盘的夹紧方式有（　　）三种。
    A. 弹簧、手动、气动　　　　　　B. 手动、气动、液压
    C. 手动、气动、压板　　　　　　D. 液压、压板、气动

25. 下列叙述中，（　　）是数控车床进给传动装置的优点之一。
    A. 低负荷　　　B. 低摩擦阻力　　　C. 低传动比　　　D. 低零漂

26. 在数控车削加工中，如果工件为回转体，并且需要进行二次装夹，应采用（　　）装夹。
    A. 三爪硬爪卡盘　　　　　　　　B. 四爪硬爪卡盘
    C. 三爪软爪卡盘　　　　　　　　D. 四爪软爪卡盘

27. 制订加工方案的一般原则为先粗后精、先近后远、先内后外，（　　），走刀路线最短及特殊情况特殊处理。
    A. 将复杂轮廓简化成简单轮廓　　B. 程序段最少
    C. 将手工编程改成自动编程　　　D. 将空间曲线转化为平面曲线

28. 当粗车悬伸较长的轴类零件时，如果切削余量较大，可以采用（　　）方式进行加工，以防止工件产生较大的变形。
    A. 大进给量　　B. 高转速　　C. 循环除去余量　　D. 以上都可以

29. 数控机床的操作，一般有 JOG（点动）模式、自动（AUTO）模式、手动数据输入（MDI）模式，在运行已经调试好的程序时，通常采用（　　）。
    A. JOG（点动）模式　　　　　　B. 自动（AUTO）模式
    C. 手动数据输入（MDI）模式　　D. 单段运行模式

30. 在使用 G00 指令时，应注意（　　）。
    A. 在程序中设置刀具移动速度
    B. 刀具的实际移动路线不一定是一条直线
    C. 移动的速度应比较慢
    D. 一定有两个坐标轴同时移动

31. 在车削加工时，加工圆弧的圆心角一般应小于（　　），否则会出现干涉。
    A. 45°　　　　B. 90°　　　　C. 135°　　　　D. 180°

32. 机床切削精度检查，实质上是对机床几何精度和（　　）在切削加工条件下的一项综合检查。
    A. 运动精度　　B. 主轴精度　　C. 刀具精度　　D. 定位精度

33. 零件的机械加工精度主要包括（　　）。
    A. 机床精度、几何形状精度、相对位置精度
    B. 尺寸精度、几何形状精度、相对位置精度
    C. 尺寸精度、定位精度、相对位置精度
    D. 尺寸精度、几何形状精度、装夹精度

34. 闭环进给伺服系统与半闭环进给伺服系统主要区别在于（　　）。
    A. 位置控制器　　B. 控制对象　　C. 伺服单元　　D. 检测单元

35. 下列叙述中，除（　　）外，均适用数控车床进行加工。
    A. 轮廓形状复杂的轴类零件　　B. 精度要求高的盘套类零件
    C. 各种螺旋回转类零件　　D. 多孔系的箱体类零件

36. 滚珠丝杠副消除轴向间隙的目的是（　　）。
    A. 提高使用寿命　　B. 减小摩擦力矩
    C. 增大驱动力矩　　D. 提高反向传动精度

37. 造成刀具磨损的主要原因是（　　）。
    A. 吃刀量的大小　　B. 进给量的大小
    C. 切削时的高温　　D. 切削速度的大小

38. 在下列代码中，属于非模态代码的是（　　）。
    A. M03　　　　B. F120　　　　C. S300　　　　D. G04

39. 数控机床的操作，一般有 JOG（点动）模式、自动（AUTO）模式、手动数据输入（MDI）模式，在输入与修改刀具参数时，通常采用（　　）。
    A. JOO（点动）模式　　B. 手动数据输入（MDI）模式
    C. 自动（AUTO）模式　　D. 单段运行

40. 切削时的切削热大部分由（　　）传散出去。
    A. 刀具　　　　B. 工件　　　　C. 切屑　　　　D. 空气

二、判断题（第 1～11 题。将判断结果填入括号中，正确的填"√"，错误的填"×"。每小题1分，满分11分）

1. 对于同一 G 代码而言，不同的数控系统所代表的含义不完全一样；但对于同一功能指令（如公制/英制尺寸转换、直线/旋转进给转换等），则与数控系统无关。（　　）

2. 使用快速定位指令 G00 时，刀具运动轨迹可能是折线，因此，要注意防止出现刀具与

工件干涉现象。（　　）

3. 数控车床适宜加工轮廓形状特别复杂或难于控制尺寸的回转体零件、箱体类零件、精度要求高的回转体类零件、特殊的螺旋类零件等。（　　）
4. 加工偏心工件时，应保证偏心的中心与机床主轴的回转中心重合。（　　）
5. 程序校验与首件试切的作用是检查机床是否正常，以保证加工的顺利进行。（　　）
6. 进给速度由 F 指令决定，其单位为旋转进给率（mm/r）。（　　）
7. 用三爪自定心卡盘夹持工件进行车削，属于完全定位。（　　）
8. 半闭环控制系统的精度高于开环系统，但低于闭环系统。（　　）
9. M00 指令属于准备功能字指令，含义是主轴停转。（　　）
10. 编制数控程序时一般以机床坐标系作为编程依据。（　　）
11. 数控车床自动刀架的刀位数与其数控系统所允许的刀具数总是一致。（　　）

三、名词解释（每小题 3 分，满分 9 分）

1. 闭环控制系统
2. 模态指令
3. 工件坐标系

四、手工编程（40 分）

1. 如图 D-8 所示，用外径粗加工复合循环加工一典型零件，工件坐标系设置在右端面，循环起始点在 A（100，3），切削深度为 3.0mm，余量为 0.6mm（直径值），Z 方向精加工余量为 0.3mm。零件的部分形状已给出，读程序，完成下列内容。

（1）根据程序中的尺寸数据，填写程序。
（2）填空：

执行该程序，粗加工时的主轴转速为＿＿＿＿＿＿，进给速度为＿＿＿＿＿＿；精加工时的主轴转速为＿＿＿＿＿＿，进给速度为＿＿＿＿＿＿，G70 语句的含义是：＿＿＿＿＿＿。

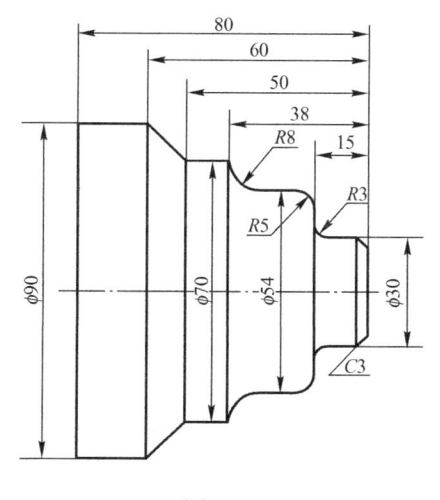

图 D-8

程 序

O0001

N010 G00 G54 X120.0 Z60.0；

N020 S500 M03；

N030 G00 X100.0Z3.0；

N040 G71 P50 Q140 U0.6 W0.3 D__F400；

N050 G00 X18.0 S800；

N060 G01 X__Z-3.0 F200；

N070 __Z-12.0；

N080 __X36.0 Z-15.0 R__；

N090 G01 X44.0；

N100 G03 X__Z__R5.0；

N110 G01 W__；

N120 G02 X70.0 Z-38.0 R8.0；

N130 G01 W-12.0；

N140 __X90.0 W-10.0；

N150 G70 P__Q__；

N160 G00 X120.0 Z60.0；

N170 M05；

N180 M__；

2. 按如图 D-9 所示的图纸要求编写工件的粗、精加工程序。（工件材料：45#钢）

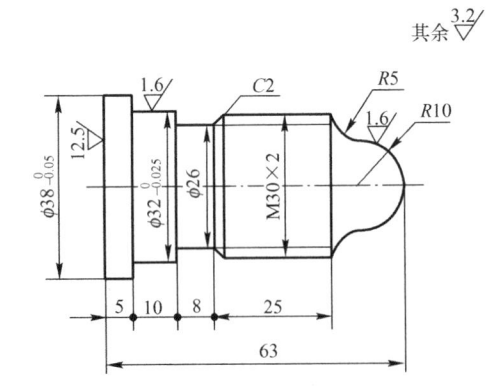

技术要求：
1. 未注倒角小于 C0.5mm，未注圆角小于 R0.5mm；
2. 未注尺寸公差按 IT12 加工。

图 D-9

D.4 国家职业培训统一考试数控车床中级工理论考试试题（2）

注 意 事 项

1. 在试卷的标封处填写您的姓名、准考证号和培训单位。
2. 请仔细阅读题目，按要求答题；保持卷面整洁，不要在标封区内填写无关内容。
3. 考试时间为 120 分钟。

题号	一	二	三	四	总分	评卷人
分数						

一、判断题（正确的请在题号后的括号内填 T，错误的填 F，每题 2 分，共 20 分）

1. 机床参考点在机床上是一个浮动的点。（   ）
2. 选择数控车床用的可转位车刀时，钢和不锈钢属于同一工件材料组。（   ）
3. 由于数控机床的先进性，因此任何零件均适合在数控机床上加工。（   ）
4. G00 快速点定位指令控制刀具沿直线快速移动到目标位置。（   ）
5. 段或圆弧段去逼近非圆曲线，逼近线段与被加工曲线交点称为基点。（   ）
6. 数控机床的机床坐标原点和机床参考点是重合的。（   ）
7. 外圆粗车循环方式适合于加工已基本铸造或锻造成型的工件。（   ）
8. 数控车床的刀具补偿功能有刀尖半径补偿与刀具位置补偿。（   ）
9. 固定循环是预先给定一系列操作，用来控制机床的位移或主轴运转。（   ）
10. 外圆粗车循环方式适合于加工棒料毛坯除去较大余量的切削。（   ）

二、选择题（每题 2 分，共 20 分）

1. 90°外圆车刀的刀尖位置编号是（   ）。
   A. 1　　　　B. 2　　　　C. 3　　　　D. 4
2. 下列指令属于准备功能字的是（   ）。
   A. G01　　　B. M08　　　C. T01　　　D. S500
3. 根据加工零件图样选定的编制零件程序的原点是（   ）。
   A. 机床原点　B. 编程原点　C. 加工原点　D. 刀具原点
4. 通过当前的刀位点来设定加工坐标系的原点，不产生机床运动的指令是（   ）。
   A. G54　　　B. G53　　　C. G55　　　D. G50
5. 数控机床有不同的运动形式，需要考虑工件与刀具相对运动关系及坐标系方向，编写程序时，采用（   ）的原则编写程序。
   A. 刀具固定不动，工件移动
   B. 工件固定不动，刀具移动
   C. 分析机床运动关系后再根据实际情况定
   D. 由机床说明书说明
6. 进给功能字 F 后的数字表示（   ）。
   A. 每分钟进给量（mm/min）　　B. 每秒钟进给量（mm/s）
   C. 每转进给量（mm/r）　　　　D. 螺纹螺距（mm）
7. 加工（   ）零件，宜采用数控加工设备。
   A. 大批量　　B. 多品种中小批量　　　　C. 单件
8. 通常数控系统除了直线插补外，还有（   ）。
   A. 正弦插补　B. 圆弧插补　　　　　　　C. 抛物线插补
9. 从提高刀具耐用度的角度考虑，螺纹加工应优先选用（   ）

A. G32　　　B. G92　　　C. G76　　　D. G85

10. 精加工时，切削速度选择的主要依据是（　　）。

　　A. 刀具耐用度　　　　　　B. 加工表面质量
　　C．工件材料　　　　　　　D. 主轴转速

三、简答题（每题5分，共30分）

1. 应用刀具半径补偿指令应注意哪些问题？
2. 数控车床加工和普通车床加工相比有何特点？
3. 简述对刀点、刀位点、换刀点概念。
4. 数控车床加工程序的编制方法有哪些？它们分别适用什么场合？
5. 简述对刀点的概念、确定对刀点时应考虑哪些因素？
6. 用G50指令设置加工坐标系原点方法与G54指令有何不同？

四、编程题（每题15分，共30分）

1. 如图D-10所示，用固定循环指令加工该零件，并对所用刀具做出说明。（初级工只需编写精加工程序）

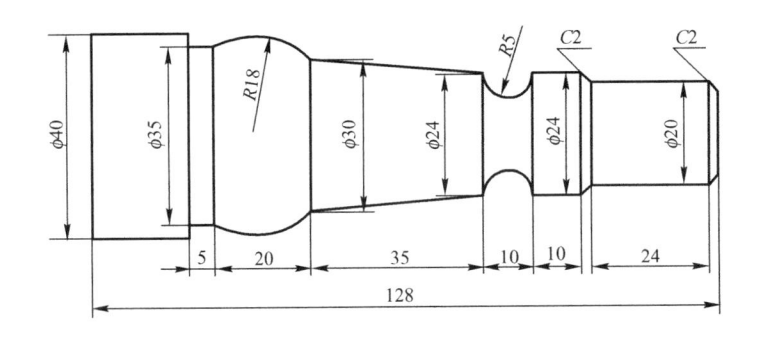

图 D-10　第1题图

2. 加工如图D-11所示的零件。（初级工只需编写精加工程序）

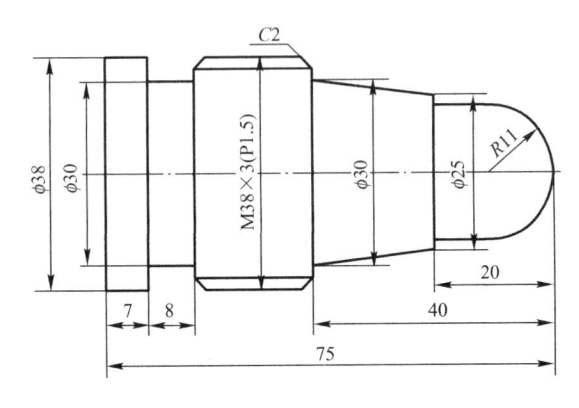

图 D-11　第2题图

D.5 国家职业培训统一考试数控车床高级工理论考试试题（1）

注 意 事 项

1. 在试卷的标封处填写您的姓名、准考证号和培训单位。
2. 请仔细阅读题目，按要求答题；保持卷面整洁，不要在标封区内填写无关内容。
3. 考试时间为90分钟。

题号	一	二	三	四	五	总分	评卷人
分数							

一、填空题（每空1分，共20分）

1. 逐点比较插补法根据（　　）和（　　）是否相等来判断加工是否完毕。
2. 在数控机床坐标系中，绕平行于 X、Y 和 Z 轴的回转运动的轴，分别称为（　　）轴、（　　）轴和（　　）轴。
3. 暂停指令 G04 常用于（　　）和（　　）场合。
4. 步进电动机的相数和齿数越多，在一定的脉冲频率下，转速（　　）。
5. 考虑到电缆线的固定，为保证传感器的稳定工作，一般将直线光栅的（　　）安装在机床或设备的动板（工作台）上。
6. 滚珠丝杠螺母副按其中的滚珠循环方式可分为（　　）和（　　）两种。
7. 车细长轴时，要使用（　　）和（　　）来增加工件刚性。
8. 积屑瘤对加工的影响是（　　）、（　　）和（　　）。
9. 工艺基准分为（　　）基准、（　　）基准和（　　）基准。
10. 滚珠丝杠副的传动间隙是指（　　）间隙。

二、单项选择题（每题2分，共30分）

1. 在车削加工中心上不可以（　　）。
    A. 进行铣削加工　　B. 进行钻孔　　C. 进行螺纹加工　　D. 进行磨削加工
2. 滚珠丝杠预紧的目的是（　　）。
    A. 增加阻尼比，提高抗震性　　　　B. 提高运动平稳性
    C. 消除轴向间隙和提高传动刚度　　D. 加大摩擦力，使系统能自锁
3. PWM 是脉冲宽度调制的缩写，PWM 调速单元是指（　　）。
    A. 晶闸管相控整流器速度控制单元
    B. 直流伺服电动机及其速度检测单元
    C. 大功率晶体管斩波器速度控制单元
    D. 感应电动机变频调速系统
4. 一台三相反应式步进电动机，其转子有40个齿；采用单、双六拍通电方式。若控制脉

冲频率 $f=1000\text{Hz}$，则该步进电动机的转速（r/min）为（　　）。

　　A. 125　　　　　　B. 250　　　　　　C. 500　　　　　　D. 750

5. 计算机数控系统的优点不包括（　　）。

　　A. 利用软件灵活改变数控系统功能，柔性高

　　B. 充分利用计算机技术及其外围设备增强数控系统功能

　　C. 数控系统功能靠硬件实现，可靠性高

　　D. 系统性能价格比高，经济性好

6. 通常 CNC 系统通过输入装置输入的零件加工程序存放在（　　）中。

　　A. EPROM　　　　B. RAM　　　　C. ROM　　　　D. E^2PROM

7. 直线感应同步器定尺上是（　　）。

　　A. 正弦绕组　　　B. 余弦绕组　　　C. 连续绕组　　　D. 分段绕组

8. 车圆锥体时，如果刀尖与工件轴线不等高，这时车出的圆锥面呈（　　）形状。

　　A. 凸状双曲线　　B. 凹状双曲线　　C. 直线　　　　D. 斜线

9. 为了使工件获得较好的强度、塑性和韧性等方面综合力学性能，对材料要进行（　　）处理。

　　A. 正火　　　　　B. 退火　　　　　C. 调质　　　　D. 淬火

10. 在开环控制系统中，影响重复定位精度的有滚珠丝杠副的（　　）。

　　A. 接触变形　　　B. 热变形　　　　C. 配合间隙　　　D. 消隙机构

11. 数字式位置检测装置的输出信号是（　　）。

　　A. 电脉冲　　　　B. 电流量　　　　C. 电压量　　　　D. 模拟信号

12. 对于一个设计合理、制造良好的带位置闭环系统的数控机床，可达到的精度由（　　）决定。

　　A. 机床机械结构的精度　　B. 检测元件的精度　　C. 计算机的运算速度

13. AutoCAD 中要标出某一尺寸 ±0.6，应在 Text 后输入（　　）特殊字符。

　　A. ％％D0.6％％P　　　　　　　　B. ％％P0.6％％D

　　C. 0.6％％D　　　　　　　　　　　D. ％％P0.6

14. 加工时采用了近似的加工运动或近似刀具的轮廓产生的误差称为（　　）。

　　A. 加工原理误差　　B. 车床几何误差　　C. 刀具误差

15. 数控系统为了检测刀盘上的工位，可在检测轴上安装（　　）。

　　A. 角度编码器　　　B. 光栅　　　　　C. 磁尺

三、判断题（每题1分，共20分）

1. 专门为某一工件的某道工序专门设计的夹具称专用夹具。（　　）
2. 目前驱动装置的电动机有步进电动机、直流伺服电动机和交流伺服电动机等。（　　）
3. 链传动是依靠啮合力传动的，所以它的瞬时传动比很准确。（　　）
4. 工序集中就是将工件的加工内容集中在少数几道工序内完成，每道工序的加工内容多。（　　）
5. 在 AutoCAD 中，关闭层上的图形是可以打印出的。（　　）
6. 三爪自定心卡盘上的三个卡爪属于标准件，可任意装夹到任一条卡盘槽内。（　　）
7. 采用成形法铣削齿轮，适用于任何批量齿轮的生产。（　　）

8. 为保证千分尺不生锈，使用完毕后，应将其浸泡在机油或柴油里。（   ）
9. 形位公差就是限制零件的形状误差。（   ）
10. 在表面粗糙度的基本符号上加一小圆，表示表面是以除去材料的加工方法获得的。（   ）
11. 齿形链常用于高速或平稳性与运动精度要求较高的传动中。（   ）
12. 在液压传动系统中，传递运动和动力的工作介质是汽油和煤油。（   ）
13. 刀具耐热性是指金属切削过程中产生剧烈摩擦的性能。（   ）
14. 弹性变形和塑性变形都引起零件和工具的外形和尺寸的改变，都是工程技术上所不允许的。（   ）
15. 乳化液主要用来减少切削过程中的摩擦和降低切削温度。（   ）
16. 车端面装刀时，要严格保证车刀的刀尖对准工件的中心，否则车到工件中心时会使刀尖崩碎。（   ）
17. 切削温度一般是指工件表面的温度。（   ）
18. 高速钢刀具在低温时以机械磨损为主。（   ）
19. 机械加工工艺过程卡片以工序为单位，按加工顺序列出整个零件加工所经过的工艺路线、加工设备和工艺装备及时间定额等。（   ）
20. 考虑被加工表面技术要求是选择加工方法的唯一依据。（   ）

四、名词解释（每题4分，共16分）

1. 轮廓控制
2. CAPP
3. 加工硬化
4. 六点定位原则

五、简答题（每题7分，共14分）

1. 车刀有哪几个主要角度，各有什么作用？
2. 什么是精基准，如何选择精基准？

D.6 国家职业培训统一考试数控车床高级工理论考试试题（2）

注 意 事 项

1. 在试卷的标封处填写您的姓名、准考证号和培训单位。
2. 请仔细阅读题目，按要求答题；保持卷面整洁，不要在标封区内填写无关内容。
3. 考试时间为90分钟。

题号	一	二	三	四	五	总分	评卷人
分数							

一、填空题（每空1分，共20分）

1. 用于数控机床驱动的步进电动机主要有两类：（　　）式步进电动机和（　　）式步进电动机。
2. 第一象限的圆弧的起点坐标为 $A(X_A, Y_A)$，终点坐标为 $B(X_B, Y_B)$，用逐点比较法插补完这段圆弧所需的插补循环数为（　　）。
3. 在闭环数控系统中，机床的定位精度主要取决于（　　）的精度。
4. 在数控编程时，使用（　　）指令后，就可以按工件的轮廓尺寸进行编程，而不需按照刀具的中心线运动轨迹来编程。
5. 在外循环式的滚珠丝杠副中，滚珠在循环过程结束后通过螺母外表面上的（　　）或（　　）返回丝杠螺母间重新进入循环。
6. 闭式静压导轨由于导轨面处于（　　）摩擦状态，摩擦系数极低，约为（　　），因而驱动功率大大降低，低速运动时无现象。
7. 利用展成原理加工齿轮的方法有（　　）、（　　）、（　　）、刨齿、磨齿和珩齿等。
8. 切削热主要来自（　　）、（　　）、（　　）三个方面。散发热量的主要途径有（　　）、（　　）、（　　）、（　　）。
9. 工件自动循环中，若要跳过某一条程序，编程时，应在所需跳过的程序段前加（　　）。

二、单项选择题（每题2分，共30分）

1. 程序编制中首件试切的作用是（　　）。
   A. 检验零件图样设计的正确性
   B. 检验零件工艺方案的正确性
   C. 检验程序单及控制介质的正确性，综合检验所加工的零件是否符合图样要求
   D. 测试数控程序的效率
2. CNC 系统中的 PLC 是（　　）。
   A. 可编程序逻辑控制器　　B. 显示器　　C. 多微处理器　　D. 环形分配器
3. （　　）不是滚动导轨的缺点。
   A. 动、静摩擦系数很接近　　B. 结构复杂　　C. 对污物较敏感　　D. 成本较高
4. 在开环系统中，以下因素中的（　　）不会影响重复定位精度。
   A. 丝杠副的配合间隙　　　　　　　　B. 丝杠副的接触变形
   C. 轴承游隙变化　　　　　　　　　　D. 各摩擦副中摩擦力的变化
5. 采用经济型数控系统的机床不具有的特点是（　　）。
   A. 采用步进电动机伺服系统　　　　　B. CPU 可采用单片机
   C. 只配备必要的数控功能　　　　　　D. 必须采用闭环控制系统
6. 数控机床的优点是（　　）。
   A. 加工精度高、生产效率高、工人劳动强度低、可加工复杂型面、减少工装费用
   B. 加工精度高、生产效率高、工人劳动强度低、可加工复杂型面、工时费用低
   C. 加工精度高、专用于大批量生产、工人劳动强度低、可加工复杂型面、减少工装费用

D. 加工精度高、生产效率高、对操作人员的技术水平要求较低、可加工复杂型面、减少工装费用

7. 直线感应同步器类型有（　　）。
   A. 标准型、窄型、带型和长型　　　　B. 非标准型、窄型、带型和三重型
   C. 非标准型、窄型、带型和宽型　　　　D. 标准型、窄型、带型和三重型

8. 用光栅传感器测直线位移时，为了辨别移动方向，在莫尔条纹间距 B 内，相距 $B/4$ 设置两个光电元件，两光电元件输出电压信号的相位差是（　　）。
   A. 30°　　　　　B. 60°　　　　　C. 90°　　　　　D. 180°

9. 对于数控机床最具机床精度特征的一项指标是（　　）。
   A. 机床的运动精度　　　B. 机床的传动精度
   C. 机床的定位精度　　　D. 机床的几何精度

10. 准备功能 G 代码中，能使机床做某种运动的一组代码是（　　）。
    A. G00、G01、G02、G03、G40、G41、G42
    B. G00、G01、G02、G03、G90、G91、G92
    C. G00、G04、G18、G19、G40、G41、G42
    D. G01、G02、G03、G17、G40、G41、G42

11. 用光栅位置传感器测量机床位移，若光栅栅距为 0.01mm，莫尔条纹移动数为 1000个，若不采用细分技术则机床位移量为（　　）。
    A. 0.1mm　　　　B. 1mm　　　　C. 10mm　　　　D. 100mm

12. 下列伺服电动机中，带有换向器的电动机是（　　）。
    A. 永磁宽调速直流电动机　　　B. 永磁同步电动机
    C. 反应式步进电动机　　　　　D. 混合式步进电动机

13. 检验一般精度的圆锥面角度时，常采用（　　）测量方法。
    A. 外径千分尺　　B. 锥形量规　　C. 万能量角器　　D. 正弦规

14. 车削时切削热大部分是由（　　）传散出去。
    A. 刀具　　　　B. 工件　　　　C. 切屑　　　　D. 空气

15. MDI 运转可以（　　）。
    A. 通过操作面板输入一段指令并执行该程序段
    B. 完整地执行当前程序号和程序段
    C. 按手动键操作机床

三、判断题（每题1分，共20分）

1. 参考点是机床上的一个固定点，与加工程序无关。（　　）
2. 在 AutoCAD 中，在图形中使用图块功能绘制重复的图形实体，可以使图形文件占用的磁盘空间减少。（　　）
3. 粗基准因精度要求不高，所以可以重复使用。（　　）
4. 加工左旋螺纹，数控车床主轴必须用反转指令 M04。（　　）
5. 刀具远离工件的方向为坐标轴的正方向。（　　）
6. 数控钻床和数控冲床都是直线控制数控机床。（　　）
7. 车削细长轴时，因为工件长，热变形伸长量大，所以一定要考虑热变形的影响。（　　）

8. 为了保证工件达到图样所规定的精度和技术要求，夹具上的定位基准与工件上的设计基准、测量基准应尽可能重合。（   ）

9. 硬质合金是用钨和钛的碳化物粉末加钴作为黏结剂，高压压制成形后，再经切削加工而成的粉末冶金制品。（   ）

10. 粗加工时，加工余量和切削用量均较大，因此会使刀具磨损加快，所以应选用以润滑为主的切削液。（   ）

11. 工件切断时如产生振动，可采用提高工件转速的方法加以消除。（   ）

12. 车一对互配的内外螺纹，配好后螺母掉头却拧不进，分析原因是由于内外螺纹的牙型角都倾斜而造成的。（   ）

13. 切削纯铜、不锈钢等高塑性材料时，应选用直线圆弧型或直线型断屑槽。（   ）

14. 在 AutoCAD 的图形文件中，每个尺寸实体都被作为一个块。（   ）

15. FANUC 系统中，在一个程序段中同时指令了两个 M 功能，则两个 M 代码均有效。（   ）

16. 数控加工螺纹，设置速度对螺纹切削速度没有影响。（   ）

17. 液压千斤顶实际上是利用液压油作为工作介质的一种能量转换装置。（   ）

18. 滚动螺旋传动不具有自锁性。（   ）

19. 刀具材料在高温下，仍能保持良好的切削性能叫红硬性。（   ）

20. 当游标卡尺尺身的零线与游标零线对准时，游标上的其他卡尺线都不与尺身刻线对准。（   ）

四、名词解释（每题 4 分，共 16 分）

1. 点位控制
2. CIMS
3. 欠定位
4. 加工原理误差

五、简答题（每题 7 分，共 14 分）

1. 常用的刀具材料有哪些，分别适用于什么场合？
2. 车削轴类零件时，工件有哪些常用的装夹方法？各有什么特点？分别使用于何种场合？

附录 E 全国数控车削中高级技能模拟考试题

E.1 数控车床中级工操作试卷（1）

一、试题

用数控车床完成如图 E-1 所示的零件的加工。
零件材料为 45#钢，毛坯为 φ40mm×100mm。

技术要求：
1. 不允许使用砂布或锉刀修整表面；
2. 未注倒角 C1mm。

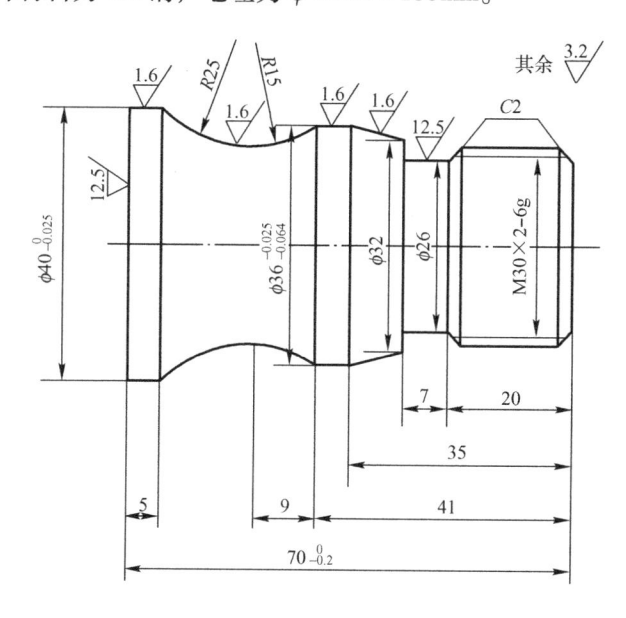

图 E-1

二、评分标准（见表 E-1）

表 E-1

准考证号			操作时间	240min	得 分		
试题编号			机床编号		系统类型		
序号	考核项目	考核内容及要求		评分标准	占分	实测	扣分	得分
1	外圆直径	$\phi40_{-0.025}^{\ 0}$ mm	尺寸	超差 0.01mm 扣 2 分	10			
2			$Ra1.6\mu m$	$Ra>1.6\mu m$ 扣 2 分，$Ra>3.2\mu m$ 全扣	4			
3		$\phi36_{-0.064}^{-0.025}$ mm	尺寸	超差 0.01mm 扣 2 分	10			
4			$Ra1.6\mu m$	$Ra>1.6\mu m$ 扣 2 分，$Ra>3.2\mu m$ 全扣	4			

续表

准考证号			操作时间	240min	得 分		
试题编号			机床编号		系统类型		
序号	考核项目	考核内容及要求		评分标准	占分	实测	扣分	得分
5	圆锥	尺寸		超差0.01mm扣2分	10			
6		$Ra1.6\mu m$		$Ra>1.6\mu m$扣2分,$Ra>3.2\mu m$全扣	4			
7	螺纹	M30×2（通止规检查）		超差不得分	10			
8		$Ra3.2\mu m$		$Ra>3.2\mu m$扣2分,$Ra>6.3\mu m$全扣	4			
9	圆弧	$R15mm$	尺寸	超差0.01mm扣2分	10			
10			$Ra1.6\mu m$	$Ra>1.6\mu m$扣2分,$Ra>3.2\mu m$全扣	4			
11		$R25mm$	尺寸	超差0.01扣2分	10			
12			$Ra1.6\mu m$	$Ra>1.6\mu m$扣2分,$Ra>3.2\mu m$全扣	4			
13	倒角	$C2mm$ 两处		少1处扣1分	2			
14	长度	$70_{-0.2}^{0}mm$		超差不得分	4			
15		35mm		超差不得分	2			
16		20mm		超差不得分	2			
17		41mm		超差不得分	2			
18		5mm		超差不得分	2			
19	退刀槽	6mm×$\phi16mm$		超差不得分	2			
20	文明生产	发生重大安全事故取消考试资格，按有关规定每违反一项从总分中扣除3分						
21	其他项目	工件必须完整，工件局部无缺陷（如夹伤、划痕等）						
22	程序编制	程序中严重违反工艺规程的则取消考试资格；其他问题酌情扣分						
23	加工时间	120min后尚未开始加工则终止考试；超过定额时间5min扣1分；超过10min扣5分；超过15min扣10分；超过20min扣20分；超过25min扣30分；超过30min则终止考试						
考试时间		开始：		结束：	合 计			
记录员		监考人		检验员	考评人			

E.2 数控车床中级工操作试卷（2）

一、试题

用数控车床完成如图E-2所示的零件的加工。零件材料为45#钢，毛坯为$\phi40mm\times110mm$。

其余 3.2

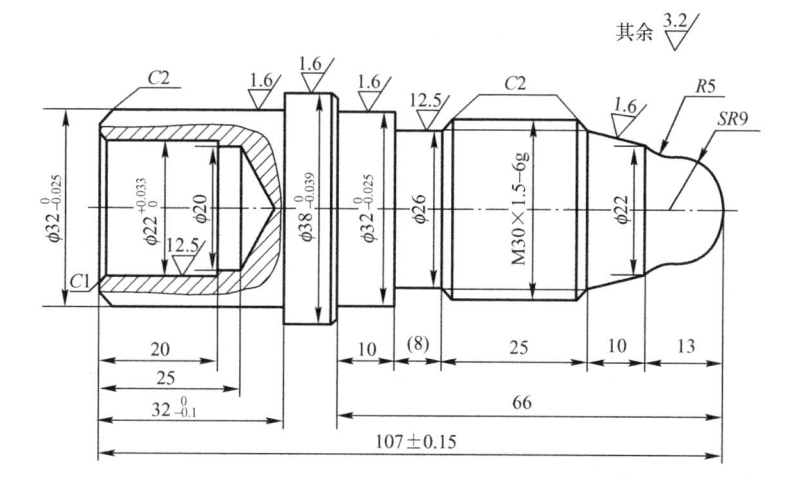

图 E-2

技术要求：
1. 不允许使用砂布或锉刀修整表面；
2. 未注倒角 C1mm。

二、评分标准（见表E-2）

表 E-2

准考证号		操作时间	360min	得　分	
试题编号		机床编号		系统类型	

序号	考核项目	考核内容及要求		评分标准	占分	实测	扣分	得分
1	外圆	$\phi 38_{-0.039}^{0}$ mm	尺寸	超差0.01mm扣2分	12			
2			$Ra1.6\mu m$	$Ra>1.6\mu m$扣2分，$Ra>3.2\mu m$全扣	4			
3		$\phi 32_{-0.025}^{0}$ mm	尺寸	超差0.01mm扣2分	12			
4			$Ra1.6\mu m$	$Ra>1.6\mu m$扣2分，$Ra>3.2\mu m$全扣	4			
5	内孔	$\phi 22_{0}^{+0.033}$ mm	尺寸	超差0.01mm扣1分	12			
6			$Ra3.2\mu m$	$Ra>3.2\mu m$扣2分，$Ra>6.3\mu m$全扣	4			
7	外螺纹	$M30\times 1.5$（通止规检测）		通止规检查不满足要求，不得分	12			
8		$Ra1.6\mu m$		$Ra>1.6\mu m$扣2分，$Ra>3.2\mu m$全扣	4			
9		退刀槽	$\phi 26mm\times 8mm$	超差不得分	2			
10	球面	$SR9mm$		形状不符不得分	5			
11		$Ra3.2\mu m$		$Ra>3.2\mu m$扣2分，$Ra>6.3\mu m$全扣	4			
12	圆弧	$R5mm$		超差不得分	5			
13		$Ra3.2\mu m$		$Ra>3.2\mu m$扣2分，$Ra>6.3\mu m$全扣	4			
14	倒角	3处		少1处扣2分	6			
15	长度	$32_{-0.1}^{0}$ mm		超差0.01mm扣2分	5			
16		107 ± 0.15 mm		超差0.01mm扣2分	5			
17	文明生产	发生重大安全事故取消考试资格，按有关规定每违反一项从总分中扣除3分						
18	其他项目	工件必须完整，工件局部无缺陷（如夹伤、划痕等）						
19	程序编制	程序中严重违反工艺规程的则取消考试资格；其他问题酌情扣分						

续表

准考证号			操作时间	360min	得 分		
试题编号			机床编号		系统类型		
序号	考核项目	考核内容及要求	评分标准		占分	实测	扣分	得分
20	加工时间	120min 后尚未开始加工则终止考试；超过定额时间 5min 扣 1 分；超过 10min 扣 5 分；超过 15min 扣 10 分；超过 20min 扣 20 分；超过 25min 扣 30 分；超过 30min 则终止考试						
考试时间	开始：		结束：		合计		
记录员		监考人		检验员		考评人	

E.3 数控车床高级工操作试卷（1）

一、试题

用数控车床完成如图 E-3 所示的零件的加工。零件材料为 45#钢，毛坯为 $\phi 35\text{mm} \times 82\text{mm}$。

技术要求：
1. 不允许使用砂布或锉刀修整表面；
2. 未注倒角 C1mm。

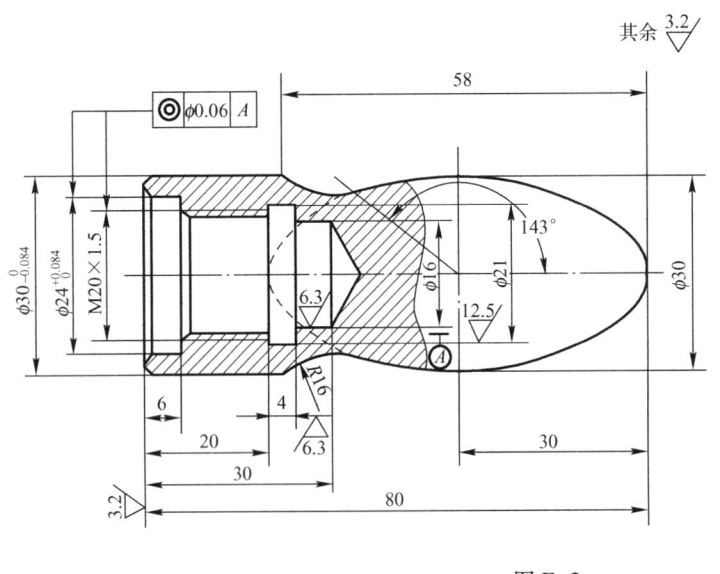

图 E-3

二、评分标准（见表 E-3）

表 E-3

准考证号			操作时间	360min	得 分		
试题编号			机床编号		系统类型		
序号	考核项目	考核内容及要求		评分标准	占分	实测	扣分	得分
1	外圆	$\phi 30_{-0.084}^{0}$ mm	尺寸	超差 0.01mm 扣 1 分	10			
2			$Ra1.6\mu m$	$Ra > 1.6\mu m$ 扣 1 分，$Ra > 3.2\mu m$ 全扣	5			

续表

准考证号			操作时间	360min	得 分		
试题编号			机床编号		系统类型		
序号	考核项目	考核内容及要求		评分标准	占分	实测	扣分	得分
3	内孔	$\phi 30^{+0.084}_{0}$ mm	尺寸	超差0.01mm扣1分	15			
4		$Ra1.6\mu m$		$Ra>1.6\mu m$扣1分，$Ra>3.2\mu m$全扣	5			
5	内螺纹	M20×1.5（通止规检测）		通止规检查不满足要求，不得分	15			
6		退刀槽	$\phi 21mm\times 4mm$	超差不得分	2			
7			$Ra3.2\mu m$	$Ra>3.2\mu m$扣1分，$Ra>6.3\mu m$全扣	2			
8	椭圆面	尺寸形状		形状不符不得分（样板检查）	20			
9		$Ra1.6\mu m$		$Ra>1.6\mu m$扣1分，$Ra>3.2\mu m$全扣	6			
10	倒角	3处		少1处扣2分	2			
11	长度	80mm		超差不得分	5			
12	曲线连接			有明显接痕不得分	10			
13	文明生产	发生重大安全事故取消考试资格，按有关规定每违反一项从总分中扣除3分						
14	其他项目	工件必须完整，工件局部无缺陷（如夹伤、划痕等）						
15	程序编制	程序中严重违反工艺规程的则取消考试资格；其他问题酌情扣分						
16	加工时间	120min后尚未开始加工则终止考试；超过定额时间5min扣1分；超过10min扣5分；超过15min扣10分；超过20min扣20分；超过25min扣30分；超过30min则终止考试						
考试时间		开始： 结束：			合计			
记录员		监考人		检验员	考评人			

E.4 数控车床高级工操作试卷（2）

一、试题

用数控车床完成如图E-4所示的零件的加工。零件材料为45#钢，毛坯为$\phi 40mm \times 105mm$。

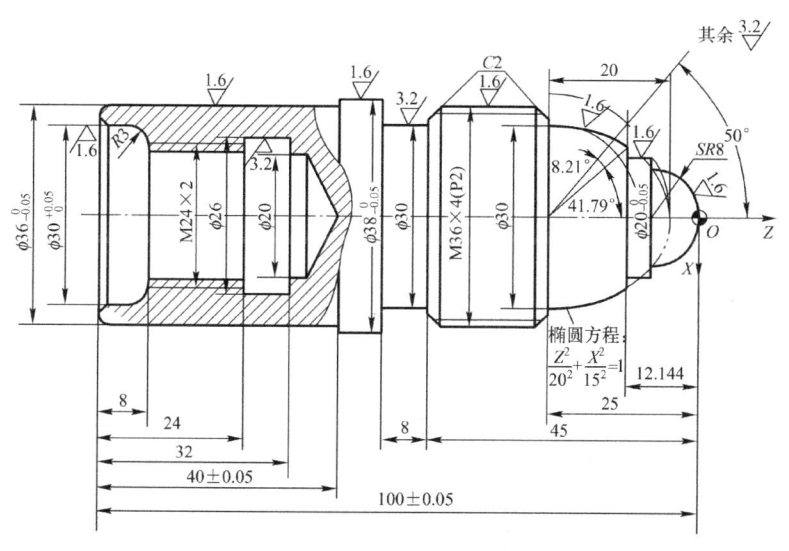

椭圆方程：
$$\frac{Z^2}{20^2}+\frac{X^2}{15^2}=1$$

技术要求：
1. 不允许使用砂布或锉刀修整表面；
2. 未注倒角C1mm。

图 E-4

二、评分标准（见表E-4）

表 E-4

准考证号			操作时间	360min	得 分		
试题编号			机床编号		系统类型		

序号	考核项目	考核内容及要求		评分标准	占分	实测	扣分	得分
1	外圆	$\phi38_{-0.05}^{0}$mm	尺寸	超差0.01mm扣2分	7			
2			$Ra1.6\mu m$	$Ra>1.6\mu m$扣1分，$Ra>3.2\mu m$全扣	2			
3		$\phi36_{-0.05}^{0}$mm	尺寸	超差0.01mm扣2分	7			
4			$Ra1.6\mu m$	$Ra>1.6\mu m$扣1分，$Ra>3.2\mu m$全扣	2			
5		$\phi20_{-0.05}^{0}$mm	尺寸	超差0.01mm扣2分	7			
6			$Ra1.6\mu m$	$Ra>1.6\mu m$扣1分，$Ra>3.2\mu m$全扣	2			
7	内孔	$\phi30_{0}^{+0.03}$mm	尺寸	超差0.01mm扣1分	7			
8			$Ra1.6\mu m$	$Ra>1.6\mu m$扣1分，$Ra>3.2\mu m$全扣	2			
9	内螺纹	M24×2（通止规检测）		通止规检查不满足要求，不得分	10			
10		退刀槽	$\phi26$mm	超差不得分	2			
11			$Ra3.2\mu m$	$Ra>3.2\mu m$扣1分，$Ra>6.3\mu m$全扣	2			
12	外螺纹	M36×4（P2）（通止规检测）		通止规检查不满足要求，不得分	10			
13		$Ra1.6\mu m$		$Ra>1.6\mu m$扣1分，$Ra>3.2\mu m$全扣	2			
14		退刀槽	$\phi30$mm	超差不得分	2			
15			$Ra3.2\mu m$	$Ra>3.2\mu m$扣1分，$Ra>6.3\mu m$全扣	2			
16	球面	$SR8$mm		超差不得分	3			
17		$Ra1.6\mu m$		$Ra>1.6\mu m$扣1分，$Ra>3.2\mu m$全扣	4			
18	椭圆面	尺寸、形状		形状不符不得分（样板检查）	8			
19		$Ra1.6\mu m$		$Ra>1.6\mu m$扣1分，$Ra>3.2\mu m$全扣	4			
20	倒角	5处		少1处扣2分	5			
21	长度	100±0.05mm		超差0.01mm扣2分	5			
22		40±0.05mm		超差0.01mm扣2分	5			
23	文明生产	发生重大安全事故取消考试资格，按有关规定每违反一项从总分中扣除3分						
24	其他项目	工件必须完整，工件局部无缺陷（如夹伤、划痕等）						
25	程序编制	程序中严重违反工艺规程的则取消考试资格；其他问题酌情扣分						
26	加工时间	120min后尚未开始加工则终止考试；超过定额时间5min扣1分；超过10min扣5分；超过15min扣10分；超过20min扣20分；超过25min扣30分；超过30min则终止考试						
考试时间	开始：		结束：		合计			
	记录员		监考人		检验员		考评人	

附录 F 实 训 报 告

班级：　　　　学号：　　　　姓名：　　　　　实训日期　　　　　　　　　年　月　日

实训项目名称	
实训项目设备	

实训目标：

实训内容

1. 编写零件加工数控工序

零件名称				
工序	名称	工艺要求	刀具号	
1				
2				
3				
4				
5				
6				
材料		备注：		
规格数量				

2. 填写数控加工刀具卡

刀具号	刀具规格名称	数量	加工内容	刀尖半径（mm）	主轴转速（r/min）	进给速度（mm/r）	备注

3. 编写零件的加工程序

4. 回答思考题

续表

班级：　　　学号：　　　姓名：　　　实训日期　　　　　　年　月　日

	序号	分任务名称	时间	地点	自我评价		教师评价		教师签字	备注
					完成效果	存在问题	存在问题	完成效果		
实训评价	1	实训行为规范								
	2	数控车削加工工艺知识								
	3	数控车削程序编制								
	4	数控车床基本操作								
	5	数控车削加工								
	6	数控车削加工零件精度检验								

	能力评价			知识评价			素质评价			总体评价	教师签字
	能力1	能力2	能力3	知识1	知识2	知识3	素质1	素质2	素质3		

参考文献

[1] 毕毓杰,等.机床数控技术.北京:机械工业出版社,1999.
[2] 唐键.数控加工及程序编制基础.北京:机械工业出版社,1994.
[3] 全国数控培训网络天津分中心.数控机床.北京:机械工业出版社,1997.
[4] 全国数控培训网络天津分中心.数控原理.北京:机械工业出版社,1997.
[5] 李善术.数控机床及其应用.北京:机械工业出版社,2000.
[6] 张魁林.数控机床故障诊断.北京:机械工业出版社,2002
[7] CAXA.数控车2000用户指南.北京北航海尔软件有限公司
[8] 宋放之,等.数控工艺培训教程(数控车部分).清华大学出版社,2003.
[9] 张思弟.数控车工实用技术手册.南京:江苏科学技术出版社,2006.
[10] 温锦华.零件数控车削加工.北京:北京理工大学出版社,2009.